钒钢板带材
国内外标准手册

杨才福　王瑞珍　陈雪慧　罗小兵　编著

北　京
冶 金 工 业 出 版 社
2020

内容提要

本书收录了中国标准、国际标准化组织标准、美国标准、日本标准及欧洲标准中涉及钒钢板带材产品的最新标准120项，摘录并翻译了标准中涉及范围、牌号与化学成分、力学与工艺性能等方面的技术内容。本书共分为十章。第一章为低合金结构钢；第二至第十章按用途区分，分别为建筑结构用钢、压力容器用钢、管线钢、船舶及海洋工程用结构钢、桥梁钢、汽车用钢、耐候钢、涂镀板和其他用途钢板。

本书可作为钢铁生产企业和用户企业技术人员、科研院所研发工程师、大专院校师生的工具书或技术参考书使用，亦可供从事钒铁与钒产品生产及贸易人员参考。

本书在使用过程中，有任何疑义，请参阅现行标准原文。

图书在版编目（CIP）数据

钒钢板带材国内外标准手册/杨才福等编著．—北京：冶金工业出版社，2020. 8

ISBN 978-7-5024-8474-3

Ⅰ．①钒…　Ⅱ．①杨…　Ⅲ．①钒钢—钢板—带材—标准—世界—手册　Ⅳ．①TG335. 5-62

中国版本图书馆CIP数据核字（2020）第086048号

出版人　陈玉千

地　　址　北京市东城区嵩祝院北巷39号　邮编　100009　电话　（010）64027926

网　　址　www. cnmip. com. cn　电子信箱　yjcbs@ cnmip. com. cn

责任编辑　李培禄　常国平　美术编辑　彭子赫　版式设计　孙跃红

责任校对　郑　娟　责任印制　李玉山

ISBN 978-7-5024-8474-3

冶金工业出版社出版发行；各地新华书店经销；北京捷迅佳彩印刷有限公司印刷

2020年8月第1版，2020年8月第1次印刷

787mm×1092mm　1/16；27. 5印张；665千字；428页

168. 00元

冶金工业出版社　投稿电话　（010）64027932　投稿信箱　tougao@cnmip. com. cn

冶金工业出版社营销中心　电话　（010）64044283　传真　（010）64027893

冶金工业出版社天猫旗舰店　yjgycbs. tmall. com

（本书如有印装质量问题，本社营销中心负责退换）

前　言

钒，被誉为钢中的维生素，即在钢中加入很少量的钒，就可以对钢的性能产生明显的影响。钒的这种特性使其在钢中获得了广泛应用，特别是在长型材产品中的应用如高强度钢筋、型钢、非调质钢等被钢铁企业普遍认可。据统计，仅钢筋产品消耗的钒量就占到钒消费总量的66%。

板带材产品占到钢铁产量的40%以上，钒在板带材产品中的作用及应用应得到关注与重视，以期充分利用我国丰富的钒资源，深入研究和利用钒在钢中的特性，为中国钢铁工业产品结构调整与升级带来更多更好的高性能且经济的产品。为了便于人们全面了解板带材产品中的钒，我们收集了国内外现行钒钢板带材标准，编译成本手册，期望在板带材产品的设计、生产中指导人们有目的地研究与应用钒。

本手册收录了中国标准（GB、YB）、国际标准化组织标准（ISO）、美国标准（ASTM）、日本标准（JIS）及欧洲标准（EN）中涉及钒钢板带材产品的最新标准120项，按用途分为十章：第一章为低合金结构钢；第二至第十章分别为建筑结构用钢、压力容器用钢、管线钢、船舶及海洋工程用结构钢、桥梁钢、汽车用钢、耐候钢、涂镀板和其他用途钢板。每项标准中摘录并翻译了涉及范围、牌号与化学成分、力学与工艺性能等方面的技术内容。本手册内容力图精练，以便读者快速查阅和了解相应产品的主要技术要求。

本手册可作为钢铁生产企业及用户企业技术人员、科研院所设计研发工程师、大专院校师生的工具书或技术参考书使用，亦可供从事钒铁与钒产品生产及贸易人员参考。

由于引用的标准数量较多、涉及知识领域宽泛，限于编者学识及水平，书中不妥和疏漏之处，希望广大读者不吝指正，以便今后修正与完善。

作　者

2020年1月20日

目　录

第一章　低合金结构钢

第一章　低合金结构钢

第一节　中国标准

GB/T 1591—2018 低合金高强度结构钢

1　范围

该标准适用于一般结构和工程用低合金高强度结构钢钢板、钢带、型钢、钢棒等。

2　牌号与化学成分

2.1　热轧钢的牌号及化学成分（熔炼分析）应符合表 1 的规定，其碳当量值应符合表 2 的规定。

2.2　正火及正火轧制钢的牌号及化学成分（熔炼分析）应符合表 3 的规定，其碳当量值应符合表 4 的规定。

2.3　热机械轧制钢的牌号及化学成分（熔炼分析）应符合表 5 的规定，其碳当量值应符合表 6 的规定。当热机械轧制钢的碳含量不大于 0.12%时，宜采用焊接裂纹敏感性指数（Pcm）代替碳当量评估钢材的可焊性，Pcm 值应符合表 6 的规定。

2.4　碳当量（CEV）由熔炼分析成分按式（1）计算，焊接裂纹敏感性指数（Pcm）由熔炼分析成分按式（2）计算：

$$\mathrm{CEV}\ (\%) = \mathrm{C}+\mathrm{Mn}/6+(\mathrm{Cr}+\mathrm{Mo}+\mathrm{V})/5+(\mathrm{Ni}+\mathrm{Cu})/15 \quad (1)$$

$$\mathrm{Pcm}\ (\%) = \mathrm{C}+\mathrm{Si}/30+\mathrm{Mn}/20+\mathrm{Cu}/20+\mathrm{Ni}/60+\mathrm{Cr}/20+\mathrm{Mo}/15+\mathrm{V}/10+5\mathrm{B} \quad (2)$$

2.5　为了改善钢的性能，由供需双方协议，钢中可添加表 1、表 3、表 5 规定以外的合金元素，其合金元素及其含量应在质量证明书中注明。

2.6　当需方要求保证厚度方向性能钢板时，硫含量应符合 GB/T 5313 的规定。

表 1　热轧钢的牌号及化学成分

牌号		化学成分（质量分数）/%														
钢级	质量等级	C①		Si	Mn	P③	S③	Nb④	V⑤	Ti⑤	Cr	Ni	Cu	Mo	N⑥	B
		以下公称厚度或直径/mm		不大于												
		≤40②	>40													
		不大于														
Q355	B	0.24		0.55	1.60	0.035	0.035	—	—	—	0.30	0.30	0.40	—	0.012	—
	C	0.20	0.22			0.030	0.030									
	D	0.20	0.22			0.025	0.025								—	

续表 1

牌号		化学成分（质量分数）/%														
钢级	质量等级	C①		Si	Mn	P③	S③	Nb④	V⑤	Ti⑤	Cr	Ni	Cu	Mo	N⑥	B
		以下公称厚度或直径/mm		不大于												
		≤40②	>40													
		不大于														
Q390	B					0.035	0.035									
	C	0.20		0.55	1.70	0.030	0.030	0.05	0.13	0.05	0.30	0.50	0.40	0.10	0.015	—
	D					0.025	0.025									
Q420⑦	B	0.20		0.55	1.70	0.035	0.035	0.05	0.13	0.05	0.30	0.80	0.40	0.20	0.015	—
	C					0.030	0.030									
Q460⑦	C	0.20		0.55	1.80	0.030	0.030	0.05	0.13	0.05	0.30	0.80	0.40	0.20	0.015	0.004

① 公称厚度大于 100mm 的型钢，碳含量可由供需双方协商确定。

② 公称厚度大于 30mm 的钢材，碳含量不大于 0.22%。

③ 对于型钢和棒材，其磷和硫含量上限值可提高 0.005%。

④ Q390、Q420 最高可到 0.07%，Q460 最高可到 0.11%。

⑤ 最高可到 0.20%。

⑥ 如果钢中酸溶铝 Als 含量不小于 0.015%或全铝 Alt 含量不小于 0.020%，或添加了其他固氮合金元素，氮元素含量不作限制，固氮元素应在质量证明书中注明。

⑦ 仅适用于型钢和棒材。

表 2 热轧状态交货钢材的碳当量（基于熔炼分析）

牌号		碳当量 CEV（质量分数）/%				
		不大于				
钢级	质量等级	公称厚度或直径/mm				
		≤30	>30~63	>63~150	>150~250	>250~400
Q355①	B	0.45	0.47	0.47	0.49②	—
	C					—
	D					0.49③
Q390	B	0.45	0.47	0.48	—	—
	C					
	D					
Q420④	B	0.45	0.47	0.48	0.49②	—
	C					
Q460④	C	0.47	0.49	0.49	—	—

① 当需对硅含量控制时（例如热浸镀锌涂层），为达到抗拉强度要求而增加其他元素如碳和锰的含量，表中最大碳当量值的增加应符合下列规定：

对于 $w(\mathrm{Si})\leqslant 0.030\%$，碳当量可提高 0.02%；

对于 $w(\mathrm{Si})\leqslant 0.25\%$，碳当量可提高 0.01%。

② 对于型钢和棒材，其最大碳当量可到 0.54%。

③ 只适用于质量等级为 D 的钢板。

④ 只适用于型钢和棒材。

表 3　正火、正火轧制钢的牌号及化学成分

牌号		化学成分（质量分数）/%													
钢级	质量等级	C	Si	Mn	P①	S①	Nb	V	Ti③	Cr	Ni	Cu	Mo	N	Als④
		不大于			不大于					不大于					不小于
Q355N	B	0.20	0.50	0.90~1.65	0.035	0.035	0.005~0.05	0.01~0.12	0.006~0.05	0.30	0.50	0.40	0.10	0.015	0.015
	C				0.030	0.030									
	D				0.030	0.025									
	E	0.18			0.025	0.020									
	F	0.16			0.020	0.010									
Q390N	B	0.20	0.50	0.90~1.70	0.035	0.035	0.01~0.05	0.01~0.20	0.006~0.05	0.30	0.50	0.40	0.10	0.015	0.015
	C				0.030	0.030									
	D				0.030	0.025									
	E				0.025	0.020									
Q420N	B	0.20	0.60	1.00~1.70	0.035	0.035	0.01~0.05	0.01~0.20	0.006~0.05	0.30	0.80	0.40	0.10	0.015	0.015
	C				0.030	0.030									
	D				0.030	0.025								0.025	
	E				0.025	0.020									
Q460N②	C	0.20	0.60	1.00~1.70	0.030	0.030	0.01~0.05	0.01~0.20	0.006~0.05	0.30	0.80	0.40	0.10	0.015	0.015
	D				0.030	0.025								0.025	
	E				0.025	0.020									

注：钢中应至少含有铝、铌、钒、钛等细化晶粒元素中一种，单独或组合加入时，应保证其中至少一种合金元素含量不小于表中规定含量的下限。

① 对于型钢和棒材，磷和硫含量上限值可提高 0.005%。

② w(V+Nb+Ti)≤0.22%，w(Mo+Cr)≤0.30%。

③ 最高可到 0.20%。

④ 可用全铝 Alt 替代，此时全铝最小含量为 0.020%。当钢中添加了铌、钒、钛等细化晶粒元素且含量不小于表中规定含量的下限时，铝含量下限值不限。

表 4　正火、正火轧制状态交货钢材的碳当量（基于熔炼分析）

牌　号		碳当量 CEV（质量分数）/%			
		不小于			
钢级	质量等级	公称厚度或直径/mm			
		≤63	>63~100	>100~250	>250~400
Q355N	B、C、D、E、F	0.43	0.45	0.45	协议
Q390N	B、C、D、E	0.46	0.48	0.49	协议
Q420N	B、C、D、E	0.48	0.50	0.52	协议
Q460N	C、D、E	0.53	0.54	0.55	协议

表 5　热机械轧制钢的牌号及化学成分

牌号		化学成分（质量分数）/%														
钢级	质量等级	C	Si	Mn	P[1]	S[1]	Nb	V	Ti[2]	Cr	Ni	Cu	Mo	N	B	Als[3]
		不大于														不小于
Q355M	B	0.14[4]	0.50	1.60	0.035	0.035	0.01～0.05	0.01～0.10	0.006～0.05	0.30	0.50	0.40	0.10	0.015	—	0.015
	C				0.030	0.030										
	D				0.030	0.025										
	E				0.025	0.020										
	F				0.020	0.010										
Q390M	B	0.15[4]	0.50	1.70	0.035	0.035	0.01～0.05	0.01～0.12	0.006～0.05	0.30	0.50	0.40	0.10	0.015	—	0.015
	C				0.030	0.030										
	D				0.030	0.025										
	E				0.025	0.020										
Q420M	B	0.16[4]	0.50	1.70	0.035	0.035	0.01～0.05	0.01～0.12	0.006～0.05	0.30	0.80	0.40	0.20	0.015	—	0.015
	C				0.030	0.030										
	D				0.030	0.025								0.025		
	E				0.025	0.020										
Q460M	C	0.16[4]	0.60	1.70	0.030	0.030	0.01～0.05	0.01～0.12	0.006～0.05	0.30	0.80	0.40	0.20	0.015	—	0.015
	D				0.030	0.025								0.025		
	E				0.025	0.020										
Q500M	C	0.18	0.60	1.80	0.030	0.030	0.01～0.11	0.01～0.12	0.006～0.05	0.60	0.80	0.55	0.20	0.015	0.004	0.015
	D				0.030	0.025								0.025		
	E				0.025	0.020										
Q550M	C	0.18	0.60	2.00	0.030	0.030	0.01～0.11	0.01～0.12	0.006～0.05	0.80	0.80	0.80	0.30	0.015	0.004	0.015
	D				0.030	0.025								0.025		
	E				0.025	0.20										
Q620M	C	0.18	0.60	2.60	0.030	0.030	0.01～0.11	0.01～0.12	0.006～0.05	1.00	0.80	0.80	0.30	0.015	0.004	0.015
	D				0.030	0.025								0.025		
	E				0.025	0.020										
Q690M	C	0.18	0.60	2.00	0.030	0.030	0.01～0.11	0.01～0.12	0.006～0.05	1.00	0.80	0.80	0.30	0.015	0.004	0.015
	D				0.030	0.025								0.025		
	E				0.025	0.020										

注：钢中应至少含有铝、铌、钒、钛等细化晶粒元素中一种，单独或组合加入时，应保证其中至少一种合金元素含量不小于表中规定含量的下限。

① 对于型钢和棒材，磷和硫含量可以提高 0.005%。

② 最高可到 0.20%。

③ 可用全铝 Alt 替代，此时全铝最小含量为 0.020%。当钢中添加了铌、钒、钛等细化晶粒元素且含量不小于表中规定含量的下限时，铝含量下限值不限。

④ 对于型钢和棒材，Q355M、Q390M、Q420M 和 Q460M 的最大碳含量可提高 0.02%。

表 6　热机械轧制或热机械轧制加回火状态交货钢材的碳当量及焊接裂纹敏感性指数（基于熔炼分析）

牌号		碳当量 CEV（质量分数）/%					焊接裂纹敏感性指数 Pcm（质量分数）/%
钢级	质量等级	不大于					
		公称厚度或直径/mm					
		≤16	>16~40	>40~63	>63~120	>120~150①	不大于
Q355M	B、C、D、E、F	0.39	0.39	0.40	0.45	0.45	0.20
Q390M	B、C、D、E	0.41	0.43	0.44	0.46	0.46	0.20
Q420M	B、C、D、E	0.43	0.45	0.46	0.47	0.47	0.20
Q460M	C、D、E	0.45	0.46	0.47	0.48	0.48	0.22
Q500M	C、D、E	0.47	0.47	0.47	0.48	0.48	0.25
Q550M	C、D、E	0.47	0.47	0.47	0.48	0.48	0.25
Q620M	C、D、E	0.48	0.48	0.48	0.49	0.49	0.25
Q690M	C、D、E	0.49	0.49	0.49	0.49	0.49	0.25

① 仅适用于棒材。

3　交货状态

钢材以热轧、正火/正火加回火、正火轧制、热机械轧制（TMCP）/热机械轧制加回火状态交货。

4　力学性能与工艺性能

4.1　拉伸

（1）热轧钢材的拉伸性能应符合表 7 和表 8 的规定。

（2）正火、正火轧制钢材的拉伸性能应符合表 9 的规定。

（3）热机械轧制（TMCP）钢材的拉伸性能应符合表 10 的规定。

（4）根据需方要求，并在合同中注明，要求钢板厚度方向性能时，钢材厚度方向的断面收缩率应按 GB/T 5313 的规定。

（5）对于公称宽度不小于 600mm 的钢板及钢带，拉伸试验取横向试样；其他钢材的拉伸试验取纵向试样。

4.2　夏比（V 型缺口）冲击

（1）钢材的夏比（V 型缺口）冲击试验的试验温度及冲击吸收能量应符合表 11 的规定。

（2）公称厚度不小于 6mm 或公称直径不小于 12mm 的钢材应做冲击试验，冲击试样尺寸取 10mm×10mm×55mm 的标准试样；当钢材不足以制取标准试样时，应采用 10mm×7.5mm×55mm 或 10mm×5mm×55mm 小尺寸试样，冲击吸收能量应分别为不小于表 11 规定值的 75%或 50%，应优先采用较大尺寸试样。

4.3　弯曲

根据需方要求，钢材可进行弯曲试验，其指标应符合表 12 的规定。

表7　热轧钢材的拉伸性能

牌号		上屈服强度 R_{eH}①/MPa 不小于									抗拉强度 R_m/MPa			
		公称厚度或直径/mm												
钢级	质量等级	≤16	>16~40	>40~63	>63~80	>80~100	>100~150	>150~200	>200~250	>250~400	≤100	>100~150	>150~250	>250~400
Q355	B、C	355	345	335	325	315	295	285	275	—	470~630	450~600	450~600	—
	D									265②				450~600②
Q390	B、C、D	390	380	360	340	340	320	—	—	—	490~650	470~620	—	—
Q420③	B、C	420	410	390	370	370	350	—	—	—	520~680	500~650	—	—
Q460③	C	460	450	430	410	410	390	—	—	—	550~720	530~700	—	—

① 当屈服不明显时，可用规定塑性延伸强度 $R_{p0.2}$代替上屈服强度。

② 只适用于质量等级为D的钢板。

③ 只适用于型钢和棒材。

表8　热轧钢材的伸长率

牌号		断后伸长率 A/% 不小于						
		公称厚度或直径/mm						
钢级	质量等级	试样方向	≤40	>40~63	>63~100	>100~150	>150~250	>250~400
Q355	B、C、D	纵向	22	21	20	18	17	17①
		横向	20	19	18	18	17	17①
Q390	B、C、D	纵向	21	20	20	19	—	—
		横向	20	19	19	18	—	—
Q420②	B、C	纵向	20	19	19	19	—	—
Q460②	C	纵向	18	17	17	17	—	—

① 只适用于质量等级为D的钢板。

② 只适用于型钢和棒材。

表 9 正火、正火轧制钢材的拉伸性能

牌号		上屈服强度 R_{eH} ①/MPa								抗拉强度 R_m/MPa			断后伸长率 A/%					
		不小于											不小于					
钢级	质量等级	公称厚度或直径/mm																
		≤16	>16~40	>40~63	>63~80	>80~100	>100~150	>150~200	>200~250	≤100	>100~200	>200~250	≤16	>16~40	>40~63	>63~80	>80~200	>200~250
Q355N	B、C、D、E、F	355	345	335	325	315	295	285	275	470~630	450~600	450~600	22	22	22	21	21	21
Q390N	B、C、D、E	390	380	360	340	340	320	310	300	490~650	470~620	470~620	20	20	20	19	19	19
Q420N	B、C、D、E	420	400	390	370	360	340	330	320	520~680	500~650	500~650	19	19	19	18	18	18
Q460N	C、D、E	460	440	430	410	400	380	370	370	540~720	530~710	510~690	17	17	17	17	17	16

注：正火状态包含正火加回火状态。

① 当屈服不明显时，可用规定塑性延伸强度 $R_{p0.2}$ 代替上屈服强度 R_{eH}。

表 10 热机械轧制（TMCP）钢材的拉伸性能

牌号		上屈服强度 R_{eH} ①/MPa						抗拉强度 R_m/MPa					断后伸长率 A/%
		不小于											
钢级	质量等级	公称厚度或直径/mm											不小于
		≤16	>16~40	>40~63	>63~80	>80~100	>100~120②	≤40	>40~63	>63~80	>80~100	>100~120②	
Q355M	B、C、D、E、F	355	345	335	325	325	320	470~630	450~610	440~600	440~600	430~590	22
Q390M	B、C、D、E	390	380	360	340	340	335	490~650	480~640	470~630	460~620	450~610	20
Q420M	B、C、D、E	420	400	390	380	370	365	520~680	500~660	480~640	470~630	460~620	19
Q460M	C、D、E	460	440	430	410	400	385	540~720	530~710	510~690	500~680	490~660	17
Q500M	C、D、E	500	490	480	460	450	—	610~770	600~760	590~750	540~730	—	17
Q550M	C、D、E	550	540	530	510	500	—	670~830	620~810	600~790	590~780	—	16
Q620M	C、D、E	620	610	600	580	—	—	710~880	690~880	670~860	—	—	15

续表 10

牌号		上屈服强度 R_{eH}①/MPa						抗拉强度 R_m/MPa					断后伸长率 A/%
		不小于											
钢级	质量等级	公称厚度或直径/mm											不小于
		≤16	>16~40	>40~63	>63~80	>80~100	>100~120②	≤40	>40~63	>63~80	>80~100	>100~120②	
Q690M	C、D、E	690	680	670	650	—	—	770~940	750~920	730~900	—	—	14

注：热机械轧制（TMCP）状态包含热机械轧制（TMCP）加回火状态。

① 当屈服不明显时，可用规定塑性延伸强度 $R_{p0.2}$ 代替上屈服强度 R_{eH}。

② 对于型钢和棒材，厚度或直径不大于 150mm。

表 11 夏比（V 型缺口）冲击试验的温度和冲击吸收能量

牌号		以下试验温度的冲击吸收能量 KV_2/J，不小于									
钢级	质量等级	20℃		0℃		-20℃		-40℃		-60℃	
		纵向	横向	纵向	横向	纵向	横向	纵向	横向	纵向	横向
Q355、Q390、Q420	B	34	27	—	—	—	—	—	—	—	—
Q355、Q390、Q420、Q460	C	—	—	34	27	—	—	—	—	—	—
Q355、Q390	D	—	—	—	—	34①	27①	—	—	—	—
Q355N、Q390N、Q420N	B	34	27	—	—	—	—	—	—	—	—
Q355N、Q390N Q420N、Q460N	C	—	—	34	27	—	—	—	—	—	—
	D	55	31	47	27	40②	20	—	—	—	—
	E	63	40	55	34	47	27	31③	20③	—	—
Q355N	F	63	40	55	34	47	27	31	20	27	16
Q355M、Q390M、Q420M	B	34	27	—	—	—	—	—	—	—	—
Q355M、Q390M、Q420M、Q460M	C	—	—	34	27	—	—	—	—	—	—
	D	55	31	47	27	40②	20	—	—	—	—
	E	63	40	55	34	47	27	31③	20③	—	—
Q355M	F	63	40	55	34	47	27	31	20	27	16
Q500M、Q550M Q620M、Q690M	C	—	—	55	34	—	—	—	—	—	—
	D	—	—	—	—	47②	27	—	—	—	—
	E	—	—	—	—	—	—	31③	20③	—	—

注：1. 当需方未指定试验温度时，正火、正火轧制和热机械轧制的 C、D、E、F 级钢材分别做 0℃、-20℃、-40℃、-60℃ 冲击。

2. 冲击试验取纵向试样。经供需方协商，也可取横向试样。

① 仅适用于厚度大于 250mm 的 Q355D 钢板。

② 当需方指定时，D 级钢可做-30℃ 冲击试验时，冲击吸收能量纵向不小于 27J。

③ 当需方指定时，E 级钢可做-50℃ 冲击时，冲击吸收能量纵向不小于 27J、横向不小于 16J。

表 12　弯曲试验

试样方向	180°弯曲试验（D—弯曲压头直径，a—试样厚度或直径）	
	公称厚度或直径/mm	
	≤16	>16～100
对于公称宽度不小于600mm的钢板及钢带，弯曲试验取横向试样；其他钢材的弯曲试验取纵向试样	$D=2a$	$D=3a$

GB/T 16270—2009 高强度结构用调质钢板

1　范围

该标准适用于厚度不大于150mm、以调质（淬火加回火）状态交货的高强度结构用钢板。

2　牌号与化学成分

钢的牌号、化学成分（熔炼分析）和碳当量CEV应符合表1的规定。

表 1

<table>
<tr><th rowspan="4">牌号</th><th colspan="16">化学成分①② (质量分数)/%，不大于</th></tr>
<tr><th rowspan="3">C</th><th rowspan="3">Si</th><th rowspan="3">Mn</th><th rowspan="3">P</th><th rowspan="3">S</th><th rowspan="3">Cu</th><th rowspan="3">Cr</th><th rowspan="3">Ni</th><th rowspan="3">Mo</th><th rowspan="3">B</th><th rowspan="3">V</th><th rowspan="3">Nb</th><th rowspan="3">Ti</th><th colspan="3">CEV③</th></tr>
<tr><th colspan="3">产品厚度/mm</th></tr>
<tr><th>≤50</th><th>>50~100</th><th>>100~150</th></tr>
<tr><td>Q460C
D460D</td><td rowspan="2">0.20</td><td rowspan="2">0.80</td><td rowspan="2">1.70</td><td>0.025</td><td>0.015</td><td rowspan="2">0.50</td><td rowspan="2">1.50</td><td rowspan="2">2.00</td><td rowspan="2">0.70</td><td rowspan="2">0.0050</td><td rowspan="2">0.12</td><td rowspan="2">0.06</td><td rowspan="2">0.05</td><td rowspan="2">0.47</td><td rowspan="2">0.48</td><td rowspan="2">0.50</td></tr>
<tr><td>Q460E
Q460F</td><td>0.020</td><td>0.010</td></tr>
<tr><td>Q500C
Q500D</td><td rowspan="2">0.20</td><td rowspan="2">0.80</td><td rowspan="2">1.70</td><td>0.025</td><td>0.015</td><td rowspan="2">0.50</td><td rowspan="2">1.50</td><td rowspan="2">2.00</td><td rowspan="2">0.70</td><td rowspan="2">0.0050</td><td rowspan="2">0.12</td><td rowspan="2">0.06</td><td rowspan="2">0.05</td><td rowspan="2">0.47</td><td rowspan="2">0.70</td><td rowspan="2">0.70</td></tr>
<tr><td>Q500E
Q500F</td><td>0.020</td><td>0.010</td></tr>
<tr><td>Q550C
Q550D</td><td rowspan="2">0.20</td><td rowspan="2">0.80</td><td rowspan="2">1.70</td><td>0.025</td><td>0.015</td><td rowspan="2">0.50</td><td rowspan="2">1.50</td><td rowspan="2">2.00</td><td rowspan="2">0.70</td><td rowspan="2">0.0050</td><td rowspan="2">0.12</td><td rowspan="2">0.06</td><td rowspan="2">0.05</td><td rowspan="2">0.65</td><td rowspan="2">0.77</td><td rowspan="2">0.83</td></tr>
<tr><td>Q550E
Q550F</td><td>0.020</td><td>0.010</td></tr>
<tr><td>Q620C
Q620D</td><td rowspan="2">0.20</td><td rowspan="2">0.80</td><td rowspan="2">1.70</td><td>0.025</td><td>0.015</td><td rowspan="2">0.50</td><td rowspan="2">1.50</td><td rowspan="2">2.00</td><td rowspan="2">0.70</td><td rowspan="2">0.0050</td><td rowspan="2">0.12</td><td rowspan="2">0.06</td><td rowspan="2">0.05</td><td rowspan="2">0.65</td><td rowspan="2">0.77</td><td rowspan="2">0.83</td></tr>
<tr><td>Q620E
Q620F</td><td>0.020</td><td>0.010</td></tr>
<tr><td>Q690C
Q690D</td><td rowspan="2">0.20</td><td rowspan="2">0.80</td><td rowspan="2">1.80</td><td>0.025</td><td>0.015</td><td rowspan="2">0.50</td><td rowspan="2">1.50</td><td rowspan="2">2.00</td><td rowspan="2">0.70</td><td rowspan="2">0.0050</td><td rowspan="2">0.12</td><td rowspan="2">0.06</td><td rowspan="2">0.05</td><td rowspan="2">0.65</td><td rowspan="2">0.77</td><td rowspan="2">0.83</td></tr>
<tr><td>Q690E
Q690F</td><td>0.020</td><td>0.010</td></tr>
<tr><td>Q800C
Q800D</td><td rowspan="2">0.20</td><td rowspan="2">0.80</td><td rowspan="2">2.00</td><td>0.025</td><td>0.015</td><td rowspan="2">0.50</td><td rowspan="2">1.50</td><td rowspan="2">2.00</td><td rowspan="2">0.70</td><td rowspan="2">0.0050</td><td rowspan="2">0.12</td><td rowspan="2">0.06</td><td rowspan="2">0.05</td><td rowspan="2">0.72</td><td rowspan="2">0.82</td><td rowspan="2">—</td></tr>
<tr><td>Q800E
Q800F</td><td>0.020</td><td>0.010</td></tr>
</table>

续表 1

牌号	化学成分[①②]（质量分数）/%，不大于															
	C	Si	Mn	P	S	Cu	Cr	Ni	Mo	B	V	Nb	Ti	CEV[③]		
														产品厚度/mm		
														≤50	>50~100	>100~150
Q890C Q890D	0.20	0.80	2.00	0.025	0.015	0.50	1.50	2.00	0.70	0.0050	0.12	0.06	0.05	0.72	0.82	—
Q890E Q890F				0.020	0.010											
Q960C Q960D	0.20	0.80	2.00	0.025	0.015	0.50	1.50	2.00	0.70	0.0050	0.12	0.06	0.05	0.82	—	—
Q960E Q960F				0.020	0.010											

① 根据需要生产厂可添加其中一种或几种合金元素，最大值应符合表中规定，其含量应在质量证明书中报告。

② 钢中至少应添加 Nb、Ti、V、Al 中的一种细化晶粒元素，其中至少一种元素的最小含量为 0.015%（对于 Al 为 Als）。也可用 Alt 替代 Als，此时最小含量为 0.018%。

③ CEV（%）= C+Mn/6+(Cr+Mo+V)/5+(Ni+Cu)/15。

3　交货状态

钢板按调质（淬火+回火）状态交货。

4　力学性能与工艺性能

钢板的力学性能和工艺性能应符合表 2 的规定。

表 2

牌号	拉伸试验[①]							冲击试验[①]			
	屈服强度[②] R_{eH}/MPa，不小于			抗拉强度 R_m/MPa			断后伸长率 A/%	冲击吸收能量（纵向） KV_2/J，不小于			
	厚度/mm			厚度/mm				试验温度/℃			
	≤50	>50~100	>100~150	≤50	>50~100	>100~150		0	-20	-40	-60
Q460C	460	440	400	550~720		500~670	17	47			
Q460D									47		
Q460E										34	
Q460F											34
Q500C	500	480	440	590~770		540~720	17	47			
Q500D									47		
Q500E										34	
Q500F											34
Q550C	550	530	490	640~820		590~770	16	47			
Q550D									47		
Q550E										34	
Q550F											34

续表 2

牌号	拉伸试验[①]							冲击试验[①]			
	屈服强度[②] R_{eH}/MPa，不小于			抗拉强度 R_m/MPa			断后伸长率 A/%	冲击吸收能量（纵向）KV_2/J，不小于			
	厚度/mm			厚度/mm				试验温度/℃			
	≤50	>50~100	>100~150	≤50	>50~100	>100~150		0	−20	−40	−60
Q620C	620	580	560	700~890		650~830	15	47			
Q620D									47		
Q620E										34	
Q620F											34
Q690C	690	650	630	770~940	760~930	710~900	14	47			
Q690D									47		
Q690E										34	
Q690F											34
Q800C	800	740	—	840~1000	800~1000	—	13	34			
Q800D									34		
Q800E										27	
Q800F											27
Q890C	890	830	—	940~1100	880~1100	—	11	34			
Q890D									34		
Q890E										27	
Q890F											27
Q960C	960	—	—	980~1150	—	—	10	34			
Q960D									34		
Q960E										27	
Q960F											27

注：1. 夏比摆锤冲击功，按一组三个试样算术平均值计算，允许其中一个试样单个值低于表 2 规定值，但不得低于规定值的 70%。

2. 当钢板厚度小于 12mm 时，夏比摆锤冲击试验应采用辅助试样。厚度>8~<12mm 钢板辅助试样尺寸为 10mm×7.5mm×55mm，其试验结果不小于规定值的 75%；厚度 6~8mm 钢板辅助试样尺寸为 10mm×5mm×55mm，其试验结果不小于规定值的 50%；厚度小于 6mm 的钢板不做冲击试验。

① 拉伸试验适用于横向试样，冲击试验适用于纵向试样。

② 当屈服现象不明显时，采有 $R_{p0.2}$。

5　特殊要求

经供需双方协商并在合同中注明，钢板可逐张进行超声波检测，检测方法按 GB/T 2970 的规定，检测标准和合格级别应在合同中注明。

GB/T 28909—2012 超高强度结构用热处理钢板

1　范围

该标准适用于厚度不大于 50mm 的矿山、建筑、农业等工程机械用钢板。

2　牌号与化学成分

钢的牌号和化学成分（熔炼分析）应符合表 1 的规定。

表 1

牌号	化学成分（质量分数）/%											
	C	Si	Mn	P	S	Nb	V	Ni	B	Cr	Mo	Als
	不大于											不小于
Q1030D Q1030E Q1100D Q1100E	0.20	0.80	1.60	0.020	0.010	0.08	0.14	4.0	0.006	1.60	0.70	0.015
Q1200D Q1200E Q1300D Q1300E	0.25	0.80	1.60	0.020	0.010	0.08	0.14	4.0	0.006	1.60	0.70	0.015

注：1. 在保证钢板性能的前提下，表 1 中规定的 Cr、Ni、Mo 等合金元素可任意组合加入，也可添加表 1 规定以外的其他合金元素，具体含量应在质量证明书中注明。

2. 钢中 Cu 为残余元素时，其含量应不大于 0.30%，Cu 为合金元素时，不大于 0.80%。As 含量应不大于 0.08%。

3. 当采用全铝（Alt）含量计算时，Alt 含量应不小于 0.020%。

4. 根据用户要求，由供需双方协议，可规定各牌号碳当量，碳当量计算公式：

CEV（%）= C+Mn/6+(Cr+Mo+V)/5+(Ni+Cu)/15。

3　交货状态

钢板以淬火+回火、淬火状态交货。

4　力学性能

钢板的力学性能应符合表 2 的规定。

表 2

牌号	拉伸试验①				夏比（V 型缺口）冲击试验②	
	规定塑性延伸强度 $R_{p0.2}$/MPa	抗拉强度 R_m/MPa		断后伸长率 A/%	温度/℃	冲击吸收能量 KV_2/J
		≤30mm	>30~50mm			
Q1030D Q1030E	≥1030	1150~1500	1050~1400	≥10	-20 -40	≥27

续表 2

牌号	拉伸试验①				夏比（V 型缺口）冲击试验②	
	规定塑性延伸强度 $R_{p0.2}$/MPa	抗拉强度 R_m/MPa		断后伸长率 A/%	温度/℃	冲击吸收能量 KV_2/J
		≤30mm	>30~50mm			
Q1100D Q1100E	≥1100	1200~1550	—	≥9	-20 -40	≥27
Q1200D Q1200E	≥1200	1250~1600	—	≥9	-20 -40	≥27
Q1300D Q1300E	≥1300	1350~1700	—	≥8	-20 -40	≥27

注：1. 厚度不小于 6mm 的钢板应做冲击试验，冲击试样尺寸取 10mm×10mm×55mm 的标准试样；当钢材不足以制取标准试样时，应采用 10mm×7. 5mm×55mm 或 10mm×5mm×55mm 小尺寸试样，冲击吸收能量应分别为不小于表 2 规定值的 75%或 50%，优先采用较大尺寸试样。

2. 夏比（V 型缺口）冲击功按三个试样的算术平均位计算，允许其中一个试样值比表 2 规定值低，但不得低于规定值的 70%，否则，应从同一抽样产品上再取 3 个试样进行试验，先后 6 个试样试验结果的算术平均值不得低于规定值，允许有 2 个试样的试验结果低于规定值，但其中低于规定值 70%的试样只允许有一个。

① 拉伸试验取横向试样。

② 冲击试验取纵向试样。

5　超声波检测

如需方要求，钢板可逐张进行超声波探伤，检测方法按照 GB/T 2970 的规定。经双方协商，也可采用其他检测标准，具体检测标准和合格级别应在合同中注明。

YB/T 4137—2013 低焊接裂纹敏感性高强度钢板

1　范围

该标准适用于厚度 5~100mm 的低焊接裂纹敏感性高强度钢板，主要用于制作对焊接性要求高的水电站压力钢管、工程机械、铁路车辆、桥梁、高层及大跨度建筑等。

低焊接裂纹敏感性高强度钢带亦可参照执行该标准。

2　牌号与化学成分

2.1　钢的牌号及化学成分（熔炼分析）应符合表 1 的规定。

2.2　各牌号钢的熔炼分析焊接裂纹敏感性指数 Pcm 应符合表 2 的规定。

表 1

牌号	质量等级	化学成分（质量分数）/%①②											
		C③	Si	Mn	P	S	Cr	Ni	Mo	V	Nb	Ti	B
		不大于											
Q460CF Q500CF	C	0.09	0.50	1.80	0.020	0.010	0.50	1.50	0.50	0.080	0.100	0.050	0.0030
	D				0.018	0.010							
	E				0.015	0.008							
Q550CF Q620CF Q690CF	C			2.00	0.020	0.010	0.80	1.80	0.70	0.100	0.120	0.050	0.0050
	D				0.018	0.010							
	E				0.015	0.008							
Q800CF	C				0.020	0.010	根据需要添加，具体含量应在质量证明书中注明						
	D				0.018	0.010							
	E				0.015	0.008							

注：为改善钢板的性能，供方可添加表 1 以外的合金元素，具体含量应在质量证明书中注明。

① 供方根据需要可添加其中一种或几种合金元素，最大值应符合表中规定，其含量应在质量证明书中报告。

② 钢中至少应添加 Nb、Ti、V、Al 中的一种细化晶粒元素，其中至少一种元素的最小含量为 0.015%（对于 Al 为 Als）。也可用 Alt 替代 Als，此时最小含量为 0.018%。

③ 当采用淬火+回火状态交货时，Q460CF、Q500CF 钢的 C 含量上限为 0.12%，Q550CF、Q620CF、Q690CF、Q800CF 钢的 C 含量上限为 0.14%。

表 2

牌号	焊接裂纹敏感性指数 Pcm/%，不大于			
	厚度/mm			
	≤50	>50~60	>60~75	>75~100
Q460CF	0.20			
Q500CF	0.20	0.20	0.22	0.24
Q550CF Q620CF	0.25	0.25	0.28	0.30

续表 2

牌号	焊接裂纹敏感性指数 Pcm/%，不大于			
	厚度/mm			
	≤50	>50~60	>60~75	>75~100
Q690CF	0. 25	0. 28	0. 28	0. 30
Q800CF	0. 28	—		

注：Pcm（%）= C+Si/30+Mn/20+Cu/20+Cr/20+Ni/60+Mo/15+V/10+5B。

3　交货状态

钢板的交货状态为热机械控制轧制（TMCP）、TMCP+回火或淬火+回火。

4　力学性能与工艺性能

4. 1　钢板的拉伸、冲击、弯曲试验结果应符合表 3 的规定。

4. 2　根据需方要求，钢板可按 GB/T 5313 保证厚度方向性能，要求的厚度方向性能级别（Z15、Z25 或 Z35）在合同中注明。

表 3

牌号	质量等级	拉伸试验，横向				弯曲试验，横向	夏比 V 型冲击试验②，纵向	
		上屈服强度 R_{eH}①/MPa，不小于		抗拉强度 R_m/MPa	断后伸长率 A/%，不小于	弯曲 180°（d—弯心直径，a—试样厚度）	温度/℃	冲击吸收能量 KV_2/J，不小于
		厚度/mm						
		≤50	>50~100					
Q460CF	C	460	440	550~710	17	$d=3a$	0	60
	D						-20	
	E						-40	
Q500CF	C	500	480	610~770	17	$d=3a$	0	60
	D						-20	
	E						-40	
Q550CF	C	550	530	670~830	16	$d=3a$	0	60
	D						-20	
	E						-40	
Q620CF	C	620	600	710~880	15	$d=3a$	0	60
	D						-20	
	E						-40	
Q620CF	C	690	670	770~940	14	$d=3a$	0	60
	D						-20	
	E						-40	

续表 3

牌号	质量等级	拉伸试验，横向				弯曲试验，横向	夏比 V 型冲击试验②，纵向	
		上屈服强度 R_{eH}①/MPa，不小于		抗拉强度 R_m/MPa	断后伸长率 A/%，不小于	弯曲 180°（d—弯心直径，a—试样厚度）	温度/℃	冲击吸收能量 KV_2/J，不小于
		厚度/mm						
		≤50	>50~100					
Q800CF	C	800	协议	880~1050	12	$d=3a$	0	60
	D						-20	
	E						-40	

注：1. 钢板的冲击试验结果按一组 3 个试样的算术平均值计算，允许其中 1 个试样值比表 3 规定值低，但不得低于规定值的 70%。

2. 当夏比（V 型缺口）冲击试验结果不符合上述规定时，应从同一张钢板或（同一样坯）上再取 3 个试样进行试验，前后两组 6 个试样的算术平均值不得低于规定值，允许有 2 个试样值低于规定值，但其中低于规定值 70%的试样只允许有 1 个。

3. 厚度小于 12mm 的钢板应采用小尺寸试样进行夏比（V 型缺口）冲击试验。钢板厚度>8~<12mm 时，试样尺寸为 7.5mm×10mm×55mm；钢板厚度为 6~8mm 时，试样尺寸为 5mm×10mm×55mm，其试验结果应分别不小于表 3 规定值的 75%或 50%；厚度小于 6mm 的钢板不做冲击试验。

4. 按表 3 要求进行弯曲试验时，试样基体不得出现裂纹。

① 屈服现象不明显时，应测量非比例伸长应力 $R_{p0.2}$来代替 R_{eH}。

② 经供需双方协商并在合同中注明，冲击试验试样方向可为横向以代替纵向。

5　超声波探伤

根据需方要求，经供需双方协商，钢板可逐张进行超声波检验，检验方法按 GB/T 2970 或 JB/T 4730.3，检验方法和合格级别应在合同中注明。

第二节　国际标准

ISO 630-2：2011 结构钢
第 2 部分：一般用途用结构钢交货技术条件

1　范围

该标准适用于一般结构用途的结构钢，包括可逆式轧机轧制的钢板、宽扁平材、热轧型钢和棒材。钢材交货状态下使用，用于焊接或栓接结构。

2　牌号与化学成分

2.1　S235、S275、S355 的化学成分（熔炼分析）应符合表 1 的规定。其碳当量值应符合表 2 的规定。

2.2　SG205、SG250、SG285 和 SG345 的化学成分（熔炼分析）应符合表 3 的规定。

表 1　S235、S275、S355 的化学成分

钢级	质量等级	脱氧方法①	化学成分（质量分数）/%									
			C			Si	Mn	P	S	N②	Cu③	其他④
			公称厚度/mm									
			≤16	>16 ≤40	>40							
			不大于			不大于						
S235	B	FN	0.17	0.17	0.2	—	1.40	0.035	0.035	0.012	0.55	—
	C	FN	0.17	0.17	0.17	—	1.40	0.030	0.030	0.012	0.55	—
	D	FF	0.17	0.17	0.17	—	1.40	0.025	0.025	—	0.55	—
S275	B	FN	0.21	0.21	0.22	—	1.50	0.035	0.035	0.012	0.55	—
	C	FN	0.18	0.18	0.18⑤	—	1.50	0.030	0.030	0.012	0.55	—
	D	FF	0.18	0.18	0.18⑤	—	1.50	0.025	0.025	—	0.55	—
S355	B	FN	0.24	0.24	0.24	0.55	1.60	0.035	0.035	0.012	0.55	—
	C	FN	0.20⑥	0.20⑦	0.22	0.55	1.60	0.030	0.030	0.012	0.55	—
	D	FF	0.20⑥	0.20⑦	0.22	0.55	1.60	0.025	0.025	—	0.55	—

① FN—不允许沸腾钢；FF—完全镇静钢。

② 如果钢中的全铝含量 Alt 不小于 0.020%或者酸溶铝含量 Als 不小于 0.015%，或者有足够的其他固氮元素时，氮含量最大值不适用。但此时固氮元素应在质量证明书中注明。

③ Cu 含量高于 0.40%，可能在热成形时引起热脆性。

④ 如果添加其他元素，应在质量证明书中注明。

⑤ 当公称厚度大于 150mm 时，$w(C) \leqslant 0.20\%$。

⑥ 适用于冷轧成形的牌号，$w(C) \leqslant 0.22\%$

⑦ 当公称厚度大于 30mm 时，$w(C) \leqslant 0.22\%$。

表 2 S235、S275 和 S355 的碳当量（基于熔炼分析）

钢级	质量等级	脱氧方法①	碳当量 CEV（质量分数）②/%				
			不大于				
			公称厚度/mm				
			≤30	>30 ≤40	>40 ≤150	>150 ≤250	>250 ≤400
S235	B	FN	0.35	0.35	0.38	0.40	—
	C	FN	0.35	0.35	0.38	0.40	—
	D	FF	0.35	0.35	0.38	0.40	0.40
S275	B	FN	0.40	0.40	0.42	0.44	—
	C	FN	0.40	0.40	0.42	0.44	—
	D	FF	0.40	0.40	0.42	0.44	0.44
S355	B	FN	0.45	0.47	0.47	0.49	—
	C	FN	0.45	0.47	0.47	0.49	—
	D	FF	0.45	0.47	0.47	0.49	0.49

注：CEV(%)=C+Mn/6+(Cr+Mo+V)/5+(Ni+Cu)/15。

① FN—不允许沸腾钢；FF—完全镇静钢。

② 选择性增加影响 CEV 的元素时，应符合下列要求：

(1) 对于所有 S235、S275 和 S355 的牌号，当 Cu 的熔炼分析含量在 0.25%~0.40%时，表中 CEV 的最大值可以增加 0.02%。

(2) 当 S275 和 S355 的产品以控制 Si 含量供货时（例如，用于热浸镀 Zn 时），需要增加其他元素如 C 和 Mn 的含量以满足拉伸性能要求，此时表中 CEV 的最大值可以增加：

1) 当 w(Si)≤0.030%时，CEV 最大值可以增加 0.02%；

2) 当 w(Si)≤0.25%时，CEV 最大值可以增加 0.1%。

表 3 SG205、SG250、SG285 和 SG345 的化学成分

钢级	质量等级	化学成分（质量分数）/%												
		C	Si	Mn	P	S	Cu	Ni	Cr	Mo	V	Nb	V+Nb	Ti
		不大于												
SG205	A	①	0.55	①	0.04	0.05	①	①	①	①	①	①	①	①
	B	0.20	0.55	1.40	0.04	0.05	①	①	①	①	①	①	①	①
	C	0.17	0.55	1.40	0.04	0.05	①	①	①	①	①	①	①	①
	D	0.17	0.55	1.40	0.04	0.05	①	①	①	①	①	①	①	①
SG250	A	①	0.55	①	0.04	0.05	①	①	①	①	①	①	①	①
	B	0.22	0.55	1.50	0.04	0.05	①	①	①	①	①	①	①	①
	C	0.20	0.55	1.50	0.04	0.05	①	①	①	①	①	①	①	①
	D	0.20	0.55	1.50	0.04	0.05	①	①	①	①	①	①	①	①
SG285	A	①	0.55	①	0.04	0.05	①	①	①	①	①	①	①	①
	B	0.24	0.55	1.60	0.04	0.05	①	①	①	①	①	①	①	①
	C	0.22	0.55	1.60	0.04	0.05	①	①	①	①	①	①	①	①
	D	0.22	0.55	1.60	0.04	0.05	①	①	①	①	①	①	①	①

续表 3

钢级	质量等级	化学成分（质量分数）/%												
		C	Si	Mn	P	S	Cu	Ni	Cr	Mo	V	Nb	V+Nb	Ti
		不大于												
SG345	A	①	0.55	①	0.04	0.05	0.60	0.45	0.35	0.15	0.15	0.05	0.15	0.04
	B	0.24	0.55	1.70	0.04	0.05	0.60	0.45	0.35	0.15	0.15	0.05	0.15	0.04
	C	0.22	0.55	1.70	0.04	0.05	0.60	0.45	0.35	0.15	0.15	0.05	0.15	0.04
	D	0.22	0.55	1.70	0.04	0.05	0.60	0.45	0.35	0.15	0.15	0.05	0.15	0.04

① 无要求。但是应分析这些元素含量并在质量证明书中注明。

3　交货状态

产品以热轧、正火轧制、正火、热机械轧制或淬火回火态交货。

4　力学性能

4.1　S235、S275、S355 的力学性能应符合表 4～表 6 的规定。

4.2　SG205、SG250、SG285 和 SG345 的力学性能应符合表 7 和表 8 的规定。

表 4　S235、S275、S355 的拉伸性能

钢级	质量等级	上屈服强度 R_{eH}/MPa									抗拉强度 R_m/MPa			
		不小于												
		公称厚度/mm									公称厚度/mm			
		≤16	>16 ≤40	>40 ≤63	>63 ≤80	>80 ≤100	>100 ≤150	>150 ≤200	>200 ≤250	>250 ≤400	≥3 ≤100	≥100 ≤150	≥150 ≤250	≥250 ≤400
S235	B	235	225	215	215	215	195	185	175	—	360～510	350～500	340～490	—
	C	235	225	215	215	215	195	185	175	—	360～510	350～500	340～490	—
	D	235	225	215	215	215	195	185	175	165	360～510	350～500	340～490	330～480
S275	B	275	265	255	245	235	225	215	205	—	410～560	400～540	380～540	—
	C	275	265	255	245	235	225	215	205	—	410～560	400～540	380～540	—
	D	275	265	255	245	235	225	215	205	195	410～560	400～540	380～540	380～540
S355	B	355	345	335	325	315	295	285	275	—	470～630	450～600	450～600	—
	C	355	345	335	325	315	295	285	275	—	470～630	450～600	450～600	—
	D	355	345	335	325	315	295	285	275	265	470～630	450～600	450～600	450～600

注：1. 钢板宽度≥600mm 时，适用于横向试样；对于其他宽度钢板，适用于纵向试样。

2. 屈服现象不明显时，取 $R_{p0.2}$ 或 $R_{t0.5}$。

表 5　S235、S275、S355 的断后伸长率

钢级	质量等级	试样方向①	断后伸长率 A/%，不小于					
			公称厚度/mm					
			≥3 ≤40	>40 ≤63	>63 ≤100	>100 ≤150	>150 ≤250	>250 ≤400 只适用于 D 级
S235	B、C、D	纵向	26	25	24	22	21	21
		横向	24	23	22	22	21	21

续表 5

钢级	质量等级	试样方向①	断后伸长率 A/%，不小于					
			公称厚度/mm					
			≥3 ≤40	>40 ≤63	>63 ≤100	>100 ≤150	>150 ≤250	>250 ≤400 只适用于 D 级
S275	B、C、D	纵向	23	22	21	19	18	18
		横向	21	20	19	19	18	18
S355	B、C、D	纵向	22	21	20	18	17	17
		横向	20	19	18	18	17	17

① 钢板宽度≥600mm 时，适用于横向试样；对于其他宽度钢板，适用于纵向试样。

表 6 纵向夏比 V 型缺口试样的冲击吸收能量

钢级	质量等级	温度/℃	冲击吸收能量 KV_2/J，不小于		
			公称厚度/mm		
			≤150	>150 ≤250	>250 ≤400
S235	B	20	27	27	—
	C	0	27	27	—
	D	-20	27	27	27
S275	B	20	27	27	—
	C	0	27	27	—
	D	-20	27	27	27
S355	B	20	27	27	—
	C	0	27	27	—
	D	-20	27	27	27

注：1. 表中的冲击吸收能量为 3 个试样的算术平均值。允许其中 1 个试样的单个值比表中规定值低，但不得低于规定值的 70%。

2. 钢板厚度小于等于 12mm 但大于等于 6mm 时，应采用小尺寸试样（10mm×7.5mm×55mm 或 10mm×5mm×55mm），尽可能采用较大尺寸的试样，冲击吸收能量最小值可根据试样的横截面面积按比例降低。钢板厚度小于 6mm 时，不做冲击试验。

表 7 SG205、SG250、SG285 和 SG345 的拉伸性能

牌号	质量等级	上屈服强度 R_{eH}/MPa					抗拉强度 R_m/MPa	断后伸长率 A/%		
		不小于						不小于		
		公称厚度/mm								
		≤16	>16 ≤40	>40 ≤100	>100 ≤200	>200		$L_0=5.65\sqrt{S_0}$	L_0 = 50mm	L_0 = 80mm
SG205	A	205	195	185	175	165	335~495	21	26	24
	B									
	C									
	D									

续表 7

牌号	质量等级	上屈服强度 R_{eH}/MPa 不小于 公称厚度/mm ≤16	>16 ≤40	>40 ≤100	>100 ≤200	>200	抗拉强度 R_m/MPa	断后伸长率 A/% 不小于 $L_0=5.65\sqrt{S_0}$	$L_0=50mm$	$L_0=80mm$
SG250	A	250	240	230	220	210	400~560	18	23	20
	B									
	C									
	D									
SG285	A	285	275	265	255	245	490~650	17	21	19
	B									
	C									
	D									
SG345	A	345	335	325	315	305	540~695	17	19	17
	B									
	C									
	D									

注：1. 钢板宽度大于600mm时，取横向试样，否则取纵向试样。

2. 屈服现象不明显时，取 $R_{p0.2}$ 或 $R_{t0.5}$。

3. 对于断后伸长率，只需要测定其中一种。供货方可采用比例试样或固定标距长度试样，除非订货时有所规定。当报告测试值时，应注明试样类型。

表 8　纵向夏比 V 型缺口试样的冲击吸收能量

钢级	质量等级	以下试验温度（℃）的冲击吸收能量 KV_2/J，不小于 -20℃	0℃	20℃	最大厚度/mm
SG205	A				
	B			27	200①
	C		27		200①
	D	27			200①
SG250	A				
	B			27	200①
	C		27		200①
	D	27			200①
SG285	A				
	B			27	200①
	C		27		200①
	D	27			200①

续表 8

钢级	质量等级	以下试验温度（℃）的冲击吸收能量 KV_2/J，不小于			最大厚度/mm
		-20℃	0℃	20℃	
SG345	A				
	B			27	150
	C		27		150
	D	27			150

① 经供需双方同意，最大厚度可至 250mm。

ISO 630-3：2012 结构钢
第 3 部分：细晶粒结构钢交货技术条件

1 范围

该标准适用于热轧可焊接细晶粒钢结构钢扁平材和长材，包括可逆式轧机轧制的钢板、宽扁平材、热轧型钢和棒材，用于焊接或栓接结构的重载构件。

2 牌号与化学成分

2.1 正火或正火轧制钢板的牌号和化学成分（熔炼分析）应符合表 1 的规定，碳当量应符合表 2 的规定。

2.2 热机械轧制钢板的牌号和化学成分（熔炼分析）应符合表 3 的规定，碳当量应符合表 4 的规定。

2.3 热轧钢板的牌号和化学成分（熔炼分析）应符合表 5 的规定，碳当量应符合表 6 的规定。

表 1 正火或正火轧制钢板化学成分

牌号	质量等级	化学成分（质量分数）/%													
		C	Si	Mn	P	S	Nb	V	Alt①	Ti	Cr	Ni	Mo	Cu②	N
		不大于			不大于				不小于	不大于					
S275N	D	0.18	0.40	0.50～1.50	0.030	0.025	0.05	0.05	0.02	0.05	0.30	0.30	0.10	0.55	0.015
	E	0.16			0.025	0.020									
S355N	D	0.20	0.50	0.90～1.65	0.030	0.025	0.05	0.12	0.02	0.05	0.30	0.50	0.10	0.55	0.015
	E	0.18			0.025	0.020									
S420N	D	0.20	0.60	1.00～1.70	0.030	0.025	0.05	0.20	0.02	0.05	0.30	0.80	0.10	0.55	0.025
	E				0.025	0.020									
S460N③	D	0.20	0.60	1.00～1.70	0.030	0.025	0.05	0.20	0.02	0.05	0.30	0.80	0.10	0.55	0.025
	E				0.025	0.020									

① 钢中如果有足够的其他固氮元素，全铝含量最小值不适用。

② Cu 含量高于 0.40%，可能在热成形时引起热脆性。

③ $w(V+Nb+Ti) \leqslant 0.22\%$，$w(Mo+Cr) \leqslant 0.30\%$。

表 2 正火或正火轧制钢板的碳当量（基于熔炼分析）

牌号	质量等级	碳当量 CEV（质量分数）/%		
		不大于		
		公称厚度/mm		
		≤63	>63 ≤100	>100 ≤250
S275N	D、E	0.40	0.40	0.42
S355N	D、E	0.43	0.45	0.45

续表 2

牌号	质量等级	碳当量 CEV（质量分数）/%		
		不大于		
		公称厚度/mm		
		≤63	>63 ≤100	>100 ≤250
S420N	D、E	0.48	0.50	0.52
S460N	D、E	0.53	0.54	0.55

注：CEV(%)=C+Mn/6+(Cr+Mo+V)/5+(Ni+Cu)/15。以下同。

表 3　热机械轧制钢板的化学成分

牌号	质量等级	化学成分（质量分数）/%													
		C	Si	Mn	P	S	Nb	V	Alt①	Ti	Cr	Ni	Mo	Cu②	N
		不大于							不小于	不大于					
S275M	D、E	0.13	0.50	1.50	0.030 0.025	0.025 0.020	0.05	0.08	0.02	0.05	0.30	0.30	0.10	0.55	0.015
S355M	D、E	0.14	0.50	1.60	0.030 0.025	0.025 0.020	0.05	0.10	0.02	0.05	0.30	0.50	0.10	0.55	0.015
S420M	D、E	0.16	0.50	1.70	0.030 0.025	0.025 0.020	0.05	0.12	0.02	0.05	0.30	0.80	0.20	0.55	0.025
S460M	D、E	0.16	0.60	1.70	0.030 0.025	0.025 0.020	0.05	0.12	0.02	0.05	0.30	0.80	0.20	0.55	0.025

① 钢中如果有足够的其他固氮元素，全铝含量最小值不适用。

② Cu 含量高于 0.40%，可能在热成形时引起热脆性。

表 4　热机械轧制钢板的碳当量（基于熔炼分析）

牌号	质量等级	碳当量 CEV（质量分数）/%				
		不大于				
		公称厚度/mm				
		≤16	>16 ≤40	>40 ≤63	>63 ≤120	>120 ≤150
S275M	D、E	0.34	0.34	0.35	0.38	0.38
S355M	D、E	0.39	0.39	0.40	0.45	0.45
S420M	D、E	0.43	0.45	0.46	0.47	0.47
S460M	D、E	0.45	0.46	0.47	0.48	0.48

表 5　热轧钢板的化学成分

牌号	化学成分（质量分数）/%												
	C	Si	Mn	P	S	Cu	Ni	Cr	Mo	V	Nb	V+Nb	Ti
	不小于												
SG245	0.22	0.55	1.50	0.035	0.035	②	②	②	②	②	②	②	②

续表 5

牌号	化学成分（质量分数）/%												
	C	Si	Mn	P	S	Cu	Ni	Cr	Mo	V	Nb	V+Nb	Ti
	不小于												
SG290	0.28①	0.55	1.20	0.035	0.05	②	②	②	②	②	②	②	②
SG325	0.20	0.55	1.60	0.035	0.035	②	②	②	②	②	②	②	②
SG345	0.20	0.55	1.60	0.035	0.04	②	②	②	②	②	②	②	②
SG365	0.20	0.55	1.60	0.035	0.035	②	②	②	②	②	②	②	②
SG415	0.22	0.55	1.50	0.035	0.04	②	②	②	②	②	②	②	②
SG460	0.18	0.55	1.60	0.035	0.035	②	②	②	②	②	②	②	②

① C 含量比规定最大值每降低 0.01%，允许 Mn 含量比规定的最大值增加 0.06%，最高可到 1.60%。

② 无要求。但应分析这些元素含量并在质量证明书中注明。

表 6　热轧钢板的碳当量（基于熔炼分析）

牌号	质量等级	碳当量 CEV（质量分数）/%	
		不大于	
		公称厚度/mm	
		≤50	>50 ≤100
SG365	C、D	0.38	0.40
SG460	C、D	0.42	0.45

3　交货状态

钢板以热轧（仅 SG 系列）、正火轧制、正火或热机械轧制态交货。

4　力学性能

4.1　正火或正火轧制钢板的力学性能应符合表 7~表 9 的规定。

4.2　热机械轧制钢板的力学性能应符合表 10~表 12 的规定。

4.3　热轧钢板的力学性能应符合表 13 和表 14 的规定。

表 7　正火或正火轧制钢板的室温拉伸性能

牌号	质量等级	上屈服强度 R_{eH}/MPa								抗拉强度 R_m/MPa			断后伸长率 A/%					
		不小于											不小于					
													$L_0=5.65\sqrt{S_0}$					
		公称厚度/mm								公称厚度/mm			公称厚度/mm					
		≤16	>16 ≤40	>40 ≤63	>63 ≤80	>80 ≤100	>100 ≤150	>150 ≤200	>200 ≤250	≤100	>100 ≤200	>200 ≤250	≤16	>16 ≤40	>40 ≤63	>63 ≤80	>80 ≤200	>200 ≤250
S275N	D、E	275	265	255	245	235	225	215	205	370~510	350~480	350~480	24	24	24	23	23	23
S355N	D、E	355	345	335	325	315	295	285	275	470~630	450~600	450~600	22	22	22	21	21	21
S420N	D、E	420	400	390	370	360	340	330	320	520~680	500~650	500~650	19	19	19	18	18	18
S460N	D、E	460	440	430	410	400	380	370	—	540~720	530~710	—	17	17	17	17	17	—

注：钢板宽度≥600mm 时，适用于横向试样；对于其他宽度钢板，适用于纵向试样。

表 8　正火或正火轧制钢板纵向夏比 V 型缺口试样的冲击吸收能量

牌号	质量等级	以下试验温度（℃）的冲击吸收能量 KV_2/J，不小于						
		20	0	-10	-20	-30	-40	-50
S275N S355N S420N S460N	D	55	47	43	40①			
	E	63	55	51	47	40	31	27

① -30℃时，冲击吸收能量为 27J。

表 9　正火或正火轧制钢板要求横向冲击时夏比 V 型缺口试样的冲击吸收能量

牌号	质量等级	以下试验温度（℃）的冲击吸收能量 KV_2/J，不小于						
		20	0	-10	-20	-30	-40	-50
S275N S355N S420N S460N	D	31	27	24	20			
	E	40	34	30	27	23	20	16

表 10　热机械轧制钢板的室温拉伸性能

牌号	质量等级	上屈服强度 R_{eH}①/MPa						抗拉强度 R_m①/MPa					断后伸长率 A②/%
		不小于											不小于
		公称厚度/mm						公称厚度/mm					
		≤16	>16 ≤40	>40 ≤63	>63 ≤80	>80 ≤100	>100 ≤120	≤40	>40 ≤63	>63 ≤80	>80 ≤100	>100 ≤120	$L_0 = 5.65\sqrt{S_0}$
S275M	D、E	275	265	255	245	245	240	370~530	360~520	350~510	350~510	350~510	24
S355M	D、E	355	345	335	325	325	320	470~630	450~610	440~600	440~600	430~590	22
S420M	D、E	420	400	390	380	370	365	520~680	500~660	480~640	470~630	460~620	19
S460M	D、E	460	440	430	410	400	385	540~720	530~710	510~690	500~680	490~660	17

① 钢板宽度≥600mm 时，适用于横向试样；对于其他宽度钢板，适用于纵向试样。

② 厚度小于 3mm 时，采用标距长度 $L_0 = 80$mm 试样。断后伸长率由需供双方协商确定。

表 11　热机械轧制钢板纵向 V 型缺口试样的冲击吸收能量

牌号	质量等级	以下试验温度（℃）的冲击吸收能量 KV_2/J，不小于						
		20	0	-10	-20	-30	-40	-50
S275M S355M S420M S460M	D	55	47	43	40①			
	E	63	55	51	47	40	31	27

① -30℃时，冲击吸收能量为 27J。

表 12　热机械轧制横向 V 型缺口试样的冲击吸收能量

牌号	质量等级	以下试验温度（℃）的冲击吸收能量 KV_2/J，不小于						
		20	0	−10	−20	−30	−40	−50
S275M S355M S420M S460M	D	31	27	24	20			
	E	40	34	30	27	23	20	16

表 13　热轧钢板的室温拉伸性能

牌号	上屈服强度 R_{eH}/MPa 不小于 公称厚度/mm				抗拉强度 R_m/MPa	断后伸长率 A/%		
	≤16	>16 ≤40	>40 ≤100	>100 ≤200		$L_0=5.65\sqrt{S_0}$	L_0 = 50mm	L_0 = 200mm
SG245	245	235	215	200	400~510	18	23	20
SG290	290	280			485~620	17	21	19
SG325	325	315	290	275	490~510	17	22	17
SG345	345	345	315		450~620	17	19	17
SG365	365	355	325		520~640	15	19	15
SG415	415	415	415	380	515~690	19	23	18
SG460	460	450	420		570~720	15	19	15

注：1. 钢板宽度大于 600mm 时，取横向试样，否则取纵向试样。
2. 屈服现象不明显时，取 $R_{p0.2}$ 或 $R_{t0.5}$。
3. 对于断后伸长率，只需要测定其中一种。供货方可采用比例试样或固定标距长度试样，除非订货时有所规定。当报告测试值时，应注明试样类型。

表 14　热轧钢板纵向 V 型缺口试样的冲击吸收能量

牌号	质量等级	以下试验温度（℃）的冲击吸收能量 KV_2/J，不小于		最大厚度/mm
		0	−20	
SG245	A	—	—	200
	C	27	—	200
	D	—	27	100
SG290	A	—	—	40
	C	27	—	40
	D	—	27	40
SG325	A	—	—	200
	C	27	—	100
	D	—	27	100

续表 14

牌号	质量等级	以下试验温度（℃）的冲击吸收能量 KV_2/J，不小于		最大厚度/mm
		0	-20	
SG345	A	—	—	150
	C	27	—	150
	D	—	27	150
SG365	A	—	—	100
	C	27	—	100
	D	—	27	100
SG415	A	—	—	150
	C	27	—	150
	D	—	27	150
SG460	A	—	—	100
	C	27	—	100
	D	—	27	100

ISO 630-4：2012 结构钢
第 4 部分：高屈服强度淬火回火结构钢钢板交货技术条件

1　范围

该标准适用于高屈服强度淬火加回火结构钢钢板。钢板由可逆式轧机轧制，在淬火加回火状态下使用，一般用于焊接或栓接结构。

2　牌号与化学成分

2.1　S460Q~S960Q 的化学成分（熔炼分析）应符合表 1 的规定。其碳当量值应符合表 2 的规定。

2.2　SG460Q~SG700Q 的化学成分（熔炼分析）应符合表 3 的规定。其碳当量值应符合表 4 的规定。

表 1　S460Q~S960Q 的化学成分

牌号	质量等级	化学成分（质量分数）/%														
		C	Si	Mn	P	S	N	B	Cr	Cu	Mo	Nb②	Ni	Ti②	V②	Zr②
		不大于														
所有①	D E、F	0.20	0.80	1.70	0.025 0.020	0.015 0.010	0.015	0.0050	1.50	0.50	0.70	0.06	2.0	0.05	0.12	0.15

① 为了达到规定的性能，钢中可以加入一种或几种合金元素，最大含量要求如表中所示。

② 应至少含有 0.015%的细化晶粒元素。Al 是其中一种，酸溶铝 Als 的最小含量为 0.015%，全铝 Alt 的最小含量为 0.018%。

表 2　S460Q~S960Q 的碳当量（基于熔炼分析）

牌号	质量等级	碳当量 CEV（质量分数）/%		
		公称厚度/mm		
		≤50	>50 ≤100	>100 ≤150
		不大于		
S460Q	D、E、F	0.47	0.48	0.50
S500Q	D、E、F	0.47	0.70	0.70
S550Q	D、E、F	0.65	0.77	0.83
S620Q	D、E、F	0.65	0.77	0.83
S690Q	D、E、F	0.65	0.77	0.83
S890Q	D、E、F	0.72	0.82	—
S960Q	D、E	0.82	—	—

注：CEV(%)=C+Mn/6+(Cr+Mo+V)/5+(Ni+Cu)/15。以下同。

表 3　SG460Q~SG700Q 的化学成分

牌号	质量等级	化学成分（质量分数）/%													
		C	Si	Mn	P	S	Cu	Ni	Cr	Mo	V	Nb	Ti	B	Zr
		不大于													
SG460Q	A、C、D	0.18	0.55	1.60	0.035	0.035	①	①	①	①	①	①	①	①	②
SG500Q	A、C、D	0.22	0.55	2.00	0.035	0.04	①	①	①	0.05	0.11	0.05	①	①	②
SG700Q	A、D、E	0.21	0.80	2.00	0.035	0.035	0.50	1.50	2.00	0.60	0.10	0.06	0.10	0.006	0.15

① 无要求。但是应分析这些元素含量并在质量证明书中注明。

② 无要求。

表 4　SG460Q~SG700Q 的碳当量（基于熔炼分析）

牌号	质量等级	碳当量 CEV（质量分数）/%，不大于	
		公称厚度/mm	
		≤50	>50 ≤100
SG460Q	A、C、D	0.44	0.47
SG500Q	A、C、D	0.47	0.50
SG700Q	A、D、E	0.60	0.63

注：对于 SG700Q，可根据供需双方协议。

3　交货状态

钢板以淬火加回火态交货。

4　力学性能

4.1　S460Q~S960Q 的力学性能应符合表 5~表 7 的规定。

4.2　SG460Q~SG700Q 的力学性能应符合表 8 和表 9 的规定。

表 5　S460Q~S960Q 的室温拉伸性能

牌号		上屈服强度 R_{eH}/MPa			抗拉强度 R_m/MPa			断后伸长率 A/%
		不小于						不小于
钢级	质量等级	公称厚度/mm			公称厚度/mm			$L_0=5.65\sqrt{S_0}$
		≥3 ≤50	>50 ≤100	>100 ≤150	≥3 ≤50	>50 ≤100	>100 ≤150	
S460Q	D、E、F	460	440	400	550~720		500~670	17
S500Q	D、E、F	500	480	440	590~770		540~720	17
S550Q	D、E、F	550	530	490	640~820		590~770	16
S620Q	D、E、F	620	580	560	700~890		650~830	15
S690Q	D、E、F	690	650	630	770~940	760~930	710~900	14
S890Q	D、E、F	890	830	—	940~1100	880~1100	—	11
S960Q	D、E	960	—	—	980~1150	—	—	10

注：1. 钢板宽度≥600mm 时，适用于横向试样；对于其他宽度钢板，适用于纵向试样。

2. R_{eH}不明显时，取 $R_{p0.2}$或 $R_{t0.5}$。

表 6　S460Q～S960Q 纵向夏比 V 型缺口试样的冲击吸收能量

牌号		以下试验温度（℃）的冲击吸收能量 KV_2/J，不小于			
钢级	质量等级	0	-20	-40	-60
S460Q	D	40	30	—	—
S500Q					
S550Q					
S620Q					
S690Q					
S890Q					
S960Q					
S460Q	E	50	40	30	—
S500Q					
S550Q					
S620Q					
S690Q					
S890Q					
S960Q					
S460Q	F	60	50	40	30
S500Q					
S550Q					
S620Q					
S690Q					
S890Q					

注：1. 每个质量等级的冲击试验温度取有规定冲击吸收能量的最低温度，除非另有规定。
2. 表中的冲击吸收能量为 3 个试样的算术平均值。允许其中 1 个试样的单个值比表中规定值低，但不得低于规定值的 70%。
3. 钢板厚度小于等于 12mm 但大于等于 6mm 时，应采用小尺寸试样（10mm×7.5mm×55mm 或 10mm×5mm×55mm），尽可能采用较大尺寸的试样，冲击吸收能量最小值可根据试样的横截面面积按比例降低。钢板厚度小于 6mm 时，不做冲击试验。

表 7　S460Q～S960Q 要求横向冲击时横向夏比 V 型缺口试样的冲击吸收能量

牌号		以下试验温度（℃）的冲击吸收能量 KV_2/J，不小于			
钢级	质量等级	0	-20	-40	-60
S460Q	D	30	27	—	—
S500Q					
S550Q					
S620Q					
S690Q					
S890Q					
S960Q					

续表 7

牌　　号		以下试验温度（℃）的冲击吸收能量 KV_2/J，不小于			
钢级	质量等级	0	-20	-40	-60
S460Q	E	35	30	27	—
S500Q					
S550Q					
S620Q					
S690Q					
S890Q					
S960Q					
S460Q	F	40	35	30	27
S500Q					
S550Q					
S620Q					
S690Q					
S890Q					

注：同表 6。

表 8　SG460Q ~ SG700Q 的室温拉伸性能

牌号		上屈服强度 R_{eH}/MPa				抗拉强度 R_m/MPa	断后伸长率 A/%		
		不小于					不小于		
		公称厚度/mm							
钢级	质量等级	≤16	>16 ≤40	>40 ≤100	>100 ≤150		$L_0=5.65\sqrt{S_0}$	$L_0=80$mm	$L_0=200$mm
SG460Q	A、C、D	460	450	420		570 ~ 720	15	20	15
SG500Q	A、C、D	500	500	500		600 ~ 760	17	19	17
SG700Q	A、D、E	690	620	620	620	760 ~ 930	14	16	14

注：1. 钢板宽度大于 600mm 时取横向试样，否则取纵向试样。

2. 屈服现象不明显时，取 $R_{p0.2}$ 或 $R_{t0.5}$。

3. 对于断后伸长率，只需要测定其中一种。供货方可采用比例试样或固定标距长度试样，除非订货时有所规定。当报告测试值时，应注明试样类型。

表 9　SG460Q ~ SG700Q 纵向夏比 V 型缺口试样的冲击吸收能量

牌　号		以下试验温度（℃）的冲击吸收能量 KV_2/J，不小于			最大厚度/mm
钢级	质量等级	0	-20	-40	
SG460Q	A				100
	C	27			100
	D		27		100

续表 9

牌　号		以下试验温度（℃）的冲击吸收能量 KV_2/J，不小于			最大厚度/mm
钢级	质量等级	0	-20	-40	
SG500Q	A				100
	C	27			100
	D		27		100
SG700Q	A				150
	D		27		150
	E			27	150

ISO 630-5：2014 结构钢
第 5 部分：改善耐大气腐蚀性结构钢交货技术条件

1　范围

该标准适用于一般结构用改善耐大气腐蚀性的结构钢，包括可逆式轧机轧制的钢板、宽扁平材、热轧型钢和棒材，一般用于焊接或栓接结构。

2　牌号与化学成分

钢的牌号和化学成分（熔炼分析）应符合表 1 或表 2 的规定。

3　交货状态

钢板以热轧态、正火轧制、正火、热机械轧制或淬火回火态交货。

4　力学性能

4.1　室温拉伸性能应符合表 3 或表 4 的规定。

4.2　冲击性能应符合表 5 或表 6 的规定。

表 1　化学成分

牌号	质量等级	脱氧方法①	化学成分（质量分数）/%									
			C	Si	Mn	P	S	N	固 N 元素②	Cr	Cu	其他
			不大于			不大于						
S235W	C	FN	0.13	0.40	0.20~0.60	0.035	0.035	0.009③⑥	—	0.40~0.80	0.25~0.55	④
	D	FF	0.13	0.40	0.20~0.60	0.035	0.030	—	有	0.40~0.80	0.25~0.55	④
S355W	C	FN	0.16	0.50	0.50~1.50	0.035	0.035	0.009③⑥	—	0.40~0.80	0.25~0.55	④⑤
	D	FF	0.16	0.50	0.50~1.50	0.030	0.030	—	有	0.40~0.80	0.25~0.55	④⑤
	D1	FF	0.16	0.50	0.50~1.50	0.030	0.030	—	有	0.40~0.80	0.25~0.55	④⑤
S355WP	C	FN	0.12	0.75	≤1.0	0.06~0.15	0.035	0.009⑥	—	0.30~1.25	0.25~0.55	④
	D	FF	0.12	0.75	≤1.0	0.06~0.15	0.030	—	有	0.30~1.25	0.25~0.55	④

注：对于 S235，碳当量 CEV(%)≤0.44%；对于 S355，CEV(%)≤0.52%。

CEV(%)=C+Mn/6+(Cr+Mo+V)/5+(Ni+Cu)/15。

① FN—不允许沸腾钢；FF—完全镇静钢。

② 钢中应至少含有下列元素中的一种：w(Alt)≥0.020%，w(Nb)=0.015%~0.060%，w(V)=0.02%~0.12%，w(Ti)=0.02%~0.10%。如果这些元素组合加入，应保证其中至少一种不小于规定含量的下限。

③ 允许 N 含量超过上限值。N 含量比规定的上限值每增加 0.001%，则 P 含量比规定的上限值降低 0.005%；N 含量的熔炼分析不能高于 0.012%。

④ 钢中可含 Ni，w(Ni)≤0.65%。

⑤ 钢中可含 Mo、Zr，w(Mo)≤0.65%，w(Zr)≤0.15%。

⑥ 如果钢中有不小于 0.02%的全 Al 含量或其他足够的固 N 元素，则规定的 N 含量最大值不适用。固氮元素应在质量证明书中注明。

表 2　化学成分

牌号①	质量等级	化学成分（质量分数）/%											
		C	Si	Mn	P	S	Cr	Cu	Ni	Mo	V	N	B
		不大于		不大于								不大于	
SG245W1	A~C	0.18	0.15~0.65	1.25	0.035	0.035	0.45~0.75	0.30~0.50	0.05~0.30	—	—	—	—
SG245W2	A~C	0.18	≤0.55	1.25	0.035	0.035	0.30~0.55	0.20~0.35	—	—	—	—	—
SG345W	A~D	0.20	0.15~0.65	0.75~1.35	0.040	0.05	0.40~0.70	0.20~0.40	≤0.50	—	0.01~0.10	—	—
SG345WP②	A~D	0.15	—	1.00	0.150	0.05	—	≤0.20	—	—	—	—	—
SG365W1	A~C	0.18	0.15~0.65	1.40	0.035	0.035	0.45~0.75	0.30~0.50	0.05~0.30	—	—	—	—
SG365W2	A~C	0.18	≤0.55	1.40	0.035	0.035	0.30~0.55	0.20~0.35	—	—	—	—	—
SG400W	B	0.15	0.15~0.55	2.00	0.020	0.006	0.45~0.75	0.30~0.50	0.05~0.30	—	—	0.006	—
SG460W1	C	0.18	0.15~0.65	1.40	0.035	0.035	0.45~0.75	0.30~0.50	0.05~0.30	—	—	—	—
SG460W2	C	0.18	≤0.55	1.40	0.035	0.035	0.30~0.55	0.20~0.35	—	—	—	—	—
SG500W	C	0.11	0.15~0.55	2.00	0.020	0.006	0.45~0.75	0.30~0.50	0.05~0.30	—	—	0.006	—
SG700W	D	0.11	0.15~0.55	2.00	0.015	0.006	0.45~1.20	0.30~1.50	0.05~2.00	≤0.60	≤0.05	0.006	0.005

① 钢中应至少含有下列元素中的一种：$w(Alt) \geq 0.020\%$，$w(Nb)=0.015\% \sim 0.060\%$，$w(V)=0.02\% \sim 0.12\%$，$w(Ti)=0.02\% \sim 0.10\%$。如果这些元素组合加入，应保证其中至少一种不小于规定含量的下限。

② 基于钢的熔炼分析成分计算的耐大气腐蚀指数应大于等于 6.0（参见 ASTM G101—基于 Larabee 和 Coburn 数据的预测方法）。

表 3　室温拉伸性能

牌号	质量等级	上屈服强度 R_{eH}①/MPa						抗拉强度 R_m①/MPa			试样方向	断后伸长率①/%						
		不小于										不小于						
												A_{80mm}			A_5			
		公称厚度/mm						公称厚度/mm				公称厚度/mm			公称厚度/mm			
		≤16	>16 ≤40	>40 ≤63	>63 ≤80	>80 ≤100	>100 ≤150	<3	≥3 ≤100	>100 ≤150		>1.5 ≤2	>2 ≤2.5	>2.5 <3	>3 ≤40	>40 ≤63	>63 ≤100	>100 ≤150
S235W S235W	C D	235	225	215	215	215	195	360~510	360~510	350~500	纵向 横向	19 17	20 18	21 19	26 24	25 23	24 22	22 22
S355W S355W S355W	C D D1	355	345	335	325	315	295	510~680	470~630	450~600	纵向 横向	16 14	17 15	18 16	22 20	21 19	20 18	18 18

续表 3

牌号	质量等级	上屈服强度 R_{eH}①/MPa						抗拉强度 R_m①/MPa			试样方向	断后伸长率①/%						
		不小于										不小于						
												A_{80mm}			A_5			
		公称厚度/mm						公称厚度/mm				公称厚度/mm			公称厚度/mm			
		≤16	>16 ≤40	>40 ≤63	>63 ≤80	>80 ≤100	>100 ≤150	<3	≥3 ≤100	>100 ≤150		>1.5 ≤2	>2 ≤2.5	>2.5 <3	>3 ≤40	>40 ≤63	>63 ≤100	>100 ≤150
S355WP	C	355	345					510~680	470~630②	—	纵向	16	17	18	22②	—	—	—
S355WP	D										横向	14	15	16	20	—	—	—

① 对于宽度大于等于 600mm 的钢板和宽扁平材产品，取横向试样；其他所有产品，取纵向试样。

② 对于钢板，适用至 12mm；对于宽扁平材产品，适用至 40mm。

表 4 室温拉伸性能

牌号	质量等级	上屈服强度 R_{eH}/MPa						抗拉强度 R_m/MPa						断后伸长率/%		
		不小于												不小于		
		公称厚度/mm						公称厚度/mm								
		≤16	>16 ≤40	>40 ≤65	>65 ≤100	>100 ≤125	>125 ≤200	≤16	>16 ≤40	>40 ≤65	>65 ≤100	>100 ≤125	>125 ≤200	A_5	A_{50mm}	A_{200mm}
SG245W1	A~C	245	235	215	215	205	195	400~540	400~540	400~540	400~540	400~540	400~540	18	23	17
SG245W2	A~C	245	235	215	215	205	195	400~540	400~540	400~540	400~540	400~540	400~540	18	23	17
SG345W	A~D	345	345	345	345	315	290	≤485	≤485	≤485	≤485	≤460	≤435	17	21	18
SG345WP	A~D	345	315	290	290	—	—	≤480	≤460	≤435	≤435	—	—	15	18	21
SG365W1	A~C	365	355	335	325	305	295	490~610	490~610	490~610	490~610	490~610	490~610	17	21	15
SG365W2	A~C	365	355	335	325	305	295	490~610	490~610	490~610	490~610	490~610	490~610	17	21	15
SG400W	B	400	400	400	400	—	—	490~640	490~640	490~640	490~640	—	—	17	21	15
SG460W1	C	460	450	430	420	—	—	570~720	570~720	570~720	570~720	—	—	16	20	—
SG460W2	C	460	450	430	420	—	—	570~720	570~720	570~720	570~720	—	—	16	20	—
SG500W	C	500	500	500	500	—	—	570~720	570~720	570~720	570~720	—	—	16	20	—
SG700W	D	700	700	700	—	—	—	780~930	780~930	780~930	—	—	—	14	16	—

注：1. 钢板宽度大于 600mm 时，取横向试样，否则取纵向试样。

2. 屈服现象不明显时，取 $R_{p0.2}$ 或 $R_{t0.5}$。

3. 对于断后伸长率，只需选择其中之一。除非订货方规定，供货方可以选择比例试样或固定标距长度试样。报告测量值时，应注明试样类型。

表 5　纵向夏比 V 型缺口试样冲击性能

牌号	质量等级	试验温度/℃	冲击吸收能量 $KV_2$①/J，不小于
S235W	C	0	27
	D	-20	27
S355W	C	0	27
	D	-20	27
	D1③	-20	40②
S355WP	C	0	27
	D	-20	27

① 钢板厚度小于等于 12mm 但大于等于 6mm 时，应采用小尺寸试样（10mm×7.5mm×55mm 或 10mm×5mm×55mm），尽可能采用较大尺寸的试样，冲击吸收能量最小值可根据试样的横截面面积按比例降低。钢板厚度小于 6mm 时，不做冲击试验。

② 此值对应于-30℃下的 27J。

③ D1 的冲击吸收能量最小值要求高于 D。

表 6　纵向夏比 V 型缺口试样冲击性能

牌号	质量等级	以下试验温度（℃）的冲击吸收能量 KV_2/J，不小于		
		-20℃	0℃	20℃
SG245W1 SG245W2 SG345W SG345WP SG365W1 SG365W2 SG400W SG460W1 SG460W2 SG500W SG700W	A	—	—	—
	B	—	—	27
	C	—	27	—
	D	27	—	—

ISO 630-6：2014 结构钢
第 6 部分：建筑用抗震结构钢交货技术条件

1 范围

该标准适用于抗震结构钢，包括厚度为 6~125mm 的钢板、宽扁平材以及翼缘厚度至 140mm 的热轧型钢，产品在交货状态下使用，一般用于焊接或栓接结构。

2 牌号与化学成分

2.1 钢的牌号和化学成分（熔炼分析）应符合表 1 的规定。

2.2 碳当量（CEV）应符合表 2 的规定。经供需双方同意，可用焊接裂纹敏感性指数（Pcm）代替碳当量，其值应符合表 3 的规定。

2.3 热机械轧制钢板的碳当量符合表 4 的规定。经供需双方同意，可用焊接裂纹敏感性指数代替碳当量，其值应符合表 5 的规定。

表 1 化学成分

牌号	厚度 t/mm	化学成分（质量分数）/%									
		C	Si	Mn	P	S	Cu	Ni	Cr	Mo	Nb+V+Ti
		不大于			不大于						
SA235	$6 \leqslant t < 50$ $50 \leqslant t \leqslant 140$	0.20 0.22	0.35	0.50~1.50	0.030	0.045	0.60	0.45	0.35	0.15	0.15
SA325	$6 \leqslant t < 50$ $50 \leqslant t \leqslant 140$	0.18 0.20	0.55	0.50~1.65	0.030	0.045	0.60	0.45	0.35	0.15	0.15
SA345	$6 \leqslant t < 50$ $50 \leqslant t \leqslant 140$	0.23	0.55	0.50~1.65	0.030	0.045	0.60	0.45	0.35	0.15	0.15
SA440	$6 \leqslant t < 50$ $50 \leqslant t \leqslant 140$	0.18 0.20	0.55	0.50~1.65	0.030	0.045	0.60	0.45	0.35	0.15	0.15

注：1. 经供需双方同意，可对合金元素含量另作限制。

2. 经供需双方同意，可采用更低的硫含量最大值。

表 2 碳当量（基于熔炼分析）

牌号	碳当量 CEV（质量分数）/%，不大于	
	公称厚度/mm	
	$t \leqslant 50$	$50 < t \leqslant 140$
SA235	0.35	0.35
SA325	0.46	0.48
SA345	0.45	0.47
SA440	0.47	0.49

注：$CEV(\%) = C + Mn/6 + (Cr + Mo + V)/5 + (Ni + Cu)/15$。

表 3　焊接裂纹敏感性指数（基于熔炼分析）

牌号	焊接裂纹敏感性指数 Pcm（质量分数）/%
	不大于
SA235	0.26
SA325	0.29
SA345	0.28
SA440	0.30

注：Pcm(%)＝C+Si/30+Mn/20+Cu/20+Ni/60+Cr/20+Mo/15+V/10+5B。

表 4　热机械轧制钢板的碳当量（基于熔炼分析）

牌号	碳当量 CEV（质量分数）/%，不大于	
	公称厚度/mm	
	$t \leqslant 50$	$50 < t \leqslant 140$
SA325	0.37	0.39
SA345	0.39	0.39
SA440	0.44	0.47

表 5　热机械轧制钢板的焊接裂纹敏感性指数（基于熔炼分析）

牌号	焊接裂纹敏感性指数 Pcm（质量分数）/%	
	不大于	
	公称厚度/mm	
	$t \leqslant 50$	$50 < t \leqslant 140$
SA325	0.24	0.26
SA345	0.26	0.26
SA440	0.28	0.30

3　交货状态

除 SA440 之外的产品通常以热轧状态交货；除非另有协议，允许供货方以热轧、正火轧制、正火或淬火回火态交货，不允许以热机械轧制态交货。SA440 一般采用淬火加回火或热机械轧制工艺生产。若供需双方同意，热机械轧制适用于任何牌号。

4　力学性能

4.1　拉伸性能应符合表 6 的规定。

4.2　冲击性能应符合表 7 的规定。

4.3　钢板厚度大于等于 16mm 时，经供需双方协议，厚度方向性能应符合 ISO 7778 中 Z25 级别的要求。

表 6　拉伸性能

牌号	上屈服强度 R_{eH}/MPa				抗拉强度 R_m/MPa	屈强比/% 不大于				断后伸长率 A/% 不小于
	公称厚度/mm					公称厚度/mm				$L_0=5.65\sqrt{S_0}$
	≥6 <12	≥12 <16	≥16 <40	≥40 ≤140		≥6 <12	≥12 <16	≥16 <40	≥40 ≤140	
SA235	235~355	235~355	235~355	215~335	400~510	—	80	80	80	21
SA325	325~445	325~445	325~445	295~415	490~610	—	80	80	80	20
SA345	345~450	345~450	345~450	345~450	≥450	85	85	85	85	19
SA440	460~580	460~580	440~560	420~540	520~700	90	90	90	90	16

注：1. 钢板宽度≥600mm 时，适用于横向试样；对于其他宽度钢板，适用于纵向试样。

2. 屈服现象不明显时，取 $R_{p0.2}$或 $R_{t0.5}$。

3. 经供需双方同意，可对屈强比另作规定。

表 7　纵向夏比 V 型缺口试样的冲击吸收能量

牌号	质量等级	试验温度/℃	冲击吸收能量 KV_2/J，不小于
SA235	C，C+	0	27
SA325			
SA345			
SA440			

ISO 4950-2：1995/Amd. 1：2003 高屈服强度钢板及宽扁平材 第 2 部分：按正火或控制轧制态交货的钢板和宽扁平材

1　范围

该标准适用于厚度范围 3~150mm、以正火或控制轧制态供货的热轧钢板和宽扁平材。钢板厚度小于等于 16mm 时，最小屈服强度为 355~460MPa。

2　牌号与化学成分

钢的熔炼分析应符合表 1 的规定。

表 1　化学成分

牌号	质量等级	化学成分（质量分数）/%①												
		C	Mn②	Si	P	S	Nb③	V③	Alt③	Ti③	Cr	Ni	Mo	Cu④
		≤		≤	≤	≤			≥		≤	≤	≤	≤
E355	DD	0.18	0.9~1.6	0.50	0.030	0.030	0.015~0.060	0.02~0.10	0.020	0.02~0.20	0.25	0.30	0.10	0.35
	E	0.18	0.9~1.6	0.50	0.025	0.025	0.015~0.060	0.02~0.10	0.020	0.02~0.20	0.25	0.30	0.10	0.35
E460	CC	0.20	1.0~1.7	0.50	0.040	0.040	0.015~0.060	0.02~0.10	0.020	0.02~0.20	0.70	1.0	0.40	0.70
	DD	0.20	1.0~1.7	0.50	0.030	0.030	0.015~0.060	0.02~0.10	0.020	0.02~0.20	0.70	1.0	0.40	0.70
	E	0.20	1.0~1.7	0.50	0.025	0.025	0.015~0.060	0.02~0.10	0.020	0.02~0.20	0.70	1.0	0.40	0.70

① 化学成分影响焊接性能。若订货方要求，在订货时供货方应注明所提供钢的种类、钢中合金元素的最大含量及范围。

② 钢板厚度小于等于 6mm 时，允许 Mn 含量的最小值比规定值低 0.2%。

③ 钢中应至少含有表中所列晶粒细化元素的一种；若这些元素组合添加，应保证其中至少一种不小于规定含量的下限。

④ 由供需双方协议，Cu 的最大含量可以为 0.3%。

3　交货状态

钢板以正火或正火加回火交货；或等同于正火的控制轧制态交货。

4　力学性能

拉伸性能应符合表 2 的规定。

表 2　拉伸性能①

牌号	质量等级	屈服强度 R_{eH} 或 $R_{p0.2}$/MPa							抗拉强度 R_m②/MPa				断后伸长率 A/%	冲击吸收能量 $KV_2$③④/J					
		公称厚度 t/mm												0℃		-20℃		-50℃	
		t≤16	16<t≤35	35<t≤50	50<t≤70	70<t≤100	100<t≤125	125<t≤150	t≤70	70<t≤100	100<t≤125	125<t≤150		纵向	横向	纵向	横向	纵向	横向
		不小于											不小于	不小于					
E355	DD	355	345	335	325	305	295	285	470~630	450~610	440~600	430~590	22			39	21		
	E	355	345	335	325	305	295	285	470~630	450~610	440~600	430~590	22					27	16

续表 2

牌号	质量等级	屈服强度 R_{eH} 或 $R_{p0.2}$/MPa							抗拉强度 $R_m^{②}$/MPa				断后伸长率 A/%	冲击吸收能量 $KV_2$③④/J					
		公称厚度 t/mm																	
		t≤16	16<t≤35	35<t≤50	50<t≤70	70<t≤100	100<t≤125	125<t≤150	t≤70	70<t≤100	100<t≤125	125<t≤150		0℃		-20℃		-50℃	
														纵向	横向	纵向	横向	纵向	横向
		不小于											不小于	不小于					
E460	CC	460	450	440	420	—	—	—	550~720	—	—	—	17	39	—				
	DD	460	450	440	420	400	390	380	550~720	530~700	520~690	510~680	17			39	21		
	E	460	450	440	420	400	390	380	550~720	530~700	520~690	510~680	17					27	16

① 拉伸试样取横向。

② 对于宽带钢，仅抗拉强度范围的最小值适用。

③ 冲击吸收能量为三个试样的平均值。单个值不得低于规定最小平均值的 70%。

④ 规定了纵向（L）和横向（T）的冲击吸收能量。除非订货时注明，检验时采用纵向试样。

ISO 4950-3：1995/Amd. 1：2003 高屈服强度钢板及宽扁平材 第 3 部分：按热处理（淬火加回火）态交货的钢板和宽扁平材

1　范围

该标准适用于厚度范围 3～70mm 且宽度大于等于 600mm、以淬火回火态交货的的热轧钢板和宽扁平材。钢板厚度小于等于 50mm 时，最小屈服强度为 460～690MPa；钢板厚度为 50～70mm 时，最小屈服强度为 440～670MPa。

2　牌号与化学成分

钢的熔炼分析应符合表 1 的规定。

表 1　化学成分

牌号	质量等级	化学成分（质量分数）/%					
		C	Mn	Si	P	S	其　他
		不大于			不大于		
E460	DD	0.20	0.7～1.7	≤0.55	0.035	0.035	根据厚度和生产工艺，生产方可以添加下面所列合金元素的一种或几种： w(Ni)≤2%　w(Ti)≤0.20%①　w(N)≤0.020% w(Cr)≤2%　w(Nb)≤0.060%①　w(Bt)≤0.005% w(Cu)≤1.5%　w(V)≤0.10%①② w(Mo)≤1%　w(Zr)≤0.15%① 生产方应注明钢的种类及合金元素含量的范围
	E	0.20	0.7～1.7	≤0.55	0.030	0.030	
E550	DD	0.20	≤1.7	0.10～0.80	0.035	0.035	
	E	0.20	≤1.7	0.10～0.80	0.030	0.030	
E690	DD	0.20	≤1.7	0.10～0.80	0.035	0.035	
	E	0.20	≤1.7	0.10～0.80	0.030	0.030	

① 钢中至少含有一种晶粒细化元素，或者加入铝，全铝的最小含量为 0.020%。

② 无去应力处理时，允许最大含量为 0.20%。

3　交货状态

钢板以淬火加回火态交货。

4　力学性能

力学性能应符合表 2 的规定。

表 2　力学性能（t≤70mm）①

牌号	质量等级	屈服强度 R_{eH} 或 $R_{p0.2}$/MPa		抗拉强度 R_m/MPa	断后伸长率 A/%	冲击吸收能量 KV_2/J②	
		t≤50mm	50mm<t≤70mm			-20℃	-50℃
		不小于			不小于	不小于	
E460	DD	460	440	570～720	17	39	27
	E	460	440	570～720	17		
E550	DD	550	530	650～830	16	39	27
	E	550	530	650～830	16		
E690	DD	690	670	770～940	14	39	27
	E	690	670	770～940	14		

① 拉伸试样取横向。

② 冲击吸收能量为三个试样的平均值。单个值不得低于规定最小平均值的 70%。

ISO 4996：2014 结构级高屈服应力热轧薄钢板

1　范围

该标准适用于应用微合金化元素的结构级高屈服应力热轧薄钢板。钢板厚度 1.6~6mm，宽度大于等于 600mm，以板卷或定尺交货。通常在交货状态下使用，主要用于有特殊力学性能要求的栓接、铆接或焊接结构。

2　牌号与化学成分

钢的熔炼分析应符合表 1 及表 2 的规定。

表 1　化学成分

牌号	化学成分（质量分数）/%				
	C	Mn	Si	P	S
	不大于				
HS355	0.20	1.60	0.50	0.035	0.035
HS390	0.20	1.60	0.50	0.035	0.035
HS420	0.20	1.70	0.50	0.035	0.035
HS460	0.20	1.70	0.50	0.035	0.035
HS490	0.20	1.70	0.50	0.035	0.035

注：钢中应至少含有符合下列含量要求的一种微合金元素：$w(Ti) \leq 0.1\%$，$w(Nb) \leq 0.08\%$，$w(V) \leq 0.10\%$；$w(Ti+Nb+V) \leq 0.22\%$；w(Nb、V、Ti)$\geq 0.005\%$。

表 2　对合金元素含量的限制

元素①	化学成分（质量分数）/%	
	熔炼分析	成品分析
	不大于	
Cu②	0.20	0.23
Ni②	0.20	0.23
Cr②③	0.15	0.19
Mo②③	0.06	0.07

① 熔炼分析报告应包含表中所列的每种元素。当 Cu、Ni、Cr 或 Mo 的含量小于 0.02%时，报告中可用“<0.02%”表示。

② Cu+Ni+Cr+Mo 总含量的熔炼分析值应不超过 0.5%。当对其中一种或几种作出限定时，则对总含量的限制不适用；此时，只对除限定元素外的其他元素适用。

③ Cr+Mo 总含量的熔炼分析值应不超过 0.16%。当对其中一种或几种作出限定时，则对总含量的限制不适用；此时，只对除限定元素外的其他元素适用。

3　交货状态

钢板以热轧状态交货。

4　力学性能

力学性能应符合表 3 的规定。

表 3　力学性能

<table>
<tr><td rowspan="3">牌号</td><td rowspan="3">屈服强度
R_e/MPa</td><td rowspan="3">抗拉强度
R_m/MPa</td><td colspan="4">断后伸长率 A/%</td></tr>
<tr><td colspan="2">t<3mm</td><td colspan="2">3mm≤t≤6mm</td></tr>
<tr><td>$L_0=50$mm</td><td>$L_0=80$mm</td><td>$L_0=5.65\sqrt{S_0}$</td><td>$L_0=50$mm</td></tr>
<tr><td></td><td>不小于</td><td>不小于</td><td colspan="4">不小于</td></tr>
<tr><td>HS355</td><td>355</td><td>430</td><td>18</td><td>16</td><td>22</td><td>21</td></tr>
<tr><td>HS390</td><td>390</td><td>460</td><td>16</td><td>14</td><td>20</td><td>19</td></tr>
<tr><td>HS420</td><td>420</td><td>490</td><td>14</td><td>12</td><td>19</td><td>18</td></tr>
<tr><td>HS460</td><td>460</td><td>530</td><td>12</td><td>10</td><td>17</td><td>16</td></tr>
<tr><td>HS490</td><td>490</td><td>570</td><td>10</td><td>8</td><td>15</td><td>14</td></tr>
</table>

注：1. 拉伸试样取横向。

2. 对于屈服强度 R_e，既可以规定 R_{eH}，也可以规定 R_{eL}。屈服现象不明显时，取 $R_{t0.5}$或 $R_{p0.2}$。

ISO 5951：2013 改善成形性能的高屈服强度热轧薄钢板

1　范围

该标准适用于改进成形性能的高屈服强度热轧薄钢板。钢板厚度 1.0~6.0mm，宽度大于等于 600mm，以板卷或定尺供货。通常在交货状态下使用，主要用于要求良好成形性能的构件。

2　牌号与化学成分

钢的熔炼分析应符合表 1 及表 2 的规定。

表 1　化学成分

化学成分（质量分数）/%			
C	Mn	P	S
不大于			
0.15	1.65	0.025	0.030

注：1. 硫化物夹杂的形态会对产品的冷成形性能产生影响，生产方可以通过添加特定的合金元素如 Ce 或 Ca 改善夹杂物形态，或者选择非常低的硫含量。

2. 钢中应含有微合金化元素 V、Nb、Ti 中的一种或几种，也可以含有其他合金元素。

表 2　对合金元素含量的限制

元素	化学成分（质量分数）/%	
	熔炼分析	产品分析
	不大于	
Cu	0.20	0.23
Ni	0.20	0.23
Cr	0.15	0.19
Mo	0.06	0.07

3　交货状态

钢板以热轧态交货。

4　力学性能

力学性能应符合表 3 的规定。

表 3　力学性能

牌号	屈服强度 R_e/MPa	抗拉强度 R_m/MPa	断后伸长率 A/%			
			$e<3$mm		$3mm \leqslant e \leqslant 6mm$	
			$L_0=50mm$	$L_0=80mm$	$L_0=5.65\sqrt{S_0}$	$L_0=50mm$
	不小于	不小于	不小于			
HSF325	325	410	22	20	25	24
HSF355	355	420	21	19	24	23

续表 3

牌号	屈服强度 R_e/MPa	抗拉强度 R_m/MPa	断后伸长率 A/%			
			$e<3$mm		3mm$\leqslant e \leqslant$6mm	
			$L_0=50$mm	$L_0=80$mm	$L_0=5.65\sqrt{S_0}$	$L_0=50$mm
	不小于	不小于	不小于			
HSF420	420	480	18	16	21	20
HSF490	490	540	15	13	18	17
HSF560	560	610	12	10	15	14

注：1. 拉伸试样取横向。

2. 对于屈服强度 R_e，既可以规定 R_{eH}，也可以规定 R_{eL}。屈服现象不明显时，取 $R_{t0.5}$或 $R_{p0.2}$。

ISO 6930：2019 冷成形用高屈服强度钢板及宽扁平材—交货条件

1　范围

该标准适用于冷成形用可焊接高屈服强度钢板及宽扁平材。表 1 和表 2 规定牌号的钢板厚度不大于 20mm，表 3 规定牌号的钢板厚度范围 4~50mm。

2　牌号与化学成分

钢的牌号和化学成分（熔炼分析）应分别符合表 1~表 3 的规定。

表 1　正火和正火轧制钢的化学成分

牌号	化学成分（质量分数）/%								
	C	Mn	Si	P	S①	Alt②	Nb③	V③	Ti③
	不大于					不小于	不大于		
S260NC	0.16	1.20	0.50	0.025	0.020	0.015	0.09	0.10	0.15
S315NC	0.16	1.40	0.50	0.025	0.020	0.015	0.09	0.10	0.15
S355NC	0.18	1.60	0.50	0.025	0.015	0.015	0.09	0.10	0.15
S420NC	0.20	1.60	0.50	0.025	0.015	0.015	0.09	0.10	0.15

① 经供需双方同意，$w(S) \leqslant 0.010\%$（熔炼分析）。
② 经供需双方同意，有足够的其他晶粒细化元素时，全铝含量最小值不适用。
③ $w(Nb+V+Ti) \leqslant 0.22\%$。

表 2　热机械轧制钢的化学成分

牌号	化学成分（质量分数）/%										
	C	Mn	Si	P	S	Alt③	Nb	V	Ti	Mo	B
	不大于					不小于	不大于				
S315MC	0.12	1.30	0.50	0.025	0.020①	0.015	0.09②	0.20②	0.15②	—	—
S355MC	0.12	1.50	0.50	0.025	0.020①	0.015	0.09②	0.20②	0.15②	—	—
S420MC	0.12	1.60	0.50	0.025	0.015①	0.015	0.09②	0.20②	0.15②	—	—
S460MC	0.12	1.60	0.50	0.025	0.015①	0.015	0.09②	0.20②	0.15②	—	—
S500MC	0.12	1.70	0.50	0.025	0.015①	0.015	0.09②	0.20②	0.15②	—	—
S550MC	0.12	1.80	0.50	0.025	0.015①	0.015	0.09②	0.20②	0.15②	—	—
S600MC	0.12	1.90	0.50	0.025	0.015①	0.015	0.09②	0.20②	0.22②	0.50	0.005
S650MC	0.12	2.00	0.60	0.025	0.015①	0.015	0.09②	0.20②	0.22②	0.50	0.005
S700MC	0.12	2.10	0.60	0.025	0.015①	0.015	0.09②	0.20②	0.22②	0.50	0.005
S900MC	0.20	2.20	0.60	0.025	0.010	0.015	0.09	0.20	0.25	1.00	0.005
S960MC	0.20	2.20	0.60	0.025	0.010	0.015	0.09	0.20	0.25	1.00	0.005

① 经供需双方同意，$w(S) \leqslant 0.010\%$（熔炼分析）。
② $w(Nb+V+Ti) \leqslant 0.22\%$。
③ 经供需双方同意，有足够的其他晶粒细化元素时，全铝含量最小值不适用。

表 3　S345~S690 钢的化学成分

牌号	化学成分（质量分数）/%							
	C①	Mn①	Si	P	S	Nb②③	V②③	Ti②③
	不大于							
S345	0.18	1.65	0.60	0.025	0.030	0.10	0.15	0.15
S415	0.18	1.65	0.60	0.025	0.030	0.10	0.15	0.15
S485	0.18	1.65	0.60	0.025	0.030	0.10	0.15	0.15
S550	0.18	1.65	0.60	0.025	0.030	0.10	0.15	0.15
S690	0.18	1.65	0.60	0.025	0.030	0.10	0.15	0.15

① C 含量比规定的上限值每降低 0.01%，允许 Mn 含量比规定的上限值增加 0.06%，对于 S345、S415 和 S485，最高可到 1.75%，对于 S550，最高可到 1.90%，对于 S690，最高可到 2.10%。

② Nb 和 V 的含量应符合下列要求之一：（1） $w(\mathrm{Nb})=0.008\%\sim0.10\%$，$w(\mathrm{V})<0.008\%$；（2） $w(\mathrm{Nb})<0.008\%$，$w(\mathrm{V})=0.008\%\sim0.15\%$；（3） $w(\mathrm{Nb})=0.008\%\sim0.10\%$，$w(\mathrm{V})=0.008\%\sim0.15\%$，且 $w(\mathrm{Nb+V})\leqslant0.20\%$。

③ $0.008\%\leqslant w(\mathrm{Nb+V+Ti})\leqslant0.20\%$。

3　交货状态

表 1 规定的牌号 S260NC~S420NC 以正火或正火轧制态交货。

表 2 规定的牌号 S315MC~S960MC 以热机械轧制状态交货。

表 3 规定的牌号 S345~S690 以热轧、正火或热机械轧制状态交货。

4　力学性能

室温力学性能要求分别见表 4~表 6。

根据供需双方协议，公称厚度大于等于 6mm 的产品应进行冲击试验（仅适用于表 4、表 5 各牌号）。基于全尺寸试样（10mm×10mm），满足试验温度为-20℃时，冲击吸收能量平均值（KV_2）不小于 40J，或者试验温度为-40℃时，冲击吸收能量平均值不小于 27J。如果产品厚度不足以制备全尺寸试样，可以采用小厚度尺寸试样，冲击吸收能量要求值可按比例降低。

表 4　正火和正火轧制钢的力学性能

牌号	厚度 /mm	上屈服强度 R_{eH}/MPa①	抗拉强度 R_m/MPa①	断后伸长率 A/%①	180°弯曲②③ 最小压头直径
		不小于		不小于 公称厚度≥4mm $L_0=5.65\sqrt{S_0}$	
S260NC	≤20	260	370~490	30	0t
S315NC		315	430~550	27	0.5t
S355NC		355	470~610	25	0.5t
S420NC		420	530~670	23	0.5t

注：屈服现象不明显时，取 $R_{p0.2}$。

① 钢板宽度大于等于 600mm，拉伸试样取横向；钢板宽度小于 600mm，拉伸试样取纵向。

② 弯曲试样取横向。

③ t 为弯曲试样的厚度，mm。

表 5　热机械轧制钢的力学性能

牌号	厚度 /mm	上屈服强度 R_{eH}/MPa①	抗拉强度 R_m/MPa①	断后伸长率 A/%①	180°弯曲②③ 最小压头直径
		不小于		不小于	
				公称厚度≥4mm $L_0=5.65\sqrt{S_0}$	
S315MC	≤20	315	390~510	24	0t
S355MC	≤20	355	430~550	23	0.5t
S420MC	≤20	420	480~620	19	0.5t
S460MC	≤20	460	520~670	17	1t
S500MC	≤16	500	550~700	14	1t
S550MC	≤16	550	600~760	14	1.5t
S600MC	≤16	600	650~820	13	1.5t
S650MC	≤16	650④	700~880	12	2t
S700MC	≤16	700④	750~950	12	2t
S900MC	≤10	900	930~1200	8	8t
S960MC	≤10	960	980~1250	7	9t

注：屈服现象不明显时，取 $R_{p0.2}$。

① 拉伸试样取纵向。

② 弯曲试样取横向。

③ t 为弯曲试样的厚度，mm。

④ 厚度大于 8mm 时，屈服强度最小值可降低 20MPa。

表 6　S345~S690 钢的力学性能

牌号	最大厚度/mm	上屈服强度 R_{eH}/MPa	抗拉强度 R_m/MPa	断后伸长率 A/%	
				$L_0=5.65\sqrt{S_0}$	$L_0=200$mm
		不小于			
S345	50	345	415	27	20
S415	40	415	485	24	17
S485	25	485	550	22	14
S550	25	550	620	18	12
S690	15	690	760	18	12

注：屈服现象不明显时，取 $R_{p0.2}$。

ISO 14590：2016 改善成形性能的高抗拉强度低屈服强度冷轧薄钢板

1　范围

该标准适用于两种类型的冷轧钢板，类型 1 钢板只要求力学性能，类型 2 钢板既要求力学性能，也要求化学成分。钢板厚度 0.25～3.2mm，宽度大于等于 600mm，以板卷或定尺交货。

2　牌号与化学成分

钢的熔炼分析应符合表 1 和表 2 的规定。

表 1　化学成分

牌号	化学成分（质量分数）/%				
	C	Si	Mn	P	S
	不大于				
SS220	0.10	0.50	1.00	0.100	0.030
SS260	0.10	0.50	1.50	0.120	0.030
SS300	0.15	0.50	1.50	0.140	0.030
DP250	0.10	0.70	2.00	0.030	0.030
DP280	0.12	0.70	2.50	0.030	0.030
DP300	0.14	1.40	2.00	0.080	0.030
DP350	0.14	1.40	2.50	0.100	0.030
DP400	0.18	1.40	2.50	0.030	0.030
DP600	0.20	1.40	3.00	0.030	0.030
BH180	0.04	0.50	0.70	0.060	0.030
BH220	0.08	0.50	0.70	0.080	0.030
BH260	0.08	0.50	0.70	0.100	0.030
BH300	0.10	0.50	0.70	0.120	0.030

注：1. 钢中可以加入微合金化元素。
2. SS—结构钢，DP—双相钢，BH—烘烤硬化钢。

表 2　对类型 2 钢板合金元素含量的限制

元素①	化学成分（质量分数）/%						
	Cu②	Ni②	Cr②③	Mo②③	Nb④	V④	Ti④
	不大于						
熔炼分析	0.20	0.20	0.15	0.06	0.008	0.008	0.008
产品分析	0.23	0.23	0.19	0.07	0.018	0.018	0.018

① 熔炼分析报告应包含表中所列的每种元素。当 Cu、Ni、Cr、Mo 含量小于 0.02%时，报告中可用“<0.02%”表示。
② Cu+Ni+Cr+Mo 总含量的熔炼分析值应不超过 0.5%。当对其中一种或几种作出限定时，则对总含量的限制不适用；此时，只对除限定元素外的其他元素适用。
③ Cr+Mo 总含量的熔炼分析值应不超过 0.16%。当对其中一种或几种作出限定时，则对总含量的限制不适用；此时，只对除限定元素外的其他元素适用。
④ 由供需双方协商，熔炼分析值可大于 0.008%。

3　交货状态

钢板及钢带以退火加平整状态交货。

4　力学性能

力学性能应符合表 3、表 4 的规定。

表 3　类型 1 钢板的力学性能

牌号	下屈服强度 R_{eL}/MPa	烘烤硬化值 O_{BH}/MPa	抗拉强度 R_m/MPa	断后伸长率 A/%	
				$L_0=50mm$	$L_0=80mm$
	不小于				
175YL	175	—	340	31	29
205YL	205	—	370	29	27
235YL	235	—	390	27	25
265YL	265	—	440	23	21
295YL	295	—	490	21	19
325YL	325	—	540	18	17
355YL	355	—	590	15	14
225YY	225	—	490	22	20
245YY	245	—	540	19	18
265YY	265	—	590	16	15
365YY	365	—	780	12	11
490YY	490	—	980	5	4
185YH	185	30	340	31	29

注：1. 试样取横向。

2. YL—成型/冲压用；YY—双相钢；YH—烘烤硬化钢。

表 4　类型 2 钢板的力学性能

牌号	下屈服强度 R_{eL}/MPa	烘烤硬化值 O_{BH}/MPa	抗拉强度 R_m/MPa	断后伸长率 A/% $L_0=80mm$
	不小于			
SS220	220	—	320	30
SS260	260	—	360	28
SS300	300	—	400	26
DP250	250	—	400	26
DP280	280	—	600	20
DP300	300	—	400	26
DP350	350	—	600	16

续表 4

牌号	下屈服强度 R_{eL}/MPa	烘烤硬化值 O_{BH}/MPa	抗拉强度 R_m/MPa	断后伸长率 A/% $L_0=80mm$
	不小于			
DP400	400	—	800	8
DP600	600	—	1000	5
BH180	180	—	300	32
BH220	220	30	320	30
BH260	260	30	360	28
BH300	300	30	400	26

注：1. 试样取横向。

2. 屈服现象不明显时，取 $R_{p0.2}$。

3. 对于 DP 钢和 BH 钢，厚度小于 0. 7mm 时，R_{eL}最小值可降低 2%。

5 表面质量

用于非暴露构件与暴露构件的冷轧钢板的表面质量可以不同。

非暴露构件用钢板的表面允许有气孔、少许麻点、小印痕、轻微的划伤和氧化色。暴露构件用钢板应避免上述这些缺陷。只检查钢板一面，除非另有协议。

第三节　美国标准

ASTM A242/A242M-13（R2018）高强度低合金结构钢

1　范围

该标准适用于焊接、铆接和螺栓连接结构用的高强度低合金结构钢钢板、型材和棒材，主要用作要求减轻重量或延长使用寿命的构件。在大多数环境下，这类钢的耐大气腐蚀性能明显优于含铜或不含铜的碳素结构钢。当适当地暴露于大气中时，这类钢在许多场合下可以裸露（未加涂层）使用。该标准仅适用于厚度不大于100mm的钢材。

2　牌号与化学成分

钢的熔炼分析应符合表1的规定。

表1　化学成分

牌号	化学成分（质量分数）/%				
	C	Mn	P	S	Cu
	不大于				不小于
类型1	0.15	1.00	0.15	0.05	0.20

注：1. 通常添加的元素包括Cr、Ni、Si、V、Ti和Zr。
2. 耐大气腐蚀系数应根据G101指南中所述方法——以Larabee和Coburn数据为基础的预测方法，按照熔炼分析成分计算得出，该系数应不低于6.0。

3　力学性能

拉伸性能应符合表2的规定。

表2　拉伸性能

指标		公称厚度 t/mm		
		≤20	20<t≤40	40<t≤100
抗拉强度 R_m/MPa		≥480	≥460	≥435
屈服点 R_{eH}/MPa		≥345	≥315	≥290
断后伸长率 A/%	L_0=200mm	≥18	≥18	≥18
	L_0=50mm	≥21	≥21	≥21

注：1. 钢板宽度大于600mm，取横向试样；对于所有其他材料，取纵向试样。
2. 宽度大于600mm的钢板，断后伸长率要求可降低2%。可按ASTM A6/A6M拉伸试验部分的伸长率要求调整。

ASTM A514/A514M-18 可焊接淬火加回火高屈服强度合金钢板

1　范围

该标准适用于厚度不大于 150mm 的结构级淬火加回火合金钢板，主要用于焊接结构和其他非焊接结构。

2　牌号与化学成分

钢的熔炼分析应符合表 1 的规定。

表 1　化学成分

元素	化学成分（质量分数）/%							
	A 级	B 级	E 级	F 级	H 级	P 级	Q 级	S 级
	最大厚度/mm							
	32	32	150	65	50	150	150	65
C	0.15~0.21	0.12~0.21	0.12~0.20	0.10~0.20	0.12~0.21	0.12~0.21	0.14~0.21	0.11~0.21
Mn	0.80~1.10	0.70~1.00	0.40~0.70	0.60~1.00	0.95~1.30	0.45~0.70	0.95~1.30	1.10~1.50
P	0.030	0.030	0.030	0.030	0.030	0.030	0.030	0.030
S	0.030	0.030	0.030	0.030	0.030	0.030	0.030	0.020
Si	0.40~0.80	0.20~0.35	0.20~0.40	0.15~0.35	0.20~0.35	0.20~0.35	0.15~0.35	0.15~0.45
Ni	—	—	—	0.70~1.00	0.30~0.70	1.20~1.50	1.20~1.50	—
Cr	0.50~0.80	0.40~0.65	1.40~2.00	0.40~0.65	0.40~0.65	0.85~1.20	1.00~1.50	—
Mo	0.18~0.28	0.15~0.25	0.40~0.60	0.40~0.60	0.20~0.30	0.45~0.60	0.40~0.60	0.10~0.60
V	—	0.03~0.08	①	0.03~0.08	0.03~0.08	—	0.03~0.08	0.06
Ti	②	0.01~0.10	0.01~0.10	②	②	②	—	②
Zr	0.05~0.15③	—	—	—	—	—	—	—
Cu	—	—	—	0.15~0.50	—	—	—	—
B	≤0.0025	0.0005~0.005	0.001~0.005	0.0005~0.006	0.0005~0.005	0.001~0.005	—	0.001~0.005
Nb	—	—	—	—	—	—	—	≤0.06

① 可部分或全部替代 Ti 含量（1∶1）。

② w(Ti)≤0.06%，以保证 B 的加入量。

③ Zr 可由 Ce 代替。当加入 Ce 时，基于熔炼分析的 Ce/S 比约为 1.5∶1。

3　热处理

为了符合表 2 规定的拉伸性能和硬度要求，钢板应进行热处理，即将钢板加热至不低于 900℃，在水里或油里淬火，回火温度不低于 620℃。热处理温度应记录在检测报告中。

4　力学性能

力学性能应符合表 2 的规定。

表 2　拉伸性能和硬度

厚度 t/mm	抗拉强度 R_m/MPa	屈服强度 $R_{p0.2}$或 $R_{t0.5}$/MPa	断后伸长率 A/% L_0=50mm	断面收缩率 Z/%	布氏硬度 HBW
≤20	760~895	≥690	≥18	≥40①	235~293
20<t≤65	760~895	≥690	≥18	≥40①或≥50②	—
65<t≤150	690~895	≥620	≥16	≥50②	—

注：1. 钢板宽度大于 600mm，取横向试样，否则取纵向试样。
2. 对于横向试样，断后伸长率最小值可降低 2%，断面收缩率最小值可降低 5%。可按 ASTM A6/A6M 拉伸试验部分的伸长率要求调整。

① 适用于按 ASTM A370 图 3 中 40mm 宽度的矩形拉伸试样。

② 适用于按 ASTM A370 图 4 中直径 12.5mm 的圆形拉伸试样。

ASTM A572/A572M-18 高强度低合金铌-钒结构钢

1　范围

该标准适用于五个级别的高强度低合金结构型钢、钢板、钢板桩和钢棒。钢级 290、345 和 380 用于铆接、栓接或焊接构件。钢级 415 和 450 用于桥梁的铆接及栓接结构或其他用途的铆接、栓接或焊接构件。

2　牌号与化学成分

钢的熔炼分析应符合表 1 和表 2 的规定。

表 1　化学成分①

钢板厚度 t/mm	钢级	化学成分（质量分数）/%					
		C	Mn②	P	S	Si	
		不大于				t≤40mm	t>40mm
≤150	290	0.21	1.35③	0.030	0.030	≤0.40	0.15~0.40
≤100	345	0.23	1.35③	0.030	0.030	≤0.40	0.15~0.40
≤50	380	0.25	1.35③	0.030	0.030	≤0.40	0.15~0.40
≤32	415	0.26	1.35③	0.030	0.030	≤0.40	
13<t≤32	450	0.23	1.65	0.030	0.030	≤0.40	
≤13④	450	0.26	1.35③	0.030	0.030	≤0.40	

① 当要求含 Cu 时，Cu 的熔炼分析最小值为 0.20%（成品分析最小值为 0.18%）。

② 厚度大于 10mm 的所有板材，Mn 的熔炼分析最小值为 0.80%（成品分析最小值为 0.75%）；厚度小于等于 10mm 的板材，Mn 的熔炼分析最小值为 0.50%（成品分析最小值为 0.45%）。Mn/C 比值应不小于 2∶1。

③ C 含量比规定的上限值每降低 0.01%，允许 Mn 含量比规定的上限值增加 0.06%，最高可到 1.60%。

④ 允许采用另一种替代的化学成分：w(C)≤0.21%和 w(Mn)≤1.65%，其余元素含量见表。

表 2　合金元素

类型	元素	熔炼分析（质量分数）/%
1	Nb	0.005~0.05①
2	V	0.01~0.15②
3	Nb	0.005~0.05①
	V	0.01~0.15②
	Nb+V	0.02~0.15③
5	Ti	0.006~0.04
	N	0.003~0.015
	V	≤0.06

注：添加的合金元素应符合类型 1、2、3 或 5，元素含量应在质量证明书中注明。

成品分析值应为：①0.004%~0.06%；②0.005%~0.17%；③0.01%~0.16%。

3　力学性能

力学性能应符合表3的规定。

表3　拉伸性能

钢级	屈服点 R_{eH}/MPa	抗拉强度 R_m/MPa	断后伸长率 A/%	
			L_0=200mm	L_0=50mm
	不小于			
290	290	415	20	24
345	345	450	18	21
380	380	480	17	20
415	415	520	16	18
450	450	550	15	17

注：1. 钢板宽度大于600mm，取横向试样；对于所有其他材料，取纵向试样。

2. 宽度大于600mm的钢板，钢级290、345、380的断后伸长率要求可降低2%，钢级415、450的断后伸长率要求可降低3%。可按ASTM A6/A6M拉伸试验部分的伸长率要求调整。

ASTM A633/A633M-18 正火型高强度低合金结构钢板

1　范围

该标准适用于焊接、铆接或栓接结构用正火型高强度低合金结构钢板。

这类材料特别适用于不低于-45℃的低温环境，其缺口韧性优于与其强度水平相当的热轧材料。

该标准包括四个钢级：A 级、C 级、D 级和 E 级。A 级屈服点最小值为 290MPa。C 级和 D 级包括屈服点最小值为 345MPa、厚度最大为 65mm 和屈服点最小值为 315MPa、厚度大于 65mm。E 级包括屈服点最小值为 415MPa、厚度最大为 100mm 和屈服点最小值为 380MPa、厚度大于 100mm。

2　牌号与化学成分

钢的熔炼分析应符合表 1 的规定。

表 1　化学成分

<table>
<tr><th colspan="3" rowspan="2">元素</th><th colspan="4">化学成分（质量分数）/%</th></tr>
<tr><th>A 级</th><th>C 级</th><th>D 级</th><th>E 级①</th></tr>
<tr><td colspan="3">C</td><td>≤0.18</td><td>≤0.20</td><td>≤0.20</td><td>≤0.22</td></tr>
<tr><td rowspan="3">Mn</td><td rowspan="3">厚度 t/mm</td><td>≤40</td><td>1.00~1.35</td><td>1.15~1.50②</td><td>0.70~1.35</td><td>1.15~1.50</td></tr>
<tr><td>40<t≤100</td><td>1.00~1.35</td><td>1.15~1.50②</td><td>1.00~1.60</td><td>1.15~1.50</td></tr>
<tr><td>100<t≤150</td><td>③</td><td>③</td><td>③</td><td>1.15~1.50</td></tr>
<tr><td colspan="3">P</td><td>≤0.030</td><td>≤0.030</td><td>≤0.030</td><td>≤0.030</td></tr>
<tr><td colspan="3">S</td><td>≤0.030</td><td>≤0.030</td><td>≤0.030</td><td>≤0.030</td></tr>
<tr><td colspan="3">Si</td><td>0.10~0.50</td><td>0.10~0.50</td><td>0.10~0.50</td><td>0.10~0.50</td></tr>
<tr><td colspan="3">V</td><td>—</td><td>—</td><td>—</td><td>0.04~0.11</td></tr>
<tr><td colspan="3">Nb</td><td>≤0.05</td><td>0.01~0.05</td><td>—</td><td>④</td></tr>
<tr><td colspan="3">N</td><td>—</td><td>—</td><td>—</td><td>≤0.03</td></tr>
<tr><td colspan="3">Cu</td><td>—</td><td>—</td><td>≤0.35</td><td>—</td></tr>
<tr><td colspan="3">Ni</td><td>—</td><td>—</td><td>≤0.25</td><td>—</td></tr>
<tr><td colspan="3">Cr</td><td>—</td><td>—</td><td>≤0.25</td><td>—</td></tr>
<tr><td colspan="3">Mo</td><td>—</td><td>—</td><td>≤0.08</td><td>—</td></tr>
</table>

① E 级全铝最小含量为 0.018%，或者 V/N 最小值为 4∶1。

② 对于 C 级，若 C 含量未超过 0.18%，Mn 含量上限值可增加至 1.60%。

③ 该标准不包含此规格和等级。

④ 允许 Nb 含量为 0.01%~0.05%。

3　热处理

钢板应进行正火。将钢板加热至合适的温度使之形成奥氏体结构，但不高于 925℃，保温足够的时间使之均热，然后在空气中冷却。

厚度大于 75mm 的 E 级钢板应进行两次正火。

4 力学性能

力学性能应符合表 2 的规定。

表 2 拉伸性能

指标			A 级	C 级和 D 级	E 级
屈服点 R_{eH}/MPa	厚度 t/mm	≤65	≥290	≥345	≥415
		$65<t\leqslant100$	≥290	≥315	≥415
		$100<t\leqslant150$	①	①	≥380
抗拉强度 R_m/MPa	厚度 t/mm	≤65	430~570	485~620	550~690
		$65<t\leqslant100$	430~570	450~585	550~690
		$100<t\leqslant150$	①	①	515~655
断后伸长率 A/%		$L_0=200$mm	≥18	≥18	≥18
		$L_0=50$mm	≥23	≥23	≥23

注：1. 钢板宽度大于 600mm，取横向试样；否则取纵向试样。

2. 宽度大于 610mm 的钢板，断后伸长率要求可降低 2%。可按 ASTM A6/A6M 拉伸试验部分之伸长率要求调整。

① 该标准不包含此规格和等级。

ASTM A656/A656M-18 改进可成形性的高强度低合金热轧结构钢板

1 范围

该标准包括三种类型、五个强度级别的高强度低合金热轧结构钢板，用于卡车车架、支架、起重机臂、火车车厢等。

钢板的最大厚度如表 1 所示。

表 1 钢板最大厚度

钢级	最大厚度/mm
345	50
415	40
485	25
550	25
690	13

2 牌号与化学成分

钢的熔炼分析应符合表 2 的规定。

表 2 化学成分

牌号	化学成分（质量分数）/%								
	C①	Mn①	P	S	Si	V	N	Nb	Ti
	不大于								
类型 3	0.18	1.65	0.025	0.030	0.60	0.08	0.030	0.008~0.10	—
类型 7	0.18	1.65	0.025	0.030	0.60	0.15②	0.030	0.10②	—
类型 8	0.18	1.65	0.025	0.030	0.60	0.15③	0.030	0.10③	0.15③

① C 含量比规定的上限值每降低 0.01%，允许 Mn 含量比规定的上限值增加 0.06%。对于钢级 345、415 和 485，Mn 含量最高可到 1.75%；对于钢级 550，Mn 含量最高可到 1.90%；对于钢级 690，Mn 含量最高可到 2.10%。

② 类型 7 中，Nb、V 的含量符合下列情形之一：（1）0.008%~0.10%Nb，<0.008%V；（2）<0.008%Nb，0.008%~0.15%V；（3）0.008%~0.10%Nb，0.008%~0.15%V，且 $w(\mathrm{Nb+V}) \leq 0.20\%$。

③ 类型 8 中，Nb+V+Ti 的总量在 0.008%~0.20%之间。

3 交货状态

钢板通常以热轧状态交货。

4 力学性能

力学性能应符合表 3 的规定。

表 3　拉伸性能

钢级	屈服点 R_{eH}/MPa	抗拉强度 R_m/MPa	断后伸长率 A/%	
			L_0 = 200mm	L_0 = 50mm
	不小于			
345	345	415	20	23
415	415	485	17	20
485	485	550	14	17
550	550	620	12	15
690	690	760	12	15

注：1. 钢板宽度大于 600mm，取横向试样；否则取纵向试样。

2. 宽度大于 600mm 的钢板，对于钢级 345，断后伸长率要求可降低 2%；对于钢级 415、485、550 和 690，断后伸长率要求可降低 3%。可按 ASTM A6/A6M 拉伸试验部分之伸长率要求调整。

ASTM A945/A945M-16 改善可焊接性、可成形性及韧性的低碳限硫的高强度低合金结构钢板

1 范围

该标准适用于海军舰艇焊接结构用高强度低合金结构钢板。这类钢板通过对碳、硫和残余元素含量进行限制，其可焊接性、可成形性和韧性得到改善。

50 级钢板最大厚度为 50mm，65 级钢板最大厚度为 65mm。

2 牌号与化学成分

钢的熔炼分析应符合表 1 的规定。

表 1 化学成分

钢级	化学成分（质量分数）/%														
	C	Mn	P	S	Si	Ni	Cr	Mo	Cu	V	Nb	Al	Ti	N	B
	不大于														
50	0. 10	1. 10~1. 65	0. 025	0. 010	0. 10~0. 40	0. 40	0. 20	0. 08	0. 35	0. 10	0. 05	0. 08	—	—	—
65①	0. 10	1. 10~1. 65	0. 025	0. 010	0. 10~0. 40	②	0. 20	0. 08	0. 35	0. 10	0. 05	0. 08	0. 007~0. 020	0. 012	③

① 钢级 65，焊接裂纹敏感性指数 Pcm≤0. 23%，Pcm（%）= C+Si/30+(Mn+Cu+Cr)/20+Ni/60+Mo/15+V/10+5B。

② 钢级 65，厚度≤32mm，w(Ni)≤0. 4%；厚度>32mm，Ni 含量在 0. 50%~1. 00%之间。

③ B 应分析并报告。

3 交货状态

钢板可以以热轧、控制轧制、热机械控制轧制（包括加速冷却）、正火或淬火加回火状态交货。

4 力学性能

拉伸性能应符合表 2 的规定。夏比 V 型缺口冲击性能应符合表 3 的规定。

表 2 拉伸性能

钢级	屈服点或屈服强度/MPa	抗拉强度 R_m/MPa	断后伸长率 A/%	
			L_0 = 200mm	L_0 = 50mm
	不小于		不小于	
50	345	485~620	21	24
65	450	540~690	18	22

注：1. 屈服现象明显时，屈服点取 R_{eH}；屈服现象不明显时，屈服强度为 $R_{p0.2}$或者 $R_{t0.5}$。

2. 宽度大于 600mm 的钢板，断后伸长率要求可降低 2%。可按 ASTM A6/A6M 拉伸试验部分之伸长率要求调整。

表 3　夏比 V 型缺口冲击试验

钢级	试验温度/℃	冲击吸收能量平均值 KV_2/J 不小于	
		纵向	横向
50	-40	41	27
65	-40	—	95

注：厚度小于 10mm 的钢板，可以采用小尺寸试样，应符合 ASTM A673/A673M 标准中表 1 对小尺寸夏比试验试样的规定，表 3 中的冲击吸收能量平均值应按比例减少。

ASTM A1011/A1011M-18a 碳素钢、结构钢、高强度低合金钢、改善成形性的高强度低合金钢和超高强度钢热轧薄钢板和钢带

1 范围

该标准适用于碳素钢、结构钢、高强度低合金钢、改善成形性的高强度低合金钢以及超高强度钢板卷或定尺切板的热轧薄钢板和钢带。

2 牌号与化学成分

普通钢（CS）、冲压钢（DS）和专用成形钢（SFS）的熔炼分析应符合表 1 的规定；结构钢（SS）、高强度低合金钢（HSLAS）、改善成形性的高强度低合金钢（HSLAS-F）以及超高强度钢（UHSS）的熔炼分析应符合表 2 的规定。

熔炼分析报告应包含表中所列的每种元素。当 Cu、Ni、Cr、Mo 含量小于 0.02%时，报告中可用“<0.02%”或实际值表示；当 Nb、V、Ti 含量小于 0.008%时，报告中可用“<0.008%”或实际值表示；当 B 含量小于 0.0005%时，报告中可用“<0.0005%”或实际值表示。

表 1 CS、DS、SFS 热轧薄钢板和钢带的化学成分

牌号	化学成分（质量分数）/%，不大于（除非另有显示）													
	C	Mn	P	S	Al	Si	Cu	Ni	Cr②	Mo	V	Nb	Ti③	N	B
CS A④~⑦	0.10	0.60	0.030	0.035	①	①	0.20⑧	0.20	0.15	0.06	0.008	0.008	0.025	①	①
CS B⑥	0.02~0.15	0.60	0.030	0.035	①	①	0.20⑧	0.20	0.15	0.06	0.008	0.008	0.025	①	①
CS C④~⑦	0.08	0.60	0.100	0.035	①	①	0.20⑧	0.20	0.15	0.06	0.008	0.008	0.025	①	①
CS D⑥	0.10	0.70	0.030	0.035	①	①	0.20⑧	0.20	0.15	0.06	0.008	0.008	0.008	①	①
DS A④⑤⑦	0.08	0.50	0.020	0.030	≥0.01	①	0.20	0.20	0.15	0.06	0.008	0.008	0.025	①	①
DS B	0.02~0.08	0.50	0.020	0.030	≥0.01	①	0.20	0.20	0.15	0.06	0.008	0.008	0.025	①	①
SFS	⑨	⑨	0.020	0.030	≥0.01	①	0.20	0.20	0.15	0.06	0.008	0.008	0.025	①	①

① 表示无规定，但应报告分析结果。
② 当 $w(C)$ ≤0.05%时，由生产方选择，允许 Cr 含量最高可到 0.25%。
③ 当 $w(C)$ ≥0.02%时，由生产方选择，Ti 的最大含量为 $3.4w(N)+1.5w(S)$ 和 0.025%中的较小者。
④ 规定 B 类钢以避免 C 含量小于 0.02%。
⑤ $w(C)$ ≤0.02%时，由生产方选择，可采用 V、Nb 或 Ti 或其组合作为稳定化元素。此时，V 和 Nb 的最大含量为 0.10%，Ti 的最大含量为 0.15%。
⑥ 当要求铝脱氧钢时，全铝最小含量为 0.01%。
⑦ 由生产方选择，可采用真空除气或化学稳定化处理或两者联合使用。
⑧ 当规定为含铜钢时，表中铜含量限制值为最小值；未规定是含铜钢时，铜含量限制值为最大值。
⑨ C、Mn 成分的上、下限应符合 ASTM A568/A568M 中表 X2.1 或 X2 的规定。

表 2　SS、HSLAS、HSLAS-F 和 UHSS 热轧薄钢板和钢带的化学成分

牌号	化学成分（质量分数）/%，不大于（除非另有显示）													
	C	Mn	P	S	Al	Si	Cu②	Ni	Cr	Mo	V	Nb	Ti	N
SS③														
205	0.25	0.90	0.035	0.04	①	①	0.20	0.20	0.15	0.06	0.008	0.008	0.025	①
230	0.25	0.90	0.035	0.04	①	①	0.20	0.20	0.15	0.06	0.008	0.008	0.025	①
250-1	0.25	0.90	0.035	0.04	①	①	0.20	0.20	0.15	0.06	0.008	0.008	0.025	①
250-2④	0.25	1.35	0.035	0.04	①	①	0.20	0.20	0.15	0.06	0.008	0.008	0.025	①
275	0.25	0.90	0.035	0.04	①	①	0.20	0.20	0.15	0.06	0.008	0.008	0.025	①
310-1④	0.25	1.35	0.035	0.04	①	①	0.20	0.20	0.15	0.06	0.008	0.008	0.025	①
310-2	0.02~0.08	0.30~1.00	0.030~0.070	0.025	0.02~0.08	0.60	0.20	0.20	0.15	0.06	0.008	0.008	0.008	0.010~0.030
340④	0.25	1.35	0.035	0.04	①	①	0.20	0.20	0.15	0.06	0.008	0.008	0.025	①
380④	0.25	1.35	0.035	0.04	①	①	0.20	0.20	0.15	0.06	0.008	0.008	0.025	④
410	0.25	1.35	0.035	0.04	①	①	0.20	0.20	0.15	0.06	0.008	0.008	0.025	④
480	0.25	1.35	0.035	0.04	①	①	0.20	0.20	0.15	0.06	0.008	0.008	0.025	①
HSLAS⑤														
310-1④	0.22	1.35	0.04	0.04	①	①	0.20	0.20	0.15	0.06	≥0.005	≥0.005	≥0.005	①
310-2	0.15	1.35	0.04	0.04	①	①	0.20	0.20	0.15	0.06	≥0.005	≥0.005	≥0.005	①
340-1④	0.23	1.35	0.04	0.04	①	①	0.20	0.20	0.15	0.06	≥0.005	≥0.005	≥0.005	①
340-2	0.15	1.35	0.04	0.04	①	①	0.20	0.20	0.15	0.06	≥0.005	≥0.005	≥0.005	①
380-1④	0.25	1.35	0.04	0.04	①	①	0.20	0.20	0.15	0.06	≥0.005	≥0.005	≥0.005	①
380-2	0.15	1.35	0.04	0.04	①	①	0.20	0.20	0.15	0.06	≥0.005	≥0.005	≥0.005	①
410-1	0.26	1.50	0.04	0.04	①	①	0.20	0.20	0.15	0.06	≥0.005	≥0.005	≥0.005	①
410-2	0.15	1.50	0.04	0.04	①	①	0.20	0.20	0.15	0.06	≥0.005	≥0.005	≥0.005	①
450-1	0.26	1.50	0.04	0.04	①	①	0.20	0.20	0.15	0.06	≥0.005	≥0.005	≥0.005	⑥
450-2	0.15	1.50	0.04	0.04	①	①	0.20	0.20	0.15	0.06	≥0.005	≥0.005	≥0.005	⑥
480-1	0.26	1.65	0.04	0.04	①	①	0.20	0.20	0.15	0.16	≥0.005	≥0.005	≥0.005	⑥
480-2	0.15	1.65	0.04	0.04	①	①	0.20	0.20	0.15	0.16	≥0.005	≥0.005	≥0.005	⑥
HSLAS-F⑤														
340	0.15	1.65	0.020	0.025	①	①	0.20	0.20	0.15	0.06	≥0.005	≥0.005	≥0.005	⑥
410	0.15	1.65	0.020	0.025	①	①	0.20	0.20	0.15	0.06	≥0.005	≥0.005	≥0.005	⑥
480	0.15	1.65	0.020	0.025	①	①	0.20	0.20	0.15	0.16	≥0.005	≥0.005	≥0.005	⑥
550	0.15	1.65	0.020	0.025	①	①	0.20	0.20	0.15	0.16	≥0.005	≥0.005	≥0.005	⑥

续表 2

牌号	化学成分（质量分数）/%，不大于（除非另有显示）													
	C	Mn	P	S	Al	Si	Cu②	Ni	Cr	Mo	V	Nb	Ti	N
UHSS⑤														
620-1	0.15	2.00	0.020	0.025	①	①	0.20	0.20	0.15	0.40	≥0.005	≥0.005	≥0.005	⑥
690-1	0.15	2.00	0.020	0.025	①	①	0.20	0.20	0.15	0.40	≥0.005	≥0.005	≥0.005	⑥
620-2	0.15	2.00	0.020	0.025	①	①	0.60	0.50	0.30	0.40	≥0.005	≥0.005	≥0.005	⑥
690-2	0.15	2.00	0.020	0.025	①	①	0.60	0.50	0.30	0.40	≥0.005	≥0.005	≥0.005	⑥

① 表示无规定，但应报告分析结果。

② 当规定为含铜钢时，铜含量最小值为 0.20%；未规定是含铜钢时，表中铜含量限制值为最大值。

③ SS 钢中允许加入 Ti，由生产方选择，Ti 的最大含量为 $3.4w(N)+1.5w(S)$ 和 0.025%两者中的较小者。此项不适用于 310-2 型。

④ C 含量比规定的上限值每降低 0.01%，允许 Mn 含量比规定的上限值增加 0.06%，最高可到 1.50%。

⑤ HSLAS、HSLAS-F 和 UHSS 钢含有单独或组合加入的强化元素 Nb、V、Ti、Mo。最小含量要求仅适用于使钢强化的微合金元素。

⑥ 订购方可以选择限制 N 含量。应该指出，根据生产厂的微合金化方案（例如应用 V），钢中可有意添加 N。此时需考虑采用固 N 元素（例如 V、Ti）。

3 交货状态

产品以热轧状态交货。

4 力学性能与工艺性能

4.1 CS、DS 钢典型的、非强制性的力学性能如表 3 所示。在室温下，材料经任意方向 180°弯曲压平后，弯曲部位外侧应不产生裂纹。

4.2 SS、HSLAS、HSLAS-F 和 UHSS 热轧薄钢板和钢带力学性能要求见表 4。冷弯试验时，建议的最小内弯半径见表 5。

表 3 CS、DS 热轧薄钢板和钢带力学性能的典型范围

牌号	屈服强度 $R_{p0.2}$或 $R_{t0.5}$/MPa	断后伸长率 A/%
		L_0 = 50mm
CS A、B、C、D	205~340	≥25
DS A、B	205~310	≥28

注：1. 拉伸试样取纵向。

2. 随着钢板厚度的减小，屈服强度有增加的趋势，断后伸长率有降低的趋势。表中力学性能值代表厚度范围为 2.5~3.5mm 的 CS A 和 B 类、DS A 和 B 类，以及厚度范围为 1.5~1.9mm 的 CS D 类材料的典型性能。

3. 表中典型的力学性能值是非强制性的，可供需方按不同用途选定适宜的钢种。材料的力学性能允许超出表中所列范围。

表 4　SS、HSLAS、HSLAS-F 和 UHSS 热轧薄钢板和钢带力学性能

牌号	屈服强度 $R_{p0.2}$或 $R_{t0.5}$/MPa	抗拉强度 R_m/MPa	断后伸长率 A/%			
			$L_0=50$mm			$L_0=200$mm
			厚度 t/mm			厚度 t/mm
			2.5≤t<6.0	1.6≤t<2.5	0.65≤t<1.6	<6.0
	不小于					
SS						
205	205	340	25	24	21	19
230	230	360	23	22	18	18
250-1	250	365	22	21	17	17
250-2	250	400~550	21	20	16	16
275	275	380	21	20	15	16
310-1	310	410	19	18	13	14
310-2	310~410	410	20	19	14	15
340	340	450	17	16	11	12
380	380	480	15	14	9	10
410	410	520	14	13	8	9
480	480	585	13	12	7	8
HSLAS			t>2.5	t≤2.5		
310-1	310	410	25	23		—
310-2	310	380	25	23		—
340-1	340	450	22	20		—
340-2	340	410	22	20		—
380-1	380	480	20	18		—
380-2	380	450	20	18		—
410-1	410	520	18	16		—
410-2	410	480	18	16		—
450-1	450	550	16	14		—
450-2	450	520	16	14		—
480-1	480	585	14	12		—
480-2	480	550	14	12		—
HSLAS-F						
340	340	410	24	22		—
410	410	480	22	20		—
480	480	550	20	18		—
550	550	620	18	16		—
UHSS						
620-1 620-2	620	690	16	14		—
690-1 690-2	690	760	14	12		—

注：1. 拉伸试样取纵向。

2. 对于板卷产品，生产厂试验仅限于板卷端部，整个板卷各个部分的力学性能应符合规定的最小值要求。

表 5　建议的最小内弯半径

牌号	最小内弯半径	
SS		
205	1*t*	
230	1*t*	
250-1	1*t*	
250-2	1.5*t*	
275	2*t*	
310-1	2*t*	
310-2	2*t*	
340	2*t*	
380	2.5*t*	
410	3*t*	
480	3.5*t*	
HSLAS	-1	-2
310	1.5*t*	1.5*t*
340	2*t*	1.5*t*
380	2*t*	2*t*
410	2.5*t*	2*t*
450	3*t*	2.5*t*
480	3.5*t*	3*t*
HSLAS-F		
340	1*t*	
410	1.5*t*	
480	2*t*	
550	2*t*	
UHSS		
620-1 620-2	2.5t	
690-1 690-2	2.5t	

注：1. *t* 为钢板厚度。

2. 建议的弯曲半径，为生产车间操作时弯曲 90°的最小内侧半径。

3. 按本表要求制造零件时，对于不能满足弯曲要求的材料，可以按与供货商事先协商的协议拒收。

ASTM A1018/A1018M-18 普通钢、冲压钢、结构钢、高强度低合金钢、改善成形性的高强度低合金钢及超高强度钢热轧厚钢带

1 范围

该标准适用于规格尺寸超出 ASTM A1011/A1011M 标准规定范围、厚度为 6.0~25mm 的热轧厚钢卷。包括六种牌号的产品：普通钢（CS）、冲压钢（DS）、结构钢（SS）、高强度低合金钢（HSLAS）、改善成形性能的高强度低合金钢（HSLAS-F）以及超高强度钢（UHSS）。

2 牌号与化学成分

CS、DS、SS、HSLAS、HSLAS-F 和 UHSS 的熔炼分析应分别符合表 1~表 3 的规定。

表 1 和表 3 所列的每种元素都应包含在熔炼分析报告中。当 Cu、Ni、Cr、Mo 含量小于 0.02%时，报告中可用“<0.02%”或实际值表示；当 Nb、V、Ti 含量小于 0.008%时，报告中可用“<0.008%”或实际值表示；当 B 含量小于 0.0005%时，报告中可用“<0.0005%”或实际值表示。

CS、SS、HSLAS 和 HSLA-F 钢中对 Cu、Cr、Ni、Mo 的限制分为两个水平：A 和 B，见表 4。

表 1 CS、DS 钢的牌号及化学成分要求⑦

牌号	化学成分（质量分数）/%，不大于（除非另有显示）														
	C	Mn	P	S	Al	Si	Cu	Ni	Cr	Mo	V	Nb	Ti②	N	B
CS A④~⑥	0.10	0.60	0.030	0.035	①	①	0.20③	0.20	0.15	0.06	0.008	0.008	0.025	①	①
CS B	0.02~0.15	0.60	0.030	0.035	①	①	0.20③	0.20	0.15	0.06	0.008	0.008	0.025	①	①
CS C④~⑥	0.08	0.60	0.10	0.035	—	—	0.20③	0.20	0.15	0.06	0.008	0.008	0.025	—	—
DS A④⑥	0.08	0.50	0.020	0.030	≥0.01	①	0.20	0.20	0.15	0.06	0.008	0.008	0.025	①	①
DS B	0.02~0.08	0.50	0.020	0.030	≥0.01	①	0.20	0.20	0.15	0.06	0.008	0.008	0.025	①	①

① 表示无规定，但应报告分析结果。

② 允许加入 Ti，由生产方选择，Ti 的最大含量为 $3.4w(N)+1.5w(S)$ 和 0.025%中的较小者。

③ 当规定为含铜钢时，表中铜含量限制值为最小值；未规定是含铜钢时，铜含量限制值为最大值。

④ $w(C) \leqslant 0.02\%$时，由生产方选择，可采用 V、Nb 或 Ti 或其组合作为稳定化元素。此时，V 和 Nb 的最大含量为 0.10%，Ti 的最大含量为 0.15%。

⑤ 当要求铝脱氧钢时，全铝含量最小值为 0.01%。

⑥ 由生产方选择，可采用真空除气或化学稳定化处理或两者联合使用。

⑦ 另外的牌号与化学成分，参见 ASTM A635/A635M 附录 X1 中表 X1.1 和表 X1.3。

表 2　SS、HSLAS、HSLAS-F 钢的牌号与化学成分

牌号	化学成分（质量分数）/%，不大于（除非另有显示）									
	C	Mn	P	S	Al	Si	V	Nb	Ti	N
SS②										
205	0.25	1.50	0.035	0.04	①	①	0.008	0.008	0.025	0.014
230	0.25	1.50	0.035	0.04	①	①	0.008	0.008	0.025	0.014
250-1	0.25	1.50	0.035	0.04	①	①	0.008	0.008	0.025	0.014
250-2	0.25	③	0.035	0.04	①	①	0.008	0.008	0.025	0.014
275	0.25	1.50	0.035	0.04	①	①	0.008	0.008	0.025	0.014
310	0.25	1.50	0.035	0.04	①	①	0.008	0.008	0.025	0.014
HSLAS④										
310-1	0.22	1.50	0.04	0.04	①	①	≥0.005	≥0.005	≥0.005	①
310-2	0.15	1.50	0.04	0.04	①	①	≥0.005	≥0.005	≥0.005	⑤
340-1	0.23	1.50	0.04	0.04	①	①	≥0.005	≥0.005	≥0.005	①
340-2	0.15	1.50	0.04	0.04	①	①	≥0.005	≥0.005	≥0.005	⑤
380-1	0.25	1.50	0.04	0.04	①	①	≥0.005	≥0.005	≥0.005	①
380-2	0.15	1.50	0.04	0.04	①	①	≥0.005	≥0.005	≥0.005	⑤
410-1	0.26	1.50	0.04	0.04	①	①	≥0.005	≥0.005	≥0.005	①
410-2	0.15	1.50	0.04	0.04	①	①	≥0.005	≥0.005	≥0.005	⑤
450-1	0.26	1.50	0.04	0.04	①	①	≥0.005	≥0.005	≥0.005	⑤
450-2	0.15	1.50	0.04	0.04	①	①	≥0.005	≥0.005	≥0.005	⑤
480-1	0.26	1.65	0.04	0.04	①	①	≥0.005	≥0.005	≥0.005	⑤
480-2	0.15	1.65	0.04	0.04	①	①	≥0.005	≥0.005	≥0.005	⑤
HSLAS-F④										
340	0.15	1.65	0.025	0.035	①	①	≥0.005	≥0.005	≥0.005	⑤
410	0.15	1.65	0.025	0.035	①	①	≥0.005	≥0.005	≥0.005	⑤
480	0.15	1.65	0.025	0.035	①	①	≥0.005	≥0.005	≥0.005	⑤
550③	0.15	1.65	0.025	0.035	①	①	≥0.005	≥0.005	≥0.005	⑤

① 表示无规定，但应报告分析结果。对于 Cu、Ni、Cr 和 Mo 的要求参见表 4。

② 对于 SS 钢，允许加入 Ti，由生产方选择，Ti 的最大含量为 $3.4w(N)+1.5w(S)$ 和 0.025%两者中的较小者。禁止微合金化元素 Nb、V、Ti 和 N 作为强化元素加入钢中。

③ 对于 SS 250-2，厚度大于 20mm 时，Mn 含量为 0.80%～1.20%。C 含量比规定的上限值每降低 0.01%，允许 Mn 含量比规定的上限值提高 0.06%，对于 SS 250-2，最高可到 1.35%，对于 HSLAS-F 550，最高可到 1.90%。

④ HSLAS、HSLAS-F 钢含有单独或组合加入的强化元素 Nb、V、Ti。最小含量要求仅适用于使钢强化的微合金元素。

⑤ 订购方可以选择限制 N 含量。应该指出，根据生产方的微合金化方案（例如应用 V），钢中可有意添加 N，此时需考虑采用固 N 元素（例如 V、Ti）。

表3　UHSS钢的牌号与化学成分

牌号	化学成分（质量分数）/%，不大于（除非另有显示）											
	C	Mn	P	S	Cu①	Ni	Cr	Mo	V②	Nb②	Ti②	N
UHSS												
620-1	0.15	2.00	0.020	0.025	0.20	0.20	0.15	0.40	≥0.005	≥0.005	≥0.005	③
620-2	0.15	2.00	0.020	0.025	0.60	0.50	0.30	0.40	≥0.005	≥0.005	≥0.005	③
690-1	0.15	2.00	0.020	0.025	0.20	0.20	0.15	0.40	≥0.005	≥0.005	≥0.005	③
690-2	0.15	2.00	0.020	0.025	0.60	0.50	0.30	0.40	≥0.005	≥0.005	≥0.005	③

① 当规定为含铜钢时，铜含量最小值为0.20%；未规定是含铜钢时，表中铜含量限制值为最大值。

② UHSS钢含有单独或组合加入的强化元素Nb、V、Ti。最小含量要求仅适用于使钢强化的微合金元素。

③ 订购方可以选择限制N含量。应该指出，根据生产方的微合金化方案（例如应用V），钢中可有意添加N。此时需考虑采用固N元素（例如V、Ti）。

表4　CS、SS、HSLAS和HSLA-F钢中对Cu、Ni、Cr和Mo元素的要求

牌号	类型	化学成分（质量分数）/%，不大于（除非另有显示）			
		Cu①②	Ni②	Cr②③	Mo②③
CS					
1002-1095 1515-1566	A	0.20	0.20	0.15	0.06
	B	0.40	0.40	0.30	0.12
SS					
所有级别	A	0.20	0.20	0.15	0.06
	B	0.40	0.40	0.30	0.12
HSLAS					
所有级别 （除480级之外）	A	0.20	0.20	0.15	0.06
	B	0.40	0.40	0.30	0.12
480-1 480-2	A	0.20	0.20	0.15	0.16
	B	0.40	0.40	0.30	0.16
HSLAS-F					
340 410	A	0.20	0.20	0.15	0.06
	B	0.40	0.40	0.30	0.12
480 550	A	0.20	0.20	0.15	0.16
	B	0.40	0.40	0.30	0.16

① 当规定为含铜钢时，铜含量最小值为0.20%；未规定是含铜钢时，表中铜含量限制值为最大值。

② 对于B类钢，Cu、Ni、Cr、Mo的总含量，熔炼分析值不应超过1.00%。如果订购方对这些元素的一种或多种作出限定时，则对总含量的限制不适用；在此情形下，只对每种元素作出的规定适用。

③ 对于B类钢，Cr、Mo的总含量，熔炼分析值不应超过0.32%。当对其中一种或多种作出限定时，则对总含量的限制不适用；在此情形下，只对每种元素作出的规定适用。

3　交货状态

产品以热轧状态交货。

4　力学性能与工艺性能

结构钢、低合金高强度钢、改善成形性的低合金高强度钢和超高强度钢的拉伸性能应符合表 5 的规定。冷弯试验时，建议的最小内弯半径见表 6。

表 5　热轧厚钢带的力学性能要求

牌号	屈服强度 $R_{p0.2}$或 $R_{t0.5}$/MPa	抗拉强度 R_m/MPa	断后伸长率 *A*/%	
			L_0 = 50mm	L_0 = 200mm
	不小于			
SS				
205	205	340	22	17
230	230	360	22	16
250-1	250	365	21	15
250-2	250	400~550	21	18
275	275	380	19	14
310	310	413	18	13
HSLAS				
310-1	310	410	22	17
310-2	310	380	22	17
340-1	340	450	20	16
340-2	340	410	20	16
380-1	380	480	18	15
380-2	380	450	18	15
410-1	410	520	16	14
410-2	410	480	16	14
450-1	450	550	14	12
450-2	450	520	14	12
480-1	480	590	12	10
480-2	480	550	12	10
HSLAS-F				
340	340	410	22	16
410	410	480	16	14
480	480	550	12	10
550	550	620	12	10
UHSS				
620-1 620-2	620	690	10	8
690-1 690-2	690	760	10	8

注：1. 钢板宽度大于 600mm，拉伸试样取横向；小于等于 600mm，拉伸试样取纵向。

2. 对于板卷产品，生产方试验仅限于板卷端部，整个板卷各个部分的力学性能应符合规定的最小值要求。

表 6　建议的最小内弯半径

牌号	最小内弯半径	
SS		
205	1t	
230	1t	
250-1	1.5t	
250-2	2t	
275	2t	
310	2.5t	
HSLAS	-1	-2
310	1.5t	1.5t
340	2t	1.5t
380	2t	2t
410	2.5t	2t
450	3t	2.5t
480	3.5t	3t
HSLAS-F		
340	1t	
410	1.5t	
480	2t	
550	2t	
UHSS		
620-1 620-2	2.5t	
690-1 690-2	2.5t	

注：1. t 为钢板厚度。

2. 建议的弯曲半径，为生产车间操作时弯曲 90°的最小内侧半径。

3. 按本表要求制造零件时，对于不能满足弯曲要求的材料，可以按与供货商事先协商的协议拒收。

第四节　日本标准

JIS G 3106：2015（Amd. 1：2017）焊接结构用热轧钢材

1　范围

该标准适用于桥梁、船舶、车辆、石油贮罐、容器及其他焊接结构件用热轧钢材。

2　牌号与化学成分

2.1　钢的熔炼分析应符合表 1 的规定。根据供需双方协议，可以生产表 2 所列厚度的各牌号钢板，熔炼分析成分见表 2。

2.2　SM570 的碳当量应符合表 3 的规定。根据供需双方协议，可以用焊接裂纹敏感性指数代替碳当量，其值应符合表 4 的规定。

2.3　热机械轧制钢板的碳当量和焊接裂纹敏感性指数应分别符合表 5 和表 6 规定。

表 1　化学成分①

牌号	厚度 t/mm	化学成分（质量分数）/%				
		C	Si	Mn	P	S
		不大于			不大于	
SM400A	≤50	0.23	—	≥2.5×C②	0.035	0.035
	50<t≤200	0.25				
SM400B	≤50	0.20	0.35	0.60~1.50	0.035	0.035
	50<t≤200	0.22				
SM400C	≤100	0.18	0.35	0.60~1.50	0.035	0.035
SM490A	≤50	0.20	0.55	≤1.65	0.035	0.035
	50<t≤200	0.22				
SM490B	≤50	0.18	0.55	≤1.65	0.035	0.035
	50<t≤200	0.20				
SM490C	≤100	0.18	0.55	≤1.65	0.035	0.035
SM490YA	≤100	0.20	0.55	≤1.65	0.035	0.035
SM490YB						
SM520B	≤100	0.20	0.55	≤1.65	0.035	0.035
SM520C						
SM570	≤100	0.20	0.55	≤1.70	0.035	0.035

① 根据需要，可添加本表以外的合金元素。

② C 的取值为熔炼分析值。

表 2　化学成分①

牌号	厚度 t/mm	化学成分（质量分数）/%				
		C	Si	Mn②	P	S
		不大于			不大于	
SM400A	$200<t\leq450$	0. 25	—	≥2. 5×C③	0. 035	0. 035
SM400B	$200<t\leq250$	0. 22	0. 35	≥0. 60	0. 035	0. 035
SM400C	$100<t\leq250$	0. 18	0. 35	—	0. 035	0. 035
SM490A	$200<t\leq300$	0. 22	0. 55	—	0. 035	0. 035
SM490B	$200<t\leq250$	0. 20	0. 55	—	0. 035	0. 035
SM490C	$100<t\leq250$	0. 18	0. 55	—	0. 035	0. 035
SM490YA	$100<t\leq150$	0. 20	0. 55	—	0. 035	0. 035
SM490YB			0. 55	—	0. 035	0. 035
SM520B	$100<t\leq150$	0. 20	0. 55	—	0. 035	0. 035
SM520C			0. 55	—	0. 035	0. 035
SM570	$100<t\leq150$	0. 18	0. 55	—	0. 035	0. 035

① 根据需要，可添加本表以外的合金元素。

② Mn 的上限值由供需双方协商确定。

③ C 的取值为熔炼分析值。

表 3　SM570 碳当量（基于熔炼分析）

厚度 t/mm	≤50	$50<t\leq100$	>100
碳当量 CEV（质量分数）/%	≤0. 44	≤0. 47	根据供需双方协议

注：1. CEV（%）= C+Mn/6+Si/24+Ni/40+Cr/5+Mo/4+V/14。以下同。

2. 碳当量也适用于淬火加回火钢。

表 4　SM570 的焊接裂纹敏感性指数（基于熔炼分析）

厚度 t/mm	≤50	$50<t\leq100$	>100
焊接裂纹敏感性指数 Pcm（质量分数）/%	≤0. 28	≤0. 30	根据供需双方协议

注：Pcm（%）= C+Si/30+Mn/20+Cu/20+Ni/60+Cr/20+Mo/15+V/10+5B。以下同。

表 5　热机械轧制钢板的碳当量

牌号		碳当量 CEV（质量分数）/%	
		SM490A、SM490B、SM490C、SM490YA、SM490YB	SM520B、SM520C
适用厚度 t/mm	≤50	≤0. 38	≤0. 40
	$50<t\leq100$	≤0. 40	≤0. 42

注：钢板厚度超过 100mm 时，碳当量由供需双方协商确定。

表 6　热机械轧制钢板的焊接裂纹敏感性指数

牌　　号		焊接裂纹敏感性指数 Pcm（质量分数）/%	
		SM490A、SM490B、SM490C、SM490YA、SM490YB	SM520B、SM520C
适用厚度 t/mm	≤50	≤0.24	≤0.26
	$50<t\leq 100$	≤0.26	≤0.27

注：钢板厚度超过 100mm 时，焊接裂纹敏感性指数由供需双方协商确定。

3　交货状态

钢板和钢带以热轧或热处理状态（正火、淬火+回火、回火或热机械轧制）交货。

4　力学性能

4.1　拉伸性能应符合表 7 的规定。根据供需双方协议，表 2 所列厚度的各牌号钢板的拉伸性能见表 8。

4.2　厚度大于 12mm 的钢材，其夏比冲击吸收能量应符合表 9 规定，表中数值为 3 个试样的平均值。

表 7　拉伸性能①

牌号	屈服点或规定塑性延伸强度 R_{eH} 或 $R_{p0.2}$/MPa						抗拉强度 R_m/MPa		断后伸长率 A/%		
	厚度 t/mm						厚度 t/mm		厚度 t/mm	试样②	%
	≤16	>16 ≤40	>40 ≤75	>75 ≤100	>100 ≤160	>160 ≤250	≤100	>100 ≤200			
SM400A SM400B	≥245	≥235	≥215	≥215	≥205	≥195	400~510	400~510	≤5 $5<t\leq 16$ $16<t\leq 50$ >40③	5 号 1A 号 1A 号 4 号	≥23 ≥18 ≥22 ≥24
SM400C					—	—					
SM490A SM490B	≥325	≥315	≥295	≥295	≥285	≥275	490~610	490~610	≤5 $5<t\leq 16$ $16<t\leq 50$ >40③	5 号 1A 号 1A 号 4 号	≥22 ≥17 ≥21 ≥23
SM490C					—	—					
SM490YA SM490YB	≥365	≥355	≥335	≥325	—	—	490~610	—	≤5 $5<t\leq 16$ $16<t\leq 50$ >40③	5 号 1A 号 1A 号 4 号	≥19 ≥15 ≥19 ≥21
SM520B SM520C	≥365	≥355	≥335	≥325	—	—	520~640	—	≤5 $5<t\leq 16$ $16<t\leq 50$ >40③	5 号 1A 号 1A 号 4 号	≥19 ≥15 ≥19 ≥21
SM570	≥460	≥450	≥430	≥420	—	—	570~720	—	≤16 >16 >20③	5 号 5 号 4 号	≥19 ≥26 ≥20

① 拉伸试验取横向试样。

② 试样尺寸见 JIS Z 2241。1A 号试样标距尺寸：b_0 = 40mm，L_0 = 200mm；4 号试样标距尺寸：d_0 = 14mm，L_0 = 50mm；5 号试样标距尺寸：b_0 = 25mm，L_0 = 50mm。

③ 厚度大于 100mm 钢板采用 4 号试样，厚度每增加 25mm 或不足 25mm 时，其断后伸长率允许比表中的数值降低 1%，但降低值不超过 3%。

表 8　拉伸性能

牌号	厚度 t/mm	屈服点或规定塑性延伸强度 R_{eH} 或 $R_{p0.2}$/MPa	抗拉强度 R_m/MPa	断后伸长率 A/%
SM400A	200<t≤450	≥195	400~510	≥21
SM400B	200<t≤250			
SM400C	100<t≤160	≥205		≥24[①]
	160<t≤250	≥195		
SM490A	200<t≤300	≥275	490~610	≥20
SM490B	200<t≤250			
SM490C	100<t≤160	≥285		≥23[①]
	160<t≤250	≥275		
SM490YA	100<t≤150	≥315	490~610	≥21[①]
SM490YB	100<t≤150			
SM520B	100<t≤150	≥315	520~640	≥21[①]
SM520C	100<t≤150			
SM570	100<t≤150	≥410	570~720	≥20[①]

注：拉伸试验取横向试样，4 号试样，其标距尺寸：$d_0=14$mm，$L_0=50$mm。

① 厚度大于 100mm 钢板采用 4 号试样，厚度每增加 25mm 或不足 25mm 时，其断后伸长率允许比表中的数值降低 1%，但降低值不超过 3%。

表 9　冲击性能

牌号	试验温度/℃	冲击吸收能量 KV_2/J 不小于	试样和试样取向
SM400B	0	27	V 型缺口，纵向
SM400C	0	47	
SM490B	0	27	
SM490C	0	47	
SM490YB	0	27	
SM520B	0	27	
SM520C	0	47	
SM570	0	47	

注：1. 根据供需双方协议，可以采用低于本表规定的试验温度。

2. 根据供需双方协议，采用横向试样进行试验时，经需方同意，可以省略纵向试样的试验。

JIS G 3128：2009 焊接结构用高屈服强度钢板

1　范围

该标准适用于桥梁、压力容器、高压设备及其他结构用厚度 6～100mm、抗拉强度 780MPa、规定塑性延伸强度 685MPa 且具有优异焊接性能的热轧钢板。

2　牌号与化学成分

钢的熔炼分析应符合表 1 的规定。

表 1　化学成分

牌号	化学成分（质量分数）/%①											碳当量 CEV（质量分数）/%②		
												厚度 t/mm		
	C	Si	Mn	P	S	Cu	Ni	Cr	Mo	V	B	≤50	50<t≤75	75<t≤100
	不大于							不大于				不大于		
SHY685	0.18	0.55	1.50	0.030	0.025	0.50	—	1.20	0.60	0.10	0.005	0.60	0.63	0.63
SHY685N	0.18	0.55	1.50	0.030	0.025	0.50	0.30～1.50	0.80	0.60	0.10	0.005	0.60	0.63	0.63
SHY685NS	0.14	0.55	1.50	0.015	0.015	0.50	0.30～1.50	0.80	0.60	0.05	0.005	0.53	0.57	③

① 根据需要，可添加本表以外的合金元素。

② CEV(%) = C+Mn/6+Si/24+Ni/40+Cr/5+Mo/4+V/14。

③ 碳当量由供需双方协商确定。

3　交货状态

钢板以淬火回火态交货。

4　力学性能

4.1　力学性能应符合表 2 的规定。弯曲试验后，试样的外表面不应有裂纹。

4.2　厚度大于 12mm 钢板，夏比冲击吸收能量应符合表 3 的规定。厚度小于等于 12mm 钢板，应采用小尺寸试样，夏比冲击吸收能量应符合表 4 的规定。

表 2　力学性能

牌号	规定塑性延伸强度 $R_{p0.2}$/MPa		抗拉强度 R_m/MPa		断后伸长率 A/%			弯曲性能		
	厚度 t/mm		厚度 t/mm		厚度 t/mm	试样	%	弯曲角/(°)	弯曲压头半径	试样
	≤50	50<t≤100	≤50	50<t≤100						
SHY685 SHY685N SHY685NS	≥685	≥665	780～930	760～910	6≤t≤16 >16 >20	5 号 5 号 4 号	≥16 ≥24 ≥16	180	t≤32mm：1.5t t>32mm：2.0t	1 号 横向

注：1. 拉伸试验取横向试样。

2. 拉伸试样见 JIS Z 2241，5 号试样标距尺寸：b_0 = 25mm，L_0 = 50mm；4 号试样标距尺寸：d_0 = 14mm，L_0 = 50mm。弯曲试样见 JIS Z 2248，1 号试样宽度 20～50mm。

表 3 冲击性能

牌号	试验温度/℃	冲击吸收能量 KV_2/J		试样和试样方向
		3 个试样的平均值	单个试样的值	
SHY685 SHY685N	-20	≥47	≥27	V 型缺口，纵向
SHY685NS	-40	≥47	≥27	

注：1. 根据供需双方协议，可以采用低于本表规定的试验温度。

2. 根据供需双方协议，采用横向试样进行试验时，经需方同意，可以省略纵向试样的试验。

表 4 小尺寸试样的冲击吸收能量

试样尺寸（高度×宽度）/mm×mm	冲击吸收能量 KV_2/J	
	标准试样≥47	标准试样≥27
10×7.5	≥35	≥22
10×5	≥24	≥14

第五节　欧洲标准

EN 10025-2：2004 结构钢热轧产品
第 2 部分：非合金结构钢交货技术条件

1　范围

该标准适用于热轧非合金优质钢的扁材和长材，以及可进一步加工成扁材和长材产品的半成品。J2 和 K2 扁平材的厚度不大于 400mm，所有其他钢种的厚度不大于 250mm。

除以正火轧制态交货外，该标准规定的钢不用于热处理。允许消除应力退火。以正火轧制态交货的产品可以用于热成形和/或正火。

2　牌号与化学成分

钢的化学成分（熔炼分析）应符合表 1 和表 2 的规定。基于熔炼分析成分的碳当量应符合表 3 的规定。

表 1　有冲击要求的牌号及化学成分

牌号	脱氧方法①	化学成分（质量分数）/%									
		C			Si	Mn	P	S	N②	Cu③	其他④
		公称厚度/mm									
		≤16	>16 ≤40	>40							
		不大于			不大于						
S235JR	FN	0. 17	0. 17	0. 20	—	1. 40	0. 035	0. 035	0. 012	0. 55	—
S235J0	FN	0. 17	0. 17	0. 17	—	1. 40	0. 030	0. 030	0. 012	0. 55	—
S235J2	FF	0. 17	0. 17	0. 17	—	1. 40	0. 025	0. 025	—	0. 55	—
S275JR	FN	0. 21	0. 21	0. 22	—	1. 50	0. 035	0. 035	0. 012	0. 55	—
S275J0	FN	0. 18	0. 18	0. 18⑤	—	1. 50	0. 030	0. 030	0. 012	0. 55	—
S275J2	FF	0. 18	0. 18	0. 18⑤	—	1. 50	0. 025	0. 025	—	0. 55	
S355JR	FN	0. 24	0. 24	0. 24	0. 55	1. 60	0. 035	0. 035	0. 012	0. 55	—
S355J0	FN	0. 20⑥	0. 20⑦	0. 22	0. 55	1. 60	0. 030	0. 030	0. 012	0. 55	—
S355J2	FF	0. 20⑥	0. 20⑦	0. 22	0. 55	1. 60	0. 025	0. 025	—	0. 55	—
S355K2	FF	0. 20⑥	0. 20⑦	0. 22	0. 55	1. 60	0. 025	0. 025	—	0. 55	—

① FN—不允许沸腾钢；FF—完全镇静钢。

② 如果钢中的全铝含量 Alt 不小于 0. 020%或者酸溶铝含量 Als 不小于 0. 015%，或者有足够的其他固氮元素时，氮含量最大值不适用。但此时固氮元素应在质量证明书中注明。

③ Cu 含量高于 0. 40%，可能在热成形时引起热脆性。

④ 如果添加其他元素，应在质量证明书中注明。

⑤ 当公称厚度大于 150mm 时，$w(C) \leq 0.20\%$。

⑥ 适用于冷轧成形的牌号，$w(C) \leq 0.22\%$。

⑦ 当公称厚度大于 30mm 时，$w(C) \leq 0.22\%$。

表2　无冲击要求的牌号及化学成分

牌号	脱氧方法[1]	化学成分（质量分数）/%		
		P	S	N[2]
		不大于		
S185	opt.	—	—	—
E295	FN	0.045	0.045	0.012
E335	FN	0.045	0.045	0.012
E360	FN	0.045	0.045	0.012

① opt.—由生产方选择；FN—不允许沸腾钢。

② 如果钢中的全铝含量Alt不小于0.020%或者酸溶铝含量Als不小于0.015%，或者有足够的其他固氮元素时，氮含量最大值不适用。但此时固氮元素应在质量证明书中注明。

表3　碳当量（基于熔炼分析）

牌号	脱氧方法[1]	碳当量CEV[2]（质量分数）/% 不大于 公称厚度/mm				
		≤30	>30 ≤40	>40 ≤150	>150 ≤250	>250 ≤400
S235JR	FN	0.35	0.35	0.38	0.40	—
S235J0	FN	0.35	0.35	0.38	0.40	—
S235J2	FF	0.35	0.35	0.38	0.40	0.40
S275JR	FN	0.40	0.40	0.42	0.44	—
S275J0	FN	0.40	0.40	0.42	0.44	—
S275J2	FF	0.40	0.40	0.42	0.44	0.44
S355JR	FN	0.45	0.47	0.47	0.49	—
S355J0	FN	0.45	0.47	0.47	0.49	—
S355J2	FF	0.45	0.47	0.47	0.49	0.49
S355K2	FF	0.45	0.47	0.47	0.49	0.49

① FN—不允许沸腾钢；FF—完全镇静钢。

② CEV（%）=C+Mn/6+(Cr+Mo+V)/5+(Ni+Cu)/15。

3　交货状态

钢板以热轧、正火及热机械轧制状态交货。

4　力学性能

力学性能应符合表4~表8的规定。

表 4　有冲击要求产品的室温拉伸性能

牌号	上屈服强度 R_{eH}/MPa 不小于									抗拉强度 R_m/MPa				
	公称厚度/mm									公称厚度/mm				
	≤16	>16 ≤40	>40 ≤63	>63 ≤80	>80 ≤100	>100 ≤150	>150 ≤200	>200 ≤250	>250 ≤400	<3	≥3 ≤100	≥100 ≤150	≥150 ≤250	≥250 ≤400
S235JR	235	225	215	215	215	195	185	175	—	360~510	360~150	350~500	340~490	—
S235J0	235	225	215	215	215	195	185	175	—	360~510	360~150	350~500	340~490	—
S235J2	235	225	215	215	215	195	185	175	165	360~510	360~150	350~500	340~490	330~480
S275JR	275	265	255	245	235	225	215	205	—	430~580	410~560	400~540	380~540	—
S275J0	275	265	255	245	235	225	215	205	—	430~580	410~560	400~540	380~540	—
S275J2	275	265	255	245	235	225	215	205	195	430~580	410~560	400~540	380~540	380~540
S355JR	355	345	335	325	315	295	285	275	—	510~680	470~630	450~600	450~600	—
S355J0	355	345	335	325	315	295	285	275	—	510~680	470~630	450~600	450~600	—
S355J2	355	345	335	325	315	295	285	275	265	510~680	470~630	450~600	450~600	450~600
S355K2	355	345	335	325	315	295	285	275	265	510~680	470~630	450~600	450~600	450~600

注：1. 钢板宽度≥600mm 时，适用于横向试样；对于其他宽度钢板，适用于纵向试样。

2. 屈服现象不明显时，取 $R_{p0.2}$。

表 5　有冲击要求产品的室温拉伸性能

牌号	试样方向	断后伸长率 A/%，不小于										
		L_0 = 80mm					$L_0 = 5.65\sqrt{S_0}$					
		公称厚度/mm					公称厚度/mm					
		≤1	>1 ≤1.5	>1.5 ≤2	>2 ≤2.5	>2.5 <3	≥3 ≤40	>40 ≤63	>63 ≤100	>100 ≤150	>150 ≤250	>250 ≤400 只适用于 J2 和 K2
S235JR S235J0 S235J2	纵向	17	18	19	20	21	26	25	24	22	21	— — 21（纵向和横向）
	横向	15	16	17	18	19	24	23	22	22	21	
S275JR S275J0 S275J2	纵向	15	16	17	18	19	23	22	21	19	18	— — 18（纵向和横向）
	横向	13	14	15	16	17	21	20	19	19	18	
S355JR S355J0 S355J2 S355K2	纵向	14	15	16	17	18	22	21	20	18	17	— — 17（纵向和横向） 17（纵向和横向）
	横向	12	13	14	15	16	20	19	18	18	17	

注：钢板宽度≥600mm 时，适用于横向试样；对于其他宽度钢板，适用于纵向试样。

表 6　无冲击要求产品的室温拉伸性能

牌号	上屈服强度 R_{eH}①/MPa 不小于 公称厚度/mm								抗拉强度 R_m①/MPa 公称厚度/mm			
	≤16	>16 ≤40	>40 ≤63	>63 ≤80	>80 ≤100	>100 ≤150	>150 ≤200	>200 ≤250	<3	≥3 ≤100	≥100 ≤150	≥150 ≤250
S185	185	175	175	175	175	165	155	145	310~540	290~510	280~500	270~490
E295	295	285	275	265	255	245	235	225	490~660	470~610	450~610	440~610
E335	335	325	315	305	295	275	265	255	590~770	570~710	550~710	540~710
E360	360	355	345	335	325	305	295	285	690~900	670~830	650~830	640~830

① 钢板宽度≥600mm 时，适用于横向试样；对于其他宽度钢板，适用于纵向试样。

表 7　无冲击要求产品的室温拉伸性能

牌号	试样方向	断后伸长率 A/%①，不小于 $L_0=80mm$ 公称厚度/mm					$L_0=5.65\sqrt{S_0}$ 公称厚度/mm				
		≤1	>1 ≤1.5	>1.5 ≤2	>2 ≤2.5	>2.5 ≤3	≥3 ≤40	>40 ≤63	>63 ≤100	>100 ≤150	>150 ≤250
S185	纵向	10	11	12	13	14	18	17	16	15	15
	横向	8	9	10	11	12	16	15	14	13	13
E295	纵向	12	13	14	15	16	20	19	18	16	15
	横向	10	11	12	13	14	18	17	16	15	14
E335	纵向	8	9	10	11	12	16	15	14	12	11
	横向	6	7	8	9	10	14	13	12	11	10
E360	纵向	4	5	6	7	8	11	10	9	8	7
	横向	3	4	5	6	7	10	9	8	7	6

① 钢板宽度≥600mm 时，适用于横向试样；对于其他宽度钢板，适用于纵向试样。

表 8　纵向夏比 V 型缺口试样的冲击吸收能量

牌号	温度/℃	冲击吸收能量 KV_2/J，不小于 公称厚度/mm		
		≤150①	>150 ≤250	>250 ≤400
S235JR	20	27	27	—
S235J0	0	27	27	—
S235J2	-20	27	27	—
S275JR	20	27	27	—
S275J0	0	27	27	—
S275J2	-20	27	27	27

续表 8

牌号	温度/℃	冲击吸收能量 KV_2/J，不小于		
		公称厚度/mm		
		≤150①	>150 ≤250	>250 ≤400
S355JR	20	27	27	—
S355J0	0	27	27	—
S355J2	-20	27	27	27
S355K2	-20	40②	33	33

① 公称厚度≤12mm 时，参见 EN 10025-1：2004—7. 3. 2. 1。

② -30℃时为 27J。

EN 10025-3：2004 结构钢热轧产品
第 3 部分：正火/正火轧制可焊接细晶粒结构钢交货技术条件

1 范围

该标准适用于以正火/正火轧制态交货的热轧可焊接细晶粒结构钢扁材和长材产品。S275、S355 和 S420 钢板厚度不大于 250mm，S460 钢板厚度不大于 200mm。主要用于如桥梁、水闸、贮存罐、供水箱等在环境温度及低温下服役的焊接结构的承载部位。

2 牌号与化学成分

钢的化学成分（熔炼分析）应符合表 1 的规定。基于熔炼分析成分的碳当量应符合表 2 的规定。

表 1 化学成分

牌号	化学成分（质量分数）/%													
	C	Si	Mn	P	S	Nb	V	Alt①	Ti	Cr	Ni	Mo	Cu②	N
	不大于			不大于				不小于	不大于					
S275N	0.18	0.40	0.50~1.50	0.030	0.025	0.05	0.05	0.02	0.05	0.30	0.30	0.10	0.55	0.015
S275NL	0.16			0.025	0.020									
S355N	0.20	0.50	0.90~1.65	0.030	0.025	0.05	0.12	0.02	0.05	0.30	0.50	0.10	0.55	0.015
S355NL	0.18			0.25	0.020									
S420N	0.20	0.60	1.00~1.70	0.030	0.025	0.05	0.20	0.02	0.05	0.30	0.80	0.10	0.55	0.025
S420NL				0.025	0.020									
S460N③	0.20	0.60	1.00~1.70	0.030	0.025	0.05	0.20	0.02	0.05	0.30	0.80	0.10	0.55	0.025
S460NL③				0.025	0.020									

① 如果有足够的其他固氮元素，则全铝含量最小值不适用。

② Cu 含量高于 0.40%，可能在热成形时引起热脆性。

③ $w(V+Nb+Ti) \leqslant 0.22\%$ 及 $w(Mo+Cr) \leqslant 0.30\%$。

表 2 碳当量（基于熔炼分析）

牌 号	碳当量 CEV（质量分数）/%		
	不大于		
	公称厚度/mm		
	≤63	>63 ≤100	>100 ≤250
S275N S275NL	0.40	0.40	0.42
S355N S355NL	0.43	0.45	0.45

续表 2

牌　号	碳当量 CEV（质量分数）/%		
	不大于		
	公称厚度/mm		
	≤63	>63 ≤100	>100 ≤250
S420N S420NL	0.48	0.50	0.52
S460N S460NL	0.53	0.54	0.55

注：CEV（%）=C+Mn/6+(Cr+Mo+V)/5+(Ni+Cu)/15。

3　交货状态

钢板以正火或正火轧制状态交货。

4　力学性能

力学性能应符合表 3~表 5 的规定。

表 3　室温力学性能

牌号	上屈服强度 R_{eH}/MPa								抗拉强度 R_m/MPa			断后伸长率 A/%					
												$L_0=5.65\sqrt{S_0}$					
	不小于											不小于					
	公称厚度/mm								公称厚度/mm			公称厚度/mm					
	≤16	>16 ≤40	>40 ≤63	>63 ≤80	>80 ≤100	>100 ≤150	>150 ≤200	>200 ≤250	≤100	>100 ≤200	>200 ≤250	≤16	>16 ≤40	>40 ≤63	>63 ≤80	>80 ≤200	>200 ≤250
S275N S275NL	275	265	255	245	235	225	215	205	370~ 510	350~ 480	350~ 480	24	24	24	23	23	23
S355N S355NL	355	345	335	325	315	295	285	275	470~ 630	450~ 600	450~ 600	22	22	22	21	21	21
S420N S420NL	420	400	390	370	360	340	330	320	520~ 680	500~ 650	500~ 650	19	19	19	18	18	18
S460N S460NL	460	440	430	410	400	380	370	—	540~ 720	530~ 710	—	17	17	17	17	17	—

注：1. 钢板宽度≥600mm 时，适用于横向试样；对于其他宽度钢板，适用于纵向试样。
2. 屈服现象不明显时，取 $R_{p0.2}$。

表 4　纵向夏比 V 型缺口试样的冲击吸收能量

牌号	以下试验温度（℃）的冲击吸收能量 KV_2/J，不小于						
	20	0	-10	-20	-30	-40	-50
S275N S355N S420N S460N	55	47	43	40①	—	—	—

续表 4

牌号	以下试验温度（℃）的冲击吸收能量 KV_2/J，不小于						
	20	0	-10	-20	-30	-40	-50
S275NL S355NL S420NL S460NL	63	55	51	47	40	31	27

① 30℃时冲击吸收能量为 27J。

表 5　要求横向冲击时夏比 V 型缺口试样的冲击吸收能量

牌号	以下试验温度（℃）的冲击吸收能量 KV_2/J，不小于						
	20	0	-10	-20	-30	-40	-50
S275N S355N S420N S460N	31	27	24	20	—	—	—
S275NL S355NL S420NL S460NL	40	34	30	27	23	20	16

EN 10025-4：2004 结构钢热轧产品
第 4 部分：热机械轧制可焊接细晶粒结构钢交货技术条件

1　范围

该标准适用于厚度不大于 120mm 的热机械轧制可焊接细晶粒结构钢板。主要用于如桥梁、水闸、贮存罐、供水箱等在环境温度及低温下使用的焊接结构的承载部位。

2　牌号与化学成分

钢的化学成分（熔炼分析）应符合表 1 的规定。基于熔炼分析成分的碳当量应符合表 2 的规定。

表 1　化学成分

牌号	化学成分（质量分数）/%													
	C	Si	Mn	P	S	Nb	V	Alt①	Ti	Cr	Ni	Mo	Cu②	N
	不大于							不小于	不大于					
S275M	0.13	0.50	1.50	0.030	0.025	0.05	0.08	0.02	0.05	0.30	0.30	0.10	0.55	0.015
S275ML				0.025	0.020									
S355M	0.14	0.50	1.60	0.030	0.025	0.05	0.10	0.02	0.05	0.30	0.50	0.10	0.55	0.015
S355ML				0.025	0.020									
S420M	0.16	0.50	1.70	0.030	0.025	0.05	0.12	0.02	0.05	0.30	0.80	0.20	0.55	0.025
S420ML				0.025	0.020									
S460M	0.16	0.60	1.70	0.030	0.025	0.05	0.12	0.02	0.05	0.30	0.80	0.20	0.55	0.025
S460ML				0.025	0.020									

① 如果有足够的其他固氮元素，则全铝含量最小值不适用。

② Cu 含量高于 0.40%，可能在热成形时引起热脆性。

表 2　碳当量（基于熔炼分析）

牌号	碳当量 CEV（质量分数）/%				
	不大于				
	公称厚度/mm				
	≤16	>16 ≤40	>40 ≤63	>63 ≤120	>120 ≤150
S275M S275ML	0.34	0.34	0.35	0.38	0.38
S355M S355ML	0.39	0.39	0.40	0.45	0.45
S420M S420ML	0.43	0.45	0.46	0.47	0.47

续表 2

牌号	碳当量 CEV（质量分数）/% 不大于 公称厚度/mm				
	≤16	>16 ≤40	>40 ≤63	>63 ≤120	>120 ≤150
S460M S460ML	0.45	0.46	0.47	0.48	0.48

注：CEV（%）= C+Mn/6+(Cr+Mo+V)/5+(Ni+Cu)/15。

3 交货状态

钢板以热机械轧制状态交货。

4 力学性能

力学性能应符合表 3~表 5 的规定。

表 3 拉伸性能

牌号	上屈服强度 R_{eH}/MPa 不小于 公称厚度/mm						抗拉强度 R_m/MPa 公称厚度/mm					断后伸长率 A/% 不小于
	≤16	>16 ≤40	>40 ≤63	>63 ≤80	>80 ≤100	>100 ≤120	≤40	>40 ≤63	>63 ≤80	>80 ≤100	>100 ≤120	$L_0=5.65\sqrt{S_0}$
S275M S275ML	275	265	255	245	245	240	370~530	360~520	350~510	350~510	350~510	24
S355M S355ML	355	345	335	325	325	320	470~630	450~610	440~600	440~600	430~590	22
S420M S420ML	420	400	390	380	370	365	520~680	500~660	480~640	470~630	460~620	19
S460M S460ML	460	440	430	410	400	385	540~720	530~710	510~690	500~680	490~660	17

注：1. 钢板宽度≥600mm 时，适用于横向试样；对于其他宽度钢板，适用于纵向试样。

2. 屈服现象不明显时，取 $R_{p0.2}$。

3. 对于断后伸长率，厚度小于 3mm 时，采用标距长度 L_0 = 80mm 试样，断后伸长率由需供双方协商确定。

表 4 纵向夏比 V 型缺口试样的冲击吸收能量

牌号	以下试验温度（℃）的冲击吸收能量 KV_2/J，不小于						
	20	0	-10	-20	-30	-40	-50
S275M S355M S420M S460M	55	47	43	40①	—	—	—

续表 4

牌号	以下试验温度（℃）的冲击吸收能量 KV_2/J，不小于						
	20	0	-10	-20	-30	-40	-50
S275ML S355ML S420ML S460ML	63	55	51	47	40	31	27

① -30℃时冲击吸收能量为 27J。

表 5　要求横向冲击时夏比 V 型缺口试样的冲击吸收能量

牌号	以下试验温度（℃）的冲击吸收能量 KV_2/J，不小于						
	20	0	-10	-20	-30	-40	-50
S275M S355M S420M S460M	31	27	24	20	—	—	—
S275ML S355ML S420ML S460ML	40	34	30	27	23	20	16

EN 10025-5：2004 结构钢热轧产品
第 5 部分：改善耐大气腐蚀性结构钢交货技术条件

1 范围

该标准适用于改进型耐大气腐蚀结构用热轧钢板。主要用于环境温度下服役的耐大气腐蚀的焊接、栓接及铆接结构件。除以正火轧制态交货外，该标准规定的钢不用于热处理。允许消除应力退火。以正火轧制条件交货的产品可以用于热成形和/或正火。

2 牌号与化学成分

钢的化学成分（熔炼分析）应符合表 1 的规定。

3 交货状态

交货状态由供方确定。四辊轧机生产的产品仅以热轧或正火轧制状态交货。

4 力学性能与工艺性能

力学性能与工艺性能应符合表 2～表 4 的规定。

表 1 化学成分

牌号	脱氧方法①	化学成分（质量分数）/%									
		C	Si	Mn	P	S	N	固 N 元素②	Cr	Cu	其他
		不大于				不大于					
S235J0W S235J2W	FN FF	0.13	0.40	0.20～0.60	≤0.035	0.035 0.030	0.009③⑥ —	— 添加	0.40～0.80	0.25～0.55	④
S355J0WP S355J2WP	FN FF	0.12	0.75	≤1.0	0.06～0.15	0.035 0.030	0.009⑥ —	— 添加	0.30～1.25	0.25～0.55	④
S355J0W S355J2W S355K2W	FN FF FF	0.16	0.50	0.50～1.50	≤0.035 ≤0.030 ≤0.030	0.035 0.030 0.030	0.009⑥ — —	— 添加 添加	0.40～0.80	0.25～0.55	④⑤

① FN—不允许沸腾钢；FF—完全镇静钢。

② 钢中应至少含有下列元素中的一种：w(Alt)≥0.020%，w(Nb)=0.015%～0.060%，w(V)=0.02%～0.12%，w(Ti)=0.02%～0.10%。如果这些元素组合加入，应保证其中至少一种不小于规定含量的下限。

③ 每增加 0.001%N，P 的最大含量降低 0.005%，但熔炼分析 N 含量应不超过 0.012%。

④ w(Ni)≤0.65%。

⑤ w(Mo)≤0.30%，w(Zr)≤0.15%。

⑥ 如果钢中的全铝含量最小值为 0.020%或者有足够的其他固氮元素时，氮含量最大值不适用。但此时固氮元素应在质量证明书中注明。

表 2　拉伸性能

牌号	上屈服强度[1][2] R_{eH}/MPa						抗拉强度[1] R_m/MPa			试样方向	断后伸长率[1] A/%						
	不小于										不小于						
											L_0=80mm			$L_0=5.65\sqrt{S_0}$			
	公称厚度/mm						公称厚度/mm				公称厚度/mm			公称厚度/mm			
	≤16	>16 ≤40	>40 ≤63	>63 ≤80	>80 ≤100	>100 ≤150	<3	≥3 ≤100	≥100 ≤150		>1.5 ≤2	>2 ≤2.5	>2.5 ≤3	≥3 ≤40	>40 ≤63	>63 ≤100	>100 ≤150
S235J0W S235J2W	235	225	215	215	215	195	360~510	360~510	350~500	纵向	19	20	21	26	25	24	22
										横向	17	18	19	24	23	22	22
S355J0WP S355J2WP	355[3]	345	—	—	—	—	510~680	470~630[3]	—	纵向	16	17	18	22[3]	—	—	—
										横向	14	15	16	20	—	—	—
S355J0W S355J2W S355K2W	355	345	335	325	315	295	510~680	470~630	450~600	纵向	16	17	18	22	21	20	18
										横向	14	15	16	20	19	18	18

① 钢板宽度≥600mm 时，适用于横向试样；对于其他宽度钢板，适用于纵向试样。

② 屈服现象不明显时，取 $R_{p0.2}$。

③ 对于扁平材，适用于最大厚度 12mm。

表 3　纵向夏比 V 型缺口试样的冲击吸收能量[1]

牌号	温度/℃	冲击吸收能量 KV_2/J，不小于
S235J0W	0	27
S235J2W	-20	27
S355J0WP	0	27
S355J2WP	-20	27
S355J0W	0	27
S355J2W	-20	27
S355K2W	-20	40[2]

① 公称厚度小于等于 12mm 时，见 EN 10025-1：2004—7.3.2.1。

② -30℃时冲击吸收能量为 27J。

表 4　推荐的最小弯曲半径

牌号	弯曲方向	推荐的最小弯曲半径[1]/mm												
		公称厚度/mm												
		>1.5 ≤2.5	>2.5 ≤3	>3 ≤4	>4 ≤5	>5 ≤6	>6 ≤7	>7 ≤8	>8 ≤10	>10 ≤12	>12 ≤14	>14 ≤16	>16 ≤18	>18 ≤20
S235J0W S235J2W	横向	2.5	3	5	6	8	10	12	16	20	25	28	36	40
	纵向	2.5	3	6	8	10	12	16	20	25	28	32	40	45
S355J0WP S355J2WP	横向	4	5	6	8	10	12	16						
	纵向	4	5	8	10	12	16	20						

续表 4

牌号	弯曲方向	推荐的最小弯曲半径①/mm												
		公称厚度/mm												
		>1.5 ≤2.5	>2.5 ≤3	>3 ≤4	>4 ≤5	>5 ≤6	>6 ≤7	>7 ≤8	>8 ≤10	>10 ≤12	>12 ≤14	>14 ≤16	>16 ≤18	>18 ≤20
S355J0W S355J2W S355K2W	横向 纵向	4 4	5 5	6 8	8 10	10 12	12 16	16 20	20 25	25 32	32 36	36 40	45 50	50 63

① 适用于弯曲角度≤90°。

EN 10025-6：2004+A1：2009 结构钢热轧产品 第 6 部分：淬火回火高屈服强度结构钢扁平材交货技术条件

1　范围

该标准适用于厚度为 3～150mm 的 S460、S500、S550、S620 和 S690、厚度不大于 100mm 的 S890 及厚度不大于 50mm 的 S960 的淬火回火钢板，规定最小屈服强度范围为 460～960MPa。

2　牌号与化学成分

钢的化学成分（熔炼分析）应符合表 1 的规定。基于熔炼分析成分的碳当量应符合表 2 的规定。

表 1　化学成分①

牌号	质量等级	化学成分（质量分数）/%														
		C	Si	Mn	P	S	N	B	Cr	Cu	Mo	Nb②	Ni	Ti②	V②	Zr②
		不大于														
所有	无符号 L L1	0.20	0.80	1.70	0.025 0.020 0.020	0.015 0.010 0.010	0.015	0.0050	1.50	0.50	0.70	0.06	2.0	0.05	0.12	0.15

① 为了达到规定的性能，钢中可以加入一种或几种合金元素，最大含量要求如表中所示。

② 应至少含有 0.015%的细化晶粒元素。Al 是其中一种，酸溶铝 Als 的最小含量为 0.015%，全铝 Alt 的最小含量为 0.018%。

表 2　碳当量（基于熔炼分析）

牌号	碳当量 CEV（质量分数）/%，不大于		
	公称厚度/mm		
	≤50	>50 ≤100	>100 ≤150
S460Q S460QL S460QL1	0.47	0.48	0.50
S500Q S500QL S500QL1	0.47	0.70	0.70
S550Q S550QL S550QL1	0.65	0.77	0.83
S620Q S620QL S620QL1	0.65	0.77	0.83

续表 2

牌号	碳当量 CEV（质量分数）/%，不大于		
	公称厚度/mm		
	≤50	>50 ≤100	>100 ≤150
S690Q S690QL S690QL1	0.65	0.77	0.83
S890Q S890QL S890QL1	0.72	0.82	—
S960Q S960QL	0.82	—	—

注：CEV(%)=C+Mn/6+(Cr+Mo+V)/5+(Ni+Cu)/15。

3　交货状态

钢板以淬火回火态交货。

4　力学性能与工艺性能

力学性能应符合表 3~表 5 的规定。推荐的最小弯曲半径见表 6。

表 3　室温拉伸性能

牌号	上屈服强度 R_{eH}/MPa			抗拉强度 R_m/MPa			断后伸长率 A/%
	不小于						不小于
	公称厚度/mm			公称厚度/mm			$L_0=5.65\sqrt{S_0}$
	≥3 ≤50	>50 ≤100	>100 ≤150	≥3 ≤50	>50 ≤100	>100 ≤150	
S460Q S460QL S460QL1	460	440	400	550~720		500~670	17
S500Q S500QL S500QL1	500	480	440	590~770		540~720	17
S550Q S550QL S550QL1	550	530	490	640~820		590~770	16
S620Q S620QL S620QL1	620	580	560	700~890		650~830	15

续表 3

牌号	上屈服强度 R_{eH}/MPa 不小于			抗拉强度 R_m/MPa			断后伸长率 A/% 不小于
	公称厚度/mm			公称厚度/mm			
	≥3 ≤50	>50 ≤100	>100 ≤150	≥3 ≤50	>50 ≤100	>100 ≤150	$L_0=5.65\sqrt{S_0}$
S690Q S690QL S690QL1	690	650	630	770~940	760~930	710~900	14
S890Q S890QL S890QL1	890	830	—	940~1100	880~1100	—	11
S960Q S960QL	960	—	—	980~1150	—	—	10

注：屈服现象不明显时，取 $R_{p0.2}$。

表 4　纵向夏比 V 型缺口试样的冲击吸收能量

牌号	以下试验温度（℃）的冲击吸收能量 KV_2/J，不小于			
	0	-20	-40	-60
S460Q S500Q S550Q S620Q S690Q S890Q S960Q	40	30	—	—
S460QL S500QL S550QL S620QL S690QL S890QL S960QL	50	40	30	—
S460QL1 S500QL1 S550QL1 S620QL1 S690QL1 S890QL1	60	50	40	30

表 5　要求横向冲击时夏比 V 型缺口试样的冲击吸收能量

牌号	以下试验温度（℃）的冲击吸收能量 KV_2/J，不小于			
	0	-20	-40	-60
S460Q S500Q S550Q S620Q S690Q S890Q S960Q	30	27	—	—
S460QL S500QL S550QL S620QL S690QL S890QL S960QL	35	30	27	—
S460QL1 S500QL1 S550QL1 S620QL1 S690QL1 S890QL1	40	35	30	27

表 6　推荐的最小弯曲半径

牌号	推荐的最小弯曲半径/mm	
	3mm≤t≤16mm，t—公称厚度	
	横向弯曲轴	纵向弯曲轴
S460Q S460QL S460QL1	3.0t 3.0t 3.0t	4.0t 4.0t 4.0t
S500Q S500QL S500QL1	3.0t 3.0t 3.0t	4.0t 4.0t 4.0t
S550Q S550QL S550QL1	3.0t 3.0t 3.0t	4.0t 4.0t 4.0t
S620Q S620QL S620QL1	3.0t 3.0t 3.0t	4.0t 4.0t 4.0t

续表 6

牌号	推荐的最小弯曲半径/mm	
	3mm≤t≤16mm，t—公称厚度	
	横向弯曲轴	纵向弯曲轴
S690Q	3. 0t	4. 0t
S690QL	3. 0t	4. 0t
S690QL1	3. 0t	4. 0t
S890Q	3. 0t	4. 0t
S890QL	3. 0t	4. 0t
S890QL1	3. 0t	4. 0t
S960Q	4. 0t	5. 0t
S960QL	4. 0t	5. 0t

注：1. 以上数据作为资料供参考。

2. 适用于弯曲角度小于等于 90°。

EN 10149-2：2013 冷成形用高屈服强度热轧扁平材 第 2 部分：热机械轧制钢交货技术条件

1　范围

该标准适用于厚度为 1.5～20mm、规定最小屈服强度 315～460MPa，厚度为 1.5～16mm、规定最小屈服强度 500～700MPa，厚度为 2～10mm、规定最小屈服强度 900～960MPa 的热轧扁平材。

2　牌号与化学成分

钢的化学成分（熔炼分析）应符合表 1 的规定。

表 1　化学成分

牌号	化学成分（质量分数）/%										
	C	Mn	Si	P	S	Alt	Nb	V	Ti	Mo	B
	不大于					不小于	不大于				
S315MC	0.12	1.30	0.50	0.025	0.020②	0.015	0.09①	0.20①	0.15①	—	—
S355MC	0.12	1.50	0.50	0.025	0.020②	0.015	0.09①	0.20①	0.15①	—	—
S420MC	0.12	1.60	0.50	0.025	0.015②	0.015	0.09①	0.20①	0.15①	—	—
S460MC	0.12	1.60	0.50	0.025	0.015②	0.015	0.09①	0.20①	0.15①	—	—
S500MC	0.12	1.70	0.50	0.025	0.015②	0.015	0.09①	0.20①	0.15①	—	—
S550MC	0.12	1.80	0.50	0.025	0.015②	0.015	0.09①	0.20①	0.15①	—	—
S600MC	0.12	1.90	0.50	0.025	0.015②	0.015	0.09①	0.20①	0.22①	0.50	0.005
S650MC	0.12	2.00	0.60	0.025	0.015②	0.015	0.09①	0.20①	0.22①	0.50	0.005
S700MC	0.12	2.10	0.60	0.025	0.015②	0.015	0.09①	0.20①	0.22①	0.50	0.005
S900MC	0.20	2.20	0.60	0.025	0.010	0.015	0.09	0.20	0.25	1.00	0.005
S960MC	0.20	2.20	0.60	0.025	0.010	0.015	0.09	0.20	0.25	1.00	0.005

① $w(Nb+V+Ti) \leq 0.22\%$。

② 经供需双方同意，$w(S) \leq 0.010\%$（熔炼分析）。

3　交货状态

钢板以热机械轧制状态交货。

4　力学性能

力学性能应符合表 2 的规定。

表 2　力学性能

牌号	上屈服强度 R_{eH}/MPa①	抗拉强度 R_m/MPa①	断后伸长率 A/%①		180°弯曲最小压头直径②③
			不小于		
			公称厚度/mm		
	不小于		<3	≥3	
			$L_0=80$mm	$L_0=5.65\sqrt{S_0}$	
S315MC	315	390~510	20	24	$0t$
S355MC	355	430~550	19	23	$0.5t$
S420MC	420	480~620	16	19	$0.5t$
S460MC	460	520~670	14	17	$1t$
S500MC	500	550~700	12	14	$1t$
S550MC	550	600~760	12	14	$1.5t$
S600MC	600	650~820	11	13	$1.5t$
S650MC	650④	700~880	10	12	$2t$
S700MC	700④	750~950	10	12	$2t$
S900MC	900	930~1200	7	8	$8t$⑤
S960MC	960	980~1250	6	7	$9t$⑥

注：屈服现象不明显时，取 $R_{p0.2}$。

① 拉伸试样取纵向。

② 弯曲试样取横向。

③ t 为试样厚度（mm）。

④ 厚度大于 8mm 时，最小屈服强度可降低 20MPa。

⑤ 90°弯曲、厚度小于 3mm 时，最小压头直径为 $7t$。

⑥ 90°弯曲、厚度小于 3mm 时，最小压头直径为 $8t$。

EN 10149-3：2013 冷成形用高屈服强度热轧扁平材 第 3 部分：正火/正火轧制钢交货技术条件

1　范围

该标准适用于厚度为 1.5～20mm 的热轧扁平材。

2　牌号与化学成分

钢的化学成分（熔炼分析）应符合表 1 的规定。

表 1　化学成分

牌号	化学成分（质量分数）/%								
	C	Mn	Si	P	S①	Alt②	Nb③	V③	Ti③
	不大于					不小于	不大于		
S260NC	0.16	1.20	0.50	0.025	0.020	0.015	0.09	0.10	0.15
S315NC	0.16	1.40	0.50	0.025	0.020	0.015	0.09	0.10	0.15
S355NC	0.18	1.60	0.50	0.025	0.015	0.015	0.09	0.10	0.15
S420NC	0.20	1.60	0.50	0.025	0.015	0.015	0.09	0.10	0.15

① 经供需双方同意，$w(S) \leqslant 0.010\%$（熔炼分析）。

② 如果有足够的固氮元素，则全铝含量最小值不适用。

③ $w(Nb+V+Ti) \leqslant 0.22\%$。

3　交货状态

钢板以正火或正火轧制状态交货。

4　力学性能

力学性能应符合表 2 的规定。

表 2　力学性能

牌号	上屈服强度 R_{eH}/MPa①	抗拉强度 R_m/MPa①	断后伸长率 A/%①		180°弯曲最小压头直径②③
			不小于		
			公称厚度/mm		
	不小于		<3	≥3	
			$L_0=80$mm	$L_0=5.65\sqrt{S_0}$	
S260NC	260	370～490	24	30	0t
S315NC	315	430～550	22	27	0.5t
S355NC	355	470～610	20	25	0.5t
S420NC	420	530～670	18	23	0.5t

注：屈服现象不明显时，取 $R_{p0.2}$。

① 钢板宽度大于等于 600mm，拉伸试样取横向；钢板宽度小于 600mm，拉伸试样取纵向。

② 弯曲试样取横向。

③ t 为弯曲试样厚度（mm）。

第二章　建筑结构用钢

第二章　建筑结构用钢

第一节　中国标准

GB/T 19879—2015 建筑结构用钢板

1　范围

该标准适用于制造高层建筑结构、大跨度结构及其他重要建筑结构用厚度6~200mm的Q345GJ，厚度6~150mm的Q235GJ、Q390GJ、Q420GJ、Q460GJ，以及厚度12~40mm的Q500GJ、Q550GJ、Q620GJ、Q690GJ热轧钢板。

热轧钢带亦可参照该标准执行。

2　牌号与化学成分

2.1　钢的牌号和化学成分（熔炼分析）应符合表1的规定。

2.2　对于厚度方向性能钢板，磷含量应不大于0.020%，硫含量应符合GB/T 5373的规定，具体见表2。

2.3　各牌号所有质量等级钢的碳当量（CEV）或焊接裂纹敏感性指数（Pcm）应符合表3的相应规定。一般应以碳当量交货。经供需双方协商并在合同中注明，钢的碳当量可用焊接裂纹敏感性指数替代。

表1

牌号	质量等级	化学成分（质量分数）/%												
		C	Si	Mn	P	S	V②	Nb②	Ti②	Als①	Cr	Cu	Ni	Mo
		≤			≤					≥	≤			
Q235GJ	B、C	0.20	0.35	0.60~1.50	0.025	0.015	—	—	—	0.015	0.30	0.30	0.30	0.08
	D、E	0.18			0.020	0.010								
Q345GJ	B、C	0.20	0.55	≤1.60	0.025	0.015	0.150	0.070	0.035	0.015	0.30	0.30	0.30	0.20
	D、E	0.18			0.020	0.010								
Q390GJ	B、C	0.20	0.55	≤1.70	0.025	0.015	0.200	0.070	0.030	0.015	0.30	0.30	0.70	0.50
	D、E	0.18			0.020	0.010								
Q420GJ	B、C	0.20	0.55	≤1.70	0.025	0.015	0.200	0.070	0.030	0.015	0.80	0.30	1.00	0.50
	D、E	0.18			0.020	0.010								
Q460GJ	B、E	0.20	0.55	≤1.70	0.025	0.015	0.200	0.110	0.030	0.015	1.20	0.50	1.20	0.50
	D、E	0.18			0.020	0.010								

续表 1

牌号	质量等级	化学成分（质量分数）/%												
		C	Si	Mn	P	S	V②	Nb②	Ti②	Als①	Cr	Cu	Ni	Mo
		≤			≤					≥	≤			
Q500GJ	C	0.18	0.60	≤1.80	0.025	0.015	0.120	0.110	0.030	0.015	1.20	0.50	1.20	0.60
	D、E				0.020	0.010								
Q550GJ③	C	0.18	0.60	≤2.00	0.025	0.015	0.120	0.110	0.030	0.015	1.20	0.50	2.00	0.60
	D、E				0.020	0.010								
Q620GJ③	C	0.18	0.60	≤2.00	0.025	0.015	0.120	0.110	0.030	0.015	1.20	0.50	2.00	0.60
	D、E				0.020	0.010								
Q690GJ③	C	0.18	0.60	≤2.20	0.025	0.015	0.120	0.110	0.030	0.015	1.20	0.50	2.00	0.60
	D、E				0.020	0.010								

① 允许用全铝含量（Alt）来代替酸溶铝含量（Als）的要求，此时全铝含量 Alt 应不小于 0.020%，如果钢中添加 V、Nb 或 Ti 任一种元素，且其含量不低于 0.015%时，最小铝含量不适用。

② 当 V、Nb、Ti 组合加入时，对于 Q235GJ、Q345GJ，w(V+Nb+Ti)≤0.15%，对于 Q390GJ、Q420GJ、Q460GJ，w(V+Nb+Ti)≤0.22%。

③ 当添加硼时，Q550GJ、Q620GJ、Q690GJ 及淬火加回火状态钢中的 w(B)≤0.003%。

表 2

厚度方向性能级别	硫含量（质量分数）/%
Z15	≤0.010
Z25	≤0.007
Z35	≤0.005

表 3

牌号	交货状态①	规定厚度（mm）的碳当量 CEV/%				规定厚度（mm）的焊接裂纹敏感性指数 Pcm/%			
		≤50②	>50~100	>100~150	>150~200	≤50②	>50~100	>100~150	>150~200
		≤				≤			
Q345GJ	WAR、WCR、N	0.34	0.36	0.38	—	0.24	0.26	0.27	—
Q345GJ	WAR、WCR、N	0.42	0.44	0.46	0.47	0.26	0.29	0.30	0.30
	TMCP	0.38	0.40	—	—	0.24	0.26	—	—
Q390GJ	WCR、N、NT	0.45	0.47	0.49	—	0.28	0.30	0.31	—
	TMCP、TMCP+T	0.40	0.43	—	—	0.26	0.27	—	—

续表 3

牌号	交货状态①	规定厚度（mm）的碳当量 CEV/%				规定厚度（mm）的焊接裂纹敏感性指数 Pcm/%			
		≤50②	>50~100	>100~150	>150~200	≤50②	>50~100	>100~150	>150~200
		≤				≤			
Q420GJ	WCR、N、NT	0.48	0.50	0.52	—	0.30	0.33	0.34	—
	QT	0.44	0.47	0.49	—	0.28	0.30	0.31	—
	TMCP、TMCP+T	0.40	双方协商	—		0.26	双方协商	—	—
Q460GJ	WCR、N、NT	0.52	0.54	0.56	—	0.32	0.34	0.35	—
	QT	0.45	0.48	0.50	—	0.28	0.30	0.31	—
	TMCP、TMCP+T	0.42	双方协商	—		0.27	双方协商	—	
Q500GJ	QT	0.52	—			双方协商	—		
	TMCP、TMCP+T	0.47	—			0.28③	—		
Q550GJ	QT	0.54	—			双方协商	—		
	TMCP、TMCP+T	0.47	—			0.29③	—		
Q620GJ	QT	0.58	—			双方协商	—		
	TMCP、TMCP+T	0.48	—			0.30③	—		
Q690GJ	QT	0.60	—			双方协商	—		
	TMCP、TMCP+T	0.50	—			0.30③			

注：CEV（%）= C+Mn/6+(Cr+Mo+V)/5+(Ni+Cu)/15。

Pcm（%）= C+Si/30+Mn/20+Cu/20+Ni/60+Cr/20+Mo/15+V/10+5B。

① WAR：热轧；WCR：控轧；N：正火；NT：正火+回火；TMCP：热机械控制轧制；TMCP+T：热机械控制轧制+回火；QT:淬火（包括在线直线淬火）+回火。

② Q500GJ、Q550GJ、Q620GJ、Q690GJ 最大厚度为 40mm。

③ 仅供参考。

3　交货状态

钢板的交货状态应符合表 3 的规定，具体交货状态由供需双方商定，并在合同中注明。

4　力学性能与工艺性能

4.1　Q235GJ、Q345GJ、Q390GJ、Q420GJ、Q460GJ 钢板的拉伸、夏比 V 型缺口冲击、弯曲试验结果应符合表 4 的规定；Q500GJ、Q550GJ、Q620GJ　Q690GJ 钢板的拉伸、夏比 V 型缺口冲击、弯曲试验结果应符合表 5 的规定。当供方能保证弯曲试验合格时，可不作弯曲试验。

4.2　对厚度不小于 15mm 的钢板要求厚度方向性能时，其厚度方向性能级别的断面收缩率应符合表 6 的相应规定。

表 4

牌号	质量等级	拉伸试验											纵向冲击试验		弯曲试验①	
		下屈服强度 R_{eL}/MPa					拉抗强度 R_m/MPa			屈强比 R_{eL}/R_m		断后伸长率 A/%	温度/℃	冲击吸收能量 KV_2/J	180° 弯曲压头直径 D	
		钢板厚度/mm													钢板厚度/mm	
		6~16	>16~50	>50~100	>100~150	>150~200	≤100	>100~150	>150~200	6~150	>150~200	≥		≥	≤16	>16
Q235GJ	B	≥235	235~345	225~335	215~325	—	400~510	380~510	—	≤0.80	—	23	20	47	$D=2a$	$D=3a$
	C												0			
	D												-20			
	E												-40			
Q345GJ	B	≥345	345~455	335~445	325~435	305~415	490~610	470~610	471~610	≤0.80	≤0.80	22	20	47	$D=2a$	$D=3a$
	C												0			
	D												-20			
	E												-40			
Q390GJ	B	≥390	390~510	380~500	370~490	—	510~660	490~640	—	≤0.83	—	20	20	47	$D=2a$	$D=3a$
	C												0			
	D												-20			
	E												-40			
Q420GJ	B	≥420	420~550	410~540	400~530	—	530~680	510~660	—	≤0.83	—	20	20	47	$D=2a$	$D=3a$
	C												0			
	D												-20			
	E												-40			
Q460GJ	B	≥460	460~600	450~590	440~580	—	570~720	550~720	—	≤0.83	—	18	20	47	$D=2a$	$D=3a$
	C												0			
	D												-20			
	E												-40			

注：1. 钢板的夏比（V 型缺口）冲击试验结果按一组 3 个试样的算术平均值计算，允许其中一个试样值低于规定值，但不得低于规定值的 70%。

2. 厚度小于 12mm 的钢板应采用小尺寸试样进行夏比（V 型缺口）冲击试验。钢板厚度>8~<12mm 时，试样尺寸为 10mm×7.5mm×55mm，其试验结果应不小于规定值的 75%；钢板厚度 6~8mm 时，试样尺寸为 10mm×5mm×55mm，其试验结果应不小于规定值的 50%。

① a 为试样厚度。

表 5

牌号	质量等级	拉伸试验					纵向冲击试验		弯曲试验②
		下屈服强度 R_{eL}/MPa①		抗拉强度 R_m/MPa	断后伸长率 A/%	屈强比 R_{eL}/R_m	温度/℃	冲击吸收能量 KV_2/J	180° 弯曲压头直径 D
		厚度/mm							
		12~20	>20~40		≥	≤		≥	
Q500GJ	C	≥500	500~640	610~770	17	0.85	0	55	$D=3a$
	D						-20	47	
	E						-40	31	
Q550GJ	C	≥550	550~690	670~830	17	0.85	0	55	$D=3a$
	D						-20	47	
	E						-40	31	
Q620GJ	C	≥620	620~770	730~900	17	0.85	0	55	$D=3a$
	D						-20	47	
	E						-40	31	
Q690GJ	C	≥690	690~860	770~940	14	0.85	0	55	$D=3a$
	D						-20	47	
	E						-40	31	

注：同表 4 注。

① 如屈服现象不明显，屈服强度取 $R_{p0.2}$。

② a 为试样厚度。

表 6

厚度方向性能级别	断面收缩率 Z/%	
	三个试样平均值	单个试样值
Z15	≥15	≥10
Z25	≥25	≥15
Z35	≥35	≥25

5　超声检测

厚度方向性能钢板应按 GB/T 2970 逐张进行超声检测，检测方法和合格级别应在合同中注明。其他钢板根据需方要求，也可按 GB/T 2970 逐张进行超声检测，检测方法和合格级别应在合同中注明。

GB/T 28415—2012 耐火结构用钢板及钢带

1　范围

该标准适用于建筑结构用具有耐火性能的厚度不大于 100mm 的钢板及钢带。

2　牌号与化学成分

2.1　钢板及钢带的牌号和化学成分（熔炼分析）应符合表 1 的规定。

2.2　Z 向钢的化学成分除应符合表 1 规定外，还应符合 GB/T 5313 的规定。

2.3　各牌号钢的碳当量（CEV）应符合表 2 的规定。经供需双方协商，可用焊接裂纹敏感性指数（Pcm）代替碳当量。

表 1

牌号	质量等级	化学成分（质量分数）/%										
		C	Si	Mn	P	S	Mo	Nb	Cr	V	Ti	Als
		不大于										不小于
Q235FR	B、C	0.20	0.35	1.30	0.025	0.015	0.50	0.04	0.75	—	0.05	0.015
	D、E	0.18			0.020							
Q345FR	B、C	0.20	0.55	1.60	0.025	0.015	0.90	0.10	0.75	0.15	0.05	0.015
	D、E	0.18			0.020							
Q390FR	C	0.20	0.55	1.60	0.025	0.015	0.90	0.10	0.75	0.20	0.05	0.015
	D、E	0.18			0.020							
Q420FR	C	0.20	0.55	1.60	0.025	0.015	0.90	0.10	0.75	0.20	0.05	0.015
	D、E	0.18			0.020							
Q460FR	C	0.20	0.55	1.60	0.025	0.015	0.90	0.10	0.75	0.20	0.05	0.015
	D、E	0.18			0.020							

注：1. 可用全铝含量代替酸溶铝含量，全铝含量应不小于 0.020%。

2. 为改善钢板的性能，可添加表 1 之外的其他微量合金元素。

表 2

牌号	交货状态	规定厚度下的碳当量 CEV（质量分数）/%		规定厚度下的焊接裂纹敏感性指数 Pcm（质量分数）/%	
		≤63mm	>63~100mm	≤63mm	>63~100mm
Q235FR	AR、CR、N、NR	≤0.36	≤0.36	—	
	TMCP	≤0.32	≤0.32	≤0.20	
Q345FR	AR、CR	≤0.44	≤0.47	—	
	N、NR	≤0.45	≤0.48	—	
	TMCP、TMCP+T	≤0.44	≤0.45	≤0.20	

续表 2

牌号	交货状态	规定厚度下的碳当量 CEV（质量分数）/%		规定厚度下的焊接裂纹敏感性指数 Pcm（质量分数）/%	
		≤63mm	>63~100mm	≤63mm	>63~100mm
Q390FR	AR、CR	≤0.45	≤0.48	—	
	N、NR	≤0.46	≤0.48	—	
	TMCP、TMCP+T	≤0.46	≤0.47	≤0.20	
Q420FR	AR、CR	≤0.45	≤0.48	—	
	N、NR	≤0.48	≤0.50	—	
	TMCP、TMCP+T	≤0.46	≤0.47	≤0.20	
Q460FR	N、Q+T	协议			
	TMCP、TMCP+T				

注：1. AR—热扎；CR—控轧；N—正火；NR—正火轧制；Q+T—淬火+回火（调质）；TMCP—热机械轧制；TMCP+T—热机械轧制+回火。

2. 碳当量计算公式：CEV(%)=C+Mn/6+(Cr+Mo+V)/5+(Ni+Cu)/15。

3. 焊接裂纹敏感性指数计算公式：Pcm(%)=C+Si/30+Mn/20+Cu/20+Ni/60+Cr/20+Mo/15+V/10+5B。

3　交货状态

钢板及钢带的交货状态应符合表 2 的规定。

4　力学性能与工艺性能

4.1　钢板及钢带的室温力学性能及工艺性能应符合表 3 和表 4 的规定。

4.2　钢板及钢带的高温力学性能应符合表 5 的规定。

4.3　Z 向钢厚度方向断面收缩率应符合 GB/T 5313 的规定。

表 3

牌号	质量等级	拉伸试验①~③ 以下厚度（mm）上屈服强度 R_{eH}/MPa			拉伸试验 抗拉强度 R_m/MPa	拉伸试验 断后伸长率 A/%	拉伸试验 屈强比 R_{eH}/R_m	V 型冲击试验② 试验温度/℃	V 型冲击试验② 吸收能量 KV_2/J
		≤16	>16~63	>63~100					
Q235FR	B	≥235	235~355	225~345	≥400	≥23	≤0.80	20	≥34
	C							0	
	D							-20	
	E							-40	
Q345FR	B	≥345	345~465	335~455	≥490	≥22	≤0.83	20	≥34
	C							0	
	D							-20	
	E							-40	
Q390FR	C	≥390	390~510	380~500	≥490	≥20	≤0.85	0	≥34
	D							-20	
	E							-40	

续表 3

牌号	质量等级	拉伸试验①~③						V 型冲击试验②	
		以下厚度（mm）上屈服强度 R_{eH}/MPa			抗拉强度 R_m/MPa	断后伸长率 A/%	屈强比 R_{eH}/R_m	试验温度/℃	吸收能量 KV_2/J
		≤16	>16~63	>63~100					
Q420FR	C	≥420	420~550	410~540	≥520	≥19	≤0.85	0	≥34
	D							-20	
	E							-40	
Q460FR	C	≥460	460~600	450~590	≥550	≥17	≤0.85	0	≥34
	D							-20	
	E							-40	

注：1. 厚度不小于 6mm 的钢板及钢带应做冲击试验，冲击试样尺寸取 10mm×10mm×55mm 标准试样；当钢板及钢带厚度不足以制取标准试样时，应采用 10mm×7.5mm×55mm 或 10mm×5mm×55mm 小尺寸试样，冲击吸收能量应分别为不小于表 3 规定值的 75%或 50%，优先采用较大尺寸试样。

2. 钢板及钢带的冲击试验结果按一组 3 个试样的算术平均值进行计算，允许其中有 1 个试验值低于规定值，但不应低于规定值的 70%。

① 当屈服不明显时，可测量 $R_{p0.2}$ 代替上屈服强度。

② 拉伸取横向试样、冲击试验取纵向试样。

③ 厚度不大于 12mm 钢材，可不作屈强比。

表 4

钢板厚度/mm	180°弯曲试验（d—弯心直径，a—试样厚度）
≤16	$d=2a$
>16	$d=3a$

表 5

牌号	600℃规定塑性延伸强度 $R_{p0.2}$/MPa	
	厚度≤63mm	厚度>63~100mm
Q235FR	≥157	≥150
Q345FR	≥230	≥223
Q390FR	≥260	≥253
Q420FR	≥280	≥273
Q460FR	≥307	≥300

5 超声波检验

厚度方向性能钢板应逐张进行超声波检验，并应符合 GB/T 2970 的规定，其合格级别应在协议或合同中明确。

第二节 日本标准

JIS G 3136：2012 建筑结构用热轧钢材

1 范围

该标准适用于建筑结构用热轧钢材。

2 牌号与化学成分

2.1 钢的化学成分（熔炼分析）应符合表1的规定。

2.2 碳当量（CEV）应符合表2、表3的规定。经供需双方协商，可用焊接裂纹敏感性指数（Pcm）代替碳当量。

表1 化学成分

牌号	厚度 t/mm	化学成分（质量分数）/%				
		C	Si	Mn	P	S
		不大于			不大于	
SN400A	6≤t≤100	0.24	—	—	0.050	0.050
SN400B	6≤t≤50	0.20	0.35	0.60~1.50	0.030	0.015
	50<t≤100	0.22				
SN400C	16≤t≤50	0.20	0.35	0.60~1.50	0.020	0.008
	50<t≤100	0.22				
SN490B	6≤t≤50	0.18	0.55	≤1.65	0.030	0.015
	50<t≤100	0.20				
SN490C	16≤t≤50	0.18	0.55	≤1.65	0.020	0.008
	50<t≤100	0.20				

注：必要时可添加本表以外的合金元素。

表2 碳当量与焊接裂纹敏感性指数（不含热机械控制轧制钢板）

牌号	规定厚度 t(mm) 的碳当量 CEV（质量分数）/%		焊接裂纹敏感性指数 Pcm（质量分数）/%
	不大于		不大于
	≤40	40<t≤100	
SN400B	0.36	0.36	0.26
SN400C			
SN490B	0.44	0.46	0.29
SN490C			

注：基于熔炼分析成分：

CEV(%)=C+Mn/6+Si/24+Ni/40+Cr/5+Mo/4+V/14。

Pcm(%)=C+Si/30+Mn/20+Cu/20+Ni/60+Cr/20+Mo/15+V/10+5B。

表 3　热机械控制轧制钢板的碳当量与焊接裂纹敏感性指数

牌号	碳当量 CEV（质量分数）/%		焊接裂纹敏感性指数 Pcm（质量分数）/%	
	厚度 t/mm		厚度 t/mm	
	≤50	50<t≤100	≤50	50<t≤100
SN490B	0.38	0.40	0.24	0.26
SN490C				

注：基于熔炼分析成分：

CEV(%)=C+Mn/6+Si/24+Ni/40+Cr/5+Mo/4+V/14。

Pcm(%)=C+Si/30+Mn/20+Cu/20+Ni/60+Cr/20+Mo/15+V/10+5B。

3　交货状态

产品以热轧、正火、回火、热机械轧制或其他热处理状态交货。

4　力学性能

4.1　拉伸性能应符合表 4 的规定。

4.2　厚度大于 12mm 的钢板冲击性能应符合表 5 的规定。

4.3　厚度方向性能应符合表 6 规定。

表 4　拉伸性能

牌号	屈服点或规定塑性延伸强度 R_{eH} 或 $R_{p0.2}$/MPa					抗拉强度 R_m/MPa	屈强比/%					断后伸长率 A/%		
												1A 号试样	1A 号试样	4 号试样
	厚度 t/mm						厚度 t/mm					厚度 t/mm		
	6≤t<12	12≤t<16	16	16<t≤40	40<t≤100		6≤t<12	12≤t<16	16	16<t≤40	40<t≤100	6≤t≤16	16<t≤50	50<t≤100
SN400A	≥235	≥235	≥235	≥235	≥215	400~510	—	—	—	—	—	≥17	≥21	≥23
SN400B	≥235	235~355	235~355	235~355	215~335		—	≤80	≤80	≤80	≤80	≥18	≥22	≥24
SN400C	—	—	235~355	235~355	215~335		—	—	≤80	≤80	≤80			
SN490B	≥325	325~445	325~445	325~445	295~415	490~610	—	≤80	≤80	≤80	≤80	≥17	≥21	≥23
SN490C	—	—	325~445	325~445	295~415		—	—	≤80	≤80	≤80			

注：1A 号试样标距尺寸：b_0=40mm，L_0=200mm；4 号试样标距尺寸：d_0=14mm，L_0=50mm。

表5 冲击性能

牌号	试验温度/℃	冲击吸收能量 KV_2/J	试样和试样方向
SN400B	0	≥27	V 型缺口，纵向
SN400C			
SN490B			
SN490C			

注：1. 冲击吸收能量是3个试样的算术平均值。允许其中有一个试验值低于规定值，但不得低于规定值的70%。
2. 经供需双方协议，可以低于表中试验温度进行冲击试验。
3. 经需方同意，在进行横向冲击试验时，纵向冲击试验可以省略。

表6 厚度方向性能

牌号	钢板厚度 t/mm	断面收缩率 Z/%	
		三个试样平均值	单个试验值
SN400C	16≤t≤100	≥25	≥15
SN490C			

5 超声波检测

厚度大于等于16mm的SN400C和SN490C钢板应进行超声波检测；厚度大于等于13mm的SN400B和SN490B钢板，超声波检测由供需双方协商。验收标准见表7。

表7 超声波检测

牌号	钢板厚度 t/mm	验收标准
SN400B	13≤t≤100	JIS G 0901，Y 级
SN400C	16≤t≤100	
SN490B	13≤t≤100	
SN490C	16≤t≤100	

第三章　压力容器用钢

第三章　压力容器用钢

第一节　中国标准

GB 713—2014 锅炉和压力容器用钢板

1　范围

该标准适用于锅炉和中常温压力容器的受压元件用厚度为 3~250mm 的钢板。

2　牌号与化学成分

钢的牌号和化学成分（熔炼分析）应符合表 1 的规定。

表 1　化学成分

牌号	化学成分（质量分数）/%													
	C①	Si	Mn	Cu	Ni	Cr	Mo	Nb	V	Ti	Alt②	P	S	其他
Q245R	≤0.20	≤0.35	0.50~1.10	≤0.30	≤0.30	≤0.30	≤0.08	≤0.050	≤0.050	≤0.030	≥0.020	≤0.025	≤0.010	Cu+Ni+Cr+Mo≤0.70
Q345R	≤0.20	≤0.55	1.20~1.70	≤0.30	≤0.30	≤0.30	≤0.08	≤0.050	≤0.050	≤0.030	≥0.020	≤0.025	≤0.010	
Q370R	≤0.18	≤0.55	1.20~1.70	≤0.30	≤0.30	≤0.30	≤0.08	0.015~0.050	≤0.050	≤0.030	—	≤0.020	≤0.010	
Q420R	≤0.20	≤0.55	1.30~1.70	≤0.30	0.20~0.50	≤0.30	≤0.08	0.015~0.050	≤0.100	≤0.030	—	≤0.020	≤0.010	—
18MnMoNbR	≤0.21	0.15~0.50	1.20~1.60	≤0.30	≤0.30	≤0.30	0.45~0.65	0.025~0.050	—	—	—	≤0.020	≤0.010	—
13MnNiMoR	≤0.15	0.15~0.50	1.20~1.60	≤0.30	0.60~1.00	0.20~0.40	0.20~0.40	0.005~0.020	—	—	—	≤0.020	≤0.010	—
15CrMoR	0.08~0.18	0.15~0.40	0.40~0.70	≤0.30	≤0.30	0.80~1.20	0.45~0.60	—	—	—	—	≤0.025	≤0.010	—

续表 1

牌号	化学成分（质量分数）/%													
	C①	Si	Mn	Cu	Ni	Cr	Mo	Nb	V	Ti	Alt②	P	S	其他
14Cr1MoR	≤0.17	0.50~0.80	0.40~0.65	≤0.30	≤0.30	1.15~1.50	0.45~0.65	—	—	—	—	≤0.020	≤0.010	—
12Cr2Mo1R	0.08~0.15	≤0.50	0.30~0.60	≤0.20	≤0.30	2.00~2.50	0.90~1.10	—	—	—	—	≤0.020	≤0.010	—
12Cr1MoVR	0.08~0.15	0.15~0.40	0.40~0.70	≤0.30	≤0.30	0.90~1.20	0.25~0.35	—	0.15~0.30	—	—	≤0.025	≤0.010	—
12Cr2Mo1VR	0.11~0.15	≤0.10	0.30~0.60	≤0.20	≤0.25	2.00~2.50	0.90~1.10	≤0.07	0.25~0.35	≤0.030	—	≤0.010	≤0.005	B≤0.0020 Ca≤0.015
07Cr2AlMoR	≤0.09	0.20~0.50	0.40~0.90	≤0.30	≤0.30	2.00~2.40	0.30~0.50	—	—	—	0.30~0.50	≤0.020	≤0.010	—

注：1. 厚度大于 60mm 的 Q345R 和 Q370R 钢板，碳含量上限可分别提高至 0.22% 和 0.20%；厚度大于 60mm 的 Q245R 钢板，锰含量上限可提高至 1.20%。

2. 根据需方要求，07Cr2AlMoR 钢可添加适量稀土元素。

3. Q245R 和 Q345R 钢中可添加微量铌、钒、钛元素，上述 3 个元素含量总和应分别不大于 0.050%、0.12%。

4. 作为残余元素的铬、镍、铜含量应各不大于 0.30%，钼含量应不大于 0.08%，这些元素的总含量应不大于 0.70%。

① 经供需双方协议，并在合同中注明，C 含量下限可不作要求。

② 未注明的不作要求。

3　交货状态

3.1　钢板交货状态按表 2 的规定。

3.2　18MnMoNbR、13MnNiMoR 钢板的回火温度应不低于 620℃；15CrMoR、14Cr1MoR 钢板的回火温度应不低于 650℃；12Cr2Mo1R、12Cr1MoVR、12Cr2Mo1VR 和 07Cr2AlMoR 钢板的回火温度应不低于 680℃。

3.3　经需方同意，厚度大于 60mm 的 18MnMoNbR、13MnNiMoR、15CrMoR、14Cr1MoR、12Cr2Mo1R、12Cr1MoVR、12Cr2Mo1VR 钢板可以退火或回火状态交货。此时，这些牌号的试验用样坯应按表 2 交货状态进行热处理，性能按表 2 规定。

3.4　经需方同意，厚度大于 60mm 的铬钼钢板可以正火后加速冷却加回火状态交货。

4　力学性能与工艺性能

4.1　钢板的拉伸试验、夏比（V 型缺口）冲击试验和弯曲试验结果应符合表 2 的规定。

4.2　根据需方要求，对厚度大于 20mm 的钢板可进行高温拉伸试验，试验温度应在合同中注明。高温下的规定塑性延伸强度 $R_{p0.2}$ 或下屈服强度 R_{eL} 值应符合表 3 的规定。

表 2　力学性能和工艺性能

牌号	交货状态	钢板厚度/mm	拉伸试验			冲击试验		弯曲试验②
			R_m/MPa	R_{eL}①/MPa	断后伸长率 A/%	温度/℃	冲击吸收能量 KV_2/J	180° $b=2a$
				不小于			不小于	
Q245R	热轧、控轧或正火	3~16	400~520	245	25	0	34	$D=1.5a$
		>16~36		235				
		>36~60		225				
		>60~100	390~510	205	24			$D=2a$
		>100~150	380~500	185				
		>150~250	370~490	175				
Q345R		3~16	510~640	345	21	0	41	$D=2a$
		>16~36	500~630	325				$D=3a$
		>36~60	490~620	315				
		>60~100	490~620	305	20			
		>100~150	480~610	285				
		>150~250	470~600	265				
Q370R	正火	10~16	530~630	370	20	-20	47	$D=2a$
		>16~36		360				$D=3a$
		>36~60	520~620	340				
		>60~100	510~610	330				
Q420R		10~20	590~720	420	18	-20	60	$D=3a$
		>20~30	570~700	400				
18MnMoNbR	正火加回火	30~60	570~720	400	18	0	47	$D=3a$
		>60~100		390				
13MnNiMoR		30~100	570~720	390	18	0	47	$D=3a$
		>100~150		380				
15CrMoR		6~60	450~590	295	19	20	47	$D=3a$
		>60~100		275				
		>100~200	440~580	255				
14Cr1MoR		6~100	520~680	310	19	20	47	$D=3a$
		>100~200	510~670	300				
12Cr2Mo1R		6~200	520~680	310	19	20	47	$D=3a$
12Cr1MoVR	正火加回火	6~60	440~590	245	19	20	47	$D=3a$
		>60~100	430~580	235				
12Cr2Mo1VR		6~200	590~760	415	17	-20	60	$D=3a$

续表 2

牌号	交货状态	钢板厚度/mm	拉伸试验			冲击试验		弯曲试验②
			R_m/MPa	R_{eL}①/MPa	断后伸长率 A/%	温度/℃	冲击吸收能量 KV_2/J	180° $b=2a$
				不小于			不小于	
07Cr2AlMoR	正火加回火	6~36	420~580	260	21	20	47	$D=3a$
		>36~60	410~570	250				

注：1. 夏比（V 型缺口）冲击吸收能量，按 3 个试样的算术平均值计算，允许其中 1 个试样的冲击吸收能量比表 2 规定值低，但不得低于规定值的 70%。

2. 厚度小于 12mm 钢板的夏比（V 型缺口）冲击试验应采用辅助试样，>8～<12mm 钢板辅助试样尺寸为 10mm×7.5mm×55mm，其试验结果应不小于表 2 规定值的 75%；6～8mm 钢板辅助试样尺寸为 10mm×5mm×55mm，其试验结果应不小于表 2 规定值的 50%，厚度小于 6mm 的钢板不做冲击试验。

3. 根据需方要求，Q245R、Q345R 和 13MnNiMoR 钢板可进行-20℃冲击试验，代替表 2 中的 0℃冲击试验，其冲击吸收能量值应符合表 2 的规定。

① 如屈服现象不明显，可测量 $R_{p0.2}$ 代替 R_{eL}。

② a 为试样厚度；D 为弯曲压头直径。

表 3　高温力学性能

牌号	厚度/mm	试验温度/℃						
		200	250	300	350	400	450	500
		R_{eL}①（或 $R_{p0.2}$）/MPa，不小于						
Q245R	>20~36	186	167	153	139	129	121	—
	>36~60	178	161	147	133	123	116	—
	>60~100	164	147	135	123	113	106	—
	>100~150	150	135	120	110	105	95	—
	>150~250	145	130	115	105	100	90	—
Q345R	>20~36	255	235	215	200	190	180	—
	>36~60	240	220	200	185	175	165	—
	>60~100	225	205	185	175	165	155	—
	>100~150	220	200	180	170	160	150	—
	>150~250	215	195	175	165	155	145	—
Q370R	>20~36	290	275	260	245	230	—	—
	>36~60	275	260	250	235	220	—	—
	>60~100	265	250	245	230	215	—	—
18MnMoNbR	30~60	360	355	350	340	310	275	—
	>60~100	355	350	345	335	305	270	—
13MnNiMoR	30~100	355	350	345	335	305	—	—
	>100~150	345	340	335	325	300	—	—

续表 3

牌号	厚度/mm	试验温度/℃						
		200	250	300	350	400	450	500
		R_{eL}①（或 $R_{p0.2}$）/MPa，不小于						
15CrMoR	>20~60	240	225	210	200	189	179	174
	>60~100	220	210	196	186	176	167	162
	>100~200	210	199	185	175	165	156	150
14Cr1MoR	>20~200	255	245	230	220	210	195	176
12Cr2Mo1R	>20~200	260	255	250	245	240	230	215
12Cr1MoVR	>20~100	200	190	176	167	157	150	142
12Cr2Mo1VR	>20~200	370	365	360	355	350	340	325
07Cr2AlMoR	>20~60	195	185	175	—	—	—	—

① 如屈服现象不明显，屈服强度取 $R_{p0.2}$。

5　其他要求

5.1　根据需方要求，可进行厚度方向的拉伸试验，在合同中注明技术要求。

5.2　根据需方要求，可进行落锤试验，在合同中注明技术要求。

5.3　根据需方要求，可规定抗氢致开裂 HIC 用途的碳素钢和低合金钢的附加技术要求，合同中注明合格等级。

5.4　根据需方要求，钢板应逐张进行超声检测，检测方法按 JB/T 4730.3、GB/T 2970 或 GB/T 28297 的规定，检测标准和合格级别应在合同中注明。

GB 3531—2014 低温压力容器用钢板

1　范围

该标准适用于制造-196～<-20℃低温压力容器用厚度为 5～120mm 的钢板。

2　牌号与化学成分

钢的牌号和化学成分（熔炼分析）应符合表 1 的规定。

表 1　化学成分

牌号	化学成分（质量分数）/%									
	C	Si	Mn	Ni	Mo	V	Nb	Alt①	P	S
									不大于	
16MnDR	≤0. 20	0. 15～0. 50	1. 20～1. 60	≤0. 40	—	—	—	≥0. 020	0. 020	0. 010
15MnNiDR	≤0. 18	0. 15～0. 50	1. 20～1. 60	0. 20～0. 60	—	≤0. 05	—	≥0. 020	0. 020	0. 008
15MnNiNbDR	≤0. 18	0. 15～0. 50	1. 20～1. 60	0. 30～0. 70	—	—	0. 015～0. 040	—	0. 020	0. 008
09MnNiDR	≤0. 12	0. 15～0. 50	1. 20～1. 60	0. 30～0. 80	—	—	≤0. 040	≥0. 020	0. 020	0. 008
08Ni3DR	≤0. 10	0. 15～0. 35	0. 30～0. 80	3. 25～3. 70	≤0. 12	≤0. 05	—	—	0. 015	0. 005
06Ni9DR	≤0. 08	0. 15～0. 35	0. 30～0. 80	8. 50～10. 00	≤0. 10	≤0. 01	—	—	0. 008	0. 004

注：1. 为改善钢板的性能，钢中可添加 Nb、V、Ti 等元素，w(Nb+V+Ti)≤0. 12%。

2. 作为残余元素，w(Cr)≤0. 25%，w(Cu)≤0. 25%，w(Ni)≤0. 40%，w(Mo)≤0. 08%。

① 可以用测定 Als 代替 Alt，此时 Als 含量应不小于 0. 015%；当钢中 w(Nb+V+Ti)≥0. 015%时，Al 含量不作验收要求。

3　交货状态

3. 1　钢板的交货状态应符合表 2 的规定。

3. 2　08Ni3DR 回火温度应不低于 600℃，06Ni9DR 回火温度应不低于 540℃。

3. 3　经需方同意，厚度大于 60mm 的 09MnNiDR、08Ni3DR 钢板可以正火后加速冷却加回火交货。

4　力学性能与工艺性能

钢板的拉伸试验、夏比（V 型缺口）低温冲击试验、弯曲试验应符合表 2 的规定。

表 2　力学性能和工艺性能

牌号	交货状态	公称厚度/mm	拉伸试验			冲击试验		弯曲试验③
			抗拉强度 R_m/MPa	屈服强度① R_{eL}/MPa	断后伸长率 A/%	温度/℃	冲击吸收能量 KV_2/J	180° $b=2a$
				不小于			不小于	
16MnDR	正火或正火+回火	6~16	490~620	315	21	−40	47	$D=2a$
		>16~36	470~600	295				$D=3a$
		>36~60	460~590	285				
		>60~100	450~580	275		−30	47	
		>100~120	440~570	265				
15MnNiDR		6~16	490~620	325	20	−45	60	$D=3a$
		>16~36	480~610	315				
		>36~60	470~600	305				
15MnNiNbDR		10~16	530~630	370	20	−50	60	$D=3a$
		>16~36	530~630	360				
		>36~60	520~620	350				
09MnNiDR		6~16	440~570	300	23	−70	60	$D=2a$
		>16~36	430~560	280				
		>36~60	430~560	270				
		>60~120	420~550	260				
08Ni3DR	正火或正火+回火或淬火+回火	6~60	490~620	320	21	−100	60	$D=3a$
		>60~100	480~610	300				
06Ni9DR	淬火加回火②	5~30	680~820	560	18	−196	100	$D=3a$
		>30~50		550				

注：1. 夏比（V 型缺口）冲击吸收能量，按 3 个试样的算术平均值计算，允许其中 1 个试样的冲击吸收能量比表 2 规定值低，但不得低于规定值的 70%。

2. 厚度小于 12mm 钢板的夏比（V 型缺口）冲击试验应采用辅助试样，>8~<12mm 钢板辅助试样尺寸为 10mm×7.5mm×55mm，其试验结果应不小于表 2 规定值的 75%；6~8mm 钢板辅助试样尺寸为 10mm×5mm×55mm，其试验结果应不小于表 2 规定值的 50%，厚度小于 6mm 的钢板不做冲击试验。

① 当屈服现象不明显时，可测量 $R_{p0.2}$ 代替 R_{eL}。

② 对于厚度不大于 12mm 的钢板可两次正火加回火状态交货。

③ a 为试样厚度；D 为弯曲压头直径。

5　超声检测

5.1　厚度大于 20mm 的正火或正火加回火状态交货钢板以及厚度大于 16mm 的淬火加回火状态交货的钢板供方应逐张进行超声检测。

5.2　其他厚度钢板经供需双方协商也可逐张进行超声检测。

5.3　超声检验标准按 JB/T 4730.3、GB/T 2970 或 GB/T 28297 执行，检验标准和合格级别在合同中注明。

GB/T 6653—2017 焊接气瓶用钢板和钢带

1　范围

该标准适用于焊接气瓶用厚度为 2.0～14.0mm 的热轧钢板和钢带及厚度为 1.5～4.0mm 的冷轧钢板和钢带。

2　牌号与化学成分

钢的牌号和化学成分（熔炼分析）应符合表 1 的规定。

表 1　化学成分

牌号	化学成分①②（质量分数）/%									
	C	Si	Mn	P	S	Nb	V	Ti	Nb+V	Als
	不大于									不小于
HP235	0.16	0.10③	0.80	0.025	0.012	0.05	0.10	0.06	0.12	0.015
HP265	0.18	0.10③	0.80	0.025	0.012	0.05	0.10	0.06	0.12	0.015
HP295	0.18	0.10③	1.00	0.025	0.012	0.05	0.10	0.06	0.12	0.015
HP325	0.20	0.35	1.50	0.025	0.012	0.05	0.10	0.06	0.12	0.015
HP345	0.20	0.35	1.50	0.025	0.012	0.05	0.10	0.06	0.12	0.015

注：1. 为改善钢的性能，各牌号钢中可加入 V、Nb、Ti 等微量元素的一种或几种，其含量应符合表 1 的规定。
2. 冷轧退火钢板在保证性能的情况下，HP235、HP265 的碳含量上限允许到 0.20%，锰含量上限允许到 1.00%。
3. 各牌号钢中残余元素 Cr、Ni、Mo 含量应各不大于 0.3%，Cu 含量应不大于 0.20%。
4. 为改善钢的内在质量，各牌号钢中可加入适量稀土元素。

①对于牌号 HP265、HP295，碳含量比规定最大碳含量每降低 0.01%，锰含量则允许比规定最大锰含量提高 0.05%，但对于牌号 HP265，最大锰含量不准许超过 1.00%；对于 HP295，最大锰含量不准许超过 1.20%。
②酸溶铝（Als）含量可以用测定全铝（Alt）含量代替，此时全铝含量应不小于 0.020%。
③对于厚度不小于 6mm 的钢板或钢带，允许 Si 含量不大于 0.35%。

3　交货状态

3.1　热轧钢板和钢带应以热轧、控轧或热处理状态交货。

3.2　冷轧钢板和钢带以退火状态交货。

4　力学性能与工艺性能

钢板和钢带的力学性能和工艺性能及冲击性能应符合表 2 和表 3 的规定。

表 2　力学性能和工艺性能

牌号	拉伸试验①				180°弯曲试验①③ 弯曲压头直径 D （b≥35mm）
	下屈服强度② R_{eL}/MPa	抗拉强度 R_m/MPa	断后伸长率/% 不小于		
	不小于		A_{80mm} L_0=80mm，b=20mm	A	
			<3mm	≥3mm	
HP235	235	380～500	23	29	D=1.5a

续表 2

牌号	拉伸试验[①]				180°弯曲试验[①③] 弯曲压头直径 D ($b \geqslant 35$mm)
	下屈服强度[②] R_{eL}/MPa	抗拉强度 R_m/MPa	断后伸长率/% 不小于		
			A_{80mm} $L_0=80$mm，$b=20$mm	A	
	不小于		<3mm	≥3mm	
HP265	265	410~520	21	27	$D=1.5a$
HP295	295	440~560	20	26	$D=2.0a$
HP325	325	490~600	18	22	$D=2.0a$
HP345	345	510~620	17	21	$D=2.0a$

注：a 为钢材厚度。

① 拉伸试验、弯曲试验均取横向试样。

② 当屈服现象不明显时，采有 $R_{p0.2}$。

③ 弯曲试样仲裁试样宽度 $b=35$mm。

表 3 冲击性能

牌号	冲击试验[①]		
	试样尺寸 /mm×mm×mm	室温冲击吸收能量 KV_2/J	−40℃冲击吸收能量 KV_2/J
		不小于	不小于
HP235 HP265 HP295 HP325 HP345	10×5×55	23	18
	10×7.5×55	29	23
	10×10×55	34	27

注：1. 夏比（V 型缺口）冲击吸收能量按三个试样的算术平均值计算，允许其中一个试样的冲击吸收能量小于规定值，但不得低于规定值的 70%。

2. 厚度小于 12mm 的钢板和钢带的夏比（V 型缺口）冲击试验应采用辅助试样，>8~<12mm 的钢板和钢带辅助试样尺寸为 10mm×7.5mm×55mm；6~8mm 钢板和钢带辅助试样尺寸为 10mm×5mm×55mm；厚度小于 6mm 的钢板和钢带不做冲击试验。

① 冲击试验取横向试样。

5 晶粒度

钢板和钢带的晶粒度应不小于 6 级，晶粒度不均匀性应在三个连续不同级别数内。

6 其他要求

根据需方要求，可增加以下要求：

6.1 钢板和钢带的屈强比应不大于 0.80。

6.2 钢板和钢带的非金属夹杂物应符合表 4 的规定。

表 4 非金属夹杂物

A	B	C	D	DS	总量
≤2.0	≤2.0	≤2.0	≤2.0	≤2.0	≤7.0

GB 19189—2011 压力容器用调质高强度钢板

1　范围

该标准适用于厚度为10~60mm的压力容器用调质高强度钢板。

2　牌号与化学成分

钢的牌号和化学成分（熔炼分析）应符合表1的规定。

表1　化学成分

牌号	化学成分（质量分数）/%										
	C	Si	Mn	P	S	Cu	Ni	Cr	Mo	V	B	Pcm①
07MnMoVR	≤0.09	0.15~0.40	1.20~1.60	≤0.020	≤0.010	≤0.25	≤0.40	≤0.30	0.10~0.30	0.02~0.06	≤0.0020	≤0.20
07MnNiVDR	≤0.09	0.15~0.40	1.20~1.60	≤0.018	≤0.008	≤0.25	0.20~0.50	≤0.30	≤0.30	0.02~0.06	≤0.0020	≤0.21
07MnNiMoDR	≤0.09	0.15~0.40	1.20~1.60	≤0.015	≤0.005	≤0.25	0.30~0.60	≤0.30	0.10~0.30	≤0.06	≤0.0020	≤0.21
12MnNiVR	≤0.15	0.15~0.40	1.20~1.60	≤0.020	≤0.010	≤0.25	0.15~0.40	≤0.30	≤0.30	0.02~0.06	≤0.0020	≤0.25

注：1. 为改善钢的性能，可添加表1之外的其他微合金元素。

2. 厚度不大于36mm的07MnMoVR钢板、厚度不大于30mm的07MnNiMoDR钢板Mo含量下限可不做要求。

① Pcm为焊接裂纹敏感性指数，按如下公式计算：

Pcm(%)=C+Si/30+(Mn+Cu+Cr)/20+Ni/60+Mo/15+V/10+5B。

3　交货状态

钢板应以淬火加回火的调质热处理状态交货，其中回火温度不低于600℃。

4　力学性能与工艺性能

钢板的力学性能与工艺性能应符合表2的规定。

表2　力学性能和工艺性能

牌号	钢板厚度/mm	拉伸试验			冲击试验		弯曲试验
		屈服强度① R_{eL}/MPa	抗拉强度 R_m/MPa	断后伸长率 A/%	温度/℃	冲击吸收能量 KV_2/J	180° $b=2a$
07MnMoVR	10~60	≥490	610~730	≥17	-20	≥80	$d=3a$
07MnNiVDR	10~60	≥490	610~730	≥17	-40	≥80	$d=3a$
07MnNiMoDR	10~50	≥490	610~730	≥17	-50	≥80	$d=3a$

续表 2

牌号	钢板厚度 /mm	拉伸试验			冲击试验		弯曲试验
		屈服强度[1] R_{eL}/MPa	抗拉强度 R_m/MPa	断后伸长率 A/%	温度/℃	冲击吸收能量 KV_2/J	180° $b=2a$
12MnNiVR	10~60	≥490	610~730	≥17	-20	≥80	$d=3a$

注：1. 夏比（V 型缺口）冲击吸收能量按 3 个试样的算术平均值计算，允许其中一个试样的冲击吸收能量比表 2 规定值低，但不得低于规定值的 70%。

2. 厚度小于 12mm 的钢板，夏比（V 型缺口）冲击试验应采用辅助试样，试样尺寸为 10mm×7.5mm×55mm，其试验结果应不小于表 2 规定值的 75%。

① 当屈服现象不明显时，采用 $R_{p0.2}$。

5　超声检测

钢板应逐张进行超声检测，检测方法按 JB/T 4730.3 或 GB/T 2970 执行，合格级别为Ⅰ级。

GB/T 24510—2017 低温压力容器用镍合金钢板

1　范围

该标准适用于液化气体储运装置用厚度不大于 150mm 的镍合金钢板。

2　牌号与化学成分

钢的牌号和化学成分（熔炼分析）应符合表 1 的规定。

表 1

牌号	化学成分（质量分数）①②/%											
	C	Si	Mn	Ni	P	S	Cr	Cu	Mo	V	Nb	Als
	不大于				不大于							不小于
1. 5Ni	0. 14	0. 10~0. 35	0. 80~1. 50	1. 30~1. 70	0. 020	0. 008	0. 25	0. 35	0. 08	0. 05	0. 08	0. 015
3. 5Ni	0. 12		0. 30~0. 80	3. 25~3. 75	0. 015	0. 005			0. 12			
5Ni			0. 30~0. 90	4. 75~5. 25	0. 015	0. 005			0. 08			
9Ni	0. 10		0. 30~0. 80	8. 50~9. 50	0. 010	0. 003				0. 01		

注：为改善钢的性能，可添加表 1 规定之外的其他微合金元素。

① $w(N) \leqslant 0.012\%$。

② $w(Cr+Mo+Cu) \leqslant 0.50\%$。

3　交货状态

3. 1　钢板以调质状态交货。

3. 2　经需方同意，厚度不大于 12mm 的 9Ni 钢板可以采用正火+正火+回火状态交货；1. 5Ni、3. 5Ni、5Ni 钢板可以采用正火、正火+回火状态交货。

4　力学性能与工艺性能

钢板的力学性能与工艺性能应符合表 2 的规定。

表 2

牌号	拉伸试验①						冲击试验①		弯曲试验③	
	上屈服强度② R_{eH}/MPa				抗拉强度 R_m/MPa	断后伸长率 A/%	温度/℃	冲击吸收能量 KV_2/J	180° $b=2a$	
	钢板厚度/mm								钢板厚度/mm	
	≤30	>30~50	>50~100	>100~150					≤19	>19
	不小于					不小于		不小于		
1. 5Ni	355	345	335	—	490~640	22	−65	80	—	
3. 5Ni	355	345	335	325	490~640	22	−100		—	

续表 2

<table>
<tr><th rowspan="5">牌号</th><th colspan="6">拉伸试验①</th><th colspan="2">冲击试验①</th><th colspan="2">弯曲试验③</th></tr>
<tr><th colspan="4">上屈服强度② R_{eH}/MPa</th><th rowspan="4">抗拉强度 R_m/MPa</th><th rowspan="2">断后伸长率 A/%</th><th rowspan="4">温度/℃</th><th rowspan="2">冲击吸收能量 KV_2/J</th><th colspan="2" rowspan="2">180° $b=2a$</th></tr>
<tr><th colspan="4">钢板厚度/mm</th></tr>
<tr><th>≤30</th><th>>30~50</th><th>>50~100</th><th>>100~150</th><th rowspan="2">不小于</th><th rowspan="2">不小于</th><th colspan="2">钢板厚度/mm</th></tr>
<tr><th colspan="4">不小于</th><th>≤19</th><th>>19</th></tr>
<tr><td>5Ni</td><td>390</td><td>380</td><td>—</td><td>—</td><td>530~710</td><td>20</td><td>-120</td><td rowspan="2">80</td><td colspan="2">—</td></tr>
<tr><td>9Ni</td><td>585</td><td>575</td><td>—</td><td>—</td><td>680~820</td><td>18</td><td>-196</td><td>$D=2a$</td><td>$D=3a$</td></tr>
</table>

注：1. b 为试样宽度；a 为钢板厚度；D 为弯曲压头直径。

2. 厚度小于 12mm 钢板的夏比（V 型缺口）冲击试验应采用辅助试样。>8～<12mm 钢板辅助试样尺寸为 10mm×7.5mm×55mm，其试验结果应不小于表 2 规定值的 75%；6～8mm 钢板辅助试样尺寸为 10mm×5mm×55mm，其试验结果应不小于表 2 规定值的 50%；厚度小于 6mm 的钢板也可做冲击试验。

3. 夏比（V 型缺口）冲击吸收能量，按 3 个试样的算术平均值计算，允许其中 1 个试样的单个值比表 2 规定值低，但不得低于规定值的 70%。

4. 9Ni 钢板夏比（V 型缺口）冲击试样应检验侧膨胀值，侧膨胀值应不小于 0.64mm。

5. 弯曲试验后，弯曲试样外侧表面不应有裂纹。

① 拉伸及冲击试验取横向试样。

② 当屈服不明显时，可用 $R_{p0.2}$ 代替上屈服强度。

③ 弯曲试验取横向试样；试样宽度为 2 倍板厚，并保证最小宽度不小于 20mm。

5　超声检测

钢板应逐张进行超声检测。检测方法及合格级别由供需双方协议确定。未明确时，应符合 NB/T 47013.3—2015 中Ⅰ级的规定。

6　特殊要求

根据供需双方协商，钢板可进行落锤、低温拉伸、剩磁、厚度方向性能等检验。

第二节　国际标准

ISO 9328-2：2018 承压扁平钢材供货技术条件
第 2 部分：具有规定高温性能的非合金钢和合金钢

1　范围

该标准适用于表 1 和表 2 规定的承压设备用非合金钢和合金钢钢板和钢带。

2　牌号与化学成分

欧标牌号钢的熔炼分析应符合表 1 的规定；美标（ASTM/ASME）、日标（JIS）牌号钢的熔炼分析应符合表 2 的规定。

表 1　欧标牌号的化学成分

牌号	化学成分①（质量分数）/%														
	C	Si	Mn	P	S	Alt	N	Cr	Cu②	Mo	Nb	Ni	Ti	V	其他
				不大于									不大于		
P235GH	≤0.16	≤0.35	0.60③~1.20	0.025	0.010	≥0.020④	≤0.012④	≤0.30	≤0.30	≤0.08	≤0.020	≤0.30	0.03	≤0.02	—
P265GH	≤0.20	≤0.40	0.80~1.40	0.025	0.010	≥0.020④	≤0.012④	≤0.30	≤0.30	≤0.08	≤0.020	≤0.30	0.03	≤0.02	Cr+Cu+Mo+Ni：≤0.70
P295GH	0.08~0.20	≤0.40	0.90~1.50	0.025	0.010	≥0.020④	≤0.012④	≤0.30	≤0.30	≤0.08	≤0.020	≤0.30	0.03	≤0.02	
P355GH	0.10~0.22	≤0.60	1.10~1.70	0.025	0.010	≥0.020④	≤0.012④	≤0.30	≤0.30	≤0.08	≤0.040	≤0.30	0.03	≤0.02	
16Mo3	0.12~0.20	≤0.35	0.40~0.90	0.025	0.005	⑤	≤0.012	≤0.30	≤0.30	0.25~0.35	—	≤0.30	—	—	—
18MnMo4-5	≤0.20	≤0.40	0.90~1.50	0.015	0.010	⑤	≤0.012	≤0.30	≤0.30	0.45~0.60	—	≤0.30	—	—	—
20MnMoNi4-5	0.15~0.23	≤0.40	1.00~1.50	0.020	0.010	⑤	≤0.012	≤0.20	≤0.20	0.45~0.60	—	0.40~0.80	—	≤0.02	—
15NiCuMoNb5-6-4	≤0.17	0.25~0.50	0.80~1.20	0.025	0.010	≥0.015	≤0.020	≤0.30	0.50~0.80	0.25~0.50	0.015~0.045	1.00~1.30	—	—	—
13CrMo4-5	0.08~0.18	≤0.35	0.40~1.00	0.025	0.010	⑤	≤0.012	0.70⑥~1.15	≤0.30	0.40~0.60	—	—	—	—	—
13CrMoSi5-5	≤0.17	0.50~0.80	0.40~0.65	0.015	0.005	⑤	≤0.012	1.00~1.50	≤0.30	0.45~0.65	—	≤0.30	—	—	—
10CrMo9-10	0.08~0.14⑦	≤0.50	0.40~0.80	0.020	0.010	⑤	≤0.012	2.00~2.50	≤0.30	0.90~1.10	—	—	—	—	—

续表 1

牌号	化学成分① (质量分数)/%													
	C	Si	Mn	P	S	Alt	N	Cr	Cu②	Mo	Nb	Ni	Ti	V	其他
				不大于									不大于		
12Cr Mo9-10	0.10~0.15	≤0.30	0.30~0.80	0.015	0.010	0.010~0.040	≤0.012	2.00~2.50	≤0.25	0.90~1.10	—	≤0.30	—	—	—
X12Cr Mo5	0.10~0.15	≤0.50	0.30~0.60	0.020	0.005	⑤	≤0.012	4.00~6.00	≤0.30	0.45~0.65	—	≤0.30	—	—	—
13CrMo V9-10	0.11~0.15	≤0.10	0.30~0.60	0.015	0.005	⑤	—	2.00~2.50	≤0.20	0.90~1.10	≤0.07	≤0.25	0.03	0.25~0.35	B≤0.002 Ca≤0.015
12CrMo V12-10	0.10~0.15	≤0.15	0.30~0.60	0.015	0.005	⑤	≤0.012	2.75~3.25	≤0.25	0.90~1.10	≤0.07⑧	≤0.25	0.03⑧	0.20~0.30	B⑧≤0.003 Ca⑧≤0.015
X10CrMo VNb9-1	0.08~0.12	≤0.50	0.30~0.60	0.020	0.005	≤0.040⑨	0.030~0.070	8.00~9.50	≤0.30	0.85~1.05	0.06~0.10	≤0.30	⑨	0.18~0.25	—

① 没有订货方的同意，表中未列入的元素不应故意加入钢水中，除非浇铸需要。应尽量采取适当的措施避免从废钢或其他炼钢原料中带入这些元素，它们可能影响钢的力学性能和应用性能。

② 更低的 Cu 含量最大值和/或 Cu+Sn 总量的最大值，如 w(Cu+6Sn)≤0.33%，可以在订货时协商，例如，用于热成形的钢种才规定 Cu 含量最大值。

③ 钢板厚度小于 6mm 时，允许 Mn 含量的最小值比规定值低 0.20%。

④ 适用于 Al/N≥2。

⑤ 应测定铸坯中的 Al 含量，并在质量证明书中注明。

⑥ 如果抗氢性能很重要，可在订货时协商 w(Cr)≥0.8%。

⑦ 钢板厚度大于 150mm 时，可在订货时协商 w(C)≤0.17%。

⑧ 该钢种可以添加 Ti+B 或 Nb+Ca。最小含量规定如下：添加 Ti+B 时，w(Ti)≥0.015%且 w(B)≥0.001%；添加 Nb+Ca 时，w(Nb)≥0.015%且 w(Ca)≥0.0005%。

⑨ 经在订货时协商，可规定 w(Al)≤0.020%，w(Ti)≤0.01%，w(Zr)≤0.01%。

表 2　美标、日标牌号的化学成分

牌号	化学成分① (质量分数)/%													
	C②	Si	Mn	P②	S②	Alt	Cr	Cu	Mo	Nb	Ni	Ti	V	B	其他
	不大于			不大于				不大于		不大于		不大于			
PT410GH	0.20③	≤0.40	0.40~1.40	0.020	0.020	≥0.020④	≤0.30	0.40	≤0.12	0.02	≤0.40	0.03	≤0.03	≤0.0010	Cr+Cu+Mo+Ni：≤1.00
PT450GH	0.20③	≤0.40	0.60~1.60	0.020	0.020	≥0.020④	≤0.30	0.40	≤0.12	0.02	≤0.40	0.03	≤0.03	≤0.0010	Cr+Cu+Mo+Ni：≤1.00
PT480GH	0.20③	≤0.55	0.60~1.60	0.020	0.020	≥0.020④	≤0.30	0.40	≤0.12	0.02	≤0.40	0.03	≤0.03	≤0.0010	Cr+Cu+Mo+Ni：≤1.00

续表 2

牌号	化学成分①（质量分数）/%														
	C②	Si	Mn	P②	S②	Alt	Cr	Cu	Mo	Nb	Ni	Ti	V	B	其他
	不大于			不大于				不大于		不大于		不大于			
19MnMo4-5	0.25	≤0.40	0.95~1.30	0.020	0.020	—	≤0.30	0.40	0.45~0.60	0.02	≤0.40	0.03	≤0.03	≤0.0010	—
19MnMo5-5	0.25	≤0.40	0.95~1.50	0.020	0.020	—	≤0.30	0.40	0.45~0.60	0.02	≤0.40	0.03	≤0.03	≤0.0010	—
19MnMo6-5	0.25	≤0.40	1.15~1.50	0.020	0.020	—	≤0.30	0.40	0.45~0.60	0.02	≤0.40	0.03	≤0.03	≤0.0010	—
19MnMoNi5-5	0.25	≤0.40	0.95~1.50	0.020	0.020	—	≤0.30	0.40	0.45~0.60	0.02	0.40~0.70	0.03	≤0.02	≤0.0010	—
19MnMoNi6-5	0.25	≤0.40	1.15~1.50	0.020	0.020	—	≤0.20	0.40	0.45~0.60	0.02	0.40~0.70	0.03	≤0.02	≤0.0010	—
14CrMo4-5	0.17	≤0.40	0.40~0.65	0.020	0.020	—	0.80~1.15	0.40	0.45~0.65	0.02	≤0.40	0.03	≤0.03	—	—
14CrMoSi5-6	0.17	0.50~0.80	0.40~0.65	0.020	0.020	—	1.00~1.50	0.40	0.45~0.60	0.02	≤0.40	0.03	≤0.03	—	—
13CrMo9-10	0.17	≤0.50	0.30~0.60	0.020	0.020	—	2.00~2.50	0.40	0.90~1.10	0.02	≤0.40	0.03	≤0.03	—	—
14CrMo9-10	0.17	≤0.50	0.30~0.60	0.015	0.015	—	2.00~2.50	0.40	0.90~1.10	0.02	≤0.40	0.03	≤0.03	—	—
14CrMoV9-10	0.17	≤0.10	0.30~0.60	0.015	0.010	—	2.00~2.50	0.40	0.90~1.10	0.07	≤0.40	0.035	0.25~0.35	—	B≤0.003，Ca≤0.015，REM⑤≤0.015
13CrMoV12-10	0.17	≤0.15	0.30~0.60	0.015	0.010	—	2.75~3.25	0.40	0.90~1.10	0.07	≤0.40	0.035	0.20~0.30	—	B≤0.003；Ca≤0.015，REM⑤≤0.015
X9CrMoVNb9-1	0.08~0.12	≤0.50	0.30~0.60	0.020	0.010	≤0.040	8.00~9.50	0.40	0.85~1.05	0.06~0.10	≤0.40	0.03	0.18~0.25	—	—

① 没有订货方的同意，表中未列入的元素不应故意加入钢水中，除非浇铸需要。应尽量采取适当的措施避免从废钢或其他炼钢原料中带入这些元素，它们可能影响钢的力学性能和应用性能。

② 最大值也适用于成品分析。

③ 经在订货时协商，PT410GH、PT450GH、PT480GH 的碳含量最大值可分别增加至 0.31%、0.33%和 0.35%。

④ 铸坯分析成分应满足：$w(\mathrm{Alt})\geq 0.020\%$或者 $w(\mathrm{Als})\geq 0.015\%$。经在订货时协商，为了抑制石墨化，可以不用 Al。

⑤ REM 为稀土金属。

3　交货状态

钢板及钢带的一般交货状态见表 3 和表 5。

4　力学性能

欧标牌号的力学性能应符合表 3 和表 4 的规定。美标、日标牌号的力学性能应符合表 5 的规定。

表 3　欧标牌号的力学性能（横向试样）①

牌号	一般交货状态②③	公称厚度 t/mm	室温拉伸性能 上屈服强度 R_{eH}/MPa 不小于	抗拉强度 R_m/MPa	断后伸长率 A/% 不小于	规定试验温度下的冲击吸收能量 KV_2/J 不小于 −20℃	0℃	+20℃
P235GH	+N④⑤	≤16	235	360~480	24	27⑦	34⑦	40
		16<t≤40	225					
		40<t≤60	215					
		60<t≤100	200					
		100<t≤150	185	350~480				
		150<t≤250	170	340~480				
P265GH	+N④⑤	≤16	265	410~530	22	27⑦	34⑦	40
		16<t≤40	255					
		40<t≤60	245					
		60<t≤100	215					
		100<t≤150	200	400~530				
		150<t≤250	185	390~530				
P295GH	+N④⑤	≤16	295	460~580	21	27⑦	34⑦	40
		16<t≤40	290					
		40<t≤60	285					
		60<t≤100	260					
		100<t≤150	235	440~570				
		150<t≤250	220	430~570				
P355GH	+N④⑤	≤16	355	510~650	20	27⑦	34⑦	40
		16<t≤40	345					
		40<t≤60	335					
		60<t≤100	315	490~630				
		100<t≤150	295	480~630				
		150<t≤250	280	470~630				
16Mo3	+N④~⑥	≤16	275	440~590	22	⑧	⑧	31⑦
		16<t≤40	270					
		40<t≤60	260					
		60<t≤100	240	430~580				
		100<t≤150	220	420~570				
		150<t≤250	210	410~570				

续表 3

牌号	一般交货状态②③	公称厚度 t/mm	室温拉伸性能 上屈服强度 R_{eH}/MPa	室温拉伸性能 抗拉强度 R_m/MPa	室温拉伸性能 断后伸长率 A/%	规定试验温度下的冲击吸收能量 KV_2/J 不小于 −20℃	0℃	+20℃
			不小于		不小于			
18MnMo4-5	+NT	≤60	345	510~650	20	27⑦	34⑦	40
		60<t≤150	325					
	+QT	150<t≤250	310	480~620				
20MnMo Ni4-5	+QT	≤40	470	590~750	18	27⑦	40	50
		40<t≤60	460	590~730				
		60<t≤100	450	570~710				
		100<t≤150	440					
		150<t≤250	430	560~700				
15NiCuMo Nb5-6-4	+NT	≤40	460	610~780	16	27⑦	34⑦	40
		40<t≤60	440					
		60<t≤100	430	600~760				
	+NT 或 +QT	100<t≤150	420	590~740				
	+QT	150<t≤200	410	580~740				
13Cr Mo4-5	+NT	≤40	300	450~600	19	⑧	⑧	31⑦
		40<t≤60	290					
		60<t≤100	270	440~590			⑧	27⑦
	+NT 或 +QT	100<t≤150	255	430~580				
	+QT	150<t≤250	245	420~570				
13CrMo Si5-5	+NT	≤60	310	510~690	20	⑧	27⑦	34⑦
		60<t≤100	300	480~660				
	+QT	≤60	400	510~690		27⑦	34⑦	40
		60<t≤100	390	500~680				
		100<t≤250	380	490~670				
10Cr Mo9-10	+NT	≤16	310	480~630	18	⑧	⑧	31⑦
		16<t≤40	300					
		40<t≤60	290					
	+NT 或 +QT	60<t≤100	280	470~620	17	⑧	⑧	27⑦
	+QT	100<t≤150	260	460~610				
		150<t≤250	250	450~600				
12Cr Mo9-10	+NT 或 +QT	≤250	355	540~690	18	27⑦	40	70

续表 3

牌号	一般交货状态②③	公称厚度 t/mm	室温拉伸性能			规定试验温度下的冲击吸收能量 KV_2/J		
			上屈服强度 R_{eH}/MPa	抗拉强度 R_m/MPa	断后伸长率 A/%	不小于		
			不小于		不小于	-20℃	0℃	+20℃
X12CrMo5	+NT	≤60	320	510~690	20	27⑦	34⑦	40
		60<t≤150	300	480~660				
	+QT	150<t≤250	300	450~630				
13CrMoV9-10	+NT	≤60	455	600~780	18	27⑦	34⑦	40
		60<t≤150	435	590~770				
	+QT	150<t≤250	415	580~760				
12CrMoV12-10	+NT	≤60	455	600~780	18	27⑦	34⑦	40
		60<t≤150	435	590~770				
	+QT	150<t≤250	415	580~760				
X10CrMoVNb9-1	+NT	≤60	445	580~760	18	27⑦	34⑦	40
		60<t≤150	435	550~730				
	+QT	150<t≤250	435	520~700				

① 公称厚度大于 250mm 时（除 12CrMo9-10 和 15NiCuMoNb5-6-4），性能值可以协商。

② 经协商为热轧（非热处理态）；+N—正火；+NT—正火+回火；+QT—淬火+回火。

③ 一般交货状态是+NT 的厚度钢板，当交货状态为+QT 时，可以协商更高的强度与冲击吸收能量值。

④ 对于钢种 P235GH、P265GH、P295GH、P355GH 和 16Mo3，根据供货方选择，可以用正火轧制代替正火。此时，在订货时应协商确定一定频率的模拟正火状态的附加试验，以检验是否符合规定的性能。

⑤ 经订货时协商，P235GH、P265GH、P295GH、P355GH 和 16Mo3 钢板可以非热处理态交货；其他牌号的钢板可以以回火、正火或非热处理态交货。

⑥ 由供货方选择，可以+NT 状态交货。

⑦ 可在订货时协商冲击吸收能量最小值为 40J。

⑧ 其值可在订货时协商。

表 4　欧标牌号高温下的 $R_{p0.2}$ 最小值①

牌号	公称厚度②③ t/mm	规定塑性延伸强度 $R_{p0.2}$/MPa，最小值									
		温度/℃									
		50	100	150	200	250	300	350	400	450	500
P235GH④	≤16	227	214	198	182	167	153	142	133	—	—
	16<t≤40	218	205	190	174	160	147	136	128	—	—
	40<t≤60	208	196	181	167	153	140	130	122	—	—
	60<t≤100	193	182	169	155	142	130	121	114	—	—
	100<t≤150	179	168	156	143	131	121	112	105	—	—
	150<t≤250	164	155	143	132	121	111	103	97	—	—

续表 4

牌号	公称厚度②③ t/mm	规定塑性延伸强度 $R_{p0.2}$/MPa，最小值									
		温度/℃									
		50	100	150	200	250	300	350	400	450	500
P265GH④	≤ 16	256	241	223	205	188	173	160	150	—	—
	$16<t\le 40$	247	232	215	197	181	166	154	145	—	—
	$40<t\le 60$	237	223	206	190	174	160	148	139	—	—
	$60<t\le 100$	208	196	181	167	153	140	130	122	—	—
	$100<t\le 150$	193	182	169	155	142	130	121	114	—	—
	$150<t\le 250$	179	168	156	143	131	121	112	105	—	—
P295GH④	≤ 16	285	268	249	228	209	192	178	167	—	—
	$16<t\le 40$	280	264	244	225	206	189	175	165	—	—
	$40<t\le 60$	276	259	240	221	202	186	172	162	—	—
	$60<t\le 100$	251	237	219	201	184	170	157	148	—	—
	$100<t\le 150$	227	214	198	182	167	153	142	133	—	—
	$150<t\le 250$	213	200	185	170	156	144	133	125	—	—
P355GH④	≤ 16	343	323	299	275	252	232	214	202	—	—
	$16<t\le 40$	334	314	291	267	245	225	208	196	—	—
	$40<t\le 60$	324	305	282	259	238	219	202	190	—	—
	$60<t\le 100$	305	287	265	244	224	206	190	179	—	—
	$100<t\le 150$	285	268	249	228	209	192	178	167	—	—
	$150<t\le 250$	271	255	236	217	199	183	169	159	—	—
16Mo3	≤ 16	273	264	250	233	213	194	175	159	147	141
	$16<t\le 40$	268	259	245	228	209	190	172	156	145	139
	$40<t\le 60$	258	250	236	220	202	183	165	150	139	134
	$60<t\le 100$	238	230	218	203	186	169	153	139	129	123
	$100<t\le 150$	218	211	200	186	171	155	140	127	118	113
	$150<t\le 250$	208	202	191	178	163	148	134	121	113	108
18MnMo4-5⑤	≤ 60	330	320	315	310	295	285	265	235	215	—
	$60<t\le 150$	320	310	305	300	285	275	255	225	205	—
	$150<t\le 250$	310	300	295	290	275	265	245	220	200	—
20MnMoNi4-5	≤ 40	460	448	439	432	424	415	402	384	—	—
	$40<t\le 60$	450	438	430	423	415	406	394	375	—	—
	$60<t\le 100$	441	429	420	413	406	398	385	367	—	—
	$100<t\le 150$	431	419	411	404	397	389	377	359	—	—
	$150<t\le 250$	392	381	374	367	361	353	342	327	—	—

续表 4

牌号	公称厚度②③ t/mm	规定塑性延伸强度 $R_{p0.2}$/MPa，最小值									
		温度/℃									
		50	100	150	200	250	300	350	400	450	500
15NiCuMoNb5-6-4	≤40	447	429	415	403	391	380	366	351	331	—
	40<t≤60	427	410	397	385	374	363	350	335	317	—
	60<t≤100	418	401	388	377	366	355	342	328	309	—
	100<t≤150	408	392	379	368	357	347	335	320	302	—
	150<t≤200	398	382	370	359	349	338	327	313	295	—
13CrMo4-5	≤16	294	285	269	252	234	216	200	186	175	164
	16<t≤60	285	275	260	243	226	209	194	180	169	159
	60<t≤100	265	256	242	227	210	195	180	168	157	148
	100<t≤150	250	242	229	214	199	184	170	159	148	139
	150<t≤250	235	223	215	211	199	184	170	159	148	139
13CrMoSi5-5+NT	≤60	299	283	268	255	244	233	223	218	206	—
	60<t≤100	289	274	260	247	236	225	216	211	199	—
13CrMoSi5-5+QT	≤60	384	364	352	344	339	335	330	322	309	—
	60<t≤100	375	355	343	335	330	327	322	314	301	—
	100<t≤250	365	346	334	326	322	318	314	306	293	—
10CrMo9-10	≤16	288	266	254	248	243	236	225	212	197	185
	16<t≤40	279	257	246	240	235	228	218	205	191	179
	40<t≤60	270	249	238	232	227	221	211	198	185	173
	60<t≤100	260	240	230	224	220	213	204	191	178	167
	100<t≤150	250	237	228	222	219	213	204	191	178	167
	150<t≤250	240	227	219	213	210	208	204	191	178	167
12CrMo9-10	≤250	341	323	311	303	298	295	292	287	279	—
X12CrMo5	≤60	310	299	295	294	293	291	285	273	253	222
	60<t≤250	290	281	277	275	275	273	267	256	237	208
13CrMoV9-10⑤	≤60	410	395	380	375	370	365	362	360	350	—
	60<t≤250	405	390	370	365	360	355	352	350	340	—
12CrMoV12-10⑤	≤60	410	395	380	375	370	365	362	360	350	—
	60<t≤250	405	390	370	365	360	355	352	350	340	—
X10CrMoVNb9-1	≤60	432	415	401	392	385	379	373	364	349	324
	60<t≤250	423	406	392	383	376	371	365	356	341	316

① 这些值对应于根据 EN 10314《高温下钢的校验强度最小值的推算方法》约 98%（2s）的置信度确定的相关趋势线的较低范围。

② 公称厚度超过规定的最大厚度时，其高温下的 $R_{p0.2}$ 值可以协商。

③ 交货状态见表 3。

④ 数值反映了正火试样的最小值。

⑤ 根据 EN 10314《高温下钢的校验强度最小值的推算方法》未能确定 $R_{p0.2}$。它们是目前认为的分散带的最小值。

表 5 美标、日标牌号的力学性能（横向试样）

牌号	一般交货状态①	公称厚度 t/mm	室温拉伸性能②			冲击吸收能量 KV_2/J
			上屈服强度 R_{eH}/MPa 不小于	抗拉强度 R_m/MPa	断后伸长率 A/% 不小于	
PT410GH	+AR	6≤t≤50	225	410~550	21	⑩
	+N	6≤t≤200				
PT450GH	+AR	6≤t≤50	245	450~590	19	
	+N	6≤t≤200				
PT480GH	+AR	6≤t≤50	265	480~620	17	
	+N	6≤t≤200				
19MnMo4-5	+N、+AR	6≤t≤50	315	520~660	17	
	+N③	50≤t≤200				
19MnMo5-5	+N、+QT④、+AR	6≤t≤50	345	550~690	17	
	+N③、+QT④	6≤t≤200				
19MnMo6-5	+QT④	6≤t≤200	480	620~790	15	
19MnMoNi5-5	+N、+QT④、+AR	6≤t≤50	345	550~690	17	
	+N③、+QT④	50≤t≤200				
19MnMoNi6-5	+QT④	6≤t≤50	480	620~790	15	
		50≤t≤200				
14CrMo4-5+NT1	+NT⑤	6≤t≤200	225	380~550	20	
14CrMo4-5+NT2	+NT⑤	6≤t≤200	275	450~590	20	
14CrMoSi5-6+NT1	+N⑤	6≤t≤200	235	410~590	20	
14CrMoSi5-6+NT2	+NT⑤	6≤t≤200	315	520~690	20	
13CrMo9-10+NT1	+NT⑤	6≤t≤300	205	410~590	17	
13CrMo9-10+NT2	+NT⑤	6≤t≤300	315	520~690	17	
14CrMo9-10	+QT⑥（+NT⑦）⑧	6≤t≤300	380	580~760	17	
14CrMoV9-10	+NT⑦（+QT⑤）⑧	6≤t≤300	415	580~760	17	
13CrMoV12-10	+NT⑦（+QT⑤）⑧	6≤t≤300	415	580~760	17	
X9CrMoVNb9-1	+NT⑨	6≤t≤300	415	585~760	17	

① +AR—热轧（非热处理态）；+N—正火；+NT—正火+回火；+QT—淬火+回火。
② 牌号为 13CrMo9-10+NT1、13CrMo9-10+NT2、14CrMo9-10 和 13CrMoV12-10 的钢板的断面收缩率应不小于 45%。
③ 厚度大于 100mm 的钢板的正火应包括加速冷却和随后在 595~705℃ 的温度范围内的回火。
④ 钢板应进行淬火+回火，应采用适当的回火温度但不应低于 595℃，以保证产品达到规定的性能。
⑤ 正火处理时，为达到规定的力学性能，可以采用液体淬火、吹风冷却或其他方法加快冷却速度。14CrMo4-5 和 14CrMoSi5-6 的最低回火温度为 620℃，13CrMo9-10 的最低回火温度为 650℃。
⑥ 最低回火温度应为 675℃。订购方打算采用 675℃ 的回火温度时，应通知供货方。在此情形下，供货方可在低于 675℃ 的温度下进行回火，但不应低于 625℃。
⑦ 最低回火温度应为 675℃。订购方打算采用 675℃ 的回火温度时，应通知供货方。在此情形下，供货方可在低于 675℃ 的温度下进行回火，但不应低于 625℃。
⑧ 经订货时协商，钢板可以以+NT（14CrMo9-10）或+QT（14CrMo9-10 和 13CrMoV12-10）态交货。
⑨ 最低回火温度应为 730℃。
⑩ 在订货时协商冲击试验温度与冲击吸收能量最小值。

5　其他要求

5.1　抗氢致裂纹性能

碳钢与低合金钢暴露在含有 H_2S 的“酸性”腐蚀环境中时可能对裂纹敏感。评估抗氢致裂纹性能的试验方法（试验溶液、试验频率及相应的验收标准）应在订货时协商。

当根据 EN 10299《钢制品抗氢敏感裂纹（HIC）的评定方法》进行评估时，对于试验溶液 A（pH≈3），适用于不同级别的验收判据见表 6，表中的值为单块板所有测试横截面裂纹的最小平均值。

表 6　HIC 试验的验收判据（试验溶液 A）

级别	裂纹长度比 CLR/%	裂纹厚度比 CTR/%	裂纹敏感性比 CER/%
	不大于		
Ⅰ	5	1.5	0.5
Ⅱ	10	3	1
Ⅲ	15	5	2

5.2　CrMo 钢的脆性

在 400~500℃的环境下服役时，CrMo 钢有脆化倾向。这种脆化倾向可以在实验室条件下采用分步冷却试验进行模拟。分步冷却试验前、后的冲击转变曲线的移动用于脆性评估。

分步冷却试验方法应在订货时协商，应考虑温度和保温时间。推荐的试验步骤见图 1。

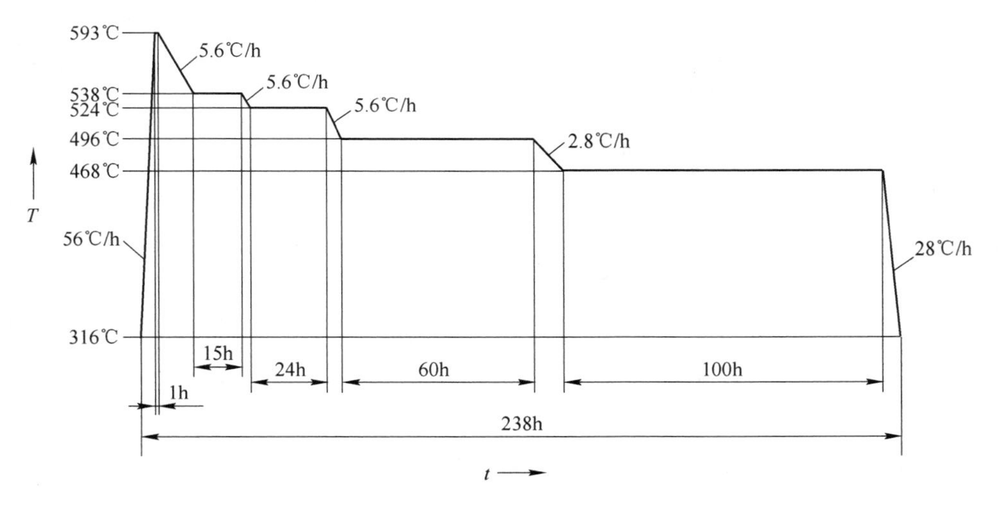

图 1　推荐的分步冷却试验步骤

ISO 9328-3：2018 承压扁平钢材供货技术条件 第 3 部分：正火型可焊接细晶粒钢

1　范围

该标准适用于表 1 和表 2 规定的承压设备用可焊接细晶粒钢扁平材。

2　牌号与化学成分

欧标牌号按屈服强度分类；美标牌号按抗拉强度分类。

质量等级分为四个系列：室温系列（P…N、PT…N）、高温系列（P…NH、PT…NH）、低温系列（P…NL1、PT…NL1）、特别低温系列（P…NL2）。

欧标牌号的熔炼分析应符合表 1 的规定；美标（ASME）牌号的熔炼分析应符合表 2 的规定。经订货时协商，基于熔炼分析成分的碳当量最大值分别见表 3 和表 4。

表 1　欧标牌号的化学成分

牌号	化学成分①（质量分数）/%														
	C	Si	Mn	P	S	Alt	N	Cr	Cu⑦	Mo	Nb	Ni	Ti	V	Nb+Ti+V
	不大于			不大于		不小于	不大于								
P275NH	0.16	0.40	0.80②~1.50	0.025	0.010	0.020③④	0.012	0.30⑤	0.30⑤	0.08⑤	0.05	0.50	0.03	0.05	0.05
P275NL1					0.008										
P275NL2				0.020	0.005										
P355N	0.18	0.50	1.10~1.70	0.025	0.010	0.020③④	0.012	0.30⑤	0.30⑤	0.08⑤	0.05	0.50	0.03	0.10	0.12
P355NH															
P355NL1					0.008										
P355NL2				0.020	0.005										
P420NH	0.20	0.60	1.10~1.70	0.025	0.010	0.020③④	0.020	0.30⑤	0.30⑤	0.10⑤	0.05	0.80	0.03	0.20	0.22
P420NL1					0.008										
P420NL2				0.020	0.005										
P460NH	0.20	0.60	1.10~1.70	0.025	0.010	0.020③④	0.025	0.30	0.70⑥	0.10	0.05	0.80	0.03	0.20	0.22
P460NL1					0.008										
P460NL2				0.020	0.005										

① 没有订货方的同意，表中未列入的元素不应故意加入钢水中，除非浇铸需要。应尽量采取适当的措施避免从废钢或其他炼钢原料中带入这些元素，它们可能影响钢的力学性能和应用性能。

② 钢板厚度小于 6mm 时，允许 Mn 含量的最小值为 0.60%。

③ 如果添加 Nb、Ti 或 V 用于固定 N，则 Alt 含量的最小值可以低于此值。

④ 如果仅用 Al 固定 N，则 Al/N≥2。

⑤ w(Cr+Cu+Mo)≤0.45%。

⑥ 如果 w(Cu)≥0.3%，则 Ni 的含量至少为 Cu 含量的一半。

⑦ 更低的 Cu 含量最大值和/或 Cu+Sn 总量的最大值，如 w(Cu+6Sn)≤0.33%，可以在订货时协议，例如，用于热成型的钢种。

表 2　美标牌号的化学成分

牌号	化学成分①（质量分数）/%														
	C	Si	Mn	P	S	Alt③	Cr②	Cu②	Mo②	Nb②	Ni②	Ti②	V②	B	其他
	不大于			不大于		不小于	不大于								
PT400N、PT400NH	0. 18④	≤0. 40	≤1. 40	0. 020	0. 020	0. 020	0. 30	0. 40	0. 12	0. 05	0. 50	0. 03	0. 05	≤0. 0010	Cr+Cu+Mo+Ni：≤1. 00②
PT400NL1	0. 15	≤0. 40	0. 70~1. 50	0. 015	0. 010	0. 020	0. 30	0. 40	0. 12	0. 05	0. 50	0. 03	0. 05	≤0. 0010	Cr+Cu+Mo+Ni：≤1. 00②
PT440N、PT440NH	0. 18④	≤0. 55	≤1. 60	0. 020	0. 020	0. 020	0. 30	0. 40	0. 12	0. 05	0. 50	0. 03	0. 10	≤0. 0010	Cr+Cu+Mo+Ni：≤1. 00②
PT440NL1	0. 16	≤0. 55	0. 70~1. 60	0. 015	0. 010	0. 020	0. 30	0. 40	0. 12	0. 05	0. 50	0. 03	0. 10	≤0. 0010	Cr+Cu+Mo+Ni：≤1. 00②
PT490N、PT490NH	0. 18④	0. 15~0. 55	≤1. 60	0. 020	0. 020	0. 020	0. 30	0. 40	0. 12	0. 05	0. 50	0. 03	0. 10	≤0. 0010	Cr+Cu+Mo+Ni：≤1. 00②
PT520N、PT520NH	0. 20	0. 15~0. 55	≤1. 60	0. 020	0. 020	0. 020	0. 30	0. 40	0. 12	0. 05	0. 80	0. 03	0. 10	≤0. 0010	Cr+Cu+Mo+Ni：≤1. 00②

① 没有订货方的同意，表中未列入的元素不应故意加入钢水中，除非浇铸需要。应尽量采取适当的措施避免从废钢或其他炼钢原料中带入这些元素，它们可能影响钢的力学性能和应用性能。

② Cr、Cu、Mo、Nb、Ni、Ti 和 V 含量的其他最大值可在订货时协商。

③ Alt 含量的熔炼分析值应不低于 0. 020%，或 Als 含量应不低于 0. 015%。经订货时协商，如果添加 Nb、Ti 或 V 用于固定 N，则铝含量（Alt 或 Als）的最小值可以低于该最小值。

④ 经订货时协商，PT400NH 的碳含量最大值可以增加至 0. 20%，PT440NH、PT490NH 的碳含量最大值可以增加至 0. 24%。

表 3　欧标牌号的碳当量（基于熔炼分析）

牌号	碳当量 CEV（质量分数）/%		
	不大于		
	公称厚度 t/mm		
	≤60	60<t≤100	100<t≤250
P275NH	0. 40	0. 40	0. 42
P275NL1			
P275NL2			
P355N	0. 43	0. 45	0. 45
P355NH			
P355NL1			
P355NL2			

续表 3

牌号	碳当量 CEV（质量分数）/%		
	不大于		
	公称厚度 t/mm		
	≤60	60<t≤100	100<t≤250
P420NH	0.48	0.48	0.52
P420NL1			
P420NL2			
P460NH	0.53	0.54	0.54
P460NL1			
P460NL2			

注：CEV(%)=C+Mn/6+(Cr+Mo+V)/5+(Ni+Cu)/15。

表 4　美标牌号的碳当量（基于熔炼分析）

牌号	碳当量 CEV（质量分数）/%		
	不大于		
	公称厚度 t/mm		
	≤50	50<t≤100	100<t≤150
PT400N、PT400NH、PT400NL1、PT440N、PT440NH、PT440NL1	0.41	0.43	0.43
PT490N、PT490NH	0.43	0.45	0.45
PT520N、PT520NH	0.45	0.47	0.47

注：CEV(%)=C+Mn/6+(Cr+Mo+V)/5+(Ni+Cu)/15。

3　交货状态

3.1　产品通常以正火状态交货。最小屈服强度大于等于 420MPa 时，允许延时冷却或附加回火。如果采用了这种处理，应在质量证明书中注明。

3.2　由供货方选择，欧标牌号钢的正火可用正火轧制替代。在此情形下，应在订货时协商模拟正火条件下的性能检测方法。

3.3　经订货时协商，产品也可以未热处理状态交货，此时产品应标记（+AR）。

3.4　以未热处理状态交货的产品，供货方应对模拟正火条件试样进行规定的测试。

4　力学性能

欧标牌号的力学性能应符合表 5~表 7 的规定。美标牌号的力学性能应符合表 8 和表 9 的规定。

经订货时协商，表 6 规定的 P…NH 系列高温下的屈服强度 $R_{p0.2}$ 最小值也适用于 P…NL1 和 P…NL2 系列。

表 5　欧标牌号的室温拉伸性能（横向试样）

牌号	公称厚度 t/mm	上屈服强度 R_{eH}/MPa 不小于	抗拉强度 R_m/MPa	断后伸长率 A/% 不小于
P275NH P275NL1 P275NL2	≤16	275	390～510	24
	16<t≤40	265		
	40<t≤60	255		
	60<t≤100	235	370～490	23
	100<t≤150	225	360～480	
	150<t≤250	215	350～470	
P355N P355NH P355NL1 P355NL2	≤16	355	490～630	22
	16<t≤40	345		
	40<t≤60	335		
	60<t≤100	315	470～610	21
	100<t≤150	305	460～600	
	150<t≤250	295	450～590	
P420NH P420NL1 P420NL2	≤16	420	540～690	19
	16<t≤40	405		
	40<t≤60	395		
	60<t≤100	370	515～665	
	100<t≤150	350	500～650	
	150<t≤250	340	490～640	
P460NH P460NL1 P460NL2	≤16①	460	570～730	16
	16①<t≤40	445	570～720	
	40<t≤60	430		
	60<t≤100	400	540～710	
	100<t≤150	380	520～690	
	150<t≤250	370	510～690	

① 对于 P460NH 和 P460NL1，公称厚度小于等于 20mm 时，可以在订货时协商 R_{eH}的最小值为 460MPa、R_m 的范围为 630～725MPa。

表 6　欧标牌号高温下的 $R_{p0.2}$ 最小值①

牌号	公称厚度 t/mm	规定塑性延伸强度 $R_{p0.2}$/MPa，最小值 温度/℃ 50	100	150	200	250	300	350	400
P275NH	≤16	266	250	232	213	195	179	166	156
	16<t≤40	256	241	223	205	188	173	160	150
	40<t≤60	247	232	215	197	181	166	154	145
	60<t≤100	227	214	198	182	167	153	142	133
	100<t≤150	218	205	190	174	160	147	136	128
	150<t≤250	208	196	181	167	153	140	130	122

续表 6

牌号	公称厚度 t/mm	规定塑性延伸强度 $R_{p0.2}$/MPa，最小值							
		温度/℃							
		50	100	150	200	250	300	350	400
P355NH	≤16	343	323	299	275	252	232	214	202
	16<t≤40	334	314	291	267	245	225	208	196
	40<t≤60	324	305	282	259	238	219	202	190
	60<t≤100	305	287	265	244	224	206	190	179
	100<t≤150	295	277	257	236	216	199	184	173
	150<t≤250	285	268	249	228	209	192	178	167
P420NH	≤16	406	382	354	325	298	274	254	238
	16<t≤40	392	369	341	314	287	264	245	230
	40<t≤60	382	359	333	306	280	258	239	224
	60<t≤100	358	337	312	287	263	241	224	210
	100<t≤150	339	319	295	271	248	228	212	199
	150<t≤250	329	309	286	263	241	222	206	193
P460NH	≤16	445	419	388	356	326	300	278	261
	16<t≤40	430	405	375	345	316	290	269	253
	40<t≤60	416	391	362	333	305	281	260	244
	60<t≤100	387	364	337	310	284	261	242	227
	100<t≤150	368	346	320	294	270	248	230	216
	150<t≤250	358	337	312	287	263	241	224	210

① 这些值反映正火试样的最小值，即：这些值对应于根据 EN 10314《高温下钢的校验强度最小值的推算方法》约 98%（2s）的置信度确定的相关趋势线的较低范围。

表 7　欧标牌号的冲击吸收能量①

牌号	公称厚度 t/mm	以下试验温度（℃）下的冲击吸收能量 KV_2/J，最小值									
		横向					纵向				
		-50	-40	-20	0	+20	-50	-40	-20	0	+20
P…N、P…NH	≤250	—	—	30①	40	50	—	—	45	65	75
P…NL1		—	27①	35①	50	60	30①	40	50	70	80
P…NL2		27①	30①	40	60	70	42	45	55	75	85

① 可在订货时协商冲击吸收能量最小值为 40J。

表 8　美标牌号的室温拉伸性能（横向试样）

牌号	一般交货状态①	公称厚度 t/mm	上屈服强度 R_{eH}/MPa	抗拉强度 R_m/MPa	断后伸长率 A/%
			不小于		不小于
PT400N、PT400NH	+N	6≤t≤50	235	400~540	21
		50<t≤100	215		
		100<t≤150	195		

续表 8

牌号	一般交货状态[①]	公称厚度 t/mm	上屈服强度 R_{eH}/MPa	抗拉强度 R_m/MPa	断后伸长率 A/%
			不小于		不小于
PT400NL1	+N	6≤t≤40	235	400~510	21
		40<t≤50	215		
PT440N、PT440NH	+N	6≤t≤50	270	440~560	21
		50<t≤100	250		
		100<t≤150	230		
PT440NL1	+N	6≤t≤38	325	440~560	19
PT490N、PT490NH	+N	6≤t≤50	315	490~620	19
		50<t≤100	295		
		100<t≤150	275		
PT520N、PT520NH	+N	6≤t≤50	355	520~640	18
		50<t≤100	335		
		100<t≤150	315		

① +N—正火。

表 9　美标牌号的冲击吸收能量

牌号	公称厚度 t/mm	以下试验温度（℃）下的冲击吸收能量 KV_2/J，最小值[①②]	
		-40	0
PT…N、PT…NH	6≤t≤150	—	47
PT…NL1	6≤t≤50[③]	47	—

① 订货时协商取纵向或横向试样。

② 在订货时可协商采用其他试验温度和冲击吸收能量最小值。

③ 对于钢级 PT440NL1，产品厚度小于等于 38mm。

5　抗氢致裂纹性能

碳钢与低合金钢暴露在含有 H_2S 的“酸性”腐蚀环境中时可能对裂纹敏感。评估抗氢致裂纹性能的试验方法（试验溶液、试验频率及相应的验收标准）应在订货时协商。

当根据 EN 10299《钢制品抗氢敏感裂纹（HIC）的评定方法》进行评估时，对于试验溶液 A（pH≈3），适用于不同级别的验收判据见表 10，表中的值为一块板所有测试横截面裂纹的最小平均值。

表 10　HIC 试验的验收判据（试验溶液 A）

级别	裂纹长度比 CLR/%	裂纹厚度比 CTR/%	裂纹敏感性比 CER/%
	不大于		
Ⅰ	5	1.5	0.5
Ⅱ	10	3	1
Ⅲ	15	5	2

ISO 9328-4：2018 承压扁平钢材供货技术条件 第 4 部分：具有规定低温性能的镍合金钢

1　范围

该标准适用于表 1 和表 2 规定的承压设备用镍合金钢钢板和钢带。

2　牌号与化学成分

欧标牌号的熔炼分析应符合表 1 的规定；美标（ASME）牌号的熔炼分析应符合表 2 的规定。

表 1　欧标牌号的化学成分

牌号	化学成分① (质量分数)/%							
	C	Si	Mn	P	S	Alt	Ni	其他
	不大于			不大于		不小于		
11MnNi5-3	0.14	0.50	0.70~1.50	0.025	0.010	0.020	0.30②~0.80	Nb≤0.05 V≤0.05
13MnNi6-3	0.16	0.50	0.85~1.70	0.025	0.010	0.020	0.30②~0.80	Nb≤0.05 V≤0.05
15NiMn6	0.18	0.35	0.80~1.50	0.025	0.010	—	1.30~1.70	V≤0.05
12Ni14	0.15	0.35	0.30~0.80	0.020	0.005	—	3.25~3.75	V≤0.05
X12Ni5	0.15	0.35	0.30~0.80	0.020	0.005	—	4.75~5.25	V≤0.05
X8Ni9	0.10	0.35	0.30~0.80	0.020	0.005	—	8.50~10.00	Mo≤0.10 V≤0.05
X6Ni7	0.10	0.30	0.30~0.80	0.015	0.005	—	6.5~8.0	Mo≤0.30 V≤0.01
X7Ni9	0.10	0.35	0.30~0.80	0.015	0.005	—	8.50~10.00	Mo≤0.10 V≤0.01

① 没有订货方的同意，表中未列入的元素不应故意加入钢水中，除非浇铸需要。应尽量采取适当的措施避免从废钢或其他炼钢原料中带入这些元素，它们可能影响钢的力学性能和应用性能。$w(Cr+Cu+Mo) \leq 0.50\%$。

② 钢板厚度小于等于 40mm 时，允许 Ni 含量的最小值为 0.15%。

表 2　美标牌号的化学成分

牌号	化学成分① (质量分数)/%										
	C	Si	Mn	P	S	Cr	Cu	Mo	Nb	Ni	Ti	V
	不大于										不大于	
14Ni9	0.17	0.30	0.70	0.015	0.015	0.30	0.40	0.12	0.02	2.10~2.50	0.03	0.05
13Ni14②	0.15	0.30	0.70	0.015	0.015	0.30	0.40	0.12	0.02	3.25~3.75	0.03	0.05
14Ni14	0.17	0.30	0.70	0.015	0.015	0.30	0.40	0.12	0.02	3.25~3.75	0.03	0.05

续表 2

牌号	化学成分① (质量分数)/%											
	C	Si	Mn	P	S	Cr	Cu	Mo	Nb	Ni	Ti	V
	不大于										不大于	
X9Ni5	0.13	0.30	0.70	0.015	0.015	0.30	0.40	0.12	0.02	4.75~6.00	0.03	0.05
X9Ni7	0.12	0.30	1.20	0.015	0.015	0.30	0.40	0.12	0.02	6.00~7.50	0.03	0.05
X9Ni9②	0.12	0.30	0.90	0.015	0.015	0.30	0.40	0.12	0.02	8.50~9.50	0.03	0.05

① 没有订货方的同意，表中未列入的元素不应故意加入钢水中，除非浇铸需要。应尽量采取适当的措施避免从废钢或其他炼钢原料中带入这些元素，它们可能影响钢的力学性能和应用性能。

② 完整的牌号见表 5。

3　交货状态

3.1　产品的一般交货状态如表 3 和表 5 所示。

3.2　由供货方选择，欧标中 11MnNi5-3 和 13MnNi6-3 的正火方式可用正火轧制替代。

3.3　经订货时协商，美标中 14Ni9、13Ni14+NT 和 14Ni14 可以以热机械轧制状态交货，此时产品应标记（+M）。

3.4　经订货时协商，产品也可以未热处理状态交货，此时产品应标记（+AR）。

3.5　以未热处理状态交货的产品，供货方应模拟表 3 和表 5 给出的一般交货状态进行规定的测试。

4　力学性能

欧标牌号的力学性能应符合表 3 和表 4 的规定。美标牌号的力学性能应符合表 5 和表 6 的规定。

表 3　欧标牌号的室温拉伸性能（横向试样）

牌号	一般交货状态①②	公称厚度 t/mm	上屈服强度 R_{eH}/MPa	抗拉强度 R_m/MPa	断后伸长率 A/%
			不小于		不小于
11MnNi5-3	+N（+NT）	≤30	285	420~530	24
		30<t≤50	275		
		50<t≤80	265		
13MnNi6-3	+N（+NT）	≤30	355	490~610	22
		30<t≤50	345		
		50<t≤80	335		
15NiMn6	+N 或+NT 或+QT	≤30	355	490~640	22
		30<t≤50	345		
		50<t≤80	335		
12Ni14	+N 或+NT 或+QT	≤30	355	490~640	22
		30<t≤50	345		
		50<t≤80	335		

续表 3

牌号	一般交货状态①②	公称厚度 t/mm	上屈服强度 R_{eH}/MPa	抗拉强度 R_m/MPa	断后伸长率 A/%
			不小于		不小于
X12Ni5	+N 或+NT 或+QT	≤30	390	530~710	20
		30<t≤50	380		
X8Ni9+NT640①	+N 加+NT	≤30	490	640~840	18
		30<t≤50	480		
X8Ni9+QT640①	+QT	≤30	490		
		30<t≤50	480		
X8Ni9+QT680①	+QT③	≤30	585	680~820	18
		30<t≤50	575		
X6Ni7	QT 或 QQT④	≤40	585	680~825	18
X7Ni9	+QT③	≤30	585	680~820	18
		30<t≤50	575		

① +N—正火；+NT—正火+回火；+QT—淬火+回火。+NT640/+QT640/+QT680：保证最小抗拉强度 640MPa 或 680MPa 的热处理参数。

② 温度和冷却条件见表 7。

③ 钢板厚度小于 15mm，交货状态也可以是+N 加+NT。

④ 在淬火后、回火前可以采用中间热处理。

表 4 欧标牌号的冲击吸收能量（V 型缺口试样）

牌号	热处理状态①②	厚度 t/mm	方向	以下试验温度（℃）下的冲击吸收能量 KV_2/J，最小值											
				20	0	-20	-40	-50	-60	-80	-100	-120	-150	-170	-196
11MnNi5-3 13MnNi6-3	+N（+NT）	≤80	纵向	70	60	55	50	45	40	—	—	—	—	—	—
			横向	50	50	45	35③	30③	27③	—	—	—	—	—	—
15NiMn6	+N 或+NT 或+QT		纵向	65	65	65	60	50	50	40	—	—	—	—	—
			横向	50	50	45	40	35③	35③	27③	—	—	—	—	—
12Ni14	+N 或+NT 或+QT		纵向	65	60	55	55	50	50	45	40	—	—	—	—
			横向	50	50	45	35③	35③	35③	30③	27③	—	—	—	—
X12Ni5	+N 或+NT 或+QT	≤50	纵向	70	70	70	65	65	65	60	50	40④	—	—	—
			横向	60	60	55	45	45	45	40	30③	27③④	—	—	—
X8Ni9+NT640、X8Ni9+QT640	+N 加+NT、+QT	≤50	纵向	100	100	100	100	100	100	100	90	80	70	60	50
			横向	70	70	70	70	70	70	70	60	50	50	45	40

续表 4

牌号	热处理状态①②	厚度 t/mm	方向	以下试验温度（℃）下的冲击吸收能量 KV_2/J，最小值											
				20	0	-20	-40	-50	-60	-80	-100	-120	-150	-170	-196
X8Ni9 +QT680	+QT	≤50	纵向	120	120	120	120	120	120	120	110	100	90	80	70
			横向	100	100	100	100	100	100	100	90	80	70	60	50
X6Ni7	QT 或 QQT⑤	≤40	纵向	120	120	120	120	120	120	120	120	120	120	110	100
			横向	100	100	100	100	100	100	100	100	100	100	90	80
X7Ni9	+QT	≤50	纵向	120	120	120	120	120	120	120	120	120	120	110	100
			横向	100	100	100	100	100	100	100	100	100	100	90	80

① +N—正火；+NT—正火+回火；+QT—淬火+回火。+NT640/+QT640/+QT680：保证最小抗拉强度 640MPa 或 680MPa 的热处理参数。

② 经协商可采用其他交货状态。

③ 可在订货时协商确定冲击吸收能量最小值为 40J。

④ 厚度小于等于 25mm 时，此值适用于-110℃；当钢板厚度 25mm<t≤30mm 时，此值适用于-115℃。

⑤ 在淬火后、回火前可以采用中间热处理。

表 5　美标牌号的室温力学性能（横向试样）

牌号	一般交货状态①	钢板厚度 t/mm	上屈服强度 R_{eH}/MPa	抗拉强度 R_m/MPa	断后伸长率 A/%
			不小于		不小于
14Ni9	+N、+NT②	6≤t≤50	255	450~590	21
13Ni14+NT	+N、+NT②	6≤t≤50	255	450~590	21
13Ni14+QT	+QT③	6≤t≤50	440	540~690	18
14Ni14	+N、+NT②	6≤t≤50	275	480~620	19
X9Ni5	+QT③	6≤t≤50	590	690~830	18
X9Ni7	+M	6≤t≤50	520	690~830	18
X9Ni9+NT	+N 加+NT③	6≤t≤50	520	690~830	18
X9Ni9+QT	+QT③	6≤t≤100	590	690~830	18

① +N—正火；+NT—正火+回火；+QT—淬火+回火；+M—热机械轧制。

② 经协商，可采用+M。

③ 为了改善韧性，如必要，在回火之前，可以采用从铁素体+奥氏体双相区冷却的中间热处理。

表 6　美标牌号的冲击吸收能量（V 型缺口试样）

牌号	一般交货状态①	钢板厚度 t/mm	以下试验温度（℃）下的冲击吸收能量 KV_2/J，最小值②				
			-196	-130	-110	-101	-70
14Ni9	+N、+NT③	6≤t≤50	—	—	—	—	21
13Ni14+NT	+N、+NT③	6≤t≤50	—	—	—	21	—
13Ni14+QT	+QT④	6≤t≤50	—	—	27	—	—
14Ni14	+N、+NT③	6≤t≤50	—	—	—	21	—
X9Ni5	+QT④	6≤t≤50	—	41	—	—	—
X9Ni7	+M	6≤t≤60	41	—	—	—	—

续表 6

牌号	一般交货状态①	钢板厚度 t/mm	以下试验温度（℃）下的冲击吸收能量 KV_2/J，最小值②				
			-196	-130	-110	-101	-70
X9Ni9+NT⑤	+N 加+NT④	$6 \leq t \leq 50$	34	—	—	—	—
X9Ni9+QT⑤	+QT④	$6 \leq t \leq 100$	41	—	—	—	—

① +N—正火；+NT—正火+回火；+QT—淬火+回火。

② 订货时协商试样方向。

③ 可以采用特殊的轧制或相应的热处理。

④ 为了改善韧性，如必要，在回火之前，可以采用从铁素体+奥氏体双相区冷却的中间热处理。

⑤ 对于 X9Ni9，每个试样缺口对边的侧膨胀量不低于 0.381mm。

表 7　欧标牌号的热处理温度和冷却介质

牌号	热处理状态①	热处理			
		奥氏体化		回火	
		温度/℃	冷却方式	温度/℃	冷却方式
11MnNi5-3	+N（+NT）	880~940	空冷	580~640	空冷
13MnNi6-3	+N（+NT）	880~940	空冷	580~640	空冷
15NiMn6	+N	850~900	空冷	—	—
	+NT	850~900	空冷	600~660	空冷或水冷
	+QT	850~900	水冷或油冷	600~660	空冷或水冷
12Ni14	+N	830~880	空冷	—	—
	+NT	830~880	空冷	580~640	空冷或水冷
	+QT	820~870	水冷或油冷	580~640	空冷或水冷
X12Ni5	+N	800~850	空冷	—	—
	+NT	800~850	空冷	580~660	空冷或水冷
	+QT	800~850	水冷或油冷	580~660	空冷或水冷
X8Ni9 +NT640	+N 加+NT	880~930+ 770~830	空冷	540~600	空冷或水冷
				540~600	空冷或水冷
X8Ni9 +QT640	+QT	770~830	水冷或油冷	540~600	空冷或水冷
X8Ni9 +QT680	+QT②	770~830	水冷或油冷	540~600	空冷或水冷
X6Ni7	QT 或 QQT③	830~880	水冷或油冷	540~600	空冷或水冷
X7Ni9	+QT②	770~830	水冷或油冷	540~600	空冷或水冷

① +N—正火；+NT—正火+回火；+QT—淬火+回火。+NT640/+QT640/+QT680：保证最小抗拉强度 640MPa 或 680MPa 的热处理参数。

② 钢板厚度小于 15mm，交货状态也可以是+N 加+NT。

③ 在淬火后、回火之前，可以采用下列参数的中间热处理：加热温度在 650~720℃之间，水冷或油冷。

ISO 9328-5：2018 承压扁平钢材供货技术条件 第 5 部分：热机械轧制可焊接细晶粒钢

1 范围

该标准适用于表 1 和表 2 规定的承压设备用热机械轧制可焊接细晶粒钢的扁平材。

2 牌号与化学成分

欧标牌号按屈服强度分类；美标牌号按抗拉强度分类。

根据质量等级分为四个系列：基础系列（P…M、PT…M）、-40℃低温系列（P…ML1、PT…ML1）、-50℃低温系列（仅欧标，P…ML2）、-60℃低温系列（仅美标，PT…ML3）。

欧标牌号的熔炼分析应符合表 1 的规定；美标（ASME）牌号钢的熔炼分析应符合表 2 的规定。经订货时协商，基于熔炼分析成分的碳当量最大值分别见表 3 和表 4。

表 1 欧标牌号的化学成分

<table>
<tr><th rowspan="3">牌号</th><th colspan="13">化学成分①（质量分数）/%</th></tr>
<tr><th>C</th><th>Si</th><th>Mn②</th><th>P</th><th>S</th><th>Alt③</th><th>N</th><th>Mo⑤</th><th>Nb⑥</th><th>Ni</th><th>Ti⑥</th><th>V⑥</th><th>其他</th></tr>
<tr><th colspan="5">不大于</th><th>不小于</th><th colspan="6">不大于</th><th></th></tr>
<tr><td>P355M</td><td rowspan="3">0.14</td><td rowspan="3">0.50</td><td rowspan="3">1.60</td><td>0.025</td><td>0.010</td><td rowspan="9">0.020④</td><td rowspan="3">0.015</td><td rowspan="9">0.20</td><td rowspan="9">0.05⑦</td><td rowspan="9">0.50</td><td rowspan="9">0.05</td><td rowspan="9">0.10</td><td rowspan="9">⑤</td></tr>
<tr><td>P355ML1</td><td rowspan="2">0.020</td><td>0.008</td></tr>
<tr><td>P355ML2</td><td>0.005</td></tr>
<tr><td>P420M</td><td rowspan="3">0.16</td><td rowspan="3">0.50</td><td rowspan="3">1.70</td><td>0.025</td><td>0.010</td><td rowspan="6">0.020</td></tr>
<tr><td>P420ML1</td><td rowspan="2">0.020</td><td>0.008</td></tr>
<tr><td>P420ML2</td><td>0.005</td></tr>
<tr><td>P460M</td><td rowspan="3">0.16</td><td rowspan="3">0.60</td><td rowspan="3">1.70</td><td>0.025</td><td>0.010</td></tr>
<tr><td>P460ML1</td><td rowspan="2">0.020</td><td>0.008</td></tr>
<tr><td>P460ML2</td><td>0.005</td></tr>
</table>

① 没有订货方的同意，表中未列入的元素不应故意加入钢水中，除非浇铸需要。应尽量采取适当的措施避免从废钢或其他炼钢原料中带入这些元素，它们可能影响钢的力学性能和应用性能。

② C 含量比规定的上限值每降低 0.02%，允许 Mn 含量比规定的上限值增加 0.05%，最高可到 2.00%。

③ 应测定铸坯中的 Al 含量，并在质量证明书中注明。

④ 存在适量的其他固 N 元素时，对 Alt 含量的最小值要求不适用。

⑤ w(Cr+Cu+Mo)≤0.60%。

⑥ w(V+Nb+Ti)≤0.15%。

⑦ 如果 w(C)≤0.07%，则允许 w(Nb)≤0.10%。在此情形下，在-40℃或更低温度下，应特别注意防止焊后热处理的热影响区出现问题。

表 2　美标牌号的化学成分

牌号	化学成分[①]（质量分数）/%													
	C	Si	Mn	P	S	Alt[②]	Cr	Cu	Mo	Nb	Ni	Ti	V	B
	不大于			不大于		不小于	不大于							
PT440M	0.18	0.55	≤1.60	0.020	0.020	0.020	0.30	0.40	0.20	0.05	0.50	0.05	0.10	0.0010
PT440ML1	0.16	0.55	0.70～1.60	0.015	0.010	0.020	0.30	0.40	0.20	0.05	0.50	0.05	0.10	0.0010
PT440ML3		0.55												
PT490M	0.18	0.55	≤1.60	0.020	0.020	0.020	0.30	0.40	0.20	0.05	0.50	0.05	0.10	0.0010
PT490ML1	0.16	0.55	0.70～1.60	0.015	0.010	0.020	0.30	0.40	0.20	0.05	0.50	0.05	0.10	0.0010
PT490ML3		0.55												
PT520M	0.18	0.55	≤1.60	0.020	0.020	0.020	0.30	0.40	0.20	0.05	0.50	0.05	0.10	0.0010
PT520ML1	0.16	0.55	0.70～1.60	0.015	0.010	0.020	0.30	0.40	0.20	0.05	0.50	0.05	0.10	0.0010
PT520ML3		0.55												
PT550M	0.18	0.55[④]	≤1.60	0.020	0.020	0.020	0.30	0.40	0.20	0.05	0.50	0.05	0.10	0.0010
PT550ML1	0.18[③]	0.55	0.70～1.60	0.015	0.010	0.020	0.30	0.40	0.20	0.05	0.50	0.05	0.10	0.0010

① 没有订货方的同意，表中未列入的元素不应故意加入钢水中，除非浇铸需要。应尽量采取适当的措施避免从废钢或其他炼钢原料中带入这些元素，它们可能影响钢的力学性能和应用性能。

② Alt 含量的熔炼分析值应不低于 0.020%，或者 Als 含量应不低于 0.015%。经订货时协商，如果添加 Nb、Ti 或 V 用于固定 N，则铝含量（Alt 或 Als）的最小值可以低于此值。

③ 经订货时协商，碳含量最大值可增加至 0.20%。

④ 经订货时协商，硅含量最大值可增加至 0.75%。

表 3　欧标牌号的碳当量（基于熔炼分析）

牌　号	碳当量 CEV（质量分数）/% 不大于 公称厚度 t/mm		
	≤16	16<t≤40	40<t≤63
P355M/ML1/ML2	0.39	0.39	0.40
P420M/ML1/ML2	0.43	0.45	0.46
P460M/ML1/ML2	0.45	0.46	0.47

注：CEV(%)=C+Mn/6+(Cr+Mo+V)/5+(Ni+Cu)/15。

表 4　美标牌号的碳当量（基于熔炼分析）

牌　号	碳当量 CEV（质量分数）/% 不大于 公称厚度 t/mm		
	6≤t≤50	50<t≤100	100<t≤150
PT440M	0.37	0.40	0.41
PT440ML1/ML3	0.37	—	—

续表 4

牌　号	碳当量 CEV（质量分数）/%		
	不大于		
	公称厚度 t/mm		
	$6 \leqslant t \leqslant 50$	$50 < t \leqslant 100$	$100 < t \leqslant 150$
PT490M	0.38	0.41	0.43
PT490ML1	0.38	0.41	—
PT490ML3	0.38	—	—
PT520M	0.40	0.42	0.44
PT520ML1	0.40	0.42	—
PT520ML3	0.40	—	—
PT550M	0.42	0.45	—
PT550ML1	0.42	0.45	—

注：CEV(%)＝C+Mn/6+(Cr+Mo+V)/5+(Ni+Cu)/15。

3　交货状态

产品以热机械轧制状态交货。

4　力学性能

欧标牌号的力学性能应符合表 5 和表 6 的规定。美标牌号的力学性能应符合表 7 和表 8 的规定。

表 5　欧标牌号的室温拉伸性能（横向试样）

牌号	上屈服强度 R_{eH}/MPa①			抗拉强度 R_m/MPa	断后伸长率 A/%
	不小于				不小于
	公称厚度 t/mm				
	$\leqslant 16$	$16 < t \leqslant 40$	$40 < t \leqslant 63$		
P355M	355		345	450～610	22
P355ML1					
P355ML2					
P420M	420	400	390	500～660	19
P420ML1					
P420ML2					
P460M	460	440	430	530～720	17
P460ML1					
P460ML2					

① 屈服现象不明显时，采用 $R_{p0.2}$。

表 6　欧标牌号的冲击吸收能量（横向、V 型缺口试样）

牌号	公称厚度 t/mm	以下试验温度（℃）下的冲击吸收能量 KV_2/J，最小值				
		-50	-40	-20	-0	+20
P…M	≤63	—	—	27①	40	60
P…ML1		—	27①	40	60	—
P…ML2		27①	40	60	80	—

① 可在订货时协商冲击吸收能量最小值为 40J。

表 7　美标牌号的室温拉伸性能（横向试样）

牌号	公称厚度 t/mm	上屈服强度① R_{eH}/MPa	抗拉强度 R_m/MPa	断后伸长率 A/%
		不小于		不小于
PT440M	6≤t≤50	270	440～560	20
	50<t≤100	250		
	100<t≤150	230		
PT440ML1/ML3	6≤t≤38	325	440～560	19
PT490M	6≤t≤50	315	490～610	19
	50<t≤100	295		
	100<t≤150	275		
PT490ML1	6≤t≤65	345	490～620	19
	65<t≤100	310	460～590	
PT490ML3	6≤t≤38	365	490～610	17
PT520M	6≤t≤50	355	520～640	17
	50<t≤100	335		
	100<t≤150	315		
PT520ML1	6≤t≤50	385	520～640	17
	50<t≤100	365		
PT520ML3	6≤t≤38	410	520～640	16
PT550M	6≤t≤50	410	520～670	16
	50<t≤100	390		
PT550ML1	6≤t≤65	415	550～690	16
	65<t≤100	380	520～660	

① 屈服现象不明显时，采用 $R_{p0.2}$。

表 8　美标牌号的冲击吸收能量

牌号	公称厚度 t/mm	以下试验温度（℃）下的冲击吸收能量①② KV_2/J，最小值		
		-60	-40	0
PT440M、PT490M、PT520M	6≤t≤150	—	—	47
PT550M	6≤t≤100			

续表 8

牌号	公称厚度 t/mm	以下试验温度（℃）下的冲击吸收能量[①②] KV_2/J，最小值		
		-60	-40	0
PT440ML1	6≤t≤38	—	47	—
PT490ML1、PT520ML1、PT550ML1	6≤t≤100	—	47	—
PT440ML3、PT490ML3、PT520ML3	6≤t≤38	47	—	—

① 订货时协商取纵向或横向试样。

② 可在订货时协商采用其他试验温度和冲击吸收能量最小值。

ISO 9328-6：2018 承压扁平钢材供货技术条件 第 6 部分：淬火回火可焊接细晶粒钢

1　范围

该标准适用于表 1 和表 2 规定的承压设备用淬火回火可焊接细晶粒钢的扁平材。

2　牌号与化学成分

欧标牌号按屈服强度分类；美标牌号按抗拉强度分类。

根据质量等级分为四个系列：基础系列（P…Q、PT…Q）、高温系列（P…QH、PT…QH）、-40℃低温系列（P…QL1）、-60℃低温系列（P…QL2、PT…QL2）。

欧标牌号的熔炼分析应符合表 1 的规定；美标（ASME）牌号的熔炼分析应符合表 2 的规定。

表 1　欧标牌号的化学成分①

牌号	化学成分（质量分数）/%														
	C	Si	Mn	P	S	N	B	Cr	Mo	Cu②	Nb③	Ni	Ti③	V③	Zr③
	不大于														
P355Q、P355QH				0. 025	0. 010										
P355QL1	0. 16	0. 40	1. 50	0. 020	0. 008	0. 015	0. 005	0. 30	0. 25	0. 30	0. 05	0. 50	0. 03	0. 06	0. 05
P355QL2					0. 005										
P460Q、P460QH				0. 025	0. 010										
P460QL1	0. 18	0. 50	1. 70	0. 020	0. 008	0. 015	0. 005	0. 50	0. 50	0. 30	0. 05	1. 00	0. 03	0. 08	0. 05
P460QL2					0. 005										
P500Q、P500QH				0. 025	0. 010										
P500QL1	0. 18	0. 60	1. 70	0. 020	0. 008	0. 015	0. 005	1. 00	0. 70	0. 30	0. 05	1. 50	0. 05	0. 08	0. 15
P500QL2					0. 005										
P690Q、P690QH				0. 025	0. 010										
P690QL1	0. 20	0. 80	1. 70	0. 020	0. 008	0. 015	0. 005	1. 50	0. 70	0. 30	0. 06	2. 50	0. 05	0. 12	0. 15
P690QL2					0. 005										

① 没有订货方的同意，表中未列入的元素不应故意加入钢水中，除非浇铸需要。应尽量采取适当的措施避免从废钢或其他炼钢原料中带入这些元素，它们可能影响钢的力学性能和应用性能。

② 基于热成形原因，可在订货时协商更低的 Cu、Sn 含量最大值。

③ 晶粒细化元素的含量至少为 0. 015%，包括 Al。Als 含量最小值为 0. 015%；如果 Alt 含量大于等于 0. 018%，则认为达到了该值。仲裁试验则采用 Als。

表 2　美标牌号的化学成分

牌号	化学成分[①]（质量分数）/%													
	C	Si	Mn	P	S	Alt[②]	B	Cr	Cu	Mo	Nb	Ni	Ti	V
	不大于			不大于		不小于	不大于							
PT440QL2	0.16	0.55	0.70~1.60	0.015	0.010	0.020	0.005	0.30	0.40	0.25	0.05	0.50	0.03	0.06
PT490Q、PT490QH	0.18	0.55	≤1.60	0.020	0.020	0.020	0.005	0.30	0.40	0.25	0.05	0.50	0.03	0.06
P490QL2	0.18	0.55	0.70~1.60	0.015	0.010	0.020	0.005	0.30	0.40	0.25	0.05	0.50	0.03	0.06
PT520Q、PT520QH	0.18[③]	0.55	≤1.60	0.020	0.020	0.020	0.005	0.30	0.40	0.25	0.05	0.50	0.03	0.06
PT520QL2	0.18	0.55	0.70~1.60	0.015	0.010	0.020	0.005	0.30	0.40	0.25	0.05	0.50	0.03	0.06
PT550Q、PT550QH	0.18	0.75	≤1.60	0.020	0.020	0.020	0.005	0.30	0.40	0.50	0.05	0.50	0.03	0.08
PT550QL2	0.18[④]	0.50	0.70~1.60	0.015	0.010	0.020	0.005	0.30	0.40	0.50	0.05	1.00	0.03	0.08
PT570Q、PT570QH	0.18	0.75	≤1.60	0.020	0.020	0.020	0.005	0.30	0.40	0.50	0.05	1.00	0.03	0.08
PT610Q、PT610QH	0.18	0.75	≤1.60	0.030	0.030	0.020	0.005	0.30	0.40	0.50	0.05	1.00	0.03	0.08

① 没有订货方的同意，表中未列入的元素不应故意加入钢水中，除非浇铸需要。应尽量采取适当的措施避免从废钢或其他炼钢原料中带入这些元素，它们可能影响钢的力学性能和应用性能。

② Alt 含量的熔炼分析值应不低于 0.020%，或者 Als 含量应不低于 0.015%。

③ 经订货时协商，碳含量最大值可以增加至 0.20%。

④ 经订货时协商，碳含量最大值可以增加至 0.24%。

3　交货状态

产品以淬火回火状态交货。

4　力学性能

欧标牌号的力学性能应符合表 3~表 5 的规定。美标（ASME）牌号的力学性能应符合表 6 和表 7 的规定。

表 3　欧标牌号的室温拉伸性能（横向试样）

牌号	上屈服强度 R_{eH}/MPa[①]			抗拉强度 R_m/MPa		断后伸长率 A/%
	不小于					
	公称厚度 t/mm			公称厚度 t/mm		
	≤50	50<t≤100	100<t≤200[②]	≤100	100<t≤200[②]	不小于
P355Q、P355QH、P355QL1、P355QL2	355	335	315	490~630	450~590	22
P460Q、P460QH、P460QL1、P460QL2	460	440	400	550~720	500~670	19

续表 3

牌号	上屈服强度 R_{eH}/MPa①			抗拉强度 R_m/MPa		断后伸长率 A/%
	不小于					
	公称厚度 t/mm			公称厚度 t/mm		
	≤50	50<t≤100	100<t≤200②	≤100	100<t≤200②	不小于
P500Q、P500QH、P500QL1、P500QL2	500	480	440	590~770	540~720	17
P690Q、P690QH、P690QL1、P690QL2	690	670	630	770~940	720~900	14

① 屈服现象不明显时，采用 $R_{p0.2}$。
② 对于其他厚度，可在订货时协商。

表 4　欧标牌号的冲击性能（横向、V 型缺口试样）

牌号	公称厚度 t/mm	以下试验温度（℃）下的冲击吸收能量 KV_2/J，最小值				
		−60	−40	−20	0	+20
P…Q、P…QH	≤200	—	—	27①	40	60
P…QL1		—	27①	40	60	—
P…QL2		27①	40	60	80	—

① 可在订货时协商冲击吸收能量最小值为 40J。

表 5　欧标牌号高温下的 $R_{p0.2}$ 最小值

牌号①	规定塑性延伸强度 $R_{p0.2}$/MPa，最小值②					
	温度/℃					
	50	100	150	200	250	300
P355QH	340	310	285	260	235	215
P460QH	445	425	405	380	360	340
P500QH	490	470	450	420	400	380
P690QH	670	645	615	595	575	570

① 可在订货时协商，这些值也适用于要求低温性能的 P…QL 系列。
② 这些值适用于公称厚度 t≤50mm 的钢板。对于更大厚度的钢板，$R_{p0.2}$ 最小值可以降低：当 50mm<t≤100mm 时，可降低 20MPa；当 t>100mm 时，可降低 60MPa。

表 6　美标牌号的室温拉伸性能（横向试样）

牌号	公称厚度 t/mm	上屈服强度① R_{eH}/MPa	抗拉强度 R_m/MPa	断后伸长率 A/%
		不小于		不小于
PT440QL2	6≤t≤38	325	440~560	19
PT490Q、PT490QH	6≤t≤50	315	490~610	19
	50<t≤100	295		
	100<t≤150	275		
PT490QL2	6≤t≤38	365	490~610	17

续表 6

牌号	公称厚度 t/mm	上屈服强度①R_{eH}/MPa	抗拉强度 R_m/MPa	断后伸长率 A/%
		不小于		不小于
PT520Q、PT520QH	$6 \leq t \leq 50$	355	520～640	17
	$50 < t \leq 100$	335		
	$100 < t \leq 150$	315		
PT520QL2	$6 \leq t \leq 38$	410	520～640	16
PT550Q、PT550QH	$6 \leq t \leq 50$	410	550～670	16
	$50 < t \leq 100$	390		
	$100 < t \leq 150$	370		
PT550QL2	$6 \leq t \leq 65$	415	550～690	16
	$65 < t \leq 100$	380	520～660	
	$100 < t \leq 150$	315	490～620	
PT570Q、PT570QH	$6 \leq t \leq 50$	450	570～700	16
	$50 < t \leq 100$	430		
	$100 < t \leq 150$	410		
PT610Q、PT610QH	$6 \leq t \leq 50$	490	610～740	16
	$50 < t \leq 100$	470		
	$100 < t \leq 150$	450		

① 屈服现象不明显时，采用 $R_{p0.2}$。

表 7 美标牌号的冲击吸收能量

牌 号	公称厚度 t/mm	以下试验温度（℃）下的冲击吸收能量①② KV_2/J，最小值		
		−60	−10	0
PT440QL2、PT490QL2、PT520QL2	$6 \leq t \leq 38$	47	—	—
PT490Q、PT490QH、PT520Q、PT520QH	$6 \leq t \leq 150$	—	—	47
PT550QL2	$6 \leq t \leq 150$	47	—	—
PT550Q、PT550QH、PT570Q、PT570QH、PT610Q、PT610QH	$6 \leq t \leq 150$	—	47	—

① 订货时协商取纵向或横向试样。

② 可在订货时协商采用其他试验温度和冲击吸收能量最小值。

第三节　美国标准

ASTM A225/A225M-17 压力容器用锰-钒-镍合金钢板

1　范围

该标准适用于焊接压力容器用锰-钒-镍合金钢板。

2　牌号与化学成分

钢的化学成分应符合表 1 的规定。

表 1　化学成分

牌号	化学成分（质量分数）/%										
	C	Mn		P	S	Si		V		Ni	
	①	熔炼分析	成品分析	①	①	熔炼分析	成品分析	熔炼分析	成品分析	熔炼分析	成品分析
	不大于										
C	0.25	1.60	1.72	0.025	0.025	0.15~0.40	0.13~0.45	0.13~0.18	0.11~0.20	0.40~0.70	0.37~0.73
D	0.20	1.70	1.84	0.025	0.025	0.10~0.50	0.08~0.56	0.10~0.18	0.08~0.20	0.40~0.70	0.37~0.73

① 适用于熔炼分析与成品分析。

3　交货状态

所有厚度的 D 级钢板和厚度大于 50mm 的 C 级钢板以正火态交货。

厚度小于等于 50mm 的 C 级钢板通常以热轧态交货；也可以以正火、消除应力退火或正火加消除应力退火态交货。

4　力学性能

拉伸性能应符合表 2 的规定。

表 2　拉伸性能（横向试样）

牌号	抗拉强度 R_m/MPa			屈服强度 $R_{p0.2}$ 或 $R_{t0.5}$/MPa			断后伸长率 A/%①		
				不小于			L_0 = 200mm	L_0 = 50mm	5D
	厚度 t/mm			厚度/mm			不小于		
	所有	≤75	>75	所有	≤75	>75			
C	725~930			485			20		
D		550~725	515~690		415	380	—	19	17

① 伸长率的修正参见 ASTM A20/A20M。

ASTM A387/A387M-17a 压力容器用铬-钼合金钢板

1　范围

该标准适用于高温环境下服役的焊接锅炉和压力容器用铬-钼合金钢板。

2　牌号与化学成分

钢的化学成分应符合表1的规定。

表1　化学成分

元素	化学成分（质量分数）/%								
	牌号								
	2	12	11	22	21	5	9	91-1	91-2
C									
熔炼分析	0.05~0.21	0.05~0.17	0.05~0.17	0.05~0.15①	0.05~0.15①	≤0.15	≤0.15	0.08~0.12	0.08~0.12
成品分析	0.04~0.21	0.04~0.17	0.04~0.17	0.04~0.15①	0.04~0.15①	≤0.15	≤0.15	0.06~0.15	0.06~0.15
Mn									
熔炼分析	0.55~0.80	0.40~0.65	0.40~0.65	0.30~0.60	0.30~0.60	0.30~0.60	0.30~0.60	0.30~0.60	0.30~0.50
成品分析	0.50~0.88	0.35~0.73	0.35~0.73	0.25~0.66	0.25~0.66	0.25~0.66	0.25~0.66	0.25~0.66	0.30~0.50
P(≤)									
熔炼分析	0.025	0.025	0.025	0.025	0.025	0.025	0.025	0.020	0.020
成品分析	0.025	0.025	0.025	0.025	0.025	0.025	0.025	0.025	0.020
S(≤)									
熔炼分析	0.025	0.025	0.025	0.025	0.025	0.025	0.025	0.010	0.005
成品分析	0.025	0.025	0.025	0.025	0.025	0.025	0.025	0.012	0.005
Si									
熔炼分析	0.15~0.40	0.15~0.40	0.50~0.80	≤0.50	≤0.50	≤0.50	≤1.00	0.20~0.50	0.20~0.40
成品分析	0.13~0.45	0.13~0.45	0.44~0.86	≤0.50	≤0.50	≤0.55	≤1.05	0.18~0.56	0.20~0.40
Cr									
熔炼分析	0.50~0.80	0.80~1.15	1.00~1.50	2.00~2.50	2.75~3.25	4.00~6.00	8.00~10.00	8.00~9.50	8.0~9.50
成品分析	0.46~0.85	0.74~1.21	0.94~1.56	1.88~2.62	2.63~3.37	3.90~6.10	7.90~10.10	7.90~9.60	8.0~9.50
Mo									
熔炼分析	0.45~0.60	0.45~0.60	0.45~0.65	0.90~1.10	0.90~1.10	0.45~0.65	0.90~1.10	0.85~1.05	0.85~1.05
成品分析	0.40~0.65	0.40~0.65	0.40~0.70	0.85~1.15	0.85~1.15	0.40~0.70	0.85~1.15	0.80~1.10	0.80~1.05
Ni(≤)									
熔炼分析	—	—	—	—	—	—	—	0.40	0.20
成品分析	—	—	—	—	—	—	—	0.43	0.20

续表 1

元素	化学成分（质量分数）/%								
	牌号								
	2	12	11	22	21	5	9	91-1	91-2
V									
熔炼分析	—	—	—	—	—	—	≤0.04	0.18~0.25	0.18~0.25
成品分析	—	—	—	—	—	—	≤0.05	0.16~0.27	0.16~0.27
Nb									
熔炼分析	—	—	—	—	—	—	—	0.06~0.10	0.06~0.10
成品分析	—	—	—	—	—	—	—	0.05~0.11	0.05~0.11
B②(≤)	—	—	—	—	—	—	—	—	0.001
N									
熔炼分析	—	—	—	—	—	—	—	0.030~0.070	0.035~0.070
成品分析	—	—	—	—	—	—	—	0.025~0.080	0.035~0.070
N/Al	—	—	—	—	—	—	—	—	≥4
Al②(≤)	—	—	—	—	—	—	—	0.02	0.020
Ti②(≤)	—	—	—	—	—	—	—	0.01	0.01
Zr②(≤)	—	—	—	—	—	—	—	0.01	0.01
W②(≤)	—	—	—	—	—	—	—	—	0.05
Cu②(≤)	—	—	—	—	—	—	—	—	0.10
Sb②(≤)	—	—	—	—	—	—	—	—	0.003
As②(≤)	—	—	—	—	—	—	—	—	0.010
Sn②(≤)	—	—	—	—	—	—	—	—	0.010

① 厚度大于 125mm 的钢板，成品分析 C 含量的最大值为 0.17%。

② 适用于熔炼分析和成品分析。

3　热处理

3.1　除 91 钢板外，所有钢板均应进行热处理，可以是退火、正火、回火。在订购方允许的情况下，从奥氏体化温度采用吹气或液体淬冷的方法加速冷却，随后进行回火。最低回火温度见表 2。

表 2　最低回火温度

牌号	最低回火温度/℃
2、12、11	620
22、21、9	675
5	705

91 级钢板均应进行热处理，可以是正火、回火，或者从奥氏体化温度采用吹气或液体淬冷的方法加速冷却，随后进行回火，奥氏体化温度 1040~1080℃，回火温度730~800℃。

3.2　未按 3.1 规定的热处理要求订货的 5、9、21、22 和 91 级钢板，应以消除应力处理或退火状态交货。

3.3　未按 3.1 规定的热处理要求订货的钢板，为满足性能要求，订购方可按 3.1 的规定进行热处理。

4　力学性能

力学性能应符合表 3 或表 4 的规定。

表 3　第 1 类钢板的拉伸性能（横向试样）

项目		2、12	11	22、21、5、9
抗拉强度 R_m/MPa		380~550	415~585	415~585
屈服强度 R_{eH}/MPa		≥230	≥240	≥205
断后伸长率 A/%①	L_0 = 200mm	≥18	≥19	—
	L_0 = 50mm	≥22	≥22	≥18
断面收缩率 Z/%	圆形试样	—	—	≥45
	矩形试样	—	—	≥40

① 伸长率的修正参见 ASTM A20/A20M。

表 4　第 2 类钢板的拉伸性能①（横向试样）

项目		2	11	12	22、21、5、9	91
抗拉强度 R_m/MPa		485~620	515~690	450~585	515~690	585~760
屈服强度 $R_{p0.2}$/MPa		≥310	≥310	≥275	≥310	≥415
断后伸长率 A/%②	L_0 = 200mm	≥18	≥18	≥19	—	—
	L_0 = 50mm	≥22	≥22	≥22	≥18	≥18
断面收缩率 Z/%	圆形试样	—	—	—	≥45	—
	矩形试样	—	—	—	≥40	—

① 不适用于退火钢板。

② 伸长率的修正参见 ASTM A20/A20M。

ASTM A414/A414M-14 压力容器用碳素钢和高强度低合金钢薄钢板

1　范围

该标准适用于涉及熔化焊或钎焊的压力容器用厚度为 1.5~7mm 的热轧碳钢薄钢板。

2　化学成分

钢的化学成分应符合表 1 的规定。

表 1　化学成分

牌号	化学成分（质量分数）/%，最大值（除非另有显示）														
	C	Mn①	P	S	Al②	Si	Cu③④	Ni④	Cr④⑤	Mo④⑤	V	Nb	Ti⑥	N	B
A	0.15	0.90	0.035	0.035	0.02~0.08	0.30	0.40	0.40	0.30	0.12	0.03	0.02	0.025	—	—
B	0.22	0.90	0.035	0.035	0.02~0.08	0.30	0.40	0.40	0.30	0.12	0.03	0.02	0.025	—	—
C	0.25	0.90	0.035	0.035	0.02~0.08	0.30	0.40	0.40	0.30	0.12	0.03	0.02	0.025	—	—
D	0.25	1.20	0.035	0.035	0.02~0.08	0.30	0.40	0.40	0.30	0.12	0.03	0.02	0.025	—	—
E	0.27	1.20	0.035	0.035	0.02~0.08	0.30	0.40	0.40	0.30	0.12	0.03	0.02	0.025	—	—
F	0.31	1.20	0.035	0.035	0.02~0.08	0.30	0.40	0.40	0.30	0.12	0.03	0.02	0.025	—	—
G	0.31	1.35	0.035	0.035	0.02~0.08	0.30	0.40	0.40	0.30	0.12	0.03	0.02	0.025	—	—
H①⑦	0.14	1.25	0.020	0.015	0.02~0.08	0.30	0.20	0.20	0.15	0.06	≥0.05	0.005~0.05	≥0.005	0.009	—

① C 含量比规定的上限值每降低 0.01%，允许 Mn 含量比规定的上限值增加 0.06%，最高可到 1.50%。

② 当 Si 含量在 0.15%~0.30%时，则认为是 Al-Si 镇静钢，否则为 Al 镇静钢。

③ 当规定含铜时，铜含量最小值为 0.20%；未规定含铜时，铜含量的限制值为最大含量。

④ Cu、Ni、Cr、Mo 总含量的熔炼分析值不应超过 1.00%。如果订购方对这些元素的一种或多种作出限定时，则对总含量的限制不适用；此时，只对每种元素作出的限制适用。

⑤ Cr、Mo 的总含量，熔炼分析值不应超过 0.32%。当对其中一种或多种作出限定时，则该标准对总含量的限制不适用；此时，只对每种元素作出的限制适用。

⑥ 钢 A~G 中允许加入 Ti，Ti 的最大含量为 $3.4w(N)+1.5w(S)$ 和 0.025%两者中的较小者。

⑦ 钢 H 含有单独或组合加入的强化元素 Nb、V、Ti、Mo。最小含量要求仅适用于使钢强化的微合金元素。

3　力学性能

拉伸性能应符合表 2 的规定。

表 2　拉伸性能（横向试样）

牌号	屈服强度 $R_{p0.2}$或$R_{t0.5}$/MPa	抗拉强度 R_m/MPa		断后伸长率 A/%			
				不小于			
				L_0=50mm			L_0=200mm
	不小于			厚度 t/mm			
		最小值	最大值	7.0~3.8	3.8~2.2	2.2~1.5	
A	170	310	415	26	24	23	20

续表 2

牌号	屈服强度 $R_{p0.2}$ 或 $R_{t0.5}$/MPa	抗拉强度 R_m/MPa		断后伸长率 A/%			
				不小于			
				$L_0=50$mm			$L_0=200$mm
	不小于			厚度 t/mm			
		最小值	最大值	7.0~3.8	3.8~2.2	2.2~1.5	
B	205	345	450	24	22	21	18
C	230	380	485	22	20	19	16
D	240	415	515	20	18	17	14
E	260	450	585	18	16	15	12
F	290	485	620	16	14	13	10
G	310	515	655	16	14	13	10
H	310	515	620	25	24	23	20

ASTM A517/A517M-17 压力容器用高强度淬火加回火合金钢板

1 范围

该标准适用于熔化焊焊接锅炉和其他压力容器用高强度淬火回火合金钢板。

各牌号的最大厚度见表 1。

表 1 各牌号的最大厚度

牌号	最大厚度/mm
A、B	32
H、S	50
P	100
F	65
E、Q	150

2 牌号与化学成分

钢的化学成分应符合表 2 的规定。

表 2 化学成分

元素		化学成分（质量分数）/%							
		A	B	E	F	H	P	Q	S
C	熔炼分析	0. 15~0. 21	0. 15~0. 21	0. 12~0. 20	0. 10~0. 20	0. 12~0. 21	0. 12~0. 21	0. 14~0. 21	0. 10~0. 20
	成品分析	0. 13~0. 23	0. 13~0. 23	0. 10~0. 22	0. 08~0. 22	0. 10~0. 23	0. 10~0. 23	0. 12~0. 23	0. 10~0. 22
Mn	熔炼分析	0. 80~1. 10	0. 70~1. 00	0. 40~0. 70	0. 60~1. 00	0. 95~1. 30	0. 45~0. 70	0. 95~1. 30	1. 10~1. 50
	成品分析	0. 74~1. 20	0. 64~1. 10	0. 35~0. 78	0. 55~1. 10	0. 87~1. 41	0. 40~0. 78	0. 87~1. 41	1. 02~1. 62
P①		≤0. 025	≤0. 025	≤0. 025	≤0. 025	≤0. 025	≤0. 025	≤0. 025	≤0. 025
S①		≤0. 025	≤0. 025	≤0. 025	≤0. 025	≤0. 025	≤0. 025	≤0. 025	≤0. 025
Si	熔炼分析	0. 40~0. 80	0. 15~0. 35	0. 10~0. 40	0. 15~0. 35	0. 15~0. 35	0. 20~0. 35	0. 15~0. 35	0. 15~0. 40
	成品分析	0. 34~0. 86	0. 13~0. 37	0. 08~0. 45	0. 13~0. 37	0. 13~0. 37	0. 18~0. 37	0. 13~0. 37	0. 13~0. 45
Ni	熔炼分析	—	—	—	0. 70~1. 00	0. 30~0. 70	1. 20~1. 50	1. 20~1. 50	—
	成品分析	—	—	—	0. 67~1. 03	0. 27~0. 73	1. 15~1. 55	1. 15~1. 55	—
Cr	熔炼分析	0. 50~0. 80	0. 40~0. 65	1. 40~2. 00	0. 40~0. 65	0. 40~0. 65	0. 85~1. 20	1. 00~1. 50	—
	成品分析	0. 46~0. 84	0. 36~0. 69	1. 34~2. 06	0. 36~0. 69	0. 36~0. 69	0. 79~1. 26	0. 94~1. 56	—
Mo	熔炼分析	0. 18~0. 28	0. 15~0. 25	0. 40~0. 60	0. 40~0. 60	0. 20~0. 30	0. 45~0. 60	0. 40~0. 60	0. 10~0. 35
	成品分析	0. 15~0. 31	0. 12~0. 28	0. 36~0. 64	0. 36~0. 64	0. 17~0. 33	0. 41~0. 64	0. 36~0. 64	0. 10~0. 38
B		≤0. 0025	0. 0005~0. 005	0. 001~0. 005	0. 0005~0. 006	≥0. 0005	0. 001~0. 005	—	—

续表 2

元素		化学成分（质量分数）/%							
		A	B	E	F	H	P	Q	S
V	熔炼分析	—	0.03~0.08	②	0.03~0.08	0.03~0.08	—	0.03~0.08	—
	成品分析	—	0.02~0.09	—	0.02~0.09	0.02~0.09	—	0.02~0.09	—
Ti	熔炼分析	—	0.01~0.04	0.01~0.10	≤0.10	≤0.10	≤0.10	—	≤0.06
	成品分析	—	0.01~0.05	0.005~0.11	≤0.11	≤0.11	≤0.11	—	≤0.07
Zr	熔炼分析	0.05~0.15③	—	—	—	—	—	—	—
	成品分析	0.04~0.16	—	—	—	—	—	—	—
Cu	熔炼分析	—	—	—	0.15~0.50	—	—	—	—
	成品分析	—	—	—	0.12~0.53	—	—	—	—
Nb	熔炼分析	—	—	—	—	—	—	—	≤0.06
	成品分析	—	—	—	—	—	—	—	≤0.07

① 适用于熔炼分析和成品分析。

② 可按 1：1 的比例替代部分或全部的 Ti。

③ Zr 可以被 Ce 替代。当添加 Ce 时，基于熔炼分析，Ce/S 的比值应约为 1.5：1。

3 交货状态

钢板以淬火回火状态交货。淬火时的加热温度不低于 900℃，在水或油中进行淬火，回火温度不低于 620℃。

4 力学性能

4.1 拉伸性能应符合表 3 的规定。

表 3 拉伸性能（横向试样）

项目		厚度≤65mm	65mm<厚度≤150mm
抗拉强度 R_m/MPa		795~930	725~930
屈服强度 $R_{p0.2}$或 $R_{t0.5}$/MPa		≥690	≥620
断后伸长率 A/%①（L_0=50mm）		≥16	≥14
断面收缩率 Z/%	矩形试样	≥35	—
	圆形试样	≥45	≥45

① 伸长率的修正见 ASTM A20/A20M。

4.2 冲击性能：横向夏比 V 型缺口冲击试样的缺口对边的侧膨胀量不低于 0.38mm。试验温度由供需双方协商，但不应高于 0℃。

ASTM A542/A542M-19 压力容器用淬火加回火的铬-钼、铬-钼-钒合金钢板

1　范围

该标准适用于焊接压力容器及部件用厚度不小于 5mm 的两种 2. 25Cr-1Mo 和三种 Cr-Mo-V 合金钢板，钢板以淬火加回火状态供货。

2　牌号与化学成分

钢的化学成分应符合表 1 的规定。

表 1　化学成分

元素		化学成分（质量分数）/%，最大值（除非另有显示）				
		A 型	B 型	C 型	D 型	E 型
C	熔炼分析	0. 15	0. 11~0. 15	0. 10~0. 15	0. 11~0. 15	0. 10~0. 15
	成品分析	0. 18	0. 09~0. 18	0. 08~0. 18	0. 09~0. 18	0. 08~0. 18
Mn	熔炼分析	0. 30~0. 60	0. 30~0. 60	0. 30~0. 60	0. 30~0. 60	0. 30~0. 60
	成品分析	0. 25~0. 66	0. 25~0. 66	0. 25~0. 66	0. 25~0. 66	0. 25~0. 66
P	熔炼分析	0. 025	0. 015	0. 025	0. 015	0. 025
	成品分析	0. 025	0. 015	0. 025	0. 020	0. 025
S	熔炼分析	0. 025	0. 015	0. 025	0. 010	0. 010
	成品分析	0. 025	0. 015	0. 025	0. 015	0. 010
Si	熔炼分析	0. 50	0. 50	0. 13	0. 10	0. 15
	成品分析	0. 50	0. 50	0. 13	0. 13	0. 15
Cr	熔炼分析	2. 00~2. 50	2. 00~2. 50	2. 75~3. 25	2. 00~2. 50	2. 75~3. 25
	成品分析	1. 88~2. 62	1. 88~2. 62	2. 63~3. 37	1. 88~2. 62	2. 63~3. 37
Mo	熔炼分析	0. 90~1. 10	0. 90~1. 10	0. 90~1. 10	0. 90~1. 10	0. 90~1. 10
	成品分析	0. 85~1. 15	0. 85~1. 15	0. 85~1. 15	0. 85~1. 15	0. 85~1. 15
Cu	熔炼分析	0. 40	0. 25	0. 25	0. 20	0. 25
	成品分析	0. 43	0. 28	0. 28	0. 23	0. 28
Ni	熔炼分析	0. 40	0. 25	0. 25	0. 25	0. 25
	成品分析	0. 43	0. 28	0. 28	0. 28	0. 28
V	熔炼分析	0. 03	0. 02	0. 20~0. 30	0. 25~0. 35	0. 20~0. 30
	成品分析	0. 04	0. 03	0. 18~0. 33	0. 23~0. 37	0. 18~0. 33
Ti	熔炼分析	—	—	0. 015~0. 035	0. 030	—
	成品分析	—	—	0. 005~0. 045	0. 035	—
B	熔炼分析	—	—	0. 001~0. 003	0. 0020	—
	成品分析	—	—	—	—	—

续表1

元素		化学成分（质量分数）/%，最大值（除非另有显示）				
		A型	B型	C型	D型	E型
Nb	熔炼分析	—	—	—	0.07	0.015~0.070
	成品分析	—	—	—	0.08	0.010~0.075

3 交货状态

钢板以淬火加回火状态交货。

3.1 所有钢板均应热处理，即加热至适当的奥氏体化温度，保温足够的时间以使整个厚度范围内温度均匀，随后以喷淋或浸入的方式在适宜的液体介质中淬冷。D型钢的最低奥氏体化温度为900℃，E型钢的最低奥氏体化温度为1010℃。

3.2 淬火处理后，钢板要加热到一定的温度，在保温时间不小于1.2min/mm但不少于0.5h的条件下进行回火处理，以获得规定的拉伸性能。最低回火温度见表2。

表2 最低回火温度

类型	级别	最低回火温度/℃
A、B、C	1、2、3	565
A、B、C	4	650
A、B、C、D	4a	675

3.3 厚度大于100mm的钢板，在进行3.1规定的热处理之前，A、B、C和D型钢板要在900~1010℃范围内进行正火或水淬预先热处理；E型钢板的正火或水淬预先热处理的温度范围在1010~1120℃。

3.4 未按3.1~3.3热处理要求订货的钢板，可以以消除应力或退火状态供货。除E型钢板消除应力处理的最低温度为650℃外，其他类型钢板消除应力处理最低温度均为565℃。

4 力学性能

4.1 拉伸性能应符合表3的规定。

表3 拉伸性能（横向试样）

指标	级别				
	1	2	3	4	4a
抗拉强度 R_m/MPa	725~860	795~930	655~795	585~760	585~760
屈服强度 $R_{p0.2}$或 $R_{t0.5}$/MPa	≥585	≥690	≥515	≥380	≥415
断后伸长率 A/%① （L_0=50mm）	≥14	≥13	≥20	≥20	≥18

① 伸长率的修正参见ASTM A20/A20M。

4.2 冲击韧性要求—级别4和4a

每块热处理板的横向夏比V型缺口冲击试验，一组三个试样的平均吸收能量的最小值为54J，允许其中一个试样的吸收能量最小值为48J。

对于级别4，冲击试验温度应在订单中规定；对于级别4a，冲击试验温度应为-18℃。

ASTM A612/A612M-12（R2019）中温和低温压力容器用高强度碳素钢板

1　范围

该标准适用于中、低温条件下服役的焊接压力容器用厚度不大于 25mm 的镇静碳-锰-硅钢板。

2　牌号与化学成分

钢的化学成分应符合表 1 的规定。

表 1　化学成分

元素	化学成分（质量分数）/%，最大值（除非另有显示）									
	C①	Mn①	P	S	Si	Cu②	Ni②	Cr②	Mo②	V②
熔炼分析	0. 25	1. 00～1. 50	0. 025	0. 025	0. 15～0. 50	0. 35	0. 25	0. 25	0. 08	0. 08
成品分析	0. 29	0. 92～1. 62	0. 025	0. 025	0. 13～0. 55	0. 38	0. 28	0. 29	0. 09	0. 09

① C 含量比规定的上限值每降低 0. 01%，允许 Mn 含量比规定的上限值增加 0. 06%，熔炼分析最高可到 1. 65%。（成品分析最高可到 1. 70%）。

② 当元素含量小于等于 0. 02%时，报告中可用“≤0. 02%”表示。

3　交货状态

钢板通常以热轧状态交货。也可以以正火、消除应力或正火加消除应力状态交货。

4　力学性能

拉伸性能应符合表 2 的规定。

表 2　拉伸性能（横向试样）

项目		厚度≤12. 5mm	12. 5mm<厚度≤25mm
抗拉强度 R_m/MPa		570～725	560～695
屈服强度 $R_{p0.2}$或 $R_{t0.5}$/MPa		≥345	≥345
断后伸长率 A/%①	L_0 = 200mm	≥16	≥16
	L_0 = 50mm	≥22	≥22

① 伸长率的修正参见 ASTM A20/A20M。

ASTM A724/A724M-09（R2018）焊接压力容器用淬火加回火的碳-锰-硅钢板

1 范围

该标准适用于焊接压力容器用三类碳-锰-硅淬火回火钢板。A、B 类钢板的最大厚度为 22mm，C 类钢板的最大厚度为 50mm。

2 牌号与化学成分

钢的化学成分应符合表 1 的规定。

表 1 化学成分

类型		化学成分（质量分数）/%，最大值（除非另有显示）										
		C	Mn	P	S	Si	Cu①	Ni①	Cr①	Mo①	V①	B
A	熔炼分析	0.18	1.00~1.60	0.025	0.025	0.55	0.35	0.25	0.25	0.08	0.08	—
	成品分析	0.22	0.92~1.72	0.025	0.025	0.60	0.38	0.28	0.29	0.09	0.09	
B	熔炼分析	0.20	1.00~1.60	0.025	0.025	0.55	0.35	0.25	0.25	0.08	0.08	—
	成品分析	0.24	0.92~1.72	0.025	0.025	0.60	0.38	0.28	0.29	0.09	0.09	
C	熔炼分析	0.22	1.00~1.60	0.025	0.025	0.20~0.60	0.35	0.25	0.25	0.08	0.08	0.005②
	成品分析	0.26	1.02~1.72	0.025	0.025	0.18~0.65	0.38	0.28	0.29	0.09	0.09	

① 当元素含量小于等于 0.02%时，报告中可用“<0.02%”表示。

② 当 B 含量小于 0.001%时，报告中可用“<0.001%”表示。

3 交货状态

所有钢板以淬火加回火态交货。淬火加热温度为 870~925℃；A 类钢、B 类钢的回火温度不低于 595℃，C 类钢的回火温度不低于 620℃；回火保温时间不少于 0.5h。

4 力学性能

拉伸性能应符合表 2 的规定。

表 2 拉伸性能（横向试样）

类型	抗拉强度 R_m/MPa	屈服强度 $R_{p0.2}$或$R_{t0.5}$/MPa	断后伸长率 A/% L_0=50mm
		不小于	不小于
A、C	620~760	485	19
B	655~795	515	17

ASTM A737/A737M-17 压力容器用高强度低合金钢钢板

1　范围

该标准适用于焊接压力容器和管件用厚度不大于 100mm 的高强度低合金钢钢板。

2　牌号与化学成分

钢的化学成分应符合表 1 的规定。

表 1　化学成分

牌号		化学成分（质量分数）/%							
		C	Mn	P	S	Si	V	Nb	N
		不大于		不大于				不大于	
B	熔炼分析	0.20	1.15～1.50[①]	0.025	0.025	0.15～0.50	—	0.05	—
	成品分析	0.22	1.07～1.62[①]	0.025	0.025	0.15～0.55	—	0.05	—
C	熔炼分析	0.22	1.15～1.50	0.025	0.025	0.15～0.50	0.04～0.11	0.05	0.03
	成品分析	0.24	1.07～1.62	0.025	0.025	0.15～0.55	0.03～0.12	0.05	0.03

① 若 C 的熔炼分析不超过 0.18%，则 Mn 的熔炼分析上限值可增加至 1.60%，成品分析上限值可增加至 1.72%。

3　热处理

钢板应进行正火处理。加热到适当的温度（不超过 925℃）以获得奥氏体组织，并保温足够的时间以使钢板均匀受热，随后在空气中冷却。

若订购方同意，允许采用比空冷更快的冷却速度以改善强度和韧性，并随后进行回火处理，回火温度范围为 595～705℃。

4　力学性能

拉伸性能应符合表 2 的规定。

表 2　拉伸性能（横向试样）

牌号	屈服强度 $R_{p0.2}$ 或 $R_{t0.5}$/MPa	抗拉强度 R_m/MPa	断后伸长率 A/%[①]	
			L_0 = 200mm	L_0 = 50mm
	不小于		不小于	
B	345	485～620	18	23
C	415	550～690	18	23

① 伸长率的修正参见 ASTM A20/A20M。

ASTM A738/A738M-19 中、低温压力容器用碳-锰-硅热处理钢板

1　范围

该标准适用于中、低温服役条件的焊接压力容器用碳-锰-硅热处理钢板。

钢板的最大厚度：A 类为 150mm，B 类为 100mm，C 类为 150mm，D 类为 40mm，E 类为 50mm。

2　牌号与化学成分

钢的化学成分应符合表 1 的规定。

表 1　化学成分

元素		化学成分（质量分数）/%				
		A	B	C	D	E
C①（≤）		0.24	0.2	0.2	0.10	0.12②
Mn						
熔炼分析	t≤40	≤1.50	0.90~1.50	≤1.50	1.00~1.60	1.10~1.60②
	40<t≤50	≤1.50	0.90~1.50	≤1.50	③	1.10~1.60②
	50<t≤65	≤1.50	0.90~1.50	≤1.50	③	③
	t>65	≤1.60	0.90~1.60	≤1.60	③	③
成品分析	t≤40	≤1.62	0.84~1.62	≤1.62	0.92~1.72	1.02~1.72②
	40<t≤50	≤1.62	0.84~1.62	≤1.62	③	1.02~1.72②
	50<t≤65	≤1.62	0.84~1.62	≤1.62	③	③
	t>65	≤1.72	0.84~1.72	≤1.72	③	③
P①(≤)		0.025	0.025	0.025	0.015	0.015
S①(≤)		0.025	0.025	0.025	0.006	0.006
Si						
熔炼分析		0.15~0.50	0.15~0.55	0.15~0.50	0.15~0.50	0.15~0.50
成品分析		0.13~0.55	0.13~0.60	0.13~0.55	0.13~0.55	0.13~0.55
Cu(≤)						
熔炼分析		0.35	0.35	0.35	0.35	0.35
成品分析		0.38	0.38	0.38	0.38	0.38
Ni(≤)						
熔炼分析		0.50	0.60	0.50	0.60	0.70
成品分析		0.53	0.63	0.53	0.63	0.73

续表 1

元素		化学成分（质量分数）/%				
		A	B	C	D	E
Cr(≤)						
熔炼分析		0.25	0.30	0.25	0.25	0.30
成品分析		0.29	0.34	0.29	0.29	0.34
Mo(≤)						
熔炼分析	t≤40	0.08	0.20	0.08	0.30	0.35
	t>40	0.08	0.30	0.08	③	③
产品分析	t≤40	0.09	0.21	0.09	0.33	0.38
	t>40	0.09	0.33	0.09	③	③
V(max≤)						
熔炼分析		0.07④	0.07	0.05	0.08	0.09
成品分析		0.08④	0.08	0.05	0.09	0.10
Nb(≤)						
熔炼分析		0.04④	0.04	—	0.05	0.05
成品分析		0.05④	0.05	—	0.06	0.06
Nb+V(≤)						
熔炼分析		0.08④	0.08	—	0.11	0.12
成品分析		0.10④	0.10	—	0.12	0.13
Ti①(≤)		—	—	—	⑤	⑥
B①(≤)		—	—	—	0.0007	0.0007
Al①(≥)		—	—	—	Alt≥0.020 或 Als≥0.015⑤	Alt≥0.020 或 Als≥0.015⑥

注：t—钢板厚度，mm。

① 适用于熔炼分析和成品分析。

② C 含量比规定的上限值每降低 0.01%，允许 Mn 含量比规定的上限值增加 0.06%，Mn 的熔炼分析最高可到 1.85%，成品分析最高可到 1.99%。

③ 不适用。

④ 根据供需双方协议添加 V 和 Nb。

⑤ 根据供需双方协议，钢中可以加入 Ti。在此情形下，Al 含量最小值要求不适用。如果加入 Ti，Ti 的熔炼分析应为 0.006%~0.03%，并要报告 Ti 的熔炼分析值与成品分析值。

⑥ 根据供需双方协议，钢中可以加入 Ti。在此情形下，Al 含量最小值要求不适用。如果加入 Ti，Ti 的熔炼分析应为 0.006%~0.03%（含），并且要报告 Ti 的熔炼分析值与成品分析值。

3　热处理

厚度小于等于 65mm 的 A 类钢板以正火态或淬火加回火态交货。

厚度大于 65mm 的 A 类钢板以及所有厚度的 B 类、C 类、D 类和 E 类钢板以淬火加回火态交货。

当对钢板进行回火时，最低回火温度为 595℃。

4　力学性能

拉伸性能应符合表2的规定。

表2　拉伸性能（横向试样）

牌号	A	B	C	D	E
抗拉强度 R_m/MPa					
t≤40	515~655	585~705	550~690	585~724	620~760
40<t≤50	515~655	585~705	550~690	①	620~760
50<t≤65	515~655	585~705	550~690	①	①
65<t≤100	515~655	585~705	515~655	①	①
t>100	515~655	585~705	485~620	①	①
屈服强度 $R_{p0.2}$或 $R_{t0.5}$/MPa，不小于					
t≤40	310	415	415	485	515
40<t≤50	310	415	415	①	515
50<t≤65	310	415	415	①	①
65<t≤100	310	415	380	①	①
t>100	310	415	315	①	①
断后伸长率 A/%②（L_0=50mm），不小于					
t≤40	20	20	22	20	20
40<t≤100	20	20	22	①	①
t>100	20	20	20	①	①

注：t—钢板厚度，mm。

① 不适用。

② 伸长率的修正参见 ASTM A20/A20M。

ASTM A832/A832M-17 压力容器用铬-钼-钒合金钢板

1　范围

该标准适用于焊接压力容器用 Cr-Mo-V 合金钢板。

2　牌号与化学成分

钢的化学成分应符合表 1 的规定。

表 1　化学成分

牌号		化学成分（质量分数）/%													
		C	Mn	P	S	Si	Cr	Mo	V	Ti	B	Cu	Ni	Nb	Ca②
				≤	≤	≤						≤	≤	≤	≤
21V	熔炼分析	0.10~0.15	0.30~0.60	0.025	0.025	0.10	2.75~3.25	0.90~1.10	0.20~0.30	0.015~0.035	0.001~0.003	—	—	—	—
	成品分析	0.08~0.18	0.25~0.66	0.025	0.025	0.13	2.63~3.37	0.85~1.15	0.18~0.33	0.005~0.045	①	—	—	—	—
22V	熔炼分析	0.11~0.15	0.30~0.60	0.015	0.010	0.10	2.00~2.50	0.90~1.10	0.25~0.35	≤0.030	≤0.0020	0.20	0.25	0.07	0.015
	成品分析	0.09~0.18	0.25~0.66	0.020	0.015	0.13	1.88~2.62	0.85~1.15	0.23~0.37	≤0.035	①	0.23	0.28	0.08	0.020
23V	熔炼分析	0.10~0.15	0.30~0.60	0.025	0.010	0.10	2.75~3.25	0.90~1.10	0.20~0.30	—	—	—	—	0.015~0.070	0.0005~0.0150
	成品分析	0.08~0.18	0.25~0.66	0.025	0.010	0.13	2.63~3.37	0.85~1.15	0.18~0.33	—	—	—	—	0.010~0.075	①

① 不适用。

② 经供需双方同意，可用稀土金属代替 Ca；并应检测和报告稀土金属的总含量。

3　热处理

3.1　所有钢板均应进行正火加回火处理。22V 钢的最低正火温度为 900℃，23V 级钢的最低正火温度为 1010℃。最低回火温度为 675℃。

3.2　未按上述热处理要求订购的钢板，应以消除应力或退火状态交货。订购方可按 3.1 的规定进行热处理。

4　力学性能

4.1　拉伸性能应符合表 2 的规定。

4.2　每块热处理钢板的横向夏比 V 型缺口冲击试验，一组三个试样的平均吸收能量的最小值为 54J，允许其中一个试样的吸收能量最小值为 48J。冲击试验温度为-18℃。

表 2 拉伸性能（横向试样）

抗拉强度 R_m/MPa	屈服强度 $R_{p0.2}$或 $R_{t0.5}$/MPa	断后伸长率 A/%[①] $L_0=50mm$	断面收缩率 Z/%	
			圆形试样	矩形试样
585~760	≥415	≥18	≥45	≥40

① 伸长率的修正参见 ASTM A20/A20M。

ASTM A841/A841M-17 热机械控制工艺（TMCP）生产的压力容器用钢板

1 范围

该标准适用于焊接压力容器用热机械控制工艺生产的钢板。

钢板的最大厚度：A、B 和 C 型为 100mm，D、E 和 F 型为 40mm，G 型为 50mm。

2 牌号与化学成分

钢的化学成分应符合表 1 的规定。

表 1 化学成分

元素		化学成分（质量分数）/%，最大值，（除非另有显示）						
		A 型	B 型	C 型	D 型	E 型	F 型	G 型
C		0.20	0.15	0.10	0.09	0.07	0.10①	0.13
Mn	t≤40mm	0.70~1.35②	0.70~1.35②	0.70~1.60	1.00~2.00	0.70~1.60	1.10~1.70①	0.60~1.20
	t>40mm	1.00~1.60	1.00~1.60	1.00~1.60	③	③	③	0.60~1.20
P		0.030	0.030	0.030	0.010	0.015	0.020	0.015
S		0.030	0.025	0.015	0.005	0.005	0.008	0.015
Si		0.15~0.50	0.15~0.50	0.15~0.50	0.05~0.25	0.05~0.30	0.10~0.45	0.04~0.15④
Cu		0.35	0.35	0.35	0.50	0.35	0.40	—
Ni		0.25	0.60	0.25	1.0~5.0	0.60	0.85	6.0~7.5
Cr		0.25	0.25	0.25	0.30	0.30	0.30	0.30~1.00
Mo		0.08	0.30	0.08	0.40	0.30	0.50	0.30
Nb		0.03	0.03	0.06	0.05	0.08	0.10	—
V		0.06	0.06	0.06	0.02	0.06	0.09	—
Ti		⑤	⑤	0.006~0.012	0.006~0.03	⑤	⑥	—
B		—	—	—	0.0005~0.002	0.0007	0.0007	—
Al		Alt≥0.02 Als≥0.015⑤	Alt≥0.02 Als≥0.015⑤	—	—	Alt≥0.02 Als≥0.015⑤	Alt≥0.02 Als≥0.015⑥	④ Als≥0.008

① C 含量比规定的上限值每降低 0.01%，允许 Mn 含量比规定的上限值增加 0.06%，Mn 的熔炼分析最高可到 1.85%。

② 如果以熔炼分析计算的碳当量（CEV(%)=C+Mn/6+(Cr+Mo+V)/5+(Ni+Cu)/15）不超过 0.47%，Mn 的熔炼分析可以高于 1.35%，最高可到 1.60%。在此情形下，Mn 的成品分析含量不应超过熔炼分析的 0.12%。

③ 不适用。

④ 如果 w(Alt)≥0.030%或者 w(Als)≥0.025%，则可以 w(Si)≤0.04%。

⑤ 根据协议，钢中可以加入 Ti，此时，铝含量的最小值要求不适用。当选择加入 Ti 时，Ti 的熔炼分析含量应在 0.006%~0.02%之间，检验文件中应报告 Ti 的实际含量。

⑥ 根据协议，钢中可以加入 Ti，此时，铝含量的最小值要求不适用。当选择加入 Ti 时，Ti 的熔炼分析含量应在 0.006%~0.03%之间，检验文件中应报告 Ti 的实际含量。

3　交货状态

钢板以热机械轧制状态交货。

4　力学性能

4.1　如果钢板需要经历温成形或者焊后热处理，那么力学性能试样需要经历模拟制造工艺的热处理过程。

4.2　拉伸性能应符合表 2 的规定。

表 2　拉伸性能（横向试样）

牌号	A、B、C 型		D 型	E 型		F 型			G 型	
	1 类	2 类	3 类	4 类	5 类	6 类	7 类	8 类	9 类	10 类
屈服强度 $R_{p0.2}$或 $R_{t0.5}$/MPa，不小于										
$t \leqslant 40$	345	415	690	485	515	485	515	550	585	620
$40<t \leqslant 50$	①	①	①	①	①	①	①	①	585	620
$50<t \leqslant 65$	345	415	①	①	①	①	①	①	①	①
$t>65$	310	380	①	①	①	①	①	①	①	①
抗拉强度 R_m/MPa										
$t \leqslant 40$	485~620	550~690	1000~1170	580~715	605~745	565~705	590~730	620~760	690~825	750~885
$40<t \leqslant 50$	①	①	①	①	①	①	①	①	690~825	750~885
$50<t \leqslant 65$	485~620	550~690	①	①	①	①	①	①	①	①
$t>65$	450~585	515~655	①	①	①	①	①	①	①	①
断后伸长率 A/%②（L_0=50mm），不小于										
$t \leqslant 40$	22	22	13	20	19	20	19	18	20	20
$40<t \leqslant 50$	①	①	①	①	①	①	①	①	20	20
$50<t \leqslant 65$	22	22	①	①	①	①	①	①	①	①
$t>65$	22	22	①	①	①	①	①	①	①	①
断后伸长率 A/%②（L_0=200mm），不小于										
$t \leqslant 40$	18	—	—	16	15	16	15	14	①	①
$40<t \leqslant 65$	18	—	①	①	①	①	①	①	①	①
$t>65$	18	—	①	①	①	①	①	①	①	①

注：t—钢板厚度，mm。

① 不适用。

② 伸长率的修正参见 ASTM A20/A20M。

4.3　冲击韧性

（1）除 G 型外，冲击试验取纵向夏比 V 型缺口试样。

（2）对于 A、B 和 C 型，冲击试验温度为-40℃，一组三个全尺寸试样的平均吸收能量最小值为 20J。除非订购方对试验温度和吸收能量另有规定。

（3）对于 D 型，冲击试验温度为-40℃，每个试样侧膨胀量不低于 0.4mm。除非订购方对试验温度和侧膨胀量另有规定。

（4）对于 E、F 型，冲击试验温度为-40℃，一组三个全尺寸试样的平均吸收能量最小值为 27J。除非订购方对试验温度和吸收能量另有规定。

（5）对于 G 型，取横向夏比 V 型缺口试样。冲击试验温度为-195℃，除非订购方另有规定。冲击试样缺口对边的侧膨胀量，钢板厚度小于等于 31.75mm 时，应不小于 0.38mm；钢板厚度为 50mm 时，应不小于 0.48mm；钢板厚度介于 31.75～50mm 之间时，侧膨胀量由线性插值法确定。

ASTM A1017/A1017M-17 压力容器用铬-钼-钨合金钢板

1　范围

该标准适用于高温环境下服役的焊接锅炉和压力容器用铬-钼-钨合金钢板。

2　牌号与化学成分

钢的化学分析应符合表1的规定。

表1　化学成分

元素	化学成分（质量分数）/%							
	23		911		122		92	
	熔炼分析	成品分析	熔炼分析	成品分析	熔炼分析	成品分析	熔炼分析	成品分析
C	0.04~0.10	0.03~0.10	0.09~0.13	0.08~0.14	0.07~0.14	0.05~0.17	0.07~0.13	0.05~0.16
Mn	0.10~0.60	0.09~0.66	0.30~0.60	0.25~0.66	≤0.70	≤0.77	0.30~0.60	0.25~0.66
P	≤0.030	≤0.030	≤0.020	≤0.025	≤0.020	≤0.025	≤0.020	≤0.025
S	≤0.010	≤0.012	≤0.010	≤0.012	≤0.010	≤0.012	≤0.010	≤0.012
Si	≤0.50	≤0.50	0.10~0.50	0.08~0.56	≤0.50	≤0.56	≤0.50	≤0.50
Cr	1.90~2.60	1.78~2.72	8.5~9.5	8.4~9.7	10.0~11.5	9.9~11.6	8.5~9.5	8.4~9.6
Mo	0.05~0.30	0.04~0.35	0.90~1.10	0.85~1.15	0.25~0.60	0.20~0.65	0.30~0.60	0.25~0.65
Ni	≤0.40	≤0.40	≤0.40	≤0.43	≤0.50	≤0.54	≤0.40	≤0.40
V	0.20~0.30	0.18~0.33	0.18~0.25	0.16~0.27	0.15~0.30	0.13~0.32	0.15~0.25	0.13~0.27
Nb	0.02~0.08	0.02~0.10	0.06~0.10	0.05~0.11	0.04~0.10	0.03~0.11	0.04~0.09	0.03~0.10
B	0.0010~0.006	0.0009~0.007	0.0003~0.006	0.0002~0.007	≤0.005	≤0.006	0.001~0.006	0.0009~0.007
N	≤0.015①	≤0.015①	0.04~0.09	0.035~0.095	0.04~0.10	0.03~0.11	0.030~0.070	0.025~0.075
Al	≥0.03②	≥0.04②	≥0.02	≥0.02	≥0.02	≥0.02	≥0.02	≥0.02
W	1.45~1.75	1.40~1.80	0.90~1.10	0.85~1.15	1.50~2.50	1.40~2.60	1.50~2.00	1.40~2.00
Cu	—	—	—	—	0.30~1.70	0.20~1.80	—	—
Ti	0.005~0.060①	0.005~0.060①	≤0.01	≤0.01	≤0.01	≤0.01	≤0.01	≤0.01
Zr	—	—	≤0.01	≤0.01	≤0.01	≤0.01	≤0.01	≤0.01

① 对于23，Ti/N≥3.5。

② 酸溶铝Als。

3　热处理

3.1　所有钢板均应在 1040～1080℃范围内正火。23、92 和 122 钢板应在 730～800℃范围内回火；911 钢板应在 740～780℃范围内回火。

3.2　如果订购方允许，23、92 和 122 钢板在 1040～1080℃范围奥氏体化后，从奥氏体化温度开始以吹气或液体淬冷的方式加速冷却，随后在 730～780℃范围内回火。

3.3　未按 3.1 或 3.2 热处理要求订购的钢板，以消除应力或退火状态交货。订购方可按 3.1 或 3.2 的热处理要求进行热处理。

4　力学性能

4.1　拉伸性能应符合表 2 的规定。

4.2　23 钢板的硬度不超过 220HB（97HRB），122 钢板的硬度不超过 250HB（25HRC）。

表 2　拉伸性能（横向试样）

牌号	抗拉强度 R_m/MPa	屈服强度 $R_{p0.2}$或$R_{t0.5}$/MPa	断后伸长率 A/% $L_0=50$mm
		不小于	不小于
23	510～690	400	20
911	620～840	440	18
122	≥620	400	20
92	620～840	440	20

第四节　日本标准

JIS G 3103：2019 锅炉和压力容器用碳素钢及钼合金钢钢板

1　范围

该标准适用于中、高温服役条件下锅炉与压力容器用厚度为 6～200mm 的 SB410、SB450、SB480 碳素钢及厚度为 6～150mm 的 SB450M、SB480M 钼合金钢的热轧钢板。

2　牌号与化学成分

钢的牌号和化学成分（熔炼分析）应符合表 1 的规定。

表 1　化学成分

牌号	厚度 t/mm	化学成分（质量分数）/%												
		C	Si	Mn	P	S	Cu	Ni	Cr	Mo	Nb	V	Ti	B
		不大于			不大于									
SB410	≤25	0.24	0.15～0.40	≤0.90	0.020	0.020	0.40	0.40	0.30	0.12	0.02	0.03	0.03	0.0010
	25<t≤50	0.27												
	50<t≤100	0.29												
	100<t≤200	0.30												
SB450	≤25	0.28	0.15～0.40	≤0.90	0.020	0.020	0.40	0.40	0.30	0.12	0.02	0.03	0.03	0.0010
	25<t≤50	0.31												
	50<t≤200	0.33												
SB480	≤25	0.31	0.15～0.40	≤1.20	0.020	0.020	0.40	0.40	0.30	0.12	0.02	0.03	0.03	0.0010
	25<t≤50	0.33												
	50<t≤200	0.35												
SB450M	≤25	0.18	0.15～0.40	≤0.90	0.020	0.020	0.40	0.40	0.30	0.45～0.60	0.02	0.03	0.03	0.0010
	25<t≤50	0.21												
	50<t≤100	0.23												
	100<t≤150	0.25												
SB480M	≤25	0.20	0.15～0.40	≤0.90	0.020	0.020	0.40	0.40	0.30	0.45～0.60	0.02	0.03	0.03	0.0010
	25<t≤50	0.23												
	50<t≤100	0.25												
	100<t≤150	0.27												

注：1. 对于 SB410、SB450 和 SB480，C 含量比规定的上限值每降低 0.01%，允许 Mn 含量比规定的上限值增加 0.06%，最高可到 1.50%。

2. 对于 SB410、SB450 和 SB480，w(Cr+Mo)≤0.32%，w(Cu+Ni+Cr+Mo)≤1%。

3. 根据供需双方协议，对于 SB450 和 SB480，w(Mo)≤0.30%。

4. 根据供需双方协议，w(Nb)≤0.05%，w(V)≤0.10%，w(Ti)≤0.05%。

3　交货状态

3.1　厚度小于等于 50mm 的 SB410、SB450、SB480 钢板，以及厚度小于等于 38mm 的 SB450M、SB480M 钢板以热轧态交货。根据要求，也可以进行正火或消除应力的热处理。

3.2　厚度大于 50mm 的 SB410、SB450、SB480 钢板，以及厚度大于 38mm 的 SB450M、SB480M 钢板应进行正火，或在热成形加工温度下，进行获得类似于正火效果的均匀的热处理。

4　力学性能与工艺性能

力学性能应符合表 2 的规定。弯曲试验后，弯曲试样外侧表面不应有裂纹。

表 2　力学性能与工艺性能

<table>
<tr><th rowspan="3">牌号</th><th>上屈服强度 R_{eH}/MPa</th><th rowspan="3">抗拉强度 R_m/MPa</th><th>断后伸长率 A/%</th><th rowspan="3">拉伸试样</th><th colspan="3">弯曲性能</th></tr>
<tr><th rowspan="2">≥</th><th rowspan="2">≥</th><th rowspan="2">弯曲角/(°)</th><th rowspan="2">钢板厚度 t/mm</th><th rowspan="2">弯曲压头半径</th></tr>
<tr></tr>
<tr><td rowspan="2">SB410</td><td rowspan="2">225</td><td rowspan="2">410~550</td><td>21</td><td>1A 号</td><td rowspan="2">180</td><td rowspan="2">≤25
25<t≤50
50<t≤100
100<t≤200</td><td rowspan="2">0.50t
0.75t
1.00t
1.25t</td></tr>
<tr><td>25</td><td>10 号</td></tr>
<tr><td rowspan="2">SB450</td><td rowspan="2">245</td><td rowspan="2">450~590</td><td>19</td><td>1A 号</td><td rowspan="2">180</td><td rowspan="2">≤25
25<t≤100
100<t≤200</td><td rowspan="2">0.75t
1.00t
1.25t</td></tr>
<tr><td>23</td><td>10 号</td></tr>
<tr><td rowspan="2">SB480</td><td rowspan="2">265</td><td rowspan="2">480~620</td><td>17</td><td>1A 号</td><td rowspan="2">180</td><td rowspan="2">≤25
25<t≤50
50<t≤100
100<t≤200</td><td rowspan="2">1.00t
1.00t
1.25t
1.50t</td></tr>
<tr><td>21</td><td>10 号</td></tr>
<tr><td rowspan="2">SB450M</td><td rowspan="2">255</td><td rowspan="2">450~590</td><td>19</td><td>1A 号</td><td rowspan="2">180</td><td rowspan="2">≤25
25<t≤100
100<t≤150</td><td rowspan="2">0.50t
0.75t
1.00t</td></tr>
<tr><td>23</td><td>10 号</td></tr>
<tr><td rowspan="2">SB480M</td><td rowspan="2">275</td><td rowspan="2">480~620</td><td>17</td><td>1A 号</td><td rowspan="2">180</td><td rowspan="2">≤25
25<t≤100
100<t≤150</td><td rowspan="2">0.75t
1.00t
1.25t</td></tr>
<tr><td>21</td><td>10 号</td></tr>
</table>

注：1. 屈服现象不明显时，采用 $R_{p0.2}$。

2. 拉伸试验取横向试样，1A 号试样标距尺寸：b_0 = 40mm，L_0 = 200mm；10 号试样标距尺寸：d_0 = 12.5mm，L_0 = 50mm。弯曲试验取横向试样，1 号试样，试样宽度 20~50mm。

3. 厚度小于 8mm 的钢板，厚度每减少 1mm 或不足 1mm 时，1A 号试样的断后伸长率可比表中规定值降低 1%。

4. 厚度大于 90mm 的钢板，厚度每增加 12.5mm 或不足 12.5mm 时，10 号试样的断后伸长率可比表中规定值降低 0.5%，但是总降低值不超过 3%。

5. 对于厚度大于 6mm、小于 20mm 的 SB450M 和 SB480M 钢板，1A 号试样的断后伸长率与表中规定值相差 3% 以内时，只要 50mm 标距长度内包括断裂部分的伸长率值大于等于 25%，测试样品即视为合格。

6. 厚度小于等于 50mm 的钢板采用 1A 号试样，厚度大于 50mm 的钢板采用 10 号试样；厚度大于 40mm 的钢板也可以采用 10 号试样。

JIS G 3115：2016 中温压力容器用钢板

1　范围

该标准适用于中温服役条件下压力容器与高压设备用焊接性能良好的、厚度 6~200mm 的 SPV235 及厚度 6~150mm 的 SPV315、SPV355、SPV410、SPV450、SPV490 的热轧钢板。

2　牌号与化学成分

2.1　钢的牌号和化学成分（熔炼分析）应符合表 1 的规定。

表 1　化学成分

牌号	化学成分（质量分数）/%					
	C		Si	Mn	P	S
	不大于					
SPV235	$t \leq 100$mm	0.18	0.35	1.40	0.020	0.020
	$t > 100$mm	0.20				
SPV315	0.18		0.55	1.60	0.020	0.020
SPV355	0.20		0.55	1.60	0.020	0.020
SPV410	0.18		0.75	1.60	0.020	0.020
SPV450	0.18		0.75	1.60	0.020	0.020
SPV490	0.18		0.75	1.60	0.020	0.020

注：1. t 为钢板厚度。

2. 可添加本表以外的合金元素。

3. 对于 SPV450 和 SPV490 正火钢板，根据供需双方协议，可以添加本表以外的合金元素。

2.2　碳当量与焊接裂纹敏感性指数

（1）以热机械轧制态交货的 SPV315、SPV355 和 SPV410 的碳当量见表 2。根据供需双方协议，可用焊接裂纹敏感性指数代替碳当量，见表2。以淬火+回火态交货的 SPV315、SPV355 和 SPV410 钢板，其碳当量与焊接裂纹敏感性指数由供需双方协商。

表 2　热机械轧制 SPV315、SPV355 和 SPV410 的碳当量与焊接裂纹敏感性指数（基于熔炼分析）

牌号	碳当量 CEV（质量分数）/%			焊接裂纹敏感性指数 Pcm（质量分数）/%			
	不大于			不大于			
	厚度 t/mm			厚度 t/mm			
	≤50	$50<t\leq100$	$100<t\leq150$	≤50	$50<t\leq75$	$75<t\leq100$	$100<t\leq150$
SPV315	0.39	0.41	0.43	0.24	0.26	0.26	0.28
SPV355	0.40	0.42	0.44	0.26	0.27	0.27	0.29
SPV410	0.43	0.45	—	0.27	0.28	0.29	—

注：CEV(%)=C+Mn/6+Si/24+Ni/40+Cr/5+Mo/4+V/14。

Pcm(%)=C+Si/30+Mn/20+Cu/20+Ni/60+Cr/20+Mo/15+V/10+5B。

（2）以淬火+回火态交货的 SPV450 和 SPV490 的碳当量见表 3。根据供需双方协议，可用焊接裂纹敏感性指数代替碳当量，见表 3。以正火态交货的 SPV450 和 SPV490 钢板，其碳当量与焊接裂纹敏感性指数由供需双方协商。

表 3　淬火+回火态 SPV450 和 SPV490 的碳当量与焊接裂纹敏感性指数（基于熔炼分析）

牌号	碳当量 CEV（质量分数）/%					焊接裂纹敏感性指数 Pcm（质量分数）/%	
	不大于					不大于	
	厚度 t/mm					厚度 t/mm	
	≤50	50<t≤75	75<t≤100	100<t≤125	125<t≤150	≤50	50<t≤150
SPV450	0. 44	0. 46	0. 49	0. 52	0. 54	0. 28	0. 30
SPV490	0. 45	0. 47	0. 50	0. 53	0. 55	0. 28	0. 30

注：CEV(%)＝C+Mn/6+Si/24+Ni/40+Cr/5+Mo/4+V/14。
　　Pcm(%)＝C+Si/30+Mn/20+Cu/20+Ni/60+Cr/20+Mo/15+V/10+5B。

3　交货状态

交货状态见表 4。

表 4　交货状态

牌号	交　货　状　态
SPV235	热轧，必要时可以正火处理
SPV315 SPV355	热轧，必要时可以正火处理。根据供需双方协议，可以热机械轧制或淬火+回火处理
SPV410	热机械轧制，热机械轧制钢板的最大厚度为 100mm。根据供需双方协议，可以采用正火或淬火+回火处理代替热机械轧制
SPV450 SPV490	淬火+回火，根据供需双方协议，可以采用正火处理

4　力学性能与工艺性能

4. 1　拉伸与弯曲性能应符合表 5 的规定。对于弯曲性能，弯曲试样弯曲部位的外表面不应有裂纹。

4. 2　厚度大于 12mm 钢板，其冲击吸收能量应符合表 6 的规定。厚度小于等于 12mm 钢板采用小尺寸冲击试样，其冲击吸收能量应符合表 7 的规定。表 8 适用于热机械轧制 SPV315、SPV355 和 SPV410 钢板。

表 5　拉伸与弯曲性能

牌号	上屈服强度 R_{eH}/MPa			抗拉强度 R_m/MPa	断后伸长率 A/%			弯曲性能		
	不小于				不小于					
	厚度 t/mm									
	$6 \leqslant t \leqslant 50$	$50 < t \leqslant 100$	$100 < t \leqslant 200$		厚度 t/mm	试样	%	弯曲角/(°)	弯曲压头半径	试样
SPV235	235	215	195	400~510	≤16 >16 >40	1A 号 1A 号 4 号	17 21 24	180	$t \leqslant 50$mm：1.0t $t > 50$mm：1.5t	1 号
SPV315	315	295	275	490~610	≤16 >16 >40	1A 号 1A 号 4 号	16 20 23	180	1.5t	1 号
SPV355	355	335	315	520~640	≤16 >16 >40	1A 号 1A 号 4 号	14 18 21	180	1.5t	1 号
SPV410	410	390	370	550~670	≤16 >16 >40	1A 号 1A 号 4 号	12 16 18	180	1.5t	1 号
SPV450	450	430	410	570~700	≤16 >16 >20	5 号 5 号 4 号	19 26 20	180	1.5t	1 号
SPV490	490	470	450	610~740	≤16 >16 >20	5 号 5 号 4 号	18 25 19	180	1.5t	1 号

注：1. 除 SPV235 之外，其他钢板的最大厚度为 150mm。

2. 屈服现象不明显时，采用 $R_{p0.2}$。

3. 拉伸试样取横向。1A 号试样标距尺寸：$b_0 = 40$mm，$L_0 = 200$mm；4 号试样标距尺寸：$d_0 = 14$mm，$L_0 = 50$mm；5 号试样标距尺寸：$b_0 = 25$mm，$L_0 = 50$mm。

4. 弯曲试样取横向，1 号试样，试样宽度 20~50mm。

表 6　冲击吸收能量

牌号	试验温度/℃	吸收能量 KV_2/J		试样和试样方向
		不小于		
		3 个试样的平均值	单个试样的值	
SPV235	0	47	27	V 型缺口，纵向
SPV315	0	47	27	
SPV355	0	47	27	
SPV410	−10	47	27	
SPV450	−10	47	27	
SPV490	−10	47	27	

注：1. 根据供需双方协议，可以采用低于本表规定的试验温度。

2. 根据供需双方协议，采用横向试样进行试验时，经需方同意，可以省略纵向试样的试验。

表 7　小尺寸试样冲击吸收能量

钢板厚度与试样宽度之差		吸收能量 KV_2/J	吸收能量 KV_2/J（小尺寸试样）	
		不小于	不小于	
		55mm×10mm×10mm	55mm×10mm×7.5mm	55mm×10mm×5mm
≤3mm	3 个试样的平均值	47	35	24
	单个试样的值	27	22	14
>3mm	3 个试样的平均值	47	39	31
	单个试样的值	27	23	19

表 8　热机械轧制钢板的冲击吸收能量

牌号	试验温度/℃	吸收能量 KV_2/J		试样和试样方向
		3 个试样的平均值	单个试样的值	
		≥	≥	
SPV315 SPV355 SPV410	-20	47	27	V 型缺口，纵向

注：1. 根据供需双方协议，可以采用低于本表规定的试验温度。

2. 根据供需双方协议，采用横向试样进行试验时，经需方同意，可以省略纵向试样的试验。

JIS G 3119：2019 锅炉及压力容器用锰-钼和锰-钼-镍钢板

1　范围

该标准适用于中温、高温服役条件下锅炉及压力容器用厚度为 6~150mm 的锰-钼和锰-钼-镍钢的热轧钢板。

2　牌号与化学成分

钢的牌号和化学成分（熔炼分析）应符合表 1 的规定。

表 1　化学成分

牌号	厚度 t/mm	化学成分（质量分数）/%												
		C	Si	Mn	P	S	Cu	Ni	Cr	Mo	Nb	V	Ti	B
		不大于			不大于									
SBV1A	≤25	0.20	0.15~0.40	0.95~1.30	0.020	0.020	0.40	0.40	0.30	0.45~0.60	0.02	0.03	0.03	0.0010
	25<t≤50	0.23												
	50<t≤150	0.25												
SBV1B	≤25	0.20	0.15~0.40	1.15~1.50	0.020	0.020	0.40	0.40	0.30	0.45~0.60	0.02	0.03	0.03	0.0010
	25<t≤50	0.23												
	50<t≤150	0.25												
SBV2	≤25	0.20	0.15~0.40	1.15~1.50	0.020	0.020	0.40	0.40~0.70	0.30	0.45~0.60	0.02	0.03	0.03	0.0010
	25<t≤50	0.23												
	50<t≤150	0.25												
SBV3	≤25	0.20	0.15~0.40	1.15~1.50	0.020	0.020	0.40	0.70~1.00	0.30	0.45~0.60	0.02	0.03	0.03	0.0010
	25<t≤50	0.23												
	50<t≤150	0.25												

注：根据供需双方协议，w(Nb)≤0.05%，w(V)≤0.10%，w(Ti)≤0.05%。

3　交货状态

3.1　厚度小于等于 50mm 的钢板，可以进行正火、消除应力退火或正火+消除应力退火。根据供需双方协议，钢板也可以以热轧态交货。

3.2　厚度大于 50mm 的钢板应进行正火。

3.3　厚度大于等于 100mm 钢板的正火可以采用加速冷却+回火处理。正火后的回火温度在 595~705℃ 范围内。

3.4　经需方同意，厚度小于 100mm 的钢板正火后也可以进行加速冷却以提高钢板韧性，在此情形下，正火后应进行回火，回火温度在 595~705℃ 范围内。

3.5　根据需方要求，厚度大于 50mm 的钢板进行除正火外的其他热处理时，经供需双方同意，钢板或以热轧态交货，或以双方协议的热处理状态交货。

4　力学性能与工艺性能

力学性能应符合表 2 的规定。对于弯曲性能，弯曲试样弯曲部位的外表面不应有裂纹。

表 2　拉伸与弯曲性能

牌号	上屈服强度 R_{eH}/MPa	抗拉强度 R_m/MPa	断后伸长率 A/%	拉伸试样	弯曲性能		
	不小于		不小于		弯曲角/(°)	厚度 t/mm	弯曲压头半径
SBV1A	315	520~660	15 19	1A 号 10 号	180	≤25 25<t≤50 50<t≤150	1.0t 1.25t 1.50t
SBV1B	345	550~690	15 18	1A 号 10 号	180	≤25 25<t≤50 50<t≤150	1.25t 1.50t 1.75t
SBV2	345	550~690	17 20	1A 号 10 号	180	≤25 25<t≤50 50<t≤150	1.25t 1.50t 1.75t
SBV3	345	550~690	17 20	1A 号 10 号	180	≤25 25<t≤50 50<t≤150	1.25t 1.50t 1.75t

注：1. 屈服现象不明显时，采用 $R_{p0.2}$。
2. 拉伸试样取横向，1A 号试样标距尺寸：b_0 = 40mm，L_0 = 200mm；10 号试样标距尺寸：d_0 = 12.5mm，L_0 = 50mm。弯曲试样取横向，JIS Z 2248 中的 1 号试样，试样宽度 20~50mm。
3. 厚度小于等于 50mm 的钢板采用 1A 号试样，厚度大于 50mm 的钢板采用 10 号试样。厚度大于 40mm 的钢板也可以采用 10 号试样。
4. 厚度小于 8mm 的钢板，厚度每减少 1mm 或不足 1mm 时，1A 号试样的断后伸长率可比表中规定值降低 1%。
5. 厚度大于 90mm 的钢板，厚度每增加 12.5mm 或不足 12.5mm 时，10 号试样的断后伸长率可比表中规定值降低 0.5%，但是总降低值不超过 3%。
6. 对于厚度大于 6mm、小于 20mm 的钢板，1A 号试样的断后伸长率与表中规定值相差 3%以内时，只要 50mm 标距长度内包括断裂部分的伸长率值大于等于 25%，测试样品即视为合格。

JIS G 3120：2018 压力容器用淬火回火锰-钼和锰-钼-镍合金钢板

1　范围

该标准适用于核反应器和其他压力容器用锰-钼和锰-钼-镍合金钢的淬火回火钢板。

2　牌号与化学成分

钢的牌号和化学成分（熔炼分析）应符合表1的规定。

表1　化学成分

牌号	化学成分（质量分数）/%												
	C	Si	Mn	P	S	Cu	Ni	Cr	Mo	Nb	V	Ti	B
	不大于			不大于				不大于		不大于			
SQV1A	0.25	0.15~0.40	1.15~1.50	0.020	0.020	0.40	≤0.40	0.30	0.45~0.60	0.02	0.03	0.03	0.0010
SQV1B	0.25	0.15~0.40	1.15~1.50	0.020	0.020	0.40	≤0.40	0.30	0.45~0.60	0.02	0.03	0.03	0.0010
SQV2A	0.25	0.15~0.40	1.15~1.50	0.020	0.020	0.40	0.40~0.70	0.30	0.45~0.60	0.02	0.03	0.03	0.0010
SQV2B	0.25	0.15~0.40	1.15~1.50	0.020	0.020	0.40	0.40~0.70	0.30	0.45~0.60	0.02	0.03	0.03	0.0010
SQV3A	0.25	0.15~0.40	1.15~1.50	0.020	0.020	0.40	0.70~1.00	0.30	0.45~0.60	0.02	0.03	0.03	0.0010
SQV3B	0.25	0.15~0.40	1.15~1.50	0.020	0.020	0.40	0.70~1.00	0.30	0.45~0.60	0.02	0.03	0.03	0.0010

注：根据供需双方协议，$w(Nb)\leq 0.05\%$，$w(V)\leq 0.10\%$，$w(Ti)\leq 0.05\%$。

3　交货状态

钢板以淬火+回火态交货。淬火温度在845~980℃之间，回火温度大于等于595℃。

4　力学性能与工艺性能

力学性能应符合表2和表3的规定。对于弯曲性能，弯曲试样弯曲部位的外表面不应有裂纹。

表 2　拉伸与弯曲性能

牌号	规定塑性延伸强度 $R_{p0.2}$/MPa	抗拉强度 R_m/MPa	断后伸长率 A/%	拉伸试样	弯曲性能	
	不小于		不小于		弯曲角/(°)	弯曲压头半径
SQV1A	345	550~690	18	1A 号或 10 号	180	1.75t (t 为钢板厚度)
SQV1B	480	620~790	16			
SQV2A	345	550~690	18			
SQV2B	480	620~790	16			
SQV3A	345	550~690	18			
SQV3B	480	620~790	16			

注：1. 拉伸试样取横向，1A 号试样标距尺寸：b_0 = 40mm，L_0 = 200mm；10 号试样标距尺寸：d_0 = 12.5mm，L_0 = 50mm。弯曲试样取横向，JIS Z 2248 中的 1 号试样，试样宽度 20~50mm。

2. 厚度大于 90mm 的钢板，厚度每增加 12.5mm 或不足 12.5mm 时，10 号试样的断后伸长率可比表中规定值降低 0.5%，但是总降低值不超过 3%。

3. 厚度小于等于 20mm 的钢板采用 1A 号试样，厚度大于 40mm 的钢板采用 10 号试样，厚度大于 20mm、小于等于 40mm 的钢板，可以采用 1A 号试样或 10 号试样。

4. 当采用 1A 号试样时，测定伸长率的标距为 50mm，伸长率包括断裂部分。

表 3　冲击性能

牌号	吸收能量 KV_2/J		试样和试样取向
	3 个试样的平均值	单个试样的值	
SQV1A	≥40	≥34	V 型缺口，纵向
SQV1B	≥47	≥40	
SQV2A	≥40	≥34	
SQV2B	≥47	≥40	
SQV3A	≥40	≥34	
SQV3B	≥47	≥40	

注：1. 适用于厚度大于 12mm 钢板。低于平均值的试样个数应少于 2 个。

2. 试验温度由供需双方协商。

3. 根据供需双方协议，当进行横向冲击试验时，纵向冲击试验可以省略。

JIS G 3124：2017 中、常温压力容器用高强度钢板

1　范围

该标准适用于中温、常温服役条件下锅炉及压力容器用厚度为 6~150mm 的高强度热轧钢板。

2　牌号与化学成分

钢的牌号和化学成分（熔炼分析）应符合表 1 的规定。基于熔炼分析的碳当量应符合表 2 的规定。

表 1　化学成分

牌号	化学成分（质量分数）/%								
	C	Si	Mn	P	S	Cu	Mo	Nb	V
	不大于			不大于				不大于	
SEV245	0. 20	0. 15~0. 60	0. 80~1. 60	0. 020	0. 020	0. 40	≤0. 35	0. 05	0. 10
SEV295	0. 19	0. 15~0. 60	0. 80~1. 60	0. 020	0. 020	0. 70	0. 10~0. 40	0. 05	0. 10
SEV345	0. 19	0. 15~0. 60	0. 80~1. 70	0. 020	0. 020	0. 70	0. 15~0. 50	0. 05	0. 10

注：可添加表 1 之外的一种或多种合金元素，如 Ni 和 Cr。

表 2　碳当量

牌号	碳当量 CEV（质量分数）/% 不大于 厚度 t/mm	
	$6 \leqslant t \leqslant 75$	$75 < t \leqslant 150$
SEV245	0. 53	0. 60
SEV295	0. 56	0. 61
SEV345	0. 60	0. 62

注：CEV(%)=C+Mn/6+Si/24+Ni/40+Cr/5+Mo/4+V/14。

3　交货状态

钢板以热轧、正火、正火+回火或消除应力退火态交货。采用正火+回火处理的钢板正火后可以采用加速冷却。

4　力学性能与工艺性能

4. 1　常温拉伸性能应符合表 3 的规定。

4. 2　高温拉伸性能应符合表 4 的规定。

4. 3　弯曲性能见表 5，弯曲试样弯曲部位的外表面不应有裂纹。

4. 4　冲击吸收能量应符合表 6、表 7 的规定。

表 3 常温拉伸性能

牌号	厚度 t/mm	上屈服强度 R_{eH}/MPa 不小于	抗拉强度 R_m/MPa	断后伸长率 A/% 不小于	拉伸试样
SEV245	6≤t≤50	370	510~650	16	1A 号
	50<t≤100	355		20	14A 号
	100<t≤125	345	500~640		
	125<t≤150	335	490~630		
SEV295	6≤t≤50	420	540~690	15	1A 号
	50<t≤100	400		19	14A 号
	100<t≤125	390	530~680		
	125<t≤150	380	520~670		
SEV345	6≤t≤50	430	590~740	14	1A 号
	50<t≤100	430		18	14A 号
	100<t≤125	420	580~730		
	125<t≤150	410	570~720		

注：1. 屈服现象不明显时，采用 $R_{p0.2}$。

2. 拉伸试样取横向。1A 号试样标距尺寸：b_0=40mm，L_0=200mm；14A 号试样为标准比例试样。

3. 厚度小于 8mm 的钢板，厚度每减少 1mm 或不足 1mm 时，1A 号试样的断后伸长率可比表中规定值降低 1%。

4. 厚度大于 90mm 的钢板，厚度每增加 12.5mm 或不足 12.5mm 时，14A 号试样的断后伸长率可比表中规定值降低 0.5%，但是总降低值不超过 3%。

5. 对于厚度小于 20mm 的钢板，1A 号试样的断后伸长率不满足表中规定值要求，但与表中规定值相差 3%以内时，只要 50mm 标距长度内包括断裂部分的伸长率值大于等于 25%，测试样品即视为合格。

6. 厚度大于 25mm 的钢板，可以采用 14A 号试样代替 1A 号试样。此情形下，对断后伸长率的要求与厚度大于 50mm 钢板相同。

表 4 高温下的 $R_{p0.2}$ 最小值

牌号	规定塑性延伸强度 $R_{p0.2}$/MPa，最小值 试验温度/℃							
	100	150	200	250	300	350	375	400
SEV245	333	314	294	275	255	245	235	226
SEV295	382	363	343	324	304	294	284	275
SEV345	392	382	373	363	353	343	324	314

注：厚度大于 100mm、小于等于 125mm 的钢板，$R_{p0.2}$ 最小值可以比表中规定值低 10MPa；厚度大于 125mm、小于等于 150mm 的钢板，$R_{p0.2}$ 最小值可以比表中规定值低 20MPa。

表 5　弯曲性能

牌号	弯曲角/(°)	钢板厚度 t/mm	弯曲压头半径	试样
SEV245	180	$6\leq t\leq 25$	$1.0t$	1 号
		$25<t\leq 50$	$1.25t$	
		$50<t\leq 150$	$1.5t$	
SEV295	180	$6\leq t\leq 25$	$1.25t$	
		$25<t\leq 50$	$1.5t$	
		$50<t\leq 150$	$1.75t$	
SEV345	180	$6\leq t\leq 25$	$1.25t$	
		$25<t\leq 50$	$1.5t$	
		$50<t\leq 150$	$1.75t$	

注：弯曲试样取横向，1 号试样宽度 20~50mm。

表 6　标准尺寸试样的冲击吸收能量

牌号	试验温度/℃	吸收能量 KV_2/J		试样和试样方向
		3 个试样的平均值	单个试样的值	
SEV245	0	≥31	≥25	V 型缺口，横向
SEV295				
SEV345				

注：1. 适用于厚度大于 12mm 的钢板。

2. 根据供需双方协议，可以采用低于本表规定的试验温度。

表 7　确定小尺寸试样冲击吸收能量最小值的系数

试　样		钢板厚度与试样宽度之差≤3mm	钢板厚度与试样宽度之差>3mm
V 型缺口，宽度 10mm		1	
小尺寸试样	V 型缺口，宽度 7.5mm	0.75	0.83
	V 型缺口，宽度 5mm	0.5	0.67

注：适用于厚度小于等于 12mm 的钢板。用表中系数乘以标准尺寸试样的冲击吸收能量最小值，得到小尺寸试样的冲击吸收能量最小值。

JIS G 4109：2013 锅炉和压力容器用铬-钼合金钢板

1　范围

该标准适用于常温至高温服役条件下锅炉和压力容器用厚度为 6～200mm 的 SCMV1、SCMV2、SCMV3 及厚度为 6～300mm 的 SCMV4、SCMV5、SCMV6 的铬-钼合金钢热轧钢板。

2　牌号与化学成分

钢的牌号和化学成分（熔炼分析）应符合表 1 的规定。表 1 中未规定的合金元素上限值见表 2。

表 1　化学成分

牌号	化学成分（质量分数）/%						
	C	Si	Mn	P	S	Cr	Mo
	不大于			不大于			
SCMV1	0.21	≤0.40	0.55～0.80	0.020	0.020	0.50～0.80	0.45～0.60
SCMV2	0.17	≤0.40	0.40～0.65	0.020	0.020	0.80～1.15	0.45～0.60
SCMV3	0.17	0.50～0.80	0.40～0.65	0.020	0.020	1.00～1.50	0.45～0.65
SCMV4	0.17	≤0.50	0.30～0.60	0.020	0.020	2.00～2.50	0.90～1.10
SCMV5	0.17	≤0.50	0.30～0.60	0.020	0.020	2.75～3.25	0.90～1.10
SCMV6	0.15	≤0.50	0.30～0.60	0.020	0.020	4.00～6.00	0.45～0.65

注：钢板厚度大于 150mm 时，化学成分由供需双方协商。

表 2　表 1 中未规定的合金元素上限值

牌号	化学成分（质量分数）/%					
	Cu	Ni	Nb	V	Ti	B
SCMV1	0.40	0.40	0.02	0.03	0.03	0.0030
SCMV2						
SCMV3						
SCMV4						
SCMV5						
SCMV6						

注：1. 根据供需双方协议，Cu、Ni 含量可以高于表中的规定值。

2. 根据供需双方协议，$w(\mathrm{Nb}) \leqslant 0.05\%$，$w(\mathrm{V}) \leqslant 0.10\%$，$w(\mathrm{Ti}) \leqslant 0.05\%$。

3　交货状态

具有较低抗拉强度的类型 1 钢板以退火或正火+回火态交货；具有较高抗拉强度的类型 2 钢板以正火+回火态交货。退火或正火+回火温度见表 3。正火+回火钢板正火后也可采用加速冷却。

表 3　热处理温度

牌号	退火或正火温度/℃	回火温度/℃
SCMV1	875~1000	≥620
SCMV2		
SCMV3		
SCMV4		≥650
SCMV5		
SCMV6		≥700

注：如需方要求 SCMV6 钢板的碳含量小于等于 0.10%，退火或正火温度应小于等于 875℃。

4　力学性能与工艺性能

具有较低抗拉强度的类型 1 钢板应符合表 4 的规定，具有较高抗拉强度的类型 2 钢板应符合表 5 的规定。对于弯曲性能，弯曲试样弯曲部位的外表面不应有裂纹。

表 4　类型 1 钢板的拉伸与弯曲性能

牌号	上屈服强度 R_{eH}/MPa	抗拉强度 R_m/MPa	伸长率及断面收缩率				弯曲性能				
			厚度 t/mm	试样	断后伸长率 A/%	断面收缩率 Z/%	弯曲角 /(°)	弯曲压头半径			
								厚度 t/mm			
	不小于				不小于	不小于		$6<t\leq25$	$25<t\leq50$	$50<t\leq100$	>100
SCMV1-1	225	380~550	≤50 >40	1A 号 10 号	18 22	—					
SCMV2-1	225	380~550	≤50 >40	1A 号 10 号	18 22	—	180	0.75t	1.0t		1.25t
SCMV3-1	225	410~590	≤50 >40	1A 号 10 号	19 22	—					
SCMV4-1	205	410~590	—	10 号	18	45					
SCMV5-1	205	410~590	—	10 号	18	45	180	1.0t	1.25t	1.50t	1.75t
SCMV6-1	205	410~590	—	10 号	18	45					

注：1. 屈服现象不明显时，采用 $R_{p0.2}$。

2. 拉伸试样取横向，1A 号试样标距尺寸：b_0 = 40mm，L_0 = 200mm，10 号试样标距尺寸：d_0 = 12.5mm，L_0 = 50mm。弯曲试样取横向，JIS Z 2248 中的 1 号试样，试样宽度 20~50mm。

3. 厚度小于 8mm 的 SCMV1、SCMV2 和 SCMV3 钢板，厚度每减少 1mm 或不足 1mm 时，1A 号试样的断后伸长率可比表中规定值降低 1%。

4. 对于厚度小于 20mm 的 SCMV1、SCMV2 和 SCMV3 钢板，1A 号试样的断后伸长率不满足表中规定值要求，但与表中规定值相差 3%以内时，只要 50mm 标距长度内包括断裂部分的伸长率值大于等于 25%，测试样品即视为合格。

5. SCMV4、SCMV5 和 SCMV6 钢板因为厚度薄而不能采用 10 号试样时，使用类似于 10 号的试样，其标距长度是平行部分直径的 4 倍。而且，厚度小于等于 20mm 的钢板可以采用 1A 号试样，此时，测定伸长率的标距为 50mm，伸长率包括断裂部分。采用 1A 试样时，断面收缩率可比表中规定值降低 5%。

6. 厚度大于 90mm 的钢板，厚度每增加 12.5mm 或不足 12.5mm 时，10 号试样的断后伸长率可比表中规定值降低 0.5%，但是总降低值不超过 3%。

表 5　类型 2 钢板的拉伸与弯曲性能

牌号	上屈服强度 R_{eH}/MPa	抗拉强度 R_m/MPa	伸长率及断面收缩率 厚度 t/mm	试样	断后伸长率 A/%	断面收缩率 Z/%	弯曲性能 弯曲角/(°)	弯曲压头半径 厚度 t/mm $6<t\leqslant 25$	$25<t\leqslant 50$	$50<t\leqslant 100$	>100
	不小于				不小于	不小于					
SCMV1-2	315	480~620	≤50 >40	1A 号 10 号	18 22	—					
SCMV2-2	275	450~590	≤50 >40	1A 号 10 号	19 22	—	180	0. 75t	1. 0t	1. 0t	1. 25t
SCMV3-2	315	520~690	≤50 >40	1A 号 10 号	19 22	—					
SCWV4-2	315	520~690	—	10 号	18	45					
SCWV5-2	315	520~690	—	10 号	18	45	180	1. 0t	1. 25t	1. 50t	1. 75t
SCWV6-2	315	520~690	—	10 号	18	45					

注：1. 拉伸试样取横向，1A 号试样标距尺寸：b_0 = 40mm，L_0 = 200mm，10 号试样标距尺寸：d_0 = 12. 5mm，L_0 = 50mm。弯曲试样取横向，JIS Z 2248 中的 1 号试样，试样宽度 20~50mm。

2. 厚度小于 8mm 的 SCMV1、SCMV2 和 SCMV3 钢板，厚度每减少 1mm 或不足 1mm 时，1A 号试样的断后伸长率可比表中规定值降低 1%。

3. 对于厚度小于 20mm 的 SCMV1、SCMV2 和 SCMV3 钢板，1A 号试样的断后伸长率不满足表中规定值要求，但与表中规定值相差 3%以内时，只要 50mm 标距长度内包括断裂部分的伸长率值大于等于 25%，测试样品即视为合格。

4. SCMV4、SCMV5 和 SCMV6 钢板因为厚度薄而不能采用 10 号试样时，使用类似于 10 号的试样，其标距长度是平行部分直径的 4 倍。而且，厚度小于等于 20mm 的钢板可以采用 1A 号试样，此时，测定伸长率的标距为 50mm，伸长率包括断裂部分。采用 1A 试样时，断面收缩率可比表中规定值降低 5%。

5. 厚度大于 90mm 的钢板，厚度每增加 12. 5mm 或不足 12. 5mm 时，10 号试样的断后伸长率可比表中规定值降低 0. 5%，但是总降低值不超过 3%。

JIS G 4110：2015 高温压力容器用高强度铬-钼和铬-钼-钒合金钢板

1　范围

该标准适用于高温压力容器用厚度为6~300mm的高强度铬-钼和铬-钼-钒合金钢的热轧钢板。

2　牌号与化学成分

钢的牌号和化学成分（熔炼分析）应符合表1的规定。表1中未规定的合金元素上限值见表2。

表1　化学成分

<table>
<tr><th rowspan="3">牌号</th><th colspan="8">化学成分（质量分数）/%</th></tr>
<tr><th>C</th><th>Si</th><th>Mn</th><th>P</th><th>S</th><th>Cr</th><th>Mo</th><th>V</th></tr>
<tr><th colspan="2">不大于</th><th></th><th colspan="2">不大于</th><th></th><th></th><th></th></tr>
<tr><td>SCMQ4E</td><td rowspan="3">0.17</td><td>0.50</td><td rowspan="3">0.30~0.60</td><td rowspan="3">0.015</td><td>0.015</td><td rowspan="2">2.00~2.50</td><td rowspan="3">0.90~1.10</td><td>≤0.03</td></tr>
<tr><td>SCMQ4V</td><td rowspan="2">0.10</td><td rowspan="2">0.010</td><td>0.25~0.35</td></tr>
<tr><td>SCMQ5V</td><td>2.75~3.25</td><td>0.20~0.30</td></tr>
</table>

注：可添加本表之外的合金元素，其上限值符合表2的规定。

表2　表1中未规定的合金元素上限值

<table>
<tr><th rowspan="2">牌号</th><th colspan="7">化学成分（质量分数）/%</th></tr>
<tr><th>Cu</th><th>Ni</th><th>Nb</th><th>Ti</th><th>B</th><th>Ca</th><th>La+Ce</th></tr>
<tr><td>SCMQ4E</td><td>0.40</td><td>0.40</td><td>0.02</td><td>—</td><td>0.0010</td><td>—</td><td>—</td></tr>
<tr><td>SCMQ4V</td><td rowspan="2">0.40</td><td rowspan="2">0.40</td><td rowspan="2">0.07</td><td rowspan="2">0.035</td><td rowspan="2">0.003</td><td rowspan="2">0.015</td><td rowspan="2">0.015</td></tr>
<tr><td>SCMQ5V</td></tr>
</table>

3　交货状态

钢板以淬火+回火或正火+回火态交货，热处理温度见表3。

表3　热处理温度

<table>
<tr><th>牌号</th><th>淬火或正火温度/℃</th><th>回火温度/℃</th></tr>
<tr><td>SCMQ4E</td><td rowspan="3">≥900</td><td>≥620</td></tr>
<tr><td>SCMQ4V</td><td rowspan="2">≥675</td></tr>
<tr><td>SCMQ5V</td></tr>
</table>

4　力学性能与工艺性能

力学性能应符合表4和表5的规定。对于弯曲性能，弯曲试样弯曲部位的外表面不应有裂纹。

表 4　拉伸与弯曲性能

牌号	拉伸性能					弯曲性能		
	上屈服强度 R_{eH}/MPa	抗拉强度 R_m/MPa	断后伸长率 A/%	断面收缩率 Z/%	拉伸试样	弯曲角 /(°)	厚度 t/mm	弯曲压头半径
	不小于		不小于	不小于				
SCMQ4E	380	580~760	18	45	10 号	180	$6<t\leqslant 25$ $25<t\leqslant 50$ $50<t\leqslant 150$ >150	$1.25t$ $1.50t$ $1.75t$ $2.00t$
SCMQ4V	415							
SCMQ5V								

注：1. 屈服现象不明显时，采用 $R_{p0.2}$。

2. 拉伸试样取横向，10 号试样标距尺寸：$d_0=12.5$mm，$L_0=50$mm。弯曲试样取横向，JIS Z 2248 中的 1 号试样，试样宽度 20~50mm。

3. 厚度大于 90mm 的钢板，厚度每增加 12.5mm 或不足 12.5mm 时，10 号试样的断后伸长率可比表中规定值降低 0.5%，但是总降低值不超过 3%。

4. 钢板因为厚度薄而不能采用 10 号试样时，使用类似于 10 号的试样，其标距长度是平行部分直径的 4 倍。

5. 对于厚度大于等于 6mm、小于等于 20mm 的钢板，可以采用 1A 号试样，此时，测定伸长率的标距为 50mm，伸长率包括断裂部分。采用 1A 号试样时，断面收缩率可比表中规定值降低 5%。

表 5　冲击性能

牌号	试验温度/℃	吸收能量 KV_2/J		试样和试样方向
		3 个试样的平均值	单个试样的值	
SCMQ4E	−18	≥54	≥47	V 型缺口，横向
SCMQ4V				
SCMQ5V				

注：1. 适用于厚度大于 12mm 的钢板。

2. 根据供需双方协议，可以采用低于本表规定的试验温度。

第五节　欧洲标准

EN 10028-2：2017 压力容器用扁平材 第 2 部分：具有规定高温性能的非合金钢和合金钢

1　范围

该标准适用于表 1 规定的承压设备用具有高温性能的可焊接非合金钢和合金钢扁平材。

2　牌号与化学成分

钢的化学成分应符合表 1 的规定。

表 1　化学成分

牌号	化学成分①（质量分数）/%														
	C	Si	Mn	P	S	Alt	N	Cr	Cu②	Mo	Nb	Ni	Ti	V	其他
				不大于									不大于		
P235GH	≤0.16	≤0.35	0.60③~1.20	0.025	0.010	≥0.020	≤0.012④	≤0.30	≤0.30	≤0.08	≤0.020	≤0.30	0.03	≤0.02	—
P265GH	≤0.20	≤0.40	0.80③~1.40	0.025	0.010	≥0.020	≤0.012④	≤0.30	≤0.30	≤0.08	≤0.020	≤0.30	0.03	≤0.02	Cr+Cu+Mo+Ni：≤0.70
P295GH	0.08~0.20	≤0.40	0.90③~1.50	0.025	0.010	≥0.020	≤0.012④	≤0.30	≤0.30	≤0.08	≤0.020	≤0.30	0.03	≤0.02	
P355GH	0.10~0.22	≤0.60	1.10~1.70	0.025	0.010	≥0.020	≤0.012④	≤0.30	≤0.30	≤0.08	≤0.040	≤0.30	0.03	≤0.02	
16Mo3	0.12~0.20	≤0.35	0.40~0.90	0.025	0.005	⑤	≤0.012	≤0.30	≤0.30	0.25~0.35	—	≤0.30	—	—	—
18MnMo4-5	≤0.20	≤0.40	0.90~1.50	0.015	0.010	⑤	≤0.012	≤0.30	≤0.30	0.45~0.60	—	≤0.30	—	—	—
20MnMoNi4-5	0.15~0.23	≤0.40	1.00~1.50	0.020	0.010	⑤	≤0.012	≤0.20	≤0.20	0.45~0.60	—	0.40~0.80	—	≤0.02	—
15NiCuMoNb5-6-4	≤0.17	0.25~0.50	0.80~1.20	0.025	0.010	≥0.015	≤0.020	≤0.30	0.50~0.80	0.25~0.50	0.015~0.045	1.00~1.30	—	—	—
13CrMo4-5	0.08~0.18	≤0.35	0.40~1.00	0.025	0.010	⑤	≤0.012	0.70⑥~1.15	≤0.30	0.40~0.60	—	—	—	—	—
13CrMoSi5-5	≤0.17	0.50~0.80	0.40~0.65	0.015	0.005	⑤	≤0.012	1.00~1.50	≤0.30	0.45~0.65	—	≤0.30	—	—	—

续表 1

牌号	化学成分① (质量分数)/%														
	C	Si	Mn	P	S	Alt	N	Cr	Cu②	Mo	Nb	Ni	Ti	V	其他
				不大于									不大于		
10CrMo9-10	0.08~0.14⑦	≤0.50	0.40~0.80	0.020	0.010	⑤	≤0.012	2.00~2.50	≤0.30	0.90~1.10	—	—	—	—	—
12CrMo9-10	0.10~0.15	≤0.30	0.30~0.80	0.015	0.010	⑤	≤0.012	2.00~2.50	≤0.25	0.90~1.10	—	≤0.30	—	—	—
X12CrMo5	0.10~0.15	≤0.50	0.30~0.60	0.020	0.005	⑤	≤0.012	4.00~6.00	≤0.30	0.45~0.65	—	≤0.30	—	—	—
13CrMoV9-10	0.11~0.15	≤0.10	0.30~0.60	0.015	0.005	⑤	—	2.00~2.50	≤0.20	0.90~1.10	≤0.07	≤0.25	0.03	0.25~0.35	B≤0.002 Ca≤0.015
12CrMoV12-10	0.10~0.15	≤0.15	0.30~0.60	0.015	0.005	⑤	≤0.012	2.75~3.25	≤0.25	0.90~1.10	≤0.07⑧	≤0.25	0.03⑧	0.20~0.30	B≤0.003⑧ Ca≤0.015⑧
X10CrMoVNb9-1	0.08~0.12	≤0.50	0.30~0.60	0.020	0.005	≤0.040	0.030~0.070	8.00~9.50	≤0.30	0.85~1.05	0.06~0.10	≤0.30	—	0.18~0.25	—

① 没有订货方的同意，表中未列入的元素不应故意加入钢水中，除非浇铸需要。应尽量采取适当的措施避免从废钢或其他炼钢原料中带入这些元素，它们可能影响钢的力学性能和应用性能。

② 更低的 Cu 含量最大值和/或 Cu+Sn 总量的最大值，如 w(Cu+6Sn)≤0.33%，可以在订货时协商，例如，用于热成形的钢种才规定 Cu 含量最大值。

③ 钢板厚度小于 6mm 时，允许 Mn 含量的最小值比规定值低 0.20%。

④ 适用于 Al/N≥2。

⑤ 应测定铸坯中的 Al 含量，并在质量证明书中注明。

⑥ 如果抗氢性能很重要，可在订货时协商 w(Cr)≥0.8%。

⑦ 钢板厚度大于 150mm 时，可在订货时协商 w(C)≤0.17%。

⑧ 该钢种可以添加 Ti+B 或 Nb+Ca。最小含量规定如下：添加 Ti+B 时，w(Ti)≥0.015%且 w(B)≥0.001%；添加 Nb+Ca 时，w(Nb)≥0.015%且 w(Ca)≥0.0005%。

3 交货状态

3.1 产品的一般交货状态见表 2。

3.2 由供货方选择，P235GH、P265GH、P295GH、P355GH 和 16Mo3 钢的正火可用正火轧制替代。在此情形下，在订货时应协商进行一定频度的模拟正火状态样品的附加试验，以检验是否符合规定的性能。

3.3 经订货时协商，P235GH、P265GH、P295GH、P355GH 和 16Mo3 钢也可以未热处理状态交货。其他牌号的产品也可以以回火、正火或未热处理状态交货。在此情形下，应对表 2 规定的一般供货状态下的试样进行测试。

4 力学性能

力学性能应符合表 2 和表 3 的规定。

表 2　力学性能（横向试样）

牌号	一般交货状态①②	公称厚度 t/mm	室温拉伸性能			规定试验温度下的冲击吸收能量 KV_2/J		
			上屈服强度 R_{eH}/MPa	抗拉强度 R_m/MPa	断后伸长率 A/%	不小于		
			不小于		不小于	-20℃⑥	0℃⑥	+20℃
P235GH	+N③	≤16	235	360~480	24	27	34	40
		16<t≤40	225					
		40<t≤60	215					
		60<t≤100	200					
		100<t≤150	185	350~480				
		150<t≤250	170	340~480				
P265GH	+N③	≤16	265	410~530	22	27	34	40
		16<t≤40	255					
		40<t≤60	245					
		60<t≤100	215					
		100<t≤150	200	400~530				
		150<t≤250	185	390~530				
P295GH	+N③	≤16	295	460~580	21	27	34	40
		16<t≤40	290					
		40<t≤60	285					
		60<t≤100	260					
		100<t≤150	235	440~570				
		150<t≤250	220	430~570				
P355GH	+N③	≤16	355	510~650	20	27	34	40
		16<t≤40	345					
		40<t≤60	335					
		60<t≤100	315	490~630				
		100<t≤150	295	480~630				
		150<t≤250	280	470~630				
16Mo3	+N③④	≤16	275	440~590	22	⑤	⑤	31⑥
		16<t≤40	270					
		40<t≤60	260					
		60<t≤100	240	430~580				
		100<t≤150	220	420~570				
		150<t≤250	210	410~570				
18MnMo4-5	+NT	≤60	345	510~650	20	27	34	40
		60<t≤150	325					
	+QT	150<t≤250	310	480~620				

续表 2

牌号	一般交货状态①②	公称厚度 t/mm	室温拉伸性能			规定试验温度下的冲击吸收能量 KV_2/J		
			上屈服强度 R_{eH}/MPa	抗拉强度 R_m/MPa	断后伸长率 A/%	不小于		
			不小于		不小于	−20℃⑥	0℃⑥	+20℃
20MnMoNi4-5	+QT	≤40	470	590~750	18	27	40	50
		40<t≤60	460	590~730				
		60<t≤100	450	570~710				
		100<t≤150	440					
		150<t≤250	400	560~700				
15NiCuMoNb5-6-4	+NT	≤40	460	610~780	16	27	34	40
		40<t≤60	440					
		60<t≤100	430	600~760				
	+NT或+QT	100<t≤150	420	590~740				
	+QT	150<t≤200	410	580~740				
13CrMo4-5	+NT	≤40	300	450~600	19	⑤	⑤	31⑥
		40<t≤60	290					
		60<t≤100	270	440~590		⑤	⑤	27⑥
	+NT或+QT	100<t≤150	255	430~580				
	+QT	150<t≤250	245	420~570				
13CrMoSi5-5	+NT	≤60	310	510~690	20	⑤	27	34⑥
		60<t≤100	300	480~660				
	+QT	≤60	400	510~690		27	34	40
		60<t≤100	390	500~680				
		100<t≤250	380	490~670				
10CrMo9-10	+NT	≤16	310	480~630	18	⑤	⑤	31⑥
		16<t≤40	300					
		40<t≤60	290					
	+NT或+QT	60<t≤100	280	470~620	17	⑤	⑤	27⑥
	+QT	100<t≤150	260	460~610				
		150<t≤250	250	450~600				
12CrMo9-10	+NT或+QT	≤250	355	540~690	18	27	40	70

续表 2

牌号	一般交货状态①②	公称厚度 t/mm	室温拉伸性能			规定试验温度下的冲击吸收能量 KV_2/J		
			上屈服强度 R_{eH}/MPa	抗拉强度 R_m/MPa	断后伸长率 A/%	不小于		
			不小于		不小于	−20℃⑥	0℃⑥	+20℃
X12CrMo5	+NT	≤60	320	510~690	20	27	34	40
		60<t≤150	300	480~660				
	+QT	150<t≤250	300	450~630				
13CrMoV9-10	+NT	≤60	455	600~780	18	27	34	40
		60<t≤150	435	590~770				
	+QT	150<t≤250	415	580~760				
12CrMoV12-10	+NT	≤60	455	600~780	18	27	34	40
		60<t≤150	435	590~770				
	+QT	150<t≤250	415	580~760				
X10CrMoVNb9-1	+NT	≤60	445	580~760	18	27	34	40
		60<t≤150	435	550~730				
	+QT	150<t≤250	435	520~700				

① +N—正火；+NT—正火+回火；+QT—淬火+回火。

② 对于一般交货状态是+NT 的厚度钢板，可以协商交货状态为+QT。

③ 对于钢种 P235GH、P265GH、P295GH、P355GH 和 16Mo3，根据供货方选择，可以用正火轧制代替正火。此时，在订货时应协商确定一定频率的模拟正火状态的附加试验，以检验是否符合规定的性能。

④ 根据供货方选择，该钢也可以以+NT 状态供货。

⑤ 在订货时协商。

⑥ 可在订货时协商最小冲击吸收能量为 40J。

表 3　高温下的 $R_{p0.2}$ 最小值①

牌号	公称厚度② t/mm	规定塑性延伸强度 $R_{p0.2}$/MPa，最小值									
		温度/℃									
		50	100	150	200	250	300	350	400	450	500
P235GH	≤16	227	214	198	182	167	153	142	133	—	—
	16<t≤40	218	205	190	174	160	147	136	128	—	—
	40<t≤60	208	196	181	167	153	140	130	122	—	—
	60<t≤100	193	182	169	155	142	130	121	114	—	—
	100<t≤150	179	168	156	143	131	121	112	105	—	—
	150<t≤250	164	155	143	132	121	111	103	97	—	—

续表 3

牌号	公称厚度② t/mm	规定塑性延伸强度 $R_{p0.2}$/MPa，最小值									
		温度/℃									
		50	100	150	200	250	300	350	400	450	500
P265GH	≤16	256	241	223	205	188	173	160	150	—	—
	16<t≤40	247	232	215	197	181	166	154	145	—	—
	40<t≤60	237	223	206	190	174	160	148	139	—	—
	60<t≤100	208	196	181	167	153	140	130	122	—	—
	100<t≤150	193	182	169	155	142	130	121	114	—	—
	150<t≤250	179	168	156	143	131	121	112	105	—	—
P295GH	≤16	285	268	249	228	209	192	178	167	—	—
	16<t≤40	280	264	244	225	206	189	175	165	—	—
	40<t≤60	276	259	240	221	202	186	172	162	—	—
	60<t≤100	251	237	219	201	184	170	157	148	—	—
	100<t≤150	227	214	198	182	167	153	142	133	—	—
	150<t≤250	213	200	185	170	156	144	133	125	—	—
P355GH	≤16	343	323	299	275	252	232	214	202	—	—
	16<t≤40	334	314	291	267	245	225	208	196	—	—
	40<t≤60	324	305	282	259	238	219	202	190	—	—
	60<t≤100	305	287	265	244	224	206	190	179	—	—
	100<t≤150	285	268	249	228	209	192	178	167	—	—
	150<t≤250	271	255	236	217	199	183	169	159	—	—
16Mo3	≤16	273	264	250	233	213	194	175	159	147	141
	16<t≤40	268	259	245	228	209	190	172	156	145	139
	40<t≤60	258	250	236	220	202	183	165	150	139	134
	60<t≤100	238	230	218	203	186	169	153	139	129	123
	100<t≤150	218	211	200	186	171	155	140	127	118	113
	150<t≤250	208	202	191	178	163	148	134	121	113	108
18MnMo4-5③	≤60	330	320	315	310	295	285	265	235	215	—
	60<t≤150	320	310	305	300	285	275	255	225	205	—
	150<t≤250	310	300	295	290	275	265	245	220	200	—
20MnMoNi4-5	≤40	460	448	439	432	424	415	402	384	—	—
	40<t≤60	450	438	430	423	415	406	394	375	—	—
	60<t≤100	441	429	420	413	406	398	385	367	—	—
	100<t≤150	431	419	411	404	397	389	377	359	—	—
	150<t≤250	392	381	374	367	361	353	342	327	—	—

续表 3

牌号	公称厚度② t/mm	规定塑性延伸强度 $R_{p0.2}$/MPa，最小值									
		温度/℃									
		50	100	150	200	250	300	350	400	450	500
15NiCuMoNb5-6-4	≤40	447	429	415	403	391	380	366	351	331	—
	40<t≤60	427	410	397	385	374	363	350	335	317	—
	60<t≤100	418	401	388	377	366	355	342	328	309	—
	100<t≤150	408	392	379	368	357	347	335	320	302	—
	150<t≤200	398	382	370	359	349	338	327	313	295	—
13CrMo4-5	≤16	294	285	269	252	234	216	200	186	175	164
	16<t≤60	285	275	260	243	226	209	194	180	169	159
	60<t≤100	265	256	242	227	210	195	180	168	157	148
	100<t≤150	250	242	229	214	199	184	170	159	148	139
	150<t≤250	235	223	215	211	199	184	170	159	148	139
13CrMoSi5-5+NT	≤60	299	283	268	255	244	233	223	218	206	—
	60<t≤100	289	274	260	247	236	225	216	211	199	—
13CrMoSi5-5+QT	≤60	384	364	352	344	339	335	330	322	309	—
	60<t≤100	375	355	343	335	330	327	322	314	301	—
	100<t≤250	365	346	334	326	322	318	314	306	293	—
10CrMo9-10	≤16	288	266	254	248	243	236	225	212	197	185
	16<t≤40	279	257	246	240	235	228	218	205	191	179
	40<t≤60	270	249	238	232	227	221	211	198	185	173
	60<t≤100	260	240	230	224	220	213	204	191	178	167
	100<t≤150	250	237	228	222	219	213	204	191	178	167
	150<t≤250	240	227	219	213	210	208	204	191	178	167
12CrMo9-10	≤250	341	323	311	303	298	295	292	287	279	—
X12CrMo5	≤60	310	299	295	294	293	291	285	273	253	222
	60<t≤250	290	281	277	275	275	273	267	256	237	208
13CrMoV9-10③	≤60	410	395	380	375	370	365	362	360	350	—
	60<t≤250	405	390	370	365	360	355	352	350	340	—
12CrMoV12-10③	≤60	410	395	380	375	370	365	362	360	350	—
	60<t≤250	405	390	370	365	360	355	352	350	340	—
X10CrMoVNb9-1	≤60	432	415	401	392	385	379	373	364	349	324
	60<t≤250	423	406	392	383	376	371	365	356	341	316

① 这些值对应于根据 EN 10314《高温下钢的校验强度最小值的推算方法》约 98%（2s）的置信度确定的相关趋势线的较低范围。

② 交货状态见表 2。

③ 根据 EN 10314《高温下钢的校验强度最小值的推算方法》未能确定 $R_{p0.2}$。它们是目前认为的分散带的最小值。

5　其他性能

5.1　抗氢致裂纹性能

碳钢与低合金钢暴露在含有 H_2S 的“酸性”腐蚀环境中时可能对裂纹敏感。评估抗氢致裂纹性能的试验方法（试验溶液、试验频率及相应的验收标准）应在订货时协商。

当根据 EN 10299《钢制品抗氢敏感裂纹（HIC）的评定方法》进行评估时，对于试验溶液 A（pH≈3），适用于不同级别的验收判据见表 4，表中的值为单块板所有测试横截面裂纹的最小平均值。

表 4　HIC 试验的验收判据（试验溶液 A）

级别	裂纹长度比 CLR/%	裂纹厚度比 CTR/%	裂纹敏感性比 CER/%
	不大于		
Ⅰ	5	1.5	0.5
Ⅱ	10	3	1
Ⅲ	15	5	2

5.2　CrMo 钢的脆性

在 400~500℃的环境下服役时，CrMo 钢有脆化倾向。这种脆化倾向可以在实验室条件下采用分步冷却试验进行模拟。分步冷却试验前、后的冲击转变曲线的移动用于脆性评估。

分步冷却试验方法应在订货时协商，应考虑温度和保温时间。推荐的试验步骤见图 1。

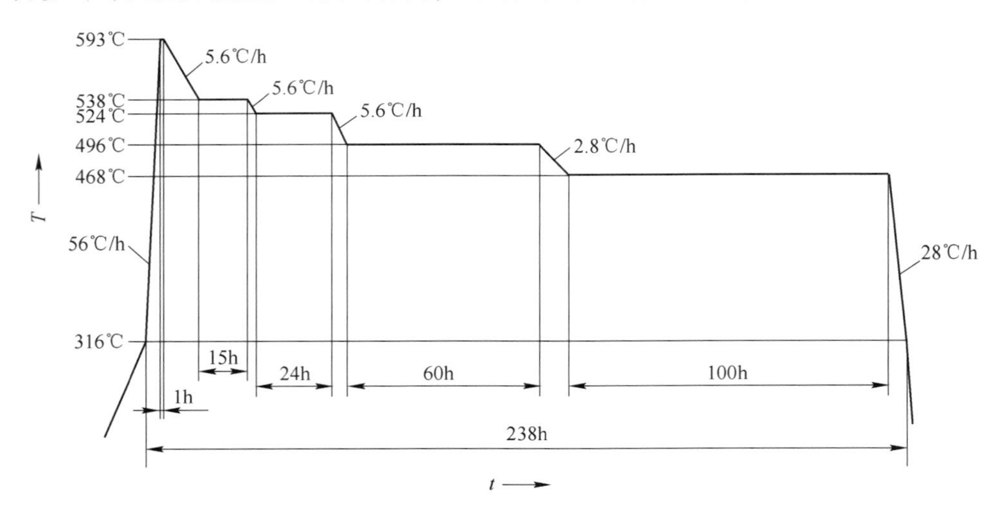

图 1　推荐的分步冷却试验步骤

EN 10028-3：2017 压力容器用扁平材
第 3 部分：正火型可焊接细晶粒钢

1　范围

该标准适用于表 1 规定的承压设备用可焊接细晶粒钢扁平材。

2　牌号与化学成分

表 1 所列牌号按质量等级分为四个系列：室温系列（P…N）、高温系列（P…NH）、低温系列（P…NL1）、特别低温系列（P…NL2）。

钢的化学成分应符合表 1 的规定。经订货时协商，碳当量应符合表 2 的规定。

表 1　化学成分

牌号	化学成分①（质量分数）/%														
	C	Si	Mn	P	S	Alt	N	Cr	Cu⑦	Mo	Nb	Ni	Ti	V	Nb+Ti+V
	不大于			不大于		不小于	不大于								
P275NH	0.16	0.40	0.80②~1.50	0.025	0.010	0.020③④	0.012	0.30⑤	0.30⑤	0.08⑤	0.05	0.50	0.03	0.05	0.05
P275NL1					0.008										
P275NL2				0.020	0.005										
P355N	0.18	0.50	1.10~1.70	0.025	0.010	0.020③④	0.012	0.30⑤	0.30⑤	0.08⑤	0.05	0.50	0.03	0.10	0.12
P355NH															
P355NL1					0.008										
P355NL2				0.020	0.005										
P420NH	0.20	0.60	1.10~1.70	0.025	0.010	0.020③④	0.020	0.30⑤	0.30⑤	0.10⑤	0.05	0.80	0.03	0.20	0.22
P420NL1					0.008										
P420NL2				0.020	0.005										
P460NH	0.20	0.60	1.10~1.70	0.025	0.010	0.020③④	0.025	0.30	0.70⑥	0.10	0.05	0.80	0.03	0.20	0.22
P460NL1					0.008										
P460NL2				0.020	0.005										

① 没有订货方的同意，表中未列入的元素不应故意加入钢水中，除非浇铸需要。应尽量采取适当的措施避免从废钢或其他炼钢原料中带入这些元素，它们可能影响钢的力学性能和应用性能。

② 钢板厚度小于 6mm 时，允许 Mn 含量的最小值为 0.60%。

③ 如果添加 Nb、Ti 或 V 用于固定 N，则 Alt 含量的最小值可以低于此值。

④ 如果仅用 Al 固定 N，则 Al/N≥2。

⑤ w(Cr+Cu+Mo)≤0.45%。

⑥ 如果 w(Cu)≥0.3%，则 Ni 的含量至少为 Cu 含量的一半。

⑦ 更低的 Cu 含量最大值和/或 Cu+Sn 总量的最大值，如 w(Cu+6Sn)≤0.33%，可以在订货时协议确定，例如，用于热成形的钢种。

表2　碳当量（基于熔炼分析）①

牌号	碳当量 CEV（质量分数）②/%		
	不大于		
	公称厚度 t/mm		
	≤60	60<t≤100	100<t≤250
P275NH	0.40	0.40	0.42
P275NL1			
P275NL2			
P355N	0.43	0.45	0.45
P355NH			
P355NL1			
P355NL2			
P420NH	0.48	0.48	0.52
P420NL1			
P420NL2			
P460NH	0.53	0.54	0.54
P460NL1			
P460NL2			

① 碳当量最大值可由供需双方协商。

② CEV(%)＝C+Mn/6+(Cr+Mo+V)/5+(Ni+Cu)/15。

3　交货状态

3.1　产品通常以正火状态交货。最小屈服强度大于等于420MPa时，允许延时冷却或附加回火。如果采用了这种处理，应在质量证明书中注明。

3.2　由供货方选择，所有牌号的正火可用正火轧制替代。在此情形下，在订货时应协商进行一定频度的模拟正火状态样品的附加试验，以检验是否符合规定的性能。

3.3　经订货时协商，产品也可以未热处理状态交货。在此情形下，应对模拟正火状态的试样进行规定的测试。

4　力学性能

力学性能应符合表3～表5的规定。

经订货时协商，表4规定的P…NH系列高温下的$R_{p0.2}$最小值也适用于P…NL1和P…NL2系列。

表3　室温拉伸性能（横向试样）

牌号	公称厚度 t/mm	上屈服强度 R_{eH}/MPa	抗拉强度 R_m/MPa	断后伸长率 A/%
		不小于		不小于
P275NH P275NL1 P275NL2	≤16	275	390～510	24
	16<t≤40	265		
	40<t≤60	255		
	60<t≤100	235	370～490	23
	100<t≤150	225	360～480	
	150<t≤250	215	350～470	

续表 3

牌号	公称厚度 t/mm	上屈服强度 R_{eH}/MPa	抗拉强度 R_m/MPa	断后伸长率 A/%
		不小于		不小于
P355N P355NH P355NL1 P355NL2	≤16	355	490~630	22
	$16<t\leq 40$	345		
	$40<t\leq 60$	335		
	$60<t\leq 100$	315	470~610	21
	$100<t\leq 150$	305	460~600	
	$150<t\leq 250$	295	450~590	
P420NH P420NL1 P420NL2	≤16	420	540~690	19
	$16<t\leq 40$	405		
	$40<t\leq 60$	395		
	$60<t\leq 100$	370	515~665	
	$100<t\leq 150$	350	500~650	
	$150<t\leq 250$	340	490~640	
P460NH P460NL1 P460NL2	≤16①	460	570~730	16
	16①$<t\leq 40$	445	570~720	
	$40<t\leq 60$	430		
	$60<t\leq 100$	400	540~710	
	$100<t\leq 150$	380	520~690	
	$150<t\leq 250$	370	510~690	

① 对于 P460NH 和 P460NL1，钢板厚度小于等于 20mm 时，可以协商确定 R_{eH} 的最小值为 460MPa，R_m 的范围为 630~725MPa。

表 4　高温下的 $R_{p0.2}$ 最小值

牌号	公称厚度 t/mm	规定塑性延伸强度 $R_{p0.2}$①/MPa，最小值							
		温度/℃							
		50	100	150	200	250	300	350	400
P275NH	≤16	266	250	232	213	195	179	166	156
	$16<t\leq 40$	256	241	223	205	188	173	160	150
	$40<t\leq 60$	247	232	215	197	181	166	154	145
	$60<t\leq 100$	227	214	198	182	167	153	142	133
	$100<t\leq 150$	218	205	190	174	160	147	136	128
	$150<t\leq 250$	208	196	181	167	153	140	130	122

续表 4

牌号	公称厚度 t/mm	规定塑性延伸强度 $R_{p0.2}$①/MPa，最小值							
		温度/℃							
		50	100	150	200	250	300	350	400
P355NH	≤16	343	323	299	275	252	232	214	202
	16<t≤40	334	314	291	267	245	225	208	196
	40<t≤60	324	305	282	259	238	219	202	190
	60<t≤100	305	287	265	244	224	206	190	179
	100<t≤150	295	277	257	236	216	199	184	173
	150<t≤250	285	268	249	228	209	192	178	167
P420NH	≤16	406	382	354	325	298	274	254	238
	16<t≤40	392	369	341	314	287	264	245	230
	40<t≤60	382	359	333	306	280	258	239	224
	60<t≤100	358	337	312	287	263	241	224	210
	100<t≤150	339	319	295	271	248	228	212	199
	150<t≤250	329	309	286	263	241	222	206	193
P460NH	≤16	445	419	388	356	326	300	278	261
	16<t≤40	430	405	375	345	316	290	269	253
	40<t≤60	416	391	362	333	305	281	260	244
	60<t≤100	387	364	337	310	284	261	242	227
	100<t≤150	368	346	320	294	270	248	230	216
	150<t≤250	358	337	312	287	263	241	224	210

① 这些值反映正火试样的最小值，即：这些值对应于根据 EN 10314《高温下钢的校验强度最小值的推算方法》约 98%（2s）的置信度确定的相关趋势线的较低范围。

表 5 冲击吸收能量

牌号	公称厚度 t/mm	以下试验温度（℃）的冲击吸收能量 KV_2/J，最小值									
		横向					纵向				
		-50	-40	-20	0	+20	-50	-40	-20	0	+20
P…N、P…NH	≤250	—	—	30①	40	50	—	—	45	65	75
P…NL1		—	27①	35①	50	60	30①	40	50	70	80
P…NL2		27①	30①	40	60	70	42	45	55	75	85

① 可在订货时协商冲击吸收能量最小值为 40J。

5 抗氢致裂纹性能

碳钢与低合金钢暴露在含有 H_2S 的“酸性”腐蚀环境中时可能对裂纹敏感。评估抗氢致裂纹性能的试验方法（试验溶液、试验频率及相应的验收标准）应在订货时协商。

当根据 EN 10299《钢制品抗氢敏感裂纹（HIC）的评定方法》进行评估时，对于试验溶液 A（pH≈3），适用于不同级别的验收判据见表 6，表中的值为一块板所有测试横截面裂纹的最小平均值。

表6　HIC试验的验收判据（试验溶液A）

级别	裂纹长度比 CLR/%	裂纹厚度比 CTR/%	裂纹敏感性比 CER/%
	不大于		
Ⅰ	5	1.5	0.5
Ⅱ	10	3	1
Ⅲ	15	5	2

EN 10028-4：2017 压力容器用扁平材
第 4 部分：具有规定低温性能的镍合金钢

1　范围

该标准适用于表 1 规定的承压设备用镍合金钢扁平材。

2　牌号与化学成分

钢的化学成分应符合表 1 的规定。

表 1　化学成分

牌号	化学成分（质量分数）[1]/%									
	C	Si	Mn	P	S	Alt	Mo	Nb	Ni	V
	不大于			不大于		不小于	不大于			不大于
11MnNi5-3	0.14	0.50	0.70~1.50	0.025	0.010	0.020	—	0.05	0.30[2]~0.80	0.05
13MnNi6-3	0.16	0.50	0.85~1.70	0.025	0.010	0.020	—	0.05	0.30[2]~0.85	0.05
15NiMn6	0.18	0.35	0.80~1.50	0.025	0.010	—	—	—	1.30~1.70	0.05
12Ni14	0.15	0.35	0.30~0.80	0.020	0.005	—	—	—	3.25~3.75	0.05
X12Ni5	0.15	0.35	0.30~0.80	0.020	0.005	—	—	—	4.75~5.25	0.05
X8Ni9	0.10	0.35	0.30~0.80	0.020	0.005	—	0.10	—	8.5~10.0	0.05
X7Ni9	0.10	0.35	0.30~0.80	0.015	0.005	—	0.10	—	8.5~10.0	0.01

① 没有订货方的同意，表中未列入的元素不应故意加入钢水中，除非浇铸需要。应尽量采取适当的措施避免从废钢或其他炼钢原料中带入这些元素，它们可能影响钢的力学性能和应用性能。$w(Cr+Cu+Mo) \leq 0.50\%$。

② 公称厚度小于等于 40mm 时，允许 Ni 含量的最小值为 0.15%。

3　交货状态

3.1　产品的一般交货状态见表 2。

表 2　室温拉伸性能（横向试样）

牌号	一般交货状态[1][2]	公称厚度 t/mm	上屈服强度 R_{eH}/MPa	抗拉强度 R_m/MPa	断后伸长率 A/%
			不小于		不小于
11MnNi5-3	+N（+NT）	≤30	285	420~530	24
		$30<t\leq50$	275		
		$50<t\leq80$	265		

续表 2

牌号	一般交货状态①②	公称厚度 t/mm	上屈服强度 R_{eH}/MPa	抗拉强度 R_m/MPa	断后伸长率 A/%
			不小于		不小于
13MnNi6-3	+N（+NT）	≤30	355	490~610	22
		30<t≤50	345		
		50<t≤80	335		
15NiMn6	+N 或+NT 或+QT	≤30	355	490~640	22
		30<t≤50	345		
		50<t≤80	335		
12Ni14	+N 或+NT 或+QT	≤30	355	490~640	22
		30<t≤50	345		
		50<t≤80	335		
X12Ni5	+N 或+NT 或+QT	≤30	390	530~710	20
		30<t≤50	380		
X8Ni9+NT640①	+N 加+NT	≤30	490	640~840	18
		30<t≤50	480		
X8Ni9+QT640①	+QT	≤30	490		
		30<t≤125	480		
X8Ni9+QT680①	+QT③	≤30	585	680~820	18
		30<t≤125	575		
X7Ni9	+QT③	≤30	585	680~820	18
		30<t≤125	575		

① +N—正火；+NT—正火+回火；+QT—淬火+回火。+NT640/+QT640/+QT680：保证最小抗拉强度为 640MPa 或 680MPa 的热处理参数。

② 温度和冷却条件见标准原文表 A.1。

③ 公称厚度小于 15mm，交货状态也可以是+N 加+NT。

3.2 经订货时协商，产品也可以未热处理状态交货。此时，应模拟表 2 给出的一般交货状态进行规定的测试。

4 力学性能

力学性能应符合表 2 和表 3 的规定。

表 3　冲击吸收能量

牌号	热处理状态①②	公称厚度 t/mm	试样方向	以下试验温度（℃）的冲击吸收能量 KV_2/J，最小值											
				-196	-170	-150	-120	-100	-80	-60	-50	-40	-20	0	20
11MnNi5-3	+N（+NT）	≤80	纵向	—	—	—	—	—	—	40	45	50	55	60	70
			横向	—	—	—	—	—	—	27④	30④	35④	45	50	50
13MnNi6-3			纵向	—	—	—	—	—	—	40	45	50	55	60	70
			横向	—	—	—	—	—	—	27④	30④	35④	45	50	50
15NiMn6	+N 或+NT 或+QT		纵向	—	—	—	—		40	50	50	60	65	65	65
			横向	—	—	—	—	—	27④	35④	35④	40	45	50	50
12Ni14	+N 或+NT 或+QT		纵向	—	—	—	—	40	45	50	50	55	55	60	65
			横向	—	—	—	—	27④	30④	35④	35④	35④	45	50	50
X12Ni5	+N 或+NT 或+QT	≤50	纵向	—	—	—	40③	50	60	65	65	65	70	70	70
			横向	—	—	—	27③④	30④	40	45	45	45	55	60	60
X8Ni9+NT640	+N 加+NT		纵向	50	60	70	80	90	100	100	100	100	100	100	100
X8Ni9+NT640①	+QT	≤125	横向	40	45	50	50	60	70	70	70	70	70	70	70
X8Ni9+QT680①	+QT		纵向	70	80	90	100	110	120	120	120	120	120	120	120
			横向	50	60	70	80	90	100	100	100	100	100	100	100
X7Ni9	+QT		纵向	100	110	120	120	120	120	120	120	120	120	120	120
			横向	80	90	100	100	100	100	100	100	100	100	100	100

① +N—正火；+NT—正火+回火；+QT—淬火+回火。+NT640/+QT640/+QT680：保证最小抗拉强度为 640MPa 或 680MPa 的热处理参数。

② 温度和冷却条件见标准原文表 A. 1。

③ 公称厚度小于等于 25mm 时，此值适用于-110℃；当公称厚度 25mm<t≤30mm 时，此值适用于-115℃。

④ 可在订货时协商最小冲击吸收能量为 40J。

EN 10028-5：2017 压力容器用扁平材
第 5 部分：热机械轧制可焊接细晶粒钢

1　范围

该标准适用于表 1 规定的承压设备用热机械轧制可焊接细晶粒钢的扁平材。

2　牌号与化学成分

表 1 所列牌号按质量等级分为三个系列：基础系列（P…M）、-40℃低温系列（P…ML1）、-50℃低温系列（P…ML2）。

钢的化学成分应符合表 1 的规定。经订货时协商，碳当量应符合表 2 的规定。

表 1　化学成分

<table>
<tr><th rowspan="3">牌号</th><th colspan="13">化学成分（质量分数）①/%</th></tr>
<tr><th>C</th><th>Si</th><th>Mn②</th><th>P</th><th>S</th><th>Alt③</th><th>N</th><th>Mo</th><th>Nb⑥</th><th>Ni</th><th>Ti⑥</th><th>V⑥</th><th>其他</th></tr>
<tr><th colspan="5">不大于</th><th>不小于</th><th colspan="7">不大于</th></tr>
<tr><td>P355M</td><td rowspan="3">0.14</td><td rowspan="3">0.50</td><td rowspan="3">1.60</td><td>0.025</td><td>0.010</td><td rowspan="9">0.020④</td><td rowspan="3">0.015</td><td rowspan="9">0.20</td><td rowspan="9">0.05⑦</td><td rowspan="9">0.50</td><td rowspan="9">0.05</td><td rowspan="9">0.10</td><td rowspan="9">⑤</td></tr>
<tr><td>P355ML1</td><td rowspan="2">0.020</td><td>0.008</td></tr>
<tr><td>P355ML2</td><td>0.005</td></tr>
<tr><td>P420M</td><td rowspan="3">0.16</td><td rowspan="3">0.50</td><td rowspan="3">1.70</td><td>0.025</td><td>0.010</td><td rowspan="6">0.020</td></tr>
<tr><td>P420ML1</td><td rowspan="2">0.020</td><td>0.008</td></tr>
<tr><td>P420ML2</td><td>0.005</td></tr>
<tr><td>P460M</td><td rowspan="3">0.16</td><td rowspan="3">0.60</td><td rowspan="3">1.70</td><td>0.025</td><td>0.010</td></tr>
<tr><td>P460ML1</td><td rowspan="2">0.020</td><td>0.008</td></tr>
<tr><td>P460ML2</td><td>0.005</td></tr>
</table>

① 没有订货方的同意，表中未列入的元素不应故意加入钢水中，除非浇铸需要。应尽量采取适当的措施避免从废钢或其他炼钢原料中带入这些元素，它们可能影响钢的力学性能和应用性能。

② C 含量比规定的上限值每降低 0.02%，允许 Mn 含量比规定的上限值增加 0.05%，最高可到 2.00%。

③ 应测定铸坯中的 Al 含量，并在质量证明书中注明。

④ 存在适量的其他固 N 元素时，对 Alt 含量的最小值要求不适用。

⑤ w(Cr+Cu+Mo)≤0.60%。

⑥ w(V+Nb+Ti)≤0.15%。

⑦ 如果 w(C)≤0.07%，则允许 w(Nb)≤0.10%。在此情形下，在-40℃或更低温度下，应特别注意防止焊后热处理的热影响区出现问题。

表 2　碳当量（基于熔炼分析）

<table>
<tr><th rowspan="4">牌号</th><th colspan="3">碳当量 CEV（质量分数）/%</th></tr>
<tr><th colspan="3">不大于</th></tr>
<tr><th colspan="3">公称厚度 t/mm</th></tr>
<tr><th>≤16</th><th>16<t≤40</th><th>40<t≤63</th></tr>
<tr><td>P355M/ML1/ML2</td><td colspan="2">0.39</td><td>0.40</td></tr>
</table>

续表 2

牌号	碳当量 CEV（质量分数）/%		
	不大于		
	公称厚度 t/mm		
	≤16	16<t≤40	40<t≤63
P420M/ML1/ML2	0.43	0.45	0.46
P460M/ML1/ML2	0.45	0.46	0.47

注：CEV(%)= C+Mn/6+(Cr+Mo+V)/5+(Ni+Cu)/15。

3 交货状态

产品以热机械轧制状态交货。

4 力学性能

力学性能应符合表 3 和表 4 的规定。

表 3 室温拉伸性能（横向试样）

牌号	上屈服强度①R_{eH}/MPa			抗拉强度 R_m/MPa	断后伸长率 A/%
	不小于				不小于
	公称厚度 t/mm				
	≤16	16<t≤40	40<t≤63		
P355M	355		345	450~610	22
P355ML1					
P355ML2					
P420M	420	400	390	500~660	19
P420ML1					
P420ML2					
P460M	460	440	430	530~720	17
P460ML1					
P460ML2					

① 屈服现象不明显时，采用 $R_{p0.2}$。

表 4 冲击吸收能量（横向试样）

牌号	公称厚度 t/mm	以下试验温度（℃）的冲击吸收能量 KV_2/J，最小值				
		-50	-40	-20	0	+20
P…M	≤63	—	—	27①	40	60
P…ML1		—	27①	40	60	—
P…ML2		27①	40	60	80	—

① 可在订货时协商最小冲击吸收能量为 40J。

EN 10028-6：2017 压力容器用扁平材
第 6 部分：淬火回火可焊接细晶粒钢

1　范围

该标准适用于表 1 规定的承压设备用淬火回火可焊接细晶粒钢的扁平材。

2　牌号与化学成分

表 1 所列牌号按质量等级分为四个系列：基础系列（P…Q）、高温系列（P…QH）、-40℃低温系列（P…QL1）、-60℃低温系列（P…QL2）。

钢的化学成分应符合表 1 的规定。

表 1　化学成分

牌号	化学成分（质量分数）①②/%														
	C	Si	Mn	P	S	N	B	Cr	Mo	Cu③	Nb④	Ni	Ti④	V④	Zr④
	不大于														
P355Q	0.16	0.40	1.50	0.025	0.010	0.015	0.005	0.30	0.25	0.30	0.05	0.50	0.03	0.06	0.05
P355QH															
P355QL1				0.020	0.008										
P355QL2					0.005										
P460Q	0.18	0.50	1.70	0.025	0.010	0.015	0.005	0.50	0.50	0.30	0.05	1.00	0.03	0.08	0.05
P460QH															
P460QL1				0.020	0.008										
P460QL2					0.005										
P500Q	0.18	0.60	1.70	0.025	0.010	0.015	0.005	1.00	0.70	0.30	0.05	1.50	0.05	0.08	0.15
P500QH															
P500QL1				0.020	0.008										
P500QL2					0.005										
P690Q	0.20	0.80	1.70	0.025	0.010	0.015	0.005	1.50	0.70	0.30	0.06	2.50	0.05	0.12	0.15
P690QH															
P690QL1				0.020	0.008										
P690QL2					0.005										

① 没有订货方的同意，表中未列入的元素不应故意加入钢水中，除非浇铸需要。应尽量采取适当的措施避免从废钢或其他炼钢原料中带入这些元素，它们可能影响钢的力学性能和应用性能。

② 为了达到规定的性能，供货方可以根据产品厚度和炼钢条件按顺序添加一种或几种合金化元素直至最大值。

③ 更低的 Cu 含量最大值和/或 Cu+Sn 两元素总量的最大值，如 $w(\mathrm{Cu+6Sn}) \leqslant 0.33\%$，可以在订货时协商，例如对于热成形钢。

④ 晶粒细化元素的含量至少为 0.015%，包括 Al。采用 Als 时，其含量最小值为 0.015%；如果 Alt 含量大于等于 0.018%，则认为达到了该值。仲裁试验则采用 Als。

3 交货状态

产品以淬火回火状态供货。

4 力学性能

力学性能应符合表2~表4的规定。

表2 室温拉伸性能（横向试样）

牌号	上屈服强度[①] R_{eH}/MPa 不小于			抗拉强度 R_m/MPa		断后伸长率 A/% 不小于
	公称厚度 t/mm			公称厚度 t/mm		
	≤50	50<t≤100	100<t≤200	≤100	100<t≤200	
P355Q P355QH P355QL1 P355QL2	355	335	315	490~630	450~590	22
P460Q P460QH P460QL1 P460QL2	460	440	400	550~720	500~670	19
P500Q P500QH P500QL1 P500QL2	500	480	440	590~770	540~720	17
P690Q P690QH P690QL1 P690QL2	690	670	630	770~940	720~900	14

① 屈服现象不明显时，采用 $R_{p0.2}$。

表3 冲击性能（横向试样）

牌号	公称厚度 t/mm	以下试验温度（℃）的冲击吸收能量 KV_2/J，最小值				
		-60	-40	-20	0	+20
P…Q P…QH	≤200	—	—	27[①]	40	60
P…QL1		—	27[①]	40	60	—
P…QL2		27[①]	40	60	80	—

① 可在订货时协商最小冲击吸收能量为40J。

表 4　高温下的 $R_{p0.2}$ 最小值①

牌号	规定塑性延伸强度 $R_{p0.2}$②/MPa，最小值					
	温度/℃					
	50	100	150	200	250	300
P355QH	340	310	285	260	235	215
P460QH	445	425	405	380	360	340
P500QH	490	470	450	420	400	380
P690QH	670	645	615	595	575	570

① 可在订货时协商，这些值也适用于要求低温性能 P…QL 系列。

② 这些值适用于公称厚度 $t \leqslant 50$mm 的钢板。对于更大厚度的钢板，$R_{p0.2}$ 最小值可以降低：当 50mm<$t \leqslant$100mm 时，可降低 20MPa；当 t>100mm 时，可降低 60MPa。

第四章　管 线 钢

第四章 管线钢

第一节 中国标准

GB/T 14164—2013 石油天然气输送管用热轧宽钢带

1 范围

该标准适用于按 ISO 3183、GB/T 9711 和 API Spec 5L 等标准生产的石油、天然气输送管用钢带，以及具有类似要求的其他流体输送焊管用钢带。

2 质量等级分类及牌号

按不同质量等级分为两类：PSL1 和 PSL2，见表 1。

表 1 质量等级分类及其牌号

<table>
<tr><th>质量等级</th><th>交货状态</th><th>牌号</th><th>质量等级</th><th>交货状态</th><th>牌号</th></tr>
<tr><td rowspan="11">PSL1</td><td rowspan="3">热轧、
正火轧制</td><td>L175/A25</td><td rowspan="11">PSL2</td><td>热轧</td><td>L245R/BR、L290R/X42R</td></tr>
<tr><td>L175P/A25P</td><td rowspan="2">正火轧制</td><td rowspan="2">L245N/BN、L290N/X42N、L320N/X46N、L360N/X52N、L390N/X56N、L415N/X60N</td></tr>
<tr><td>L210/A</td></tr>
<tr><td>热轧、
正火轧制、
热机械轧制</td><td>L245/B</td><td rowspan="8">热机械轧制</td><td rowspan="8">L245M/BM、L290M/X42M、L320M/X46M、L360M/X52M、L390M/X56M、L415M/X60M、L450M/X65M、L485M/X70M、L555M/X80M、L625M/X90M、L690M/X100M、L830M/X120M</td></tr>
<tr><td rowspan="7">热轧、
正火轧制、
热机械轧制</td><td>L290/X42</td></tr>
<tr><td>L320/X46</td></tr>
<tr><td>L360/X52</td></tr>
<tr><td>L390/X56</td></tr>
<tr><td>L415/X60</td></tr>
<tr><td>L450/X65</td></tr>
<tr><td>L485/X70</td></tr>
</table>

3 化学成分

3.1 PSL1、PSL2 钢带和钢板的化学成分（熔炼和产品分析）应分别符合表 2 和表 3 的规定。

3.2　对 L290/X42 及以上级别钢带和钢板，经供需双方协商，可以添加表 2 或表 3 中所列元素（包括铌、钒、钛）以外的其他元素。

3.3　PSL2 各牌号的碳当量应符合表 3 的规定。

表 2　PSL1 化学成分（熔炼分析和产品分析）

牌号	化学成分①（质量分数）/%					
	C②	Si	Mn②	P	S	其他③
	≤	≤	≤		≤	
L175/A25	0.21	0.35	0.60	≤0.030	0.030	—
L175P/A25P	0.21	0.35	0.60	0.045~0.080	0.30	—
L210/A	0.22	0.35	0.90	≤0.030	0.030	—
L245/B	0.26	0.35	1.20	≤0.030	0.030	④⑤
L290/X42	0.26	0.35	1.30	≤0.030	0.030	⑤
L320/X46	0.26	0.35	1.40	≤0.030	0.030	⑤
L360/X52	0.26	0.35	1.40	≤0.030	0.030	⑤
L390/X56	0.26	0.40	1.40	≤0.030	0.030	⑤
L415/X60	0.26	0.40	1.40	≤0.030	0.030	⑤
L450/X65	0.26	0.40	1.45	≤0.030	0.030	⑤
L485/X70	0.26	0.40	1.65	≤0.030	0.030	⑤

① 铜含量不大于 0.50%；镍含量不大于 0.50%；铬含量不大于 0.50%；钼含量不大于 0.15%。

② 碳含量比规定最大碳含量每降低 0.01%，锰含量则允许比规定最大锰含量高 0.05%，但对 L245/B~L360/X52，最大锰含量不得超过 1.65%；对于 L360/X52~L485/X70，最大锰含量不得超过 1.75%；对于 L485/X70，锰含量不得超过 2.00%。

③ 除非另有规定，否则不得有意加入硼，残余硼含量应不大于 0.001%。

④ 铌、钒含量之和不大于 0.06%。

⑤ 铌、钒、钛含量之和不大于 0.15%。

表 3　PSL2 化学成分（熔炼分析和产品分析）及碳当量

牌号	化学成分（质量分数）/%									碳当量①/%	
	C②	Si	Mn②	P	S	V	Nb	Ti	其他	CEV	Pcm
	≤	≤	≤	≤	≤	≤	≤	≤		≤	≤
L245R/BR	0.24	0.40	1.20	0.025	0.015	③	③	0.04	⑤	0.43	0.25
L290R/X42R	0.24	0.40	1.20	0.025	0.015	0.06	0.05	0.04	⑤	0.43	0.25
L245N/BN	0.24	0.40	1.20	0.025	0.015	③	③	0.04	⑤	0.43	0.25
L290N/X42N	0.24	0.40	1.20	0.025	0.015	0.06	0.05	0.04	⑤	0.43	0.25
L320N/X46N	0.24	0.40	1.40	0.025	0.015	0.07	0.05	0.04	④⑤	0.43	0.25
L360N/X52N	0.24	0.45	1.40	0.025	0.015	0.10	0.05	0.04	④⑤	0.43	0.25
L390N/X56N	0.24	0.45	1.40	0.025	0.015	0.10	0.05	0.04	④⑤	0.43	0.25

续表 3

牌号	化学成分（质量分数）/%									碳当量①/%	
	C②	Si	Mn②	P	S	V	Nb	Ti	其他	CEV	Pcm
	≤	≤	≤	≤	≤	≤	≤	≤		≤	≤
L415N/X60N	0.24	0.45	1.40	0.025	0.015	0.10	0.05	0.04	④⑦	协商	
L245M/BM	0.22	0.45	1.20	0.025	0.015	0.05	0.05	0.04	⑤	0.43	0.25
L290M/X42M	0.22	0.45	1.30	0.025	0.015	0.05	0.05	0.04	⑤	0.43	0.25
L320M/X46M	0.22	0.45	1.30	0.025	0.015	0.05	0.05	0.04	⑤	0.43	0.25
L360M/X52M	0.22	0.45	1.40	0.025	0.015	④	④	④	⑤	0.43	0.25
L390M/X56M	0.22	0.45	1.40	0.025	0.015	④	④	④	⑤	0.43	0.25
L415M/X60M	0.12	0.45	1.60	0.025	0.015	④	④	④	⑥	—	0.25
L450M/X65M	0.12	0.45	1.60	0.025	0.015	④	④	④	⑥		0.25
L485M/X70M	0.12	0.45	1.70	0.025	0.015	④	④	④	⑥		0.25
L555M/X80M	0.12	0.45	1.85	0.025	0.015	④	④	④	⑦		0.25
L625M/X90M	0.10	0.55	2.10	0.020	0.010	④	④	④	⑦		0.25
L690M/X100M	0.10	0.55	2.10	0.020	0.010	④	④	④	⑦⑧		0.25
L830M/X120M	0.10	0.55	2.10	0.020	0.010	④	④	④	⑦⑧		0.25

① 碳含量大于 0.12%时，CEV 适用：CEV（%）= C+Mn/6+(Cr+Mo+V)/5+(Ni+Cu)/15；

碳含量不大于 0.12%时，Pcm 适用：Pcm（%）= C+Si/30+Mn/20+Cu/20+Ni/60+Cr/20+Mo/15+V/10+5B。

② 碳含量比规定最大碳含量每降低 0.01%，则允许锰含量比规定值提高 0.05%，但对 L245/B～L360/X52，锰含量最大不得超过 1.65%；对于 L390/X56～L450/X65，锰含量最大不得超过 1.75%；对于 L485/X70～L555/X80，锰含量最大不得超过 2.00%；对于 L625/X90～L830/X120，锰含量最大不得超过 2.20%。

③ 铌、钒含量之和不大于 0.06%。

④ 铌、钒、钛含量之和不大于 0.15%。

⑤ 铜含量不大于 0.50%，镍含量不大于 0.30%，铬含量不大于 0.30%，钼含量不大于 0.15%，或供需双方协商。

⑥ 铜含量不大于 0.50%，镍含量不大于 0.50%，铬含量不大于 0.50%，钼含量不大于 0.50%，或供需双方协商。

⑦ 铜含量不大于 0.50%，镍含量不大于 1.00%，铬含量不大于 0.50%，钼含量不大于 0.50%，或供需双方协商。

⑧ 一般情况下不得有意加入硼，残余硼含量应不大于 0.001%，若双方协商同意，硼含量应不大于 0.001%。

4　交货状态

钢带和钢板应按热轧、正火轧制、热机械轧制状态交货。

5　力学性能与工艺性能

5.1　PSL1、PSL2 钢带和钢板的力学和工艺性能应分别符合表 4 和表 5 的规定。

5.2　弯曲试样的外表面上不得出现裂纹。

表 4 PSL1 钢带和钢板的力学和工艺性能

牌号	拉伸试验				180°，冷弯试验（a—试样厚度，d—弯心直径）
	规定总延伸强度 $R_{t0.5}$/MPa	抗拉强度 R_m/MPa	断后伸长率/% ≥		
	≥	≥	A	A_{50mm}	
L175/A25	175	310	27	①	$d=2a$
L175P/A25P	175	310	27		
L210/A	210	335	25		
L245/B	245	415	21		
L290/X42	290	415	21		
L320/X46	320	435	20		
L360/X52	360	460	19		
L390/X56	390	490	18		
L415/X60	415	520	17		
L450/X65	450	535	17		
L485/X70	485	570	16		

① 标距为 50mm 时断后伸长率最小值的计算：

$$A_{50mm}=1940\times\frac{S_0^{0.2}}{R_m^{0.9}}$$

式中 A_{50mm}——断后伸长率最小值，%；

S_0——拉伸试样原始横截面面积，mm^2；

R_m——规定的最小抗拉强度，MPa。

对于圆棒试样，直径为 12.7mm 和 8.9mm 试样的 S_0 为 $130mm^2$；直径为 6.4mm 试样的 S_0 为 $65mm^2$；

对于全厚度矩形试样，取（1）$485mm^2$ 和（2）试样截面面积（公称厚度×试样宽度）中的较小者，修约到最接近的 $10mm^2$。

表 5 PSL2 钢带和钢板的力学和工艺性能

牌 号	拉伸试验①					冷弯试验 180°，横向（d—弯心直径，a—试样厚度）
	规定总延伸强度② $R_{t0.5}$/MPa	抗拉强度 R_m/MPa	屈强比 ≤	断后伸长率③/% ≥		
				A	A_{50mm}	
L245R/BR、L245N/BN、L245M/BM	245~450	415~760	0.91	21	同表 4 的注释①	$d=2a$
L290R/X42R、L290N/X42N、L290M/X42M	290~495	415~760		21		$d=2a$
L320N/X46N、L320M/X46M	320~525	435~760		20		$d=2a$
L360N/X52N、L360M/X52M	360~530	460~760	0.93	19		$d=2a$
L390N/X56N、L390M/56M	390~545	490~760		18		$d=2a$
L415N/X60N、L415M/X60M	415~565	520~760		17		$d=2a$
L450M/X65M	450~600	535~760		17		$d=2a$
L485M/X70M	485~635	570~760		16		$d=2a$
L555M/X80M	555~705	625~825		15		$d=2a$

续表 5

<table>
<tr><td rowspan="4">牌　　号</td><td colspan="5">拉伸试验①</td><td rowspan="4">冷弯试验
180°，横向
（d—弯心直径，
a—试样厚度）</td></tr>
<tr><td rowspan="3">规定总延伸强度②
$R_{t0.5}$/MPa</td><td rowspan="3">抗拉强度
R_m/MPa</td><td>屈强比</td><td colspan="2">断后伸长率③/%</td></tr>
<tr><td rowspan="2">≤</td><td colspan="2">≥</td></tr>
<tr><td>A</td><td>A_{50mm}</td></tr>
<tr><td>L625M/X90M</td><td>625~775</td><td>695~915</td><td>0.95④</td><td rowspan="3">协商</td><td rowspan="3">同表 4 的注释①</td><td rowspan="3">协商</td></tr>
<tr><td>L690M/X100M</td><td>690~840</td><td>760~990</td><td>0.97④</td></tr>
<tr><td>L830M/X120M</td><td>830~1050</td><td>915~1145</td><td>0.99④</td></tr>
</table>

注：表中所列拉伸，由需方确定试样方向，并应在合同中注明，一般情况下试样方向为对应钢管横向。

① 需方在选用表中牌号时，由供需双方协商确定合适的拉伸性能范围和屈强比要求，以保证钢管成品拉伸性能符合相应标准要求。

② 对于 L625/X90 及以上级别钢带和钢板，$R_{p0.2}$ 适用。

③ 在供需双方未规定采用何种标距时，生产方按照定标距检验，以标距为 50mm、宽度为 38mm 的试样仲裁。

④ 经需方要求，供需双方可协商规定钢带的屈强比。

6　金相检验

6.1　PSL2 钢带和钢板的晶粒度要求应符合表 6 的规定。经供需双方协商，可对晶粒度另行规定。

6.2　PSL2 钢带和钢板中 A、B、C、D 类非金属夹杂物级别应符合表 7 的规定。其检验方法应符合 ASTM E45 方法 A。经供需双方协商，可对非金属夹杂物另行规定。

6.3　对输气管道用钢带和钢板，L555/X80 及以下级别钢带和钢板的带状组织应不大于 3 级。评级应符合 GB/T 13299 的规定。对 L625/X90 及以上级别钢带和钢板的带状组织由供需双方协商。

表 6　晶粒度级别

<table>
<tr><td>用途</td><td>牌号</td><td>晶粒度级别</td></tr>
<tr><td>输油及其他类流体管道用途</td><td>所有牌号</td><td>No. 7 级或更细</td></tr>
<tr><td rowspan="3">输气管道用钢</td><td>L245/B~L360/X52</td><td>No. 8 级或更细</td></tr>
<tr><td>L390/X56~L450/X65</td><td>No. 9 级或更细</td></tr>
<tr><td>L485/X70~L830/X120</td><td>协商</td></tr>
</table>

表 7　非金属夹杂物级别

<table>
<tr><td rowspan="2">用途</td><td colspan="2">A</td><td colspan="2">B</td><td colspan="2">C</td><td colspan="2">D</td></tr>
<tr><td>细</td><td>粗</td><td>细</td><td>粗</td><td>细</td><td>粗</td><td>细</td><td>粗</td></tr>
<tr><td>输气管道用钢</td><td>≤2.0</td><td>≤2.0</td><td>≤2.0</td><td>≤2.0</td><td>≤2.0</td><td>≤2.0</td><td>≤2.0</td><td>≤2.0</td></tr>
<tr><td>输油及其他类流体管道用钢</td><td>≤2.5</td><td>≤2.5</td><td>≤2.5</td><td>≤2.5</td><td>≤2.5</td><td>≤2.5</td><td>≤2.5</td><td>≤2.5</td></tr>
</table>

7　特殊要求

特殊要求只适用于 PSL2 质量等级的钢带和钢板，经供需双方协商，并在合同中注明。

7.1　断裂韧性

（1）落锤撕裂试验：对 L360/X52 及以上级别钢带和钢板，落锤撕裂试验的剪切面积要求和试验温度参照表 8 的规定。对输气管道用钢带和钢板，落锤剪切面积单值不低于

70%，均值不低于 85%。韧脆转变曲线至少应包含下列温度的试验点：20℃、0℃、-10℃、-20℃、-30℃、-40℃。

（2）夏比 V 型缺口冲击试验：输油及其他类流体管道用钢带和钢板的冲击试验参照表 8 的规定。对输气管道用钢带和钢板，冲击吸收能量应在钢管冲击吸收能量的基础上加 20J。对 L360/X52 及以上级别输气管道用钢带和钢板冲击纤维断面率单值不低于 80%，均值不低于 90%。韧脆转变曲线至少应包含下列温度的试验点：20℃、0℃、-10℃、-20℃、-40℃。

表 8　输油及其他类流体管道用钢带和钢板的断裂韧性

牌号	夏比 V 型缺口冲击试验（-10℃）			落锤撕裂试验（DWTT）		
	冲击吸收能量 KV_8/J	纤维断面率/%		DWTT 最小剪切面积百分比 *SA*/%		
	≥	≥		试验温度	均值	单值
		均值	单值			
L245/B	45	—	—	—	—	—
L290/X42	60					
L320/X46						
L360/X52	80	85	70	-5℃	80	60
L390/X56						
L415/X60						
L450/X65						
L485/X70	100					
L555/X80	120					
L625/X90	协商					
L690/X100						
L830/X120						

注：1. 厚度不小于 6mm 的钢带和钢板应做冲击试验，冲击试样尺寸取 10mm×10mm×55mm 的标准试样；当钢材不足以制取标准试样时，应采用 10mm×7. 5mm×55mm 或 10mm×5mm×55mm 小尺寸试样，冲击吸收能量应分别为不小于表 8 规定值的 75%或 50%，优先采用较大尺寸试样。纤维断面率应符合表 8 的规定。

2. 冲击吸收能量和纤维断面率为一组 3 个试样的平均值，允许有一个试样单个值小于规定值，但不得低于规定值的 75%。

7. 2　硬度

表 9 给出了钢带和钢板横向截面上最大允许硬度（HV10）参考值。

表 9　PSL2 钢带和钢板的最大允许硬度参考值

钢级	最大允许硬度值 HV10	钢级	最大允许硬度值 HV10
L245/B	240	L450/X65	245
L290/X42	240	L485/X70	260
L320/X46	240	L555/X80	265
L360/X52	240	L625/X90	协商
L390/X56	240	L690/X100	
L415/X60	240	L830/X120	

GB/T 21237—2018 石油天然气输送管用宽厚钢板

1　范围

该标准适用于按 ISO 3183、GB/T 9711、API Spec 5L 等标准生产的石油、天然气输送管用厚度为 6~50mm 的宽厚钢板。其他流体输送焊管用宽厚钢板也可参考该标准。

2　质量等级分类及牌号

按不同质量等级分为两类：PSL1 和 PSL2，见表 1。

表 1　PSL1 和 PSL2 质量等级交货状态和牌号

质量等级	交货状态	牌号
PSL1	热轧、正火、正火轧制	L210/A
	热轧、正火、正火轧制、热机械轧制	L245/B
		L290/X42
		L320/X46
		L360/X52
		L390/X56
		L415/X60
		L450/X65
		L485/X70

质量等级	交货状态	牌号
PSL2	热轧	L245R/BR、L290R/X42R
	正火、正火轧制	L245N/BN、L290N/X42N、L320N/X46N、L360N/X52N、L390N/X56N、L415N/X60N
	热机械轧制	L245M/BM、L290M/X42M、L320M/X46M、L360M/X52M、L390M/X56M、L415M/X60M、L450M/X65M、L485M/X70M、L555M/X80M、L625M/X90M、L690M/X100M、L830M/X120M
	淬火+回火	L245Q/BQ、L290Q/X42Q、L320Q/X46Q、L360Q/X52Q、L390Q/X56Q、L415Q/X60Q、L450Q/X65Q、L485Q/X70Q、L555Q/X80Q

3　牌号与化学成分

3.1　PSL1 钢板的化学成分（熔炼分析和产品分析）应符合表 2 的规定。

3.2　PSL2 钢板的化学成分（熔炼分析和产品分析）应符合表 3 的规定。

3.3　对 L290/X42 及更高钢级，可以添加表 2 或表 3 中所列元素（包括铌、钒、钛）以外的其他元素。

3.4　PSL2 各牌号的碳当量应符合表 3 的规定。

表 2　PSL1 化学成分（熔炼分析和产品分析）

牌号	化学成分①⑦（质量分数）/%						
	C②	Mn②	P	S	V	Nb	Ti
	不大于						
L210/A	0.22	0.90	0.030	0.030	—	—	—
L245/B	0.26	1.20	0.030	0.030	③④	③④	④
L290/X42	0.26	1.30	0.030	0.030	④	④	④
L320/X46	0.26	1.40	0.030	0.030	④	④	④

续表 2

牌号	化学成分①⑦（质量分数）/%						
	C②	Mn②	P	S	V	Nb	Ti
	不大于						
L360/X52	0.26	1.40	0.030	0.030	④	④	④
L390/X56	0.26	1.40	0.030	0.030	④	④	④
L415/X60	0.26⑤	1.40⑤	0.030	0.030	⑥	⑥	⑥
L450/X65	0.26⑤	1.40⑤	0.030	0.030	⑥	⑥	⑥
L480/X70	0.26⑤	1.65⑤	0.030	0.030	⑥	⑥	⑥

① 铜最大含量 0.50%；镍最大含量 0.50%；铬最大含量 0.50%；钼最大含量 0.15%。

② 碳含量比规定最大碳含量每降低 0.01%，锰含量则允许比规定最大锰含量高 0.05%，但对 L245/B、L290/X42、L320/X46 和 L360/X52，最大锰含量应不超过 1.65%；对于 L390/X56、L415/X60 和 L450/X65，最大锰含量应不超过 1.75%；对于 L485/X70，锰含量应不超过 2.00%。

③ 除另有协议外，铌、钒总含量应不大于 0.06%。

④ 铌、钒、钛总含量应不大于 0.15%。

⑤ 除另有协议外。

⑥ 除另有协议外，铌、钒、钛总含量应不大于 0.15%。

⑦ 除非另有规定，否则不应有意加入硼，残余硼含量应不大于 0.001%。

表 3 PSL2 化学成分（熔炼分析和产品分析）及碳当量

牌号	化学成分（质量分数）/%，不大于									碳当量①/%，不大于	
	C②	Si	Mn②	P	S	V	Nb	Ti	其他	CE_{IIW}	CE_{Pcm}
L245R/BR	0.24	0.40	1.20	0.025	0.015	③	③	0.04	⑤⑪	0.43	0.25
L290R/X42R	0.24	0.40	1.20	0.025	0.015	0.06	0.05	0.04	⑤⑪	0.43	0.25
L245N/BN	0.24	0.40	1.20	0.025	0.015	③	③	0.04	⑤⑪	0.43	0.25
L290N/X42N	0.24	0.40	1.20	0.025	0.015	0.06	0.05	0.04	⑤⑪	0.43	0.25
L320N/X46N	0.24	0.40	1.40	0.025	0.015	0.07	0.05	0.04	④⑤⑪	0.43	0.25
L360N/X52N	0.24	0.45	1.40	0.025	0.015	0.10	0.05	0.04	④⑤⑪	0.43	0.25
L390N/X56N	0.24	0.45	1.40	0.025	0.015	0.10⑥	0.05	0.04	④⑤⑪	0.43	0.25
L415N/X60N	0.24⑥	0.45⑥	1.40⑥	0.025	0.015	0.10⑥	0.05⑥	0.04⑥	⑦⑧⑪	按协议	
L245Q/BQ	0.18	0.45	1.40	0.025	0.015	0.05	0.05	0.04	⑤⑪	0.43	0.25
L290Q/X42Q	0.18	0.45	1.40	0.025	0.015	0.05	0.05	0.04	⑤⑪	0.43	0.25
L320Q/X46Q	0.18	0.45	1.40	0.025	0.015	0.05	0.05	0.04	⑤⑪	0.43	0.25
L360Q/X52Q	0.18	0.45	1.50	0.025	0.015	0.05	0.05	0.04	⑤⑪	0.43	0.25
L390Q/X56Q	0.18	0.45	1.50	0.025	0.015	0.07	0.05	0.04	④⑤⑪	0.43	0.25
L415Q/X60Q	0.18⑥	0.45⑥	1.70⑥	0.025	0.015	⑦	⑦	⑦	⑧⑪	0.43	0.25

续表 3

牌号	化学成分（质量分数）/%，不大于									碳当量①/%，不大于	
	C②	Si	Mn②	P	S	V	Nb	Ti	其他	CE_{IIW}	CE_{Pcm}
L450Q/X65Q	0.18⑥	0.45⑥	1.70⑥	0.025	0.015	⑦	⑦	⑦	⑧⑪	0.43	0.25
L485Q/X70Q	0.18⑥	0.45⑥	1.80⑥	0.025	0.015	⑦	⑦	⑦	⑧⑪	0.43	0.25
L555Q/X80Q	0.18⑥	0.45⑥	1.90⑥	0.025	0.015	⑦	⑦	⑦	⑨⑩	按协议	
L245M/BM	0.22	0.45	1.20	0.025	0.015	0.05	0.05	0.04	⑤⑪	0.43	0.25
L290M/X42M	0.22	0.45	1.30	0.025	0.015	0.05	0.05	0.04	⑤⑪	0.43	0.25
L320M/X46M	0.22	0.45	1.30	0.025	0.015	0.05	0.05	0.04	⑤⑪	0.43	0.25
L360M/X52M	0.22	0.45	1.30	0.025	0.015	④	④	④	⑤⑪	0.43	0.25
L390M/X56M	0.22	0.45	1.40	0.025	0.015	④	④	④	⑤⑪	0.43	0.25
L415M/X60M	0.12⑥	0.45⑥	1.60⑥	0.025	0.015	⑦	⑦	⑦	⑧⑪	0.43	0.25
L450M/X65M	0.12⑥	0.45⑥	1.60⑥	0.025	0.015	⑦	⑦	⑦	⑧⑪	0.43	0.25
L485M/X70M	0.12⑥	0.45⑥	1.70⑥	0.025	0.015	⑦	⑦	⑦	⑧⑪	0.43	0.25
L555M/X80M	0.12⑥	0.45⑥	1.85⑥	0.025	0.015	⑦	⑦	⑦	⑨⑪	0.43⑥	0.25
L625M/X90M	0.10	0.55⑥	2.10⑥	0.020	0.010	⑦	⑦	⑦	⑨⑪	—	0.25
L690M/X100M	0.10	0.55⑥	2.10⑥	0.020	0.010	⑦	⑦	⑦	⑨⑩		0.25
L830M/X120M	0.10	0.55⑥	2.10⑥	0.020	0.010	⑦	⑦	⑦	⑨⑩		0.25

① 碳含量大于 0.12%时，CE_{IIW}适用：CE_{IIW}（%）= C+Mn/6+(Cr+Mo+V)/5+(Ni+Cu)/15；
碳含量不大于 0.12%时，CE_{Pcm}适用：CE_{Pcm}（%）= C+Si/30+Mn/20+Cu/20+Ni/60+Cr/20+Mo/15+V/10+5B。

② 碳含量比规定最大碳含量每降低 0.01%，则允许锰含量比规定值提高 0.05%，但对 L245/B、L290/X42、L320/X46 和 L360/X52，最大锰含量应不超过 1.65%；对于 L390/X56、L415/X60 和 L450/X65，最大锰含量应不超过 1.75%；对于 L485/X70、L555/X80，最大锰含量应不超过 2.00%；对于 L625/X90、L690/X100 和 L830/X120，最大锰含量应不超过 2.20%。

③ 除另有协议外，铌、钒总含量应不大于 0.06%。

④ 铌、钒、钛总含量应不大于 0.15%。

⑤ 除另有协议外，铜最大含量 0.50%；镍最大含量 0.30%；铬最大含量 0.30%；钼最大含量 0.15%。

⑥ 除另有协议外。

⑦ 除另有协议外，铌、钒、钛总含量应不大于 0.15%。

⑧ 除另有协议外，铜最大含量 0.50%；镍最大含量 0.50%；铬最大含量 0.50%；钼最大含量 0.50%。

⑨ 除另有协议外，铜最大含量 0.50%；镍最大含量 1.00%；铬最大含量 0.50%；钼最大含量 0.50%。

⑩ 硼含量不大于 0.004%。

⑪ 除另有协议外，不允许有意添加硼，残余硼含量应不大于 0.001%。

4 交货状态

钢板应按热轧、正火、正火轧制、热机械轧制、淬火+回火状态交货。

5 力学性能与工艺性能

5.1 PSL1、PSL2 钢板的力学和工艺性能应分别符合表 4、表 5 的规定。

5.2 弯曲试验后，试样的外表面上应不出现裂纹。

表 4 PSL1 钢板的力学和工艺性能

钢级	拉伸试验①②				180°弯曲试验（a—试样厚度，D—弯曲压头直径）
	规定总延伸强度 $R_{t0.5}$/MPa	抗拉强度 R_m/MPa	断后伸长率③/% 不小于		
	不小于	不小于	A_{50mm}	A	
L210/A	210	335	④	25	$D=2a$
L245/B	245	415		21	
L290/X42	290	415		21	
L320/X46	320	435		20	
L360/X52	360	460		19	
L390/X56	390	490		18	
L415/X60	415	520		17	
L450/X65	450	535		17	
L485/X70	485	570		16	

① 需方在选用表中牌号时，由供需双方协商确定合适的拉伸性能范围，以保证钢管成品拉伸性能符合相应标准要求。

② 表中所列拉伸试样由需方确定试样方向，并应在合同中注明。一般情况下拉伸试样方向为对应钢管横向。

③ 按照定标距检验，当用户有特殊要求时，也可采用比例标距检验。当发生争议时，以标距为 50mm、宽度为 38mm 的试样进行仲裁。

④ 标距为 50mm 时断后伸长率最小值的计算：

$$A_{50mm}=1940\times\frac{S_0^{0.2}}{R_m^{0.9}}$$

式中 A_{50mm}——断后伸长率最小值，%；

S_0——拉伸试样原始横截面面积，mm^2；

R_m——规定的最小抗拉强度，MPa。

对于圆棒试样，直径为 12.7mm 和 8.9mm 试样的 S_0 为 $130mm^2$；直径为 6.4mm 试样的 S_0 为 $65mm^2$；

对于全厚度矩形试样，取（1）$485mm^2$ 和（2）试样截面面积（公称厚度×试样厚度）中的较小者，修约到最接近的 $10mm^2$。

表 5 PSL2 钢板的力学和工艺性能

牌号	拉伸试验①②					180°横向弯曲试验（a—试样厚度，D—弯曲压头直径）
	规定总延伸强度③ $R_{t0.5}$/MPa	抗拉强度 R_m/MPa	屈强比 $R_{t0.5}/R_m$	断后伸长率④/% 不小于		
			不大于	A_{50mm}	A	
L245R/BR、L245N/BN、L245Q/BQ、L245M/BM	245~450	415~655	0.90	同表 4 的注释④	21	$D=2a$
L290R/X42R、L290N/X42N、L290Q/X42Q、L290M/X42M	290~495	415~655	0.90		21	$D=2a$

续表 5

牌号	拉伸试验[①②]					180°横向弯曲试验（a—试样厚度，D—弯曲压头直径）
	规定总延伸强度[③] $R_{t0.5}$/MPa	抗拉强度 R_m/MPa	屈强比 $R_{t0.5}/R_m$	断后伸长率[④]/%		
				不小于		
			不大于	A_{50mm}	A	
L320N/X46N、L320Q/X46Q、L320M/X46M	320~525	435~655	0.90	同表 4 的注释④	20	$D=2a$
L360N/X52N、L360Q/X52Q、L360M/X52M	360~530	460~760	0.90		19	$D=2a$
L390N/X56N、L390Q/X56Q、L390M/X56M	390~545	490~760	0.90		18	$D=2a$
L415N/X60N、L415Q/X60Q、L415M/X60M	415~565	520~760	0.90[⑤]		17	$D=2a$
L450Q/X65Q、L450M/X65M	450~600	535~760	0.90[⑤]		17	$D=2a$
L485Q/X70Q、L485M/X70M	485~635	570~760	0.90[⑤]		16	$D=2a$
L555Q/X80Q、L555M/X80M	555~705	625~825	0.93		15	$D=2a$
L625M/X90M	625~775	695~915	0.95		协议	协议
L690M/X100M	690~840	760~990	0.97			
L830M/X120M	830~1050	915~1145	0.99			

① 表中所列拉伸，由需方确定试样方向，并应在合同中注明，一般情况下试样方向为对应钢管横向。

② 需方在选用表中牌号时，由供需双方协商确定合适的拉伸性能范围和屈强比要求，以保证钢管成品拉伸性能符合相应标准要求。

③ 对于 L625/X90 及更高强度钢级，规定塑性延伸强度 $R_{p0.2}$ 适用。

④ 在供需双方未规定采用何种标距时，按照定标距检验，当用户有特殊要求时，也可采用比例标距检验。当发生争议时，以标距为 50mm、宽度为 38mm 的试样进行仲裁。

⑤ 允许其中 5%的炉批屈强比 $0.90<R_{t0.5}/R_m\leq 0.92$。

6　金相检验

6.1　PSL2 钢板的晶粒度要求应符合表 6 的规定。

6.2　PSL2 钢板 A、B、C、D 类非金属夹杂物级别应符合表 7 的规定。

6.3　对输气管道用钢板，L555/X80 及更低强度钢级的带状组织应不大于 3 级，评级应符合 GB/T 13299 的规定。对 L625/X90 及更高强度钢级的带状组织由供需双方协商。

表 6　晶粒度级别

用途	钢级	晶粒度级别
输油及其他管道用钢	所有级别	No. 7 级或更细
输气管道用钢	L245/B~L390/X56	No. 8 级或更细
	L415/X60~L450/X65	No. 9 级或更细
	L485/X70~L555/X80	No. 10 级或更细
	L625/X90 及以上钢级	协商

表 7　非金属夹杂物级别

<table>
<tr><th rowspan="2">用途</th><th colspan="2">A</th><th colspan="2">B</th><th colspan="2">C</th><th colspan="2">D</th></tr>
<tr><th>细系</th><th>粗系</th><th>细系</th><th>粗系</th><th>细系</th><th>粗系</th><th>细系</th><th>粗系</th></tr>
<tr><td>输气管道用钢</td><td>≤2.0</td><td>≤2.0</td><td>≤2.0</td><td>≤2.0</td><td>≤2.0</td><td>≤2.0</td><td>≤2.0</td><td>≤2.0</td></tr>
<tr><td>输油及其他管道用钢</td><td>≤2.5</td><td>≤2.5</td><td>≤2.5</td><td>≤2.5</td><td>≤2.5</td><td>≤2.5</td><td>≤2.5</td><td>≤2.5</td></tr>
</table>

7　其他要求

只适用于 PSL2 质量等级的钢板，经供需双方协商，并在合同中注明。

7.1　韧性试验

（1）落锤撕裂试验（DWTT）：对于 L360/X52 及以上级别钢板落锤撕裂试验温度为 -10℃。试验结果应符合表 8 的规定。

（2）夏比（V 型缺口）冲击试验（KV_8）温度为-20℃，试验结果应符合表 8 的规定。

表 8　钢板的断裂韧性

<table>
<tr><th rowspan="5">牌号</th><th colspan="5">-20℃夏比（V 型缺口）冲击试验</th><th colspan="4">-10℃落锤撕裂试验（DWTT）</th></tr>
<tr><th>冲击吸收能量</th><th colspan="4">剪切断面率（FA）/%</th><th colspan="4" rowspan="2">DWTT 最小剪切面积百分数（SA）/%</th></tr>
<tr><th>KV_8/J</th><th colspan="4">不小于</th></tr>
<tr><th rowspan="2">不小于</th><th colspan="2">输油</th><th colspan="2">输气</th><th colspan="2">输油</th><th colspan="2">输气</th></tr>
<tr><th>均值</th><th>单值</th><th>均值</th><th>单值</th><th>均值</th><th>单值</th><th>均值</th><th>单值</th></tr>
<tr><td>L245/B</td><td rowspan="2">80</td><td rowspan="3">—</td><td rowspan="3">—</td><td rowspan="3">—</td><td rowspan="3">—</td><td rowspan="3">—</td><td rowspan="3">—</td><td rowspan="3"></td><td rowspan="3"></td></tr>
<tr><td>L290/X42</td></tr>
<tr><td>L320/X46</td><td rowspan="2">90</td></tr>
<tr><td>L360/X52</td><td rowspan="9">85</td><td rowspan="9">70</td><td rowspan="9">90</td><td rowspan="9">80</td><td rowspan="9">80</td><td rowspan="9">60</td><td rowspan="9">85</td><td rowspan="9">70</td></tr>
<tr><td>L390/X56</td><td rowspan="3">120</td></tr>
<tr><td>L415/X60</td></tr>
<tr><td>L450/X65</td></tr>
<tr><td>L485/X70</td><td rowspan="2">150</td></tr>
<tr><td>L555/X80</td></tr>
<tr><td>L625/X90</td><td rowspan="2">180</td></tr>
<tr><td>L690/X100</td></tr>
<tr><td>L830/X120</td><td colspan="9">按协议</td></tr>
</table>

注：1. 当采用 10mm×10mm×55mm 的标准试样做冲击试验时，其冲击吸收能量应符合表 8 的规定。当钢板厚度不足以制取标准试样时，应采用 10mm×7.5mm×55mm 或 10mm×5mm×55mm 小尺寸试样，冲击吸收能量应分别不小于表 8 规定值的 75%或 50%，优先采用较大尺寸试样；剪切断面率应符合表 8 的规定。

2. 冲击吸收能量和剪切断面率为一组 3 个试样的平均值，允许有一个试样单个值小于规定值，但不得低于规定值的 75%。

7.2　硬度

PSL2 钢板横向截面上最大允许硬度（HV10）参考值见表 9。

表 9 PSL2 钢板的最大允许硬度参考值

钢级	最大允许硬度值 HV10	钢级	最大允许硬度值 HV10
L245/B	240	L450/X65	240
L290/X42	240	L485/X70	255
L320/X46	240	L555/X80	265
L360/X52	240	L625/X90	285
L390/X56	240	L690/X100	300
L415/X60	240	L830/X120	协商

GB/T 30060—2013 石油天然气输送管件用钢板

1　范围

该标准适用于石油天然气输送用弯头、异径接头、三通、四通、管帽等钢制对焊管件用厚度为6~70mm的钢板。

2　牌号与化学成分

2.1　钢的牌号和化学成分（熔炼分析）应符合表1的规定。

2.2　各牌号钢的碳当量（CEV）应符合表2的规定。当碳含量不大于0.12%时，采用焊接裂纹敏感性指数（Pcm）代替碳当量评估钢材的可焊性。

表1　钢的牌号及化学成分

牌号	化学成分（质量分数）/%，不大于													
	C①	Si	Mn①	P	S	Nb	V	Ti	Mo	Alt	Ni	Cr	Cu	N
Q245PF	0.20	0.35	1.30	0.025	0.015	0.10	0.06	—	0.25	0.060	0.50	0.35	0.35	0.010
Q290PF	0.20	0.35	1.30	0.025	0.015	0.10	0.06	—	0.25	0.060	0.50	0.35	0.35	0.010
Q320PF	0.20	0.35	1.40	0.025	0.015	0.10	0.06	—	0.25	0.060	0.50	0.35	0.35	0.010
Q360PF	0.20	0.35	1.50	0.020	0.015	0.10	0.06	—	0.25	0.060	0.50	0.35	0.35	0.010
Q390PF	0.18	0.40	1.50	0.020	0.015	0.10	0.06	—	0.25	0.060	0.50	0.35	0.35	0.010
Q415PF	0.18	0.40	1.70	0.020	0.010	0.10	0.06	—	0.25	0.060	0.50	0.35	0.35	0.010
Q450PF	0.18	0.40	1.70	0.020	0.010	0.10	0.06	0.040	0.25	0.060	0.50	0.35	0.35	0.010
Q485PF	0.18	0.40	1.80	0.020	0.010	0.10	0.06	0.040	0.30	0.060	0.50	0.35	0.35	0.010
Q555PF	0.18	0.40	1.90	0.020	0.010	0.10	0.06	0.040	0.30	0.060	0.50	0.45	0.35	0.010

① 碳含量比规定最大值每降低0.01%，锰含量则允许比规定最大值提高0.05%，但对于Q245PF~Q360PF，最高锰含量不允许超过1.50%；对于Q390PF~Q415PF，最高锰含量不允许超过1.75%；对于Q485PF~Q555PF，最高锰含量不允许超过2.00%。

表2　碳当量（CEV）和焊接裂纹敏感性指数（Pcm）

牌号	CEV/%	Pcm/%
Q245PF	≤0.43	≤0.21
Q290PF	≤0.43	≤0.21
Q320PF	≤0.43	≤0.21
Q360PF	≤0.43	≤0.21
Q390PF	≤0.43	≤0.21
Q415PF	≤0.43	≤0.21
Q450PF	≤0.43	≤0.21①
Q485PF	≤0.45	≤0.23①
Q555PF	≤0.50	≤0.25

注：CEV（%）= C+Mn/6+(Cr+Mo+V)/5+(Ni+Cu)/15。

Pcm（%）= C+Si/30+Mn/20+Cu/20+Ni/60+Cr/20+Mo/15+V/10+5B。

① 对于Q450PF和Q485PF，经供需双方协商，Pcm可以提高至0.25%。

3　交货状态

钢板的交货状态为热轧（AR）、控轧（CR）、热机械轧制（TMCP）。

4　力学性能与工艺性能

试样毛坯经淬火加回火处理后加工成试样，其检验结果应符合表3的规定。

表3　力学和工艺性能

牌号	规定总延伸强度 $R_{t0.5}$/MPa	抗拉强度 R_m/MPa	屈强比	断后伸长率/% 不小于		冲击试验 横向		180°弯曲试验③
			不大于	A	A_{50mm}	试验温度②/℃	KV_2/J 不小于	
Q245PF	245~445	415~755	0.90	23		−30	50	$d=2a$
Q290PF	290~495	415~755	0.90	22		−30	55	$d=2a$
Q320PF	320~525	435~755	0.90	21		−30	60	$d=2a$
Q360PF	360~530	460~755	0.90	21		−30	60	$d=2a$
Q390PF	390~545	490~755	0.90	19	①	−30	60	$d=2a$
Q415PF	415~565	520~755	0.93	19		−30	60	$d=2a$
Q450PF	450~600	535~755	0.93	18		−30	60	$d=2a$
Q485PF	485~630	570~760	0.93	16		−30	60	$d=2a$
Q555PF	555~700	625~825	0.93	16		−30	60	$d=2a$

注：1. 冲击吸收能量按一组三个试样算数平均值计算，允许其中一个试样值低于表3规定值，但不得低于规定值的75%。

2. 厚度小于12mm钢板的夏比（V型缺口）冲击试验应采用辅助试样，厚度为6~8mm钢板，其尺寸为10mm×5mm×55mm，其试验结果应不小于表3规定值的50%，厚度>8~<12mm钢板，其尺寸为10mm×7.5mm×55mm，其试验结果应不小于表3规定值的75%。

① 原始标距为50mm时断后伸长率最小值的计算：

$$A_{50mm}=1956\times\frac{S_0^{0.2}}{R_m^{0.9}}$$

式中　A_{50mm}——原始标距50mm时的断后伸长率最小值,%；

S_0——拉伸试样原始横截面面积，mm^2；

R_m——规定的最小抗拉强度，MPa。

对于圆棒试样，直径为12.7mm和8.9mm试样的S_0为130mm^2；直径为6.4mm试样的S_0为65mm^2；

对于全厚度矩形试样，试样S_0取（1）485mm^2和（2）试样截面面积（公称厚度×试样宽度）中的较小者，修约至10mm^2。

② 经供需双方协商，可以采用其他冲击试验温度。

③ a为试样厚度；d为弯心直径。

5　硬度

经供需双方协商，并在合同中注明，试样毛坯经淬火加回火处理后的硬度可符合表4的要求。

表4 硬度

牌号	维氏硬度 HV10，不大于
Q245PF	240
Q290PF	240
Q320PF	240
Q360PF	240
Q390PF	240
Q415PF	240
Q450PF	245
Q485PF	260
Q555PF	265

6 金相检验

钢板的晶粒度应为8级或更细。

钢板的带状组织应不大于3级。

钢板的A、B、C、D类非金属夹杂物应各不高于2.0级。

7 超声波检验

钢板应按GB/T 2970逐张进行超声波检验，检验结果达到Ⅰ级。

GB/T 31938—2015 煤浆输送管用钢板

1 范围

该标准适用于制造输送煤浆用直缝埋弧焊钢管用厚度为6~40mm的热轧钢板及钢带剪切钢板。

2 牌号与化学成分

2.1 对于厚度不大于25mm的钢板，钢的牌号及化学成分（熔炼分析和成品分析）应符合表1的规定。对于厚度大于25mm的钢板，钢的化学成分（熔炼分析和成品分析）由供需双方协商确定，根据表1的规定修改为合适的成分要求。

2.2 钢板的碳当量（CE）或焊接裂纹敏感性指数（Pcm）应符合表2的相应规定。

表1 钢的牌号及化学成分

牌号	化学成分（质量分数）/%								
	C①	Si	Mn①	P	S	Nb	V	Ti	其他
	不大于								
L245J/BJ	0.22	0.45	1.20	0.025	0.015	0.05	0.05	0.04	③⑥⑦
L290J/X42J	0.22	0.45	1.30	0.025	0.015	0.05	0.05	0.04	③⑥⑦
L320J/X46J	0.22	0.45	1.30	0.025	0.015	0.05	0.05	0.04	③⑥⑦
L360J/X52J	0.22	0.45	1.40	0.020	0.015	②	②	②	③⑥⑦
L390J/X56J	0.22	0.45	1.40	0.020	0.015	②	②	②	③⑥⑦
L415J/X60J	0.12	0.45	1.60	0.020	0.010	④	④	④	⑤~⑦
L450J/X65J	0.12	0.45	1.60	0.020	0.010	④	④	④	⑤~⑦

注：1. 为改善钢的性能，可添加表1所列元素之外的其他元素。

2. 按照需方要求，经供需双方协商，也可供其他牌号的钢板。

① 碳含量比规定最大值每降低0.01%，锰含量则允许比规定最大值提高0.05%，但对于L245J/BJ~L360J/X52J，最高锰含量不允许超过1.65%；对于L390J/X56J~L450J/X65J，最高锰含量不允许超过1.75%。

② w(Nb+V+Ti)≤0.15%。

③ 除另有协议外，w(Cu)≤0.50%，w(Ni)≤0.30%，w(Cr)≤0.30%，w(Mo)≤0.15%。

④ 除另有协议外，w(Nb+V+Ti)≤0.15%。

⑤ 除另有协议外，w(Cu)≤0.50%，w(Ni)≤0.50%，w(Cr)≤0.50%，w(Mo)≤0.50%。

⑥ 除另有协议外，不允许有意添加硼，残余w(B)≤0.001%。

⑦ 为保证钢板的耐磨性能，w(Cr+Mo)≥0.20%。

表2 碳当量（CE）、焊接裂纹敏感性指数（Pcm）

牌号	CE/%，适用于w(C)>0.12%	Pcm/%，适用于w(C)≤0.12%
L245J/BJ、L290J/X42J、L320J/X46J、L360J/X52J、L390J/X56J、L415J/X60J、L450J/X65J	≤0.43	≤0.23

注：CE（%）=C+Mn/6+(Cr+Mo+V)/5+(Ni+Cu)/15。

Pcm（%）=C+Si/30+Mn/20+Cu/20+Ni/60+Cr/20+Mo/15+V/10+5B。

3　交货状态

钢板的交货状态为热轧、控轧、热机械轧制（TMCP）或热机械轧制（TMCP）+回火。

4　力学与工艺性能

钢板的力学和工艺性能应符合表 3 的规定。

表 3　力学和工艺性能

牌号	拉伸试验①				冲击试验②，横向		180°弯曲试验③	维氏硬度 HV10	布氏硬度 HBW
	屈服强度 $R_{t0.5}$/MPa	抗拉强度 R_m/MPa	屈强比 $R_{t0.5}/R_m$	断后伸长率 A_{50mm}/%	温度/℃	吸收能量 KV_8/J			
			不大于	不小于		不小于		不大于	不小于
L245J/BJ	245～450	415～655	0.93	④	-10	80	$D=2a$	265	130
L290J/X42J	290～495	415～655	0.93			80	$D=2a$	265	140
L320J/X46J	320～525	435～655	0.93			90	$D=2a$	265	150
L360J/X52J	360～530	460～760	0.93			90	$D=2a$	265	155
L390J/X56J	390～545	490～760	0.93			120	$D=2a$	265	165
L415J/X60J	415～565	520～760	0.93			120	$D=2a$	265	175
L450J/X65J	450～600	535～760	0.93			120	$D=2a$	275	180

注：1. 夏比（V 型缺口）冲击吸收能量，按一组 3 个试样试验结果的算术平均值计算，允许其中 1 个试样值低于表 3 规定值，但不得低于规定值的 70%。

2. 厚度小于 12mm 钢板的夏比（V 型缺口）冲击试验应采用辅助试样。厚度为 6～8mm 的钢板，其尺寸为 10mm×5mm×55mm，其试验结果应不小于表 3 规定值的 50%。厚度>8～<12mm 的钢板，其尺寸为 10mm×7.5mm×55mm，其试验结果应不小于表 3 规定值的 75%。

① 需方在选用表中牌号时，由供需双方协商确定合适的拉伸性能范围，以保证钢管成品拉伸性能符合相应标准要求。

② 由供需双方协商，可规定冲击试验试样纤维断面率的要求。

③ a—试样厚度，D—弯曲压头直径。

④ A_{50mm}最小值计算：

$$A_{50mm}=1940\times\frac{S_0^{0.2}}{R_m^{0.9}}$$

式中 A_{50mm}——固定标距 50mm 时的断后伸长率最小值,%；

S_0——拉伸试样原始横截面面积，mm^2，对于全厚度矩形试样，取（1）485mm^2 和（2）试样横截面面积两者中的较小者，试样横截面面积由试样规定宽度和规定厚度计算，修约到最接近的 10mm^2；

R_m——规定的最小抗拉强度，MPa。

5　硬度检验

5.1　钢板应进行维氏硬度的检验。在钢板宽度 1/4 处横向截面上取样，经抛光后进行 10kg 载荷维氏硬度检验，硬度试验点至少为 9 点，位置如图 1 所示。维氏硬度值应符合表 3 的规定。

5.2　钢板表面应进行布氏硬度试验以评价其耐磨性能。布氏硬度值应符合表 3 的规定。

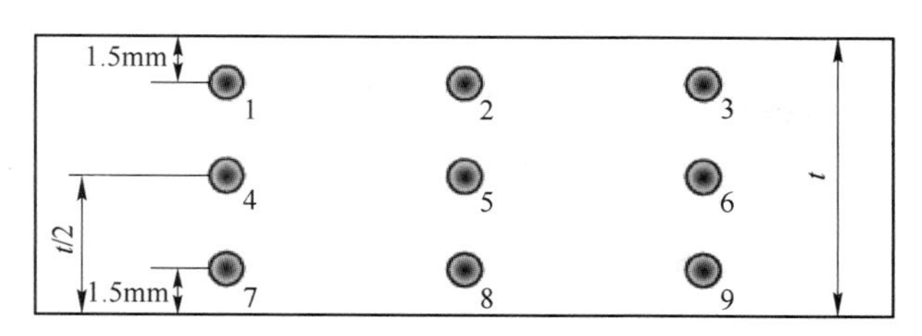

图 1　维氏硬度点位置

t—钢板厚度

6　耐磨性能

供方应按需方提出的耐磨性要求进行耐磨性试验。试验方法可按该标准中附录 B 或供需双方商定的要求进行。

7　超声检验

钢板应逐张进行超声检测，合格级别由供需双方协商确定。

8　特殊要求

可对钢板提出其他特殊技术要求，如晶粒度、非金属夹杂物、带状组织等。其中晶粒度、非金属夹杂物、带状组织的具体指标规定按如下条款：

（1）对于 L415J/X60J 及以上级别钢板，晶粒度应为 No. 9 级或更细，对于 L415J/X60J 以下级别钢板，晶粒度尺寸应为 No. 7 级或更细。

（2）钢板的 A、B、C、D 类非金属夹杂物应各不大于 2. 0 级。

（3）钢板的带状组织应不超过 3. 0 级。

GB/T 33971—2017 煤浆输送管用热轧宽钢带

1　范围

该标准适用于煤浆输送直缝埋弧焊钢管及直缝电阻焊钢管用厚度为 6~22mm 的热轧宽钢带及其剪切钢板，也适用于具有类似要求的其他浆体输送管用热轧宽钢带及其剪切钢板。

2　牌号与化学成分

2.1　钢带和钢板的化学成分（熔炼分析和成品分析）应符合表 1 的规定。

2.2　碳当量的具体要求应符合表 2 的规定。

表 1　化学成分

牌号	化学成分（质量分数）/%									
	C①	Si	Mn①	P	S	Cr	Nb	V	Ti	其他
L245/BJ	0. 22	0. 45	1. 40	0. 025	0. 015	0. 10~0. 40	0. 05	0. 05	0. 04	③⑤⑥
L290J/X42J	0. 22	0. 45	1. 40	0. 025	0. 015	0. 10~0. 40	0. 05	0. 05	0. 04	③⑤⑥
L320J/X46J	0. 22	0. 45	1. 40	0. 025	0. 015	0. 10~0. 40	0. 05	0. 05	0. 04	③⑤⑥
L360J/X52J	0. 22	0. 45	1. 45	0. 020	0. 015	0. 10~0. 40	②	②	②	③⑤⑥
L390J/X56J	0. 22	0. 45	1. 45	0. 020	0. 015	0. 15~0. 40	②	②	②	④~⑥
L415J/X60J	0. 12	0. 45	1. 60	0. 020	0. 010	0. 15~0. 45	②	②	②	④~⑥
L450J/X65J	0. 12	0. 45	1. 65	0. 020	0. 010	0. 20~0. 50	②	②	②	④~⑥
L485J/X70J	0. 12	0. 45	1. 70	0. 020	0. 010	0. 20~0. 50	②	②	②	④~⑥

注：1. 表中所列成分除标明范围，其余均为最大值。

2. 可供应规定总延伸强度介于表 1 中两个连续牌号之间的中间牌号，其化学成分应与表 1 的规定协调一致。

3. 为保证耐冲蚀磨损性能，可添加表 1 所列元素（包括铌、钒、钛）以外的其他元素。

① 碳含量比规定最大碳含量每降低 0. 01%，锰含量则可比规定最大锰含量增加 0. 05%，但对于 L290J/X42J~L360J/X52J，最大锰含量应不超过 1. 65%；对于 L390J/X56J~L450J/X65J，最大锰含量应不超过 1. 75%；对于 L485J/X70J，最大锰含量应不超过 2. 00%。

② 铌、钒、钛含量之和应不大于 0. 15%。

③ 铜含量不大于 0. 50%，镍含量不大于 0. 30%，钼含量不大于 0. 15%。

④ 铜含量不大于 0. 50%，镍含量不大于 0. 30%，钼含量不大于 0. 50%。

⑤ 一般情况下不应添加硼，残余硼含量应不大于 0. 0005%，若双方协商同意，硼含量可不大于 0. 001%。

⑥ 钢中不应添加稀土元素。

表 2　碳当量

牌号	碳当量①/%	
	不大于	
	CE_{IIW}	CE_{Pcm}
L245/BJ	0. 43	0. 23
L290J/X42J	0. 43	0. 23
L320J/X46J	0. 43	0. 23

续表 2

牌号	碳当量①/%	
	不大于	
	CE_{IIW}	CE_{Pcm}
L360J/X52J	0.43	0.23
L390J/X56J	0.43	0.23
L415J/X60J	0.43	0.25
L450J/X65J	0.43	0.25
L485J/X70J	0.43	0.25

注：$CE_{IIW}(\%)=C+Mn/6+(Cr+Mo+V)/5+(Ni+Cu)/15$；

$CE_{Pcm}(\%)=C+Si/30+(Mn+Cu+Cr)/20+Ni/60+Mo/15+V/10+5B$。

① 碳含量大于 0.12%时，CE_{IIW}适用；碳含量不大于 0.12%时，CE_{Pcm}适用。

3　交货状态

钢带和钢板应按热轧或热机械轧制状态交货。

4　力学与工艺性能

钢带和钢板的力学性能和工艺性能应符合表 3 的规定。弯曲试样的拉伸面上应不出现裂纹。

表 3　力学性能和工艺性能

牌号	拉伸试验①					维氏硬度 HV10	180° 弯曲试验
	规定总延伸强度 $R_{t0.5}$/MPa	抗拉强度 R_m/MPa	屈强比 $R_{t0.5}/R_m$	断后伸长率①/%			
				不小于		不小于	
			不大于	A	A_{50mm}		
L245J/BJ	245~450	415~655	0.91	21	②	245	$D=2a$
L290J/X42J	290~495	415~760	0.91	21		245	
L320J/X46J	320~525	435~760	0.91	20		245	
L360J/X52J	360~530	460~760	0.92	19		245	
L390J/X56J	390~545	490~760	0.92	18		245	
L415J/X60J	415~565	520~760	0.92	17		255	
L450J/X65J	450~600	535~760	0.93	17		255	
L485J/X70J	485~635	570~760	0.93	16		265	

注：1. 需方在按照钢管标准来选用表中牌号时，由供需双方协商确定合适的拉伸性能范围和屈强比要求，以保证钢管成品拉伸性能符合相应标准要求。根据需方要求，供需双方可协商规定钢带和钢板的屈强比。

2. a 为试样厚度，D 为弯曲压头直径。

① 除另有协议外，拉伸试验试样应采用全厚度矩形试样，原始标距 $L_0=50mm$、平行部宽度 $b_0=38mm$。在供需双方未规定采用何种标距时，供方按照定标距检验。以原始标距 $L_0=50mm$、平行部宽度 $b_0=38mm$ 的全厚度矩形试样仲裁。

② A_{50mm}最小值计算：

$$A_{50mm}=1940\times\frac{S_0^{0.2}}{R_m^{0.9}}$$

式中　A_{50mm}——原始标距 50mm 时的断后伸长率最小值，%；

S_0——拉伸试样原始横截面面积，mm^2，对于全厚度矩形试样，取 $485mm^2$ 和试样横截面面积（公称厚度×试样宽度）两者中的较小者，修约到最接近的 $10mm^2$；

R_m——规定的最小抗拉强度，MPa。

5　硬度检验

钢带和钢板应进行维氏硬度的检验。在钢带和钢板宽度 1/4 处横向截面上取样，经抛光后进行 10kg 载荷维氏硬度检验，维氏硬度值应符合表 3 的规定。

当厚度 t 不小于 6.0mm 时，硬度试验点应不少于 9 点；维氏硬度点位置如图 1 所示。

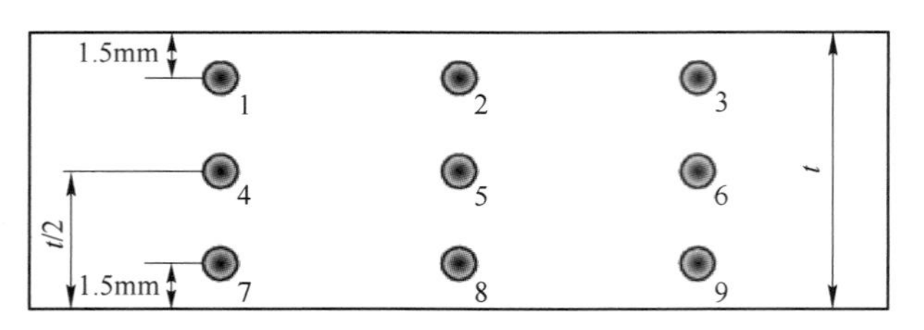

图 1　维氏硬度点位置

t—钢板厚度

6　夏比（V 型缺口）冲击试验与落锤撕裂试验（DWTT）

6.1　钢带和钢板的夏比（V 型缺口）冲击试验参照表 4 的规定。如需方对夏比（V 型缺口）有特殊要求，试验温度、冲击吸收能量和剪切断面率均可由供需双方协商确定。

表 4　冲击性能和落锤撕裂性能

牌号	夏比（V 型缺口）冲击试验①②				落锤撕裂试验（DWTT）③	
	冲击吸收能量 KV_2/J		剪切断面率/%		剪切面积率 SA/%	
	不小于					
	单值	均值	单值	均值	单值	均值
L245J/BJ	70	90	70	85	—	—
L290J/X42J	70	90	70	85	—	—
L320J/X46J	70	90	70	85	—	—
L360J/X52J	80	100	80	90	60	80
L390J/X56J	80	100	80	90	60	80
L415J/X60J	90	120	80	90	70	85
L450J/X65J	120	160	80	90	70	85
L485J/X70J	120	160	80	90	70	85

注：1. 厚度小于 12mm 钢带和钢板的夏比（V 型缺口）冲击试验采用小尺寸试样，>8～<12mm 钢带和钢板试样尺寸为 10mm×7.5mm×55mm，其冲击吸收能量应不小于表 4 规定值的 75%，6～8mm 钢带和钢板试样尺寸为 10mm×5mm×55mm，其冲击吸收能量应不小于表 4 规定值的 50%，但剪切断面率均应符合表 4 的规定。

2. 冲击吸收能量和剪切断面率为一组 3 个试样的算术平均值，允许有一个试样单个值小于规定值，但不应低于规定值的 75%。

① 需方在按照钢管标准来选用表中牌号时，由供需双方协商确定合适的冲击试验试样 KV_2 或 KV_8。

② 夏比（V 型缺口）冲击试验温度按照钢管试验温度降低 15℃。

③ 落锤撕裂试验温度按照钢管试验温度降低 15℃。

6.2　对于 L360J/X52J 及以上级别的钢带和钢板，落锤撕裂试验的剪切面积要求和试样温度应符合表 4 的规定。如需方对落锤撕裂韧性试验有特殊要求，试验温度和剪切面积率均可由供需双方协商确定。

7　耐冲蚀磨损性能

供方应按需方提出的耐冲蚀磨损性要求进行试验。试验方法可参见该标准附录 B 或供需双方协商确定。

8　特殊要求

可对钢带和钢板提出其他特殊要求，如晶粒度、非金属夹杂物、带状组织等。其中晶粒度、非金属夹杂物、带状组织的具体指标规定按如下条款。

（1）对于 L415J/X60J 及以上级别钢带和钢板，晶粒度应为 No. 9 级或更细；对 L415J/X60J 以下级别钢带和钢板，晶粒度应为 No. 7 级或更细。

（2）钢带和钢板的 A、B、C、D 类非金属夹杂物应各不大于 2. 0 级。

（3）钢带和钢板的带状组织应不超过 3. 0 级。

第二节　美国标准

API SPEC 5L 第 46 版（2018）管线钢管规范

1　范围

该标准适用于石油天然气工业管线输送系统用两种产品规范水平（PSL1 和 PSL2）的无缝钢管和焊接钢管。

2　牌号与化学成分

2.1　厚度 $t \leqslant 25.0$mm 的 PSL1 钢管，标准钢级的化学成分应符合表 1 规定，中间钢级的化学成分应依照协议，但应与表 1 规定协调一致。

2.2　厚度 $t \leqslant 25.0$mm 的 PSL2 钢管，标准钢级的化学成分应符合表 2 规定，中间钢级的化学成分应依照协议，但应与表 2 规定协调一致。

2.3　厚度 $t>25.0$mm 的 PSL1 和 PSL2 钢管，其化学成分应协商确定，根据表 1 和表 2 的化学成分要求修改为合适成分。

表 1　$t \leqslant 25.0$mm 的 PSL1 钢级化学成分

钢级	化学成分①⑦（质量分数）（熔炼分析和成品分析）/%							
	C②	Mn②	P		S	V	Nb	Ti
	不大于		不小于	不大于	不大于			
无缝管								
L175/A25	0.21	0.60	—	0.030	0.030	—	—	—
L175P/A25P	0.21	0.60	0.045	0.080	0.030	—	—	—
L210/A	0.22	0.90	—	0.030	0.030	—	—	—
L245/B	0.28	1.20	—	0.030	0.030	③④	③④	④
L290/X42	0.28	1.30	—	0.030	0.030	④	④	④
L320/X46	0.28	1.40	—	0.030	0.030	④	④	④
L360/X52	0.28	1.40	—	0.030	0.030	④	④	④
L390/X56	0.28	1.40	—	0.030	0.030	④	④	④
L415/X60	0.28⑤	1.40⑤	—	0.030	0.030	⑥	⑥	⑥
L450/X65	0.28⑤	1.40⑤	—	0.030	0.030	⑥	⑥	⑥
L485/X70	0.28⑤	1.40⑤	—	0.030	0.030	⑥	⑥	⑥
焊管								
L175/A25	0.21	0.60	—	0.030	0.030	—	—	—
L175P/A25P	0.21	0.60	0.045	0.080	0.030	—	—	—
L210/A	0.22	0.90	—	0.030	0.030	—	—	—
L245/B	0.26	1.20	—	0.030	0.030	③④	③④	④
L290/X42	0.26	1.30	—	0.030	0.030	④	④	④

续表 1

钢级	化学成分①⑦（质量分数）（熔炼分析和成品分析）/%							
	C②	Mn②	P		S	V	Nb	Ti
	不大于		不小于	不大于	不大于			
L320/X46	0.26	1.40	—	0.030	0.030	④	④	④
L360/X52	0.26	1.40	—	0.030	0.030	④	④	④
L390/X56	0.26	1.40	—	0.030	0.030	④	④	④
L415/X60	0.26⑤	1.40⑤	—	0.030	0.030	⑥	⑥	⑥
L450/X65	0.26⑤	1.45⑤	—	0.030	0.030	⑥	⑥	⑥
L485/X70	0.26⑤	1.65⑤	—	0.030	0.030	⑥	⑥	⑥

① w(Cu) ≤0.50%；w(Ni) ≤0.50%；w(Cr) ≤0.50%；w(Mo) ≤0.15%。

② 碳含量比规定的上限值每减少 0.01%，则允许锰含量比规定的上限值增加 0.05%。对于≥L245/B 但≤L360/X52 的钢级，锰含量最高可到 1.65%；对于>L360/X52 但<L485/X70 的钢级，锰含量最高可到 1.75%；对于钢级 L485/X70，锰含量最高为 2.00%。

③ 除非另有协议，w(Nb+V) ≤0.06%。

④ w(Nb+V+Ti) ≤0.15%。

⑤ 除非另有协议。

⑥ 除非另有协议，w(Nb+V+Ti) ≤0.15%。

⑦ 不允许有意添加硼，且残余硼 w(B) ≤0.001%。

表 2 t≤25.0mm 的 PSL2 钢级化学成分

钢级	化学成分（质量分数）（熔炼分析和成品分析）/%									碳当量①/%	
	C②	Si	Mn②	P	S	V	Nb	Ti	其他	CE_{IIW}	CE_{Pcm}
	不大于									不大于	
无缝管和焊管											
L245R/BR	0.24	0.40	1.20	0.025	0.015	③	③	0.04	⑤⑫	0.43	0.25
L290R/X42R	0.24	0.40	1.20	0.025	0.015	0.06	0.05	0.04	⑤⑫	0.43	0.25
L245N/BN	0.24	0.40	1.20	0.025	0.015	③	③	0.04	⑤⑫	0.43	0.25
L290N/X42N	0.24	0.40	1.20	0.025	0.015	0.06	0.05	0.04	⑤⑫	0.43	0.25
L320N/X46N	0.24	0.40	1.40	0.025	0.015	0.07	0.05	0.04	④⑤⑫	0.43	0.25
L360N/X52N	0.24	0.45	1.40	0.025	0.015	0.10	0.05	0.04	④⑤⑫	0.43	0.25
L390N/X56N	0.24	0.45	1.40	0.025	0.015	0.10⑥	0.05	0.04	④⑤⑫	0.43	0.25
L415N/X60N	0.24⑥	0.45⑥	1.40⑥	0.025	0.015	0.10⑥	0.05⑥	0.04⑥	⑦⑧⑫	依照协议	
L245Q/BQ	0.18	0.45	1.40	0.025	0.015	0.05	0.05	0.04	⑤⑫	0.43	0.25
L290Q/X42Q	0.18	0.45	1.40	0.025	0.015	0.05	0.05	0.04	⑤⑫	0.43	0.25
L320Q/X46Q	0.18	0.45	1.40	0.025	0.015	0.05	0.05	0.04	⑤⑫	0.43	0.25
L360Q/X52Q	0.18	0.45	1.50	0.025	0.015	0.05	0.05	0.04	⑤⑫	0.43	0.25
L390Q/X56Q	0.18	0.45	1.50	0.025	0.015	0.07	0.05	0.04	④⑤⑫	0.43	0.25
L415Q/X60Q	0.18⑥	0.45⑥	1.70⑥	0.025	0.015	⑦	⑦	⑦	⑧⑫	0.43	0.25
L450Q/X65Q	0.18⑥	0.45⑥	1.70⑥	0.025	0.015	⑦	⑦	⑦	⑧⑫	0.43	0.25

续表 2

钢级	化学成分（质量分数）（熔炼分析和成品分析）/%									碳当量①/%	
	C②	Si	Mn②	P	S	V	Nb	Ti	其他	$\mathrm{CE}_{\mathrm{IIW}}$	$\mathrm{CE}_{\mathrm{Pcm}}$
	不大于									不大于	
L485Q/X70Q	0.18⑥	0.45⑥	1.80⑥	0.025	0.015	⑦	⑦	⑦	⑧⑫	0.43	0.25
L555Q/X80Q	0.18⑥	0.45⑥	1.90⑥	0.025	0.015	⑦	⑦	⑦	⑨⑩	依照协议	
L625Q/X90Q	0.16⑥	0.45⑥	1.90	0.020	0.010	⑦	⑦	⑦	⑩⑪	依照协议	
L690Q/X100Q	0.16⑥	0.45⑥	1.90	0.020	0.010	⑦	⑦	⑦	⑩⑪	依照协议	
焊管											
L245M/BM	0.22	0.45	1.20	0.025	0.015	0.05	0.05	0.04	⑤⑫	0.43	0.25
L290M/X42M	0.22	0.45	1.30	0.025	0.015	0.05	0.05	0.04	⑤⑫	0.43	0.25
L320M/X46M	0.22	0.45	1.30	0.025	0.015	0.05	0.05	0.04	⑤⑫	0.43	0.25
L360M/X52M	0.22	0.45	1.40	0.025	0.015	④	④	④	⑤⑫	0.43	0.25
L390M/X56M	0.22	0.45	1.40	0.025	0.015	④	④	④	⑤⑫	0.43	0.25
L415M/X60M	0.12⑥	0.45⑥	1.60⑥	0.025	0.015	⑦	⑦	⑦	⑧⑫	0.43	0.25
L450M/X65M	0.12⑥	0.45⑥	1.60⑥	0.025	0.015	⑦	⑦	⑦	⑧⑫	0.43	0.25
L485M/X70M	0.12⑥	0.45⑥	1.70⑥	0.025	0.015	⑦	⑦	⑦	⑧⑫	0.43	0.25
L555M/X80M	0.12⑥	0.45⑥	1.85⑥	0.025	0.015	⑦	⑦	⑦	⑨⑫	0.43⑥	0.25
L625M/X90M	0.10	0.55⑥	2.10⑥	0.020	0.010	⑦	⑦	⑦	⑨⑫	—	0.25
L690M/X100M	0.10	0.55⑥	2.10⑥	0.020	0.010	⑦	⑦	⑦	⑨⑩	—	0.25
L830M/X120M	0.10	0.55⑥	2.10⑥	0.020	0.010	⑦	⑦	⑦	⑨⑩	—	0.25

① 依据成品分析结果，$t>20.0$mm 无缝管，碳当量的最大值应协商确定。
碳含量大于 0.12%，$\mathrm{CE}_{\mathrm{IIW}}$适用：$\mathrm{CE}_{\mathrm{IIW}}(\%)=\mathrm{C}+\mathrm{Mn}/6+(\mathrm{Cr}+\mathrm{Mo}+\mathrm{V})/5+(\mathrm{Ni}+\mathrm{Cu})/15$；
碳含量小于等于 0.12%，$\mathrm{CE}_{\mathrm{Pcm}}$适用：$\mathrm{CE}_{\mathrm{Pcm}}(\%)=\mathrm{C}+\mathrm{Si}/30+\mathrm{Mn}/20+\mathrm{Cu}/20+\mathrm{Ni}/60+\mathrm{Cr}/20+\mathrm{Mo}/15+\mathrm{V}/10+5\mathrm{B}$。

② 碳含量比规定的上限值每减少 0.01%，则允许锰含量比规定的上限值增加 0.05%。对于钢级≥L245/B 但≤L360/X52，锰含量最高可到 1.65%；对于钢级>L360/X52 但<L485/X70，最高可到 1.75%；对钢级≥L485/X70 但≤L555/X80，最高可到 2.00%；对于钢级>L555/X80，锰含量最高可到 2.20%。

③ 除非另有协议，$w(\mathrm{Nb}+\mathrm{V})\leqslant 0.06\%$。

④ $w(\mathrm{Nb}+\mathrm{V}+\mathrm{Ti})\leqslant 0.15\%$。

⑤ 除非另有协议，$w(\mathrm{Cu})\leqslant 0.50\%$，$w(\mathrm{Ni})\leqslant 0.30\%$，$w(\mathrm{Cr})\leqslant 0.30\%$，$w(\mathrm{Mo})\leqslant 0.15\%$。

⑥ 除非另有协议。

⑦ 除非另有协议，$w(\mathrm{Nb}+\mathrm{V}+\mathrm{Ti})\leqslant 0.15\%$。

⑧ 除非另有协议，$w(\mathrm{Cu})\leqslant 0.50\%$，$w(\mathrm{Ni})\leqslant 0.50\%$，$w(\mathrm{Cr})\leqslant 0.50\%$，$w(\mathrm{Mo})\leqslant 0.50\%$。

⑨ 除非另有协议，$w(\mathrm{Cu})\leqslant 0.50\%$，$w(\mathrm{Ni})\leqslant 1.00\%$，$w(\mathrm{Cr})\leqslant 0.50\%$，$w(\mathrm{Mo})\leqslant 0.50\%$。

⑩ $w(\mathrm{B})\leqslant 0.004\%$。

⑪ 除非另有协议，$w(\mathrm{Cu})\leqslant 0.50\%$，$w(\mathrm{Ni})\leqslant 1.00\%$，$w(\mathrm{Cr})\leqslant 0.55\%$，$w(\mathrm{Mo})\leqslant 0.80\%$。

⑫ 除适用注⑩外的所有 PSL2 钢级适用下列内容：除非另有协议，不允许有意添加硼，残余 $w(\mathrm{B})\leqslant 0.001\%$。

3 交货状态

PSL1 和 PSL2 钢管的交货状态见表 3。

表 3　钢管等级、钢级和可接受的交货状态

PSL	交货状态	钢级①②
PSL1	轧制、正火轧制、正火或正火成形	L175/A25
		L175P/A25P
		L210/A
	轧制、正火轧制、热机械轧制、热机械成形、正火成形、正火、正火加回火；或如有协议，仅适用于 SMLS 管的淬火加回火	L245/B
	轧制、正火轧制、热机械轧制、热机械成形、正火成形、正火、正火加回火或淬火加回火	L290/X42
		L320/X46
		L360/X52
		L390/X56
		L415/X60
		L450/X65
		L485/X70
PSL2	轧制	L245R/BR
		L290R/X42R
	正火轧制、正火成形、正火或正火加回火	L245N/BN
		L290N/X42N
		L320N/X46N
		L360N/X52N
		L390N/X56N
		L415N/X60N
	淬火加回火	L245Q/BQ
		L290Q/X42Q
		L320Q/X46Q
		L360Q/X52Q
		L390Q/X56Q
		L415Q/X60Q
		L450Q/X65Q
		L485Q/X70Q
		L555Q/X80Q
		L625Q/X90Q③
		L690Q/X100Q③
	热机械轧制或热机械成形	L245M/BM
		L290M/X42M
		L320M/X46M
		L360M/X52M
		L390M/X56M

续表 3

PSL	交货状态	钢级①②
PSL2	热机械轧制或热机械成形	L415M/X60M
		L450M/X65M
		L485M/X70M
		L555M/X80M
	热机械轧制	L625M/X90M
		L690M/X100M
		L830M/X120M

① 对于中间钢级，应为下列格式之一：(1) 字母 L 后跟随规定最小屈服强度，单位 MPa；对于 PSL2 钢管，表示交货状态的字母（R、N、Q 或 M）与上面格式一致。(2) 字母 X 后面的两或三位数字是规定最小屈服强度（单位 1000 psi，向下圆整到最邻近的整数），对 PSL2 钢管，表示交货状态的字母（R、N、Q 或 M）与上面格式一致。

② PSL2 的后缀（R、N、Q 或 M）属于钢级的一部分。

③ 仅适用于无缝管。

4　力学性能与工艺性能

4.1　PSL1、PSL2 钢管的拉伸性能应分别符合表 4 和表 5 的要求。

表 4　PSL1 钢管拉伸试验要求

钢级	无缝管和焊管管体		
	屈服强度 $R_{t0.5}^{①}$/MPa	抗拉强度 R_m①/MPa	断后伸长率 A_f/%（标距 50mm）
	不小于		
L175/A25	175	310	②
L175P/A25P	175	310	②
L210/A	210	335	②
L245/B	245	415	②
L290/X42	290	415	②
L320/X46	320	435	②
L360/X52	360	460	②
L390/X56	390	490	②
L415/X60	415	520	②
L450/X65	450	535	②
L485/X70	485	570	②

① 对于中间钢级，管体规定最小抗拉强度和规定最小屈服强度之差与表中所列下一个较高钢级的强度差相同。

② 规定的最小断后伸长率 A_f，应采用下列公式计算，用百分数表示，且圆整到最邻近的百分位：

$$A_f = C\frac{A_{xc}^{0.2}}{U^{0.9}}$$

式中　C——当采用 SI 单位制时，C 为 1940；

U——规定的最小抗拉强度，MPa；

A_{xc}——适用的拉伸试样横截面面积，mm²，具体如下：

(1) 对于圆形横截面试样：直径 12.5mm 和 8.9mm 的试样为 130mm²；直径 6.4mm 的试样为 65mm²；

(2) 对于全截面试样，取 485mm² 和钢管试样横截面面积两者中的较小者，其试样横截面面积由规定外径和规定壁厚计算，且圆整到最邻近的 10mm²；

(3) 对于板状试样，取 485mm² 和试样横截面面积两者中的较小者，其试样横截面面积由试样规定宽度和钢管规定壁厚计算，且圆整到最邻近的 10mm²。

表 5　PSL2 钢管拉伸试验要求

钢级	无缝管和焊管管体					
	屈服强度① $R_{t0.5}$/MPa		抗拉强度① R_m/MPa		屈强比①③ $R_{t0.5}/R_m$	断后伸长率 A_f/% (标距 50mm)
	最小值	最大值	最小值	最大值	最大值	最小值
L245R/BR、L245N/BN、L245Q/BQ、L245M/BM	245	450④	415	655	0.93	⑤
L290R/X42R、L290N/X42N、L290Q/X42Q、L290M/X42M	290	495	415	655	0.93	⑤
L320N/X46N、L320Q/X46Q、L320M/X46M	320	525	435	655	0.93	⑤
L360N/X52N、L360Q/X52Q、L360M/X52M	360	530	460	760	0.93	⑤
L390N/X56N、L390Q/X56Q、L390M/X56M	390	545	490	760	0.93	⑤
L415N/X60N、L415Q/X60Q、L415M/X60M	415	565	520	760	0.93	⑤
L450Q/X65Q、L450M/X65M	450	600	535	760	0.93	⑤
L485Q/X70Q、L485M/X70M	485	635	570	760	0.93	⑤
L555Q/X80Q、L555M/X80M	555	705	625	825	0.93	⑤
L625M/X90M	625	775	695	915	0.95	⑤
L625Q/X90Q	625	775	695	915	0.97⑥	⑤
L690M/X100M	690②	840②	760	990	0.97⑦	⑤
L690Q/X100Q	690②	840②	760	990	0.97⑦	⑤
L830M/X120M	830②	1050②	915	1145	0.99⑦	⑤

① 对于中间钢级，其规定最大屈服强度和规定最小屈服强度之差应与表中所列下一个较高钢级的强度之差相同，规定最小抗拉强度和规定最小屈服强度之差应与表中所列下一个较高钢级的强度之差相同。对低于 L320/X46 的中间钢级，其抗拉强度应≤655MPa。对高于 L320/X46 而低于 L555/X80 的中间钢级，其抗拉强度应≤760MPa。对高于 L555/X80 的中间钢级，其最大允许抗拉强度应由插入法获得。当采用 SI 单位制时，计算值应圆整到最邻近的 5MPa。

② 钢级>L625/X90 时，$R_{p0.2}$ 适用。

③ 此限制适用于 D>323.9mm 的钢管。

④ 对于要求纵向检验的钢管，其最大屈服强度应≤495MPa。

⑤ 规定最小断后伸长率 A_f 应采用下列公式确定：

$$A_f = C\frac{A_{xc}^{0.2}}{U^{0.9}}$$

式中　C——当采用 SI 单位制时，C 为 1940；

U——规定的最小抗拉强度，MPa；

A_{xc}——适用的拉伸试样横截面面积，mm^2，具体如下：

（1）对于圆形横截面试样：直径 12.5mm 和 8.9mm 的试样为 $130mm^2$，直径 6.4mm 的试样为 $65mm^2$；

（2）对于全截面试样：取 $485mm^2$ 和试样横截面面积两者中的较小者，其试样横截面面积由规定外径和规定壁厚计算，且圆整到最邻近的 $10mm^2$；

（3）对于板状试样：取 $485mm^2$ 和试样横截面面积两者中的较小者，试样横截面面积由试样规定宽度和钢管规定壁厚计算，圆整到最邻近的 $10mm^2$。

⑥ 经协商可规定较低的 $R_{t0.5}/R_m$ 比值。

⑦ 对于钢级>L625/X90 的钢管，$R_{p0.2}/R_m$ 适用。经协商可规定较低的 $R_{p0.2}/R_m$ 比值。

4.2 PSL2 钢管管体的 CVN 冲击试验

（1）管体试验的最小平均（同一组的三个试样）吸收能量应符合表 6 的规定，试样为全尺寸试样，试验温度为 0℃，或者协议可采用更低的试验温度。

（2）D≤508mm 的焊管，如果协议试验温度为 0℃时，每个试验的最小平均（同一组的三个试样）剪切面积至少应为 85%，或协议可采用更低的试验温度。

（3）除另有协议外，如订货批未采用规定（2）时，应对进行过 CVN 试验的所有钢级和尺寸钢管的 CVN 试样的断口剪切面积进行评价并报告，以获得参考信息。

表 6 PSL2 钢管管体的 CVN 冲击吸收能量要求

规定外径 D/mm	全尺寸 CVN 冲击吸收能量 KV_2/J						
	钢级						
	≤L415/X60	>L415/X60 ≤L450/X65	>L450/X65 ≤L485/X70	>L485/X70 ≤L555/X80	>L555/X80 ≤L625/X90	>L625/X90 ≤L690/X100	>L690/X100 ≤L830/X120
≤508	27	27	27	40	40	40	40
>508~762	27	27	27	40	40	40	40
>762~914	40	40	40	40	40	54	54
>914~1219	40	40	40	40	40	54	68
>1219~1422	40	54	54	54	54	68	81
>1422~2134	40	54	68	68	81	95	108

注：1. 采用小尺寸试样时，要求的最小平均（同一组的三个试样）吸收能量应为全尺寸试样的规定吸收能量与小尺寸试样规定宽度与全尺寸试样规定宽度的比值的乘积，计算结果圆整到最邻近的焦耳（J）。
2. 任何试样的单个试验值不应小于规定最小平均（同一组的三个试样）吸收能量的 75%。
3. 在低于规定试验温度的温度下进行试验时，如果在此低温下，冲击吸收能量和断口剪切面积满足相应要求，则应认为该试验结果合格。

4.3 PSL2 焊管的 DWT 试验

（1）在 0℃试验温度时，每个试验（同一组的两个试样）的平均剪切面积应大于等于 85%。如有协议，可采用更低的试验温度。壁厚大于 25.4mm 的钢管，DWT 试验的验收要求应协商确定。

（2）在低于规定试验温度的温度下进行 DWT 试验时，如果试验剪切面积满足该温度下的相应要求，则应认为该试验结果合格。

第五章　船舶及海洋工程用结构钢

第五章　船舶及海洋工程用结构钢

第一节　中国标准

GB 712—2011 船舶及海洋工程用结构钢

1　范围

该标准适用于制造远洋、沿海和内河航区航行船舶、渔船及海洋工程结构用厚度不大于150mm的钢板、厚度不大于25.4mm的钢带及剪切板和厚度或直径不大于50mm的型钢。

2　牌号与化学成分

2.1　一般强度级、高强度级钢材的牌号和化学成分（熔炼分析）应符合表1的规定。以TMCP状态交货的高强度级钢材，其碳当量最大值应符合表2的规定。

2.2　超高强度级钢材的牌号和化学成分（熔炼分析）应符合表3的规定。

表1　一般强度级、高强度级钢的牌号和化学成分

<table>
<tr><th rowspan="2">牌号</th><th colspan="14">化学成分[5~8]（质量分数）/%</th></tr>
<tr><th>C</th><th>Si</th><th>Mn</th><th>P</th><th>S</th><th>Cu</th><th>Cr</th><th>Ni</th><th>Nb</th><th>V</th><th>Ti</th><th>Mo</th><th>N</th><th>Als[4]</th></tr>
<tr><td>A</td><td rowspan="3">≤0.21[1]</td><td>≤0.50</td><td>≥0.50</td><td rowspan="2">≤0.035</td><td rowspan="2">≤0.035</td><td rowspan="4">≤0.35</td><td rowspan="4">≤0.30</td><td rowspan="4">≤0.30</td><td rowspan="4">—</td><td rowspan="4">—</td><td rowspan="4">—</td><td rowspan="4">—</td><td rowspan="4">—</td><td rowspan="2">—</td></tr>
<tr><td>B</td><td rowspan="3">≤0.35</td><td>≥0.80[2]</td></tr>
<tr><td>D</td><td>≥0.60</td><td>≤0.030</td><td>≤0.030</td><td rowspan="2">≥0.015</td></tr>
<tr><td>E</td><td>≤0.18</td><td>≥0.70</td><td>≤0.025</td><td>≤0.025</td></tr>
<tr><td>AH32</td><td rowspan="9">≤0.18</td><td rowspan="9">≤0.50</td><td rowspan="9">0.90~1.60[3]</td><td rowspan="3">≤0.030</td><td rowspan="3">≤0.030</td><td rowspan="9">≤0.35</td><td rowspan="9">≤0.20</td><td rowspan="9">≤0.40</td><td rowspan="9">0.02~0.05</td><td rowspan="9">0.05~0.10</td><td rowspan="9">≤0.02</td><td rowspan="9">≤0.08</td><td rowspan="9">—</td><td rowspan="9">≥0.015</td></tr>
<tr><td>AH36</td></tr>
<tr><td>AH40</td></tr>
<tr><td>DH32</td><td rowspan="6">≤0.025</td><td rowspan="6">≤0.025</td></tr>
<tr><td>DH36</td></tr>
<tr><td>DH40</td></tr>
<tr><td>EH32</td></tr>
<tr><td>EH36</td></tr>
<tr><td>EH40</td></tr>
</table>

续表 1

牌号	化学成分⑤~⑧（质量分数）/%													
	C	Si	Mn	P	S	Cu	Cr	Ni	Nb	V	Ti	Mo	N	Als④
FH32														
FH36	≤0.16			≤0.020	≤0.020			≤0.80					≤0.009	
FH40														

① A 级型钢的 C 含量最大可到 0.23%。
② B 级钢材做冲击试验时，Mn 含量下限可到 0.60%。
③ 当 AH32～EH40 级钢材的厚度≤12.5mm 时，Mn 含量的最小值可为 0.70%。
④ 对于厚度大于 25mm 的 D 级、E 级钢材的铝含量应符合表中规定；可测定总铝含量代替酸溶铝含量，此时总铝含量应不小于 0.020%。经船级社同意，也可使用其他细化晶粒元素。
⑤ 细化晶粒元素 Al、Nb、V、Ti 可单独或以任一组合形式加入钢中，当单独加入时，其含量应符合本表的规定；若混合加入两种或两种以上细化晶粒元素时，表中细晶元素含量下限的规定不适用，同时要求 w(Nb+V+Ti)≤0.12%。
⑥ 当 F 级钢中含铝时，w(N)≤0.012%。
⑦ A、B、D、E 的碳当量 Ceq≤0.40%。碳当量计算公式：Ceq(%)=C+Mn/6。
⑧ 添加的任何其他元素，应在质量证明中注明。

表 2　以 TMCP 状态交货的高强度级钢的碳当量

牌号	碳当量①②/%		
	钢材厚度≤50mm	50mm<钢材厚度≤100mm	100mm<钢材厚度≤150mm
AH32、DH32、EH32、FH32	≤0.36	≤0.38	≤0.40
AH36、DH36、EH36、FH36	≤0.38	≤0.40	≤0.42
AH40、DH40、EH40、FH40	≤0.40	≤0.42	≤0.45

① 碳当量计算公式：Ceq(%)=C+Mn/6+(Cr+Mo+V)/5+(Ni+Cu)/15。
② 根据需要，可用裂纹敏感系数 Pcm 代替碳当量，其值应符合船级社接受的有关标准。裂纹敏感系数计算公式：Pcm(%)=C+Si/30+Mn/20+Cu/20+Ni/60+Cr/20+Mo/15+V/10+5B。

表 3　超高强度级钢的牌号和化学成分

牌号	化学成分①②（质量分数）/%					
	C	Si	Mn	P	S	N
AH420	≤0.21	≤0.55	≤1.70	≤0.030	≤0.030	≤0.020
AH460						
AH500						
AH550						
AH620						
AH690						
DH420	≤0.20	≤0.55	≤1.70	≤0.025	≤0.025	
DH460						
DH500						
DH550						
DH620						
DH690						

续表 3

<table>
<tr><th rowspan="2">牌号</th><th colspan="6">化学成分①② (质量分数)/%</th></tr>
<tr><th>C</th><th>Si</th><th>Mn</th><th>P</th><th>S</th><th>N</th></tr>
<tr><td>EH420</td><td rowspan="6">≤0.20</td><td rowspan="6">≤0.55</td><td rowspan="6">≤1.70</td><td rowspan="6">≤0.025</td><td rowspan="6">≤0.025</td><td rowspan="12">≤0.20</td></tr>
<tr><td>EH460</td></tr>
<tr><td>EH500</td></tr>
<tr><td>EH550</td></tr>
<tr><td>EH620</td></tr>
<tr><td>EH690</td></tr>
<tr><td>FH420</td><td rowspan="6">≤0.18</td><td rowspan="6">≤0.55</td><td rowspan="6">≤1.60</td><td rowspan="6">≤0.020</td><td rowspan="6">≤0.020</td></tr>
<tr><td>FH460</td></tr>
<tr><td>FH500</td></tr>
<tr><td>FH550</td></tr>
<tr><td>FH620</td></tr>
<tr><td>FH690</td></tr>
</table>

① 添加的合金化元素及细化晶粒元素 Al、Nb、V、Ti 应符合船级社认可或公认的有关标准规定。

② 应采用表 3 中公式计算裂纹敏感系数 Pcm 代替碳当量，其值应符合船级社认可的标准。

3 交货状态

钢材的交货状态见表 4~表 6。

表 4 一般强度级钢板的交货状态

<table>
<tr><th rowspan="3">牌号</th><th rowspan="3">脱氧方法</th><th rowspan="3">产品形式</th><th colspan="5">交货状态</th></tr>
<tr><th colspan="5">钢材厚度 t/mm</th></tr>
<tr><th>≤12.5</th><th>12.5<t≤25</th><th>25<t≤35</th><th>35<t≤50</th><th>50<t≤150</th></tr>
<tr><td>A</td><td>厚度不大于 50mm 除沸腾钢外任何方法；厚度大于 50mm 镇静处理</td><td>板材</td><td colspan="4">A（—）</td><td>N（—）、TM（—）、CR（50）、AR*（50）</td></tr>
<tr><td>B</td><td>厚度不大于 50mm 除沸腾钢外任何方法；厚度大于 50mm 镇静处理</td><td>板材</td><td colspan="2">A（—）</td><td colspan="2">A（50）</td><td>N（50）、CR（25）、TM（50）、AR*（25）</td></tr>
<tr><td rowspan="2">D</td><td>镇静处理</td><td>板材</td><td colspan="2">A（50）</td><td colspan="3">—</td></tr>
<tr><td>镇静和细化晶粒处理</td><td>板材</td><td colspan="3">A（50）</td><td>CR（50）、N（50）、TM（50）、AR*（25）</td><td>CR（25）、N（50）、TM（50）</td></tr>
<tr><td>E</td><td>镇静和细化晶粒处理</td><td>板材</td><td colspan="5">N（每件）、TM（每件）</td></tr>
</table>

注：1. A—任意状态；AR—热轧；CR—控扎；N—正火；TM（TMCP）—温度—形变控制扎制。AR*：经船级社特别认可后，可采用热轧状态交货。

2. 括号内的数值表示冲击试样的取样批量（单位为吨），（—）表示不作冲击试验。由同一块板坯轧制的所有钢板应视为一件。

3. 所有钢级的 Z25/Z35，细化晶粒元素、厚度范围、交货状态与相应的钢级一致。

表 5　高强度级钢板的交货状态

钢材等级	细化晶粒元素	产品形式	交货状态（冲击试验取样批量）					
			厚度 t/mm					
			≤12.5	12.5<t≤20	20<t≤25	25<t≤35	35<t≤50	50<t≤150
A32 A36	Nb 和/或 V	板材	A（50）	N（50）、CR（50）、TM（50）				N（50）、CR（50）、TM（50）
	Al 或 Al 和 Ti	板材	A（50）		AR＊（25）		—	
					N（50）、CR（50）、TM（50）			N（50）、CR（25）、TM（50）
A40	任意	板材	A（50）	N（50）、CR（50）、TM（50）				N（50）、TM（50）、QT（每热处理长度）
D32 D36	Nb 和/或 V	板材	A（50）	N（50）、CR（25）、TM（50）				N（50）、CR（25）、TM（50）
	Al 或 Al 和 Ti	板材	A（50）		AR＊25	—		
					N（50）、CR（25）、TM（50）			N（50）、CR（25）、TM（50）
D40	任意	板材	N（50）、CR（50）、TM（50）					N（50）、TM（50）、QT（每热处理长度）
E32 E36	任意	板材	N（每件）、TM（每件）					
E40	任意	板材	N（每件）、TM（每件）、QT（每热处理长度）					
F32 F36	任意	板材	N（每件）、TM（每件）、QT（每热处理长度）					
F40	任意	板材	N（每件）、TM（每件）、QT（每热处理长度）					

注：1. A—任意状态；CR—控轧；N—正火；TM（TMCP）—温度—形变控制轧制。AR＊：经船级社特别认可后，可采用热轧状态交货；QT：淬火加回火。

2. 括号中的数值表示冲击试样的取样批量（单位为吨），（—）表示不作冲击试验。

表 6　超高强度级钢板的交货状态

钢材等级	细化晶粒元素	产品形式	交货状态（冲击试验取样批量）	
			厚度 t/mm	供货状态
AH420、AH460、AH500、AH550、AH620、AH690	任意	板材	≤150	TM（50）、QT（50）、TM+T（50）
DH420、DH460、DH500、DH550、DH620、DH690	任意	板材	≤150	TM（50）、QT（50）、TM+T（50）
EH420、EH460、EH500、EH550、EH620、EH690	任意	板材	≤150	TM（每件）、QT（每件）、TM+T（每件）
FH420、FH460、FH500、FH550、FH620、FH690	任意	板材	≤150	TM（每件）、QT（每件）、TM+T（每件）

注：1. TM（TMCP）—温度—形变控制轧制；QT—淬火加回火；TM（TMCP）+T—温度—形变控制轧制+回火。

2. 括号中的数值表示冲击试样的取样批量（单位为吨）。

4　力学性能与工艺性能

4.1　钢材的力学性能与工艺性能应符合表 7 和表 8 的规定。

4.2　Z 向钢厚度方向断面收缩率应符合表 9 的规定。

表 7　一般强度级和高强度级钢板的力学性能

<table>
<tr><th rowspan="5">牌号</th><th colspan="3">拉伸试验①②</th><th colspan="7">V 型冲击试验</th></tr>
<tr><th rowspan="4">上屈服强度
R_{eH}/MPa</th><th rowspan="4">抗拉强度
R_m/MPa</th><th rowspan="4">断后伸长率
A/%</th><th rowspan="4">试验温度/℃</th><th colspan="6">以下厚度（mm）冲击吸收能量 KV_2/J</th></tr>
<tr><th colspan="2">≤50</th><th colspan="2">>50~70</th><th colspan="2">>70~150</th></tr>
<tr><th>纵向</th><th>横向</th><th>纵向</th><th>横向</th><th>纵向</th><th>横向</th></tr>
<tr><th colspan="6">不小于</th></tr>
<tr><td>A③</td><td rowspan="4">≥235</td><td rowspan="4">400~520</td><td rowspan="8">≥22</td><td>20</td><td>—</td><td>—</td><td>34</td><td>24</td><td>41</td><td>27</td></tr>
<tr><td>B④</td><td>0</td><td rowspan="3">27</td><td rowspan="3">20</td><td rowspan="3">34</td><td rowspan="3">24</td><td rowspan="3">41</td><td rowspan="3">27</td></tr>
<tr><td>D</td><td>-20</td></tr>
<tr><td>E</td><td>-40</td></tr>
<tr><td>AH32</td><td rowspan="4">≥315</td><td rowspan="4">450~570</td><td>0</td><td rowspan="4">31</td><td rowspan="4">22</td><td rowspan="4">38</td><td rowspan="4">26</td><td rowspan="4">46</td><td rowspan="4">31</td></tr>
<tr><td>DH32</td><td>-20</td></tr>
<tr><td>EH32</td><td>-40</td></tr>
<tr><td>FH32</td><td>-60</td></tr>
<tr><td>AH36</td><td rowspan="4">≥355</td><td rowspan="4">490~630</td><td rowspan="4">≥21</td><td>0</td><td rowspan="4">34</td><td rowspan="4">24</td><td rowspan="4">41</td><td rowspan="4">27</td><td rowspan="4">50</td><td rowspan="4">34</td></tr>
<tr><td>DH36</td><td>-20</td></tr>
<tr><td>EH36</td><td>-40</td></tr>
<tr><td>FH36</td><td>-60</td></tr>
<tr><td>AH40</td><td rowspan="4">≥390</td><td rowspan="4">510~660</td><td rowspan="4">≥20</td><td>0</td><td rowspan="4">41</td><td rowspan="4">27</td><td rowspan="4">46</td><td rowspan="4">31</td><td rowspan="4">55</td><td rowspan="4">37</td></tr>
<tr><td>DH40</td><td>-20</td></tr>
<tr><td>EH40</td><td>-40</td></tr>
<tr><td>FH40</td><td>-60</td></tr>
</table>

注：1. 厚度 6~<12mm 钢材取冲击试验试样时，可分别取 10mm×5mm×55mm 和 10mm×7.5mm×55mm 的小尺寸试样，此时冲击功值分别为不小于规定值的 2/3 和 5/6。优先采用较大尺寸的试样。

2. 冲击试验结果按一组三个试样的算术平均值计算，允许其中一个试验值低于规定值，但不得低于规定值的 70%。

① 拉伸试验取横向试样。

② 当屈服不明显时，可测量 $R_{p0.2}$ 代替上屈服强度。

③ 冲击试验取纵向试样，但供方应保证横向冲击性能。厚度大于 50mm 的 A 级钢，经细化晶粒处理并以正火状态交货时，可不做冲击试验。

④ 厚度不大于 25mm 的 B 级钢、以 TMCP 状态交货的 A 级钢，经船级社同意可不做冲击试验。

表 8　超高强度级钢板的力学性能

钢级	拉伸试验[1][2]			V 型冲击试验		
	上屈服强度 R_{eH}/MPa	抗拉强度 R_m/MPa	断后伸长率 A/%	试验温度/℃	冲击吸收能量 KV_2/J	
					纵向	横向
					不小于	
AH420	≥420	530~680	≥18	0	42	28
DH420				-20		
EH420				-40		
FH420				-60		
AH460	≥460	570~720	≥17	0	46	31
DH460				-20		
EH460				-40		
FH460				-60		
AH500	≥500	610~770	≥16	0	50	33
DH500				-20		
EH500				-40		
FH500				-60		
AH550	≥550	670~830	≥16	0	55	37
DH550				-20		
EH550				-40		
FH550				-60		
AH620	≥620	720~890	≥15	0	62	41
DH620				-20		
EH620				-40		
FH620				-60		
AH690	≥690	770~940	≥14	0	69	46
DH690				-20		
EH690				-40		
FH690				-60		

注：同表 7 注。

① 拉伸试验取横向试样。冲击试验取纵向试样，但供方应保证横向冲击性能。

② 当屈服不明显时，可测量 $R_{p0.2}$代替上屈服强度。

表 9　钢板厚度方向性能

厚度方向断面收缩率/%	Z 向性能级别	
	Z25	Z35
3 个试样平均值	≥25	≥35
单个试样值	≥15	≥25

注：3 个试样的算术平均值应不低于表中规定的平均值，仅允许其中一个试样的单值低于表中规定的平均值，但不得低于表中相应钢级的最小单值。

5　无损检验

Z 向钢板应进行超声波探伤，探伤级别应在合同中注明。

YB/T 4283—2012 海洋平台结构用钢板

1　范围

该标准适用于海洋平台结构用厚度不大于 150mm 的钢板。

2　牌号与化学成分

2.1　钢的牌号和化学成分（熔炼分析）应符合表 1 的规定。

2.2　对于厚度方向性能钢板，硫含量应符合 GB/T 5313 的规定。

2.3　各牌号钢熔炼分析的碳当量或焊接裂纹敏感性指数应符合表 2 的相应规定。

表 1　牌号及化学成分

牌号	质量等级	化学成分（质量分数）/%													
		C	Si	Mn	P	S	Nb	V	Mo	Ni	Cr	Cu	N	Ti	Alt①
		不大于													不小于
Q355HY	D	0.16	0.50	1.65	0.020	0.010	0.050	0.12	0.20	0.50	0.30	0.30	0.010	0.030	0.020
	E	0.16	0.50	1.65	0.018	0.007	0.050	0.12	0.20	0.50	0.30	0.30	0.010	0.030	0.020
	F	0.14	0.50	1.65	0.015	0.005	0.050	0.12	0.20	0.50	0.30	0.30	0.010	0.030	0.020
Q420HY	D	0.16	0.55	1.65	0.020	0.010	0.050	0.12	0.25	0.70	0.30	0.30	0.010	0.030	0.020
	E	0.16	0.55	1.65	0.018	0.007	0.050	0.12	0.25	0.70	0.30	0.30	0.010	0.030	0.020
	F	0.14	0.55	1.65	0.015	0.005	0.050	0.12	0.25	0.70	0.30	0.30	0.010	0.030	0.020
Q460HY	D	0.16	0.55	1.65	0.020	0.010	0.070	0.12	0.25	0.70	0.30	0.30	0.010	0.030	0.020
	E	0.16	0.55	1.65	0.018	0.007	0.070	0.12	0.25	0.70	0.30	0.30	0.010	0.030	0.020
	F	0.14	0.55	1.65	0.015	0.005	0.070	0.12	0.25	0.70	0.30	0.30	0.010	0.030	0.020
Q500HY	D	0.18	0.55	1.70	0.020	0.010	0.070	0.12	0.50	0.70	0.60	0.50	0.010	0.030	0.020
	E	0.18	0.55	1.70	0.018	0.007	0.070	0.12	0.50	1.50	0.60	0.50	0.010	0.030	0.020
	F	0.16	0.55	1.60	0.015	0.005	0.070	0.12	0.50	1.50	0.60	0.50	0.010	0.030	0.020
Q550HY	D	0.18	0.55	1.70	0.020	0.010	0.070	0.12	0.50	0.70	0.60	0.50	0.010	0.030	0.020
	E	0.18	0.55	1.70	0.018	0.007	0.070	0.12	0.50	1.50	0.60	0.50	0.010	0.030	0.020
	F	0.16	0.55	1.60	0.015	0.005	0.070	0.12	0.50	1.50	0.60	0.50	0.010	0.030	0.020
Q620HY	D	0.18	0.55	1.70	0.020	0.010	0.070	0.12	0.60	0.80	0.80	0.80	0.010	0.030	0.020
	E	0.18	0.55	1.70	0.018	0.007	0.070	0.12	0.60	1.50	0.80	0.80	0.010	0.030	0.020
	F	0.16	0.55	1.60	0.015	0.005	0.070	0.12	0.60	1.50	0.80	0.80	0.010	0.030	0.020
Q690HY	D	0.18	0.55	1.70	0.020	0.010	0.070	0.12	0.60	0.80	0.80	0.80	0.010	0.030	0.020
	E	0.18	0.55	1.70	0.018	0.007	0.070	0.12	0.60	1.50	0.80	0.80	0.010	0.030	0.020
	F	0.16	0.55	1.60	0.015	0.005	0.070	0.12	0.60	1.50	0.80	0.80	0.010	0.030	0.020

注：1. 当需要加入细化晶粒元素时，钢中应至少含有 Al、Nb、V、Ti 的一种。加入的细化晶粒元素应在质量证明书中注明含量。

2. 当细化晶粒元素组合加入时，$w(Nb+V+Ti) \leq 0.12\%$。

3. 钢中氮元素含量应符合表 1 的规定。如果钢中加入 Al、Nb、V、Ti 等具有固氮作用的合金元素，氮元素含量不作限制，固氮元素含量应在质量证明书中注明。

4. 当 Cr、Ni、Cu 作为残余元素时，其含量应分别不大于 0.30%。

① 酸溶铝可代替全铝含量测定。酸溶铝含量不小于 0.015%。

表 2　碳当量和焊接裂纹敏感性指数

<table>
<tr><th rowspan="2">牌号</th><th rowspan="2">交货状态</th><th colspan="3">规定厚度下的碳当量 CEV/%</th><th colspan="3">规定厚度下的焊接裂纹敏感性指数 Pcm/%</th></tr>
<tr><th>≤50mm</th><th>>50~100mm</th><th>>100mm</th><th>≤50mm</th><th>>50~100mm</th><th>>100mm</th></tr>
<tr><td>Q355HY</td><td>正火、控轧、
热机械轧制、正火轧制</td><td>≤0. 43</td><td>≤0. 43</td><td rowspan="13">协商</td><td>≤0. 24</td><td>≤0. 24</td><td rowspan="13">协商</td></tr>
<tr><td rowspan="2">Q420HY</td><td>热机械轧制、
热机械轧制+回火</td><td rowspan="2">≤0. 43</td><td rowspan="2">≤0. 43</td><td>≤0. 22</td><td>≤0. 22</td></tr>
<tr><td>淬火+回火</td><td>—</td><td>—</td></tr>
<tr><td rowspan="2">Q460HY</td><td>热机械轧制、
热机械轧制+回火</td><td rowspan="2">≤0. 43</td><td rowspan="2">≤0. 43</td><td>≤0. 22</td><td>≤0. 22</td></tr>
<tr><td>淬火+回火</td><td>—</td><td>—</td></tr>
<tr><td rowspan="2">Q500HY</td><td>热机械轧制、
热机械轧制+回火</td><td>≤0. 47</td><td>协商</td><td>≤0. 24</td><td rowspan="8">协商</td></tr>
<tr><td>淬火+回火</td><td>≤0. 60</td><td>协商</td><td>—</td></tr>
<tr><td rowspan="2">Q550HY</td><td>热机械轧制、
热机械轧制+回火</td><td>≤0. 47</td><td>协商</td><td>≤0. 24</td></tr>
<tr><td>淬火+回火</td><td>≤0. 65</td><td>协商</td><td>—</td></tr>
<tr><td rowspan="2">Q620HY</td><td>热机械轧制、
热机械轧制+回火</td><td>≤0. 48</td><td>协商</td><td>≤0. 25</td></tr>
<tr><td>淬火+回火</td><td>≤0. 65</td><td>协商</td><td>—</td></tr>
<tr><td rowspan="2">Q690HY</td><td>热机械轧制、
热机械轧制+回火</td><td>≤0. 48</td><td>协商</td><td>≤0. 25</td></tr>
<tr><td>淬火+回火</td><td>≤0. 65</td><td>协商</td><td>—</td></tr>
</table>

注：CEV（%）= C+Mn/6+(Cr+Mo+V)/5+(Ni+Cu)/15；

Pcm（%）= C+Si/30+Mn/20+Cu/20+Ni/60+Cr/20+Mo/15+V/10+5B。

3　交货状态

钢板的交货状态应符合表 3 的规定。

表 3　钢板的交货状态

<table>
<tr><th>牌号</th><th>交货状态</th></tr>
<tr><td>Q355HY</td><td>正火（N）、控轧（CR）、热机械轧制（TMCP）、正火轧制（NR）</td></tr>
<tr><td>Q420HY</td><td rowspan="2">热机械轧制（TMCP）、热机械轧制+回火（TMCP+T）、淬火+回火（QT）</td></tr>
<tr><td>Q460HY</td></tr>
</table>

续表 3

牌号	交货状态
Q500HY	热机械轧制（TMCP）、热机械轧制+回火（TMCP+T）、淬火+回火（QT）
Q550HY	
Q620HY	
Q690HY	

4　力学性能

4.1　钢板的力学性能应符合表 4 的规定。

4.2　经供需双方协商，可进行钢板的厚度方向性能检验，厚度方向的断面收缩率应符合 GB/T 5313 的规定，且其抗拉强度应不小于表 4 规定的下限值的 80%。

4.3　经供需双方协商，可进行应变时效冲击试验。应变时效的应变量、冲击温度、冲击吸收能量、试样方向经协商后在合同中注明。

表 4　钢板的力学性能

牌号	质量等级	拉伸试验						夏比 V 型冲击试验③	
		屈服强度① R_{eL}/MPa		抗拉强度 R_m/MPa	屈强比	断后伸长率 A/%		试验温度 /℃	冲击吸收能量 KV_2/J
		钢板厚度/mm							
		≤100	>100						
Q355HY	D	≥355	协商	470~630	≤0.87②	≥22		-20	≥50
	E							-40	
	F							-60	
Q420HY	D	≥420		490~650	≤0.93	≥19		-20	≥60
	E							-40	
	F							-60	
Q460HY	D	≥460		510~680	≤0.93	≥17		-20	≥60
	E							-40	
	F							-60	
Q500HY	D	≥500		610~770	—	≥16		-20	≥50
	E							-40	
	F							-60	
Q550HY	D	≥550		670~830	—	≥16		-20	≥50
	E							-40	
	F							-60	
Q620HY	D	≥620		720~890	—	≥15		-20	≥50
	E							-40	
	F							-60	

续表 4

牌号	质量等级	拉伸试验					夏比 V 型冲击试验[3]	
		屈服强度[1] R_{eL}/MPa		抗拉强度 R_m/MPa	屈强比	断后伸长率 A/%	试验温度 /℃	冲击吸收能量 KV_2/J
		钢板厚度/mm						
		≤100	>100					
Q690HY	D	≥690		770~940	—	≥14	-20	≥50
	E						-40	
	F						-60	

注：1. 厚度不小于 6mm 的钢板应做冲击试验，冲击试样尺寸取 10mm×10mm×55mm 的标准试样；当钢板不足以制取标准试样时，应采用 10mm×7.5mm×55mm 或 10mm×5mm×55mm 小尺寸试样，冲击吸收能量应分别为不小于表 4 规定值的 75%或 50%，优先采用较大尺寸试样。

2. 钢材的冲击试验结果按一组 3 个试样的算术平均值进行计算，允许其中有 1 个试验值低于规定值，但不应低于规定值的 70%。

① 如屈服现象不明显，屈服强度取 $R_{p0.2}$。

② 若交货状态为 TMCP，屈强比不大于 0.93。

③ 冲击试验取横向试样。

5　超声波检验

钢板应逐张进行超声波检验，检验方法为 GB/T 2970，其验收级别应在合同中注明。经供需双方协商，也可采用其他超声波探伤方法，具体在合同中注明。

第二节　美国标准

ASTM A131/A131M-2019 船用结构钢

1　范围

该标准适用于船体建造用结构钢板、型钢、棒材及铆接件。钢板的最大厚度为100mm，型钢和棒材的最大厚度为50mm。

2　牌号与化学成分

钢的熔炼分析应符合表1和表2的规定。热机械控制轧制钢由熔炼分析成分确定的碳当量应符合表3的规定。

表1　一般强度级别结构钢的化学成分

元素	化学成分（质量分数）/%，最大值，除非另有显示①			
	A	B	D	E
	脱氧和厚度 t/mm			
	镇静或半镇静钢≤50mm 镇静钢>50mm	镇静或半镇静钢≤50mm 镇静钢>50mm	镇静、细晶粒钢②	镇静、细晶粒钢②
C	0.21	0.21	0.21	0.18
Mn（最小值）	2.5×C	0.60	0.60	0.70
Si	0.50	0.35	0.10~0.35③	0.10~0.35③
P	0.035	0.035	0.035	0.035
S	0.035	0.035	0.035	0.035
Ni	④	④	④	④
Cr	④	④	④	④
Mo	④	④	④	④
Cu	④	④	④	④
C+Mn/6	0.40	0.40	0.40	0.40

① 应分析并报告有意添加的元素含量。
② 厚度大于25mm的D级钢和E级钢中应至少含有一种晶粒细化元素，其含量足以满足细化晶粒的需要。
③ 酸溶铝含量不小于0.015%时，硅含量最小值要求不适用。
④ 应分析并报告Ni、Cr、Mo及Cu含量；当其含量不超过0.02%时，报告中可用“≤0.02%”表示。

表2　高强度结构钢的化学成分

元素	化学成分（质量分数）/%，最大值，除非另有显示①	
	AH/DH/EH32 AH/DH/EH36 AH/DH/EH40	FH32/36/40
	脱氧	
	镇静、细晶粒钢②	镇静、细晶粒钢②
C	0.18	0.16

续表 2

元素	化学成分（质量分数）/%，最大值，除非另有显示①	
	AH/DH/EH32 AH/DH/EH36 AH/DH/EH40	FH32/36/40
	脱氧	
	镇静、细晶粒钢②	镇静、细晶粒钢②
Mn	0.90~1.60③	0.90~1.60
Si	0.10~0.50④	0.10~0.50④
P	0.035	0.025
S	0.035	0.025
Als（最小值）⑤⑥	0.015	0.015
Nb⑥	0.02~0.05	0.02~0.05
V⑥	0.05~0.10	0.05~0.10
Ti	0.02	0.02
Cu	0.35	0.35
Cr	0.20	0.20
Ni	0.40	0.80
Mo	0.08	0.08
Ca	0.005	0.005
N	—	0.009⑦

① 应分析并报告其他任何有意添加的元素含量。
② 钢中至少含有一种晶粒细化元素，其含量足以满足细化晶粒的需要。
③ 厚度小于等于 12.5mm 的 AH 钢，锰含量最小值可为 0.70%。
④ 酸溶铝（Als）含量不小于 0.015%时，硅含量最小值要求不适用。
⑤ 酸溶铝含量可用总铝含量代替，应满足 ASTM A6/A6M 中对细化奥氏体晶粒尺寸的要求。
⑥ Al、Nb 和 V 单独加入时，表中的含量数值适用。组合加入时，适用下列：（1）V、Al 组合加入时，$w(V) \geq 0.030\%$，$w(Als) \geq 0.010\%$ 或 $w(Alt) \geq 0.015\%$。（2）Nb、Al 组合加入时，$w(Nb) \geq 0.010\%$，$w(Als) \geq 0.010\%$ 或 $w(Alt) \geq 0.015\%$。
⑦ 钢中含铝时，此值为 0.012%。

表 3　TMCP 工艺生产的高强度结构钢的碳当量（基于熔炼分析）

牌号	碳当量 CEV/%，最大值	
	厚度 t/mm	
	≤50	50<t≤100
AH32、DH32、EH32、FH32	0.36	0.38
AH36、DH36、EH36、FH36	0.38	0.40
AH40、DH40、EH40、FH40	0.40	0.42

注：CEV（%）= C+Mn/6+(Cr+Mo+V)/5+(Ni+Cu)/15。

3　交货状态

见表 4 和表 5。

表 4 一般强度钢板的交货状态与冲击检验批量

级别	脱氧方法	交货状态[①]（冲击检验频率[②]） 厚度 t/mm ≤25	$25<t\leq35$	$35<t\leq50$	$50<t\leq100$
A	镇静	A（—）			N（—）[③]、TM（—）、CR（50）、AR（50）
B	镇静	A（—）	A（50）		N（50）、TM（50）、CR（25）、AR（25）
D	镇静、细化晶粒处理	A（50）、N（50）		N（50）、TM（50）、CR（50）	N（50）、TM（50）、CR（25）
E	镇静、细化晶粒处理	N（P）、TM（P）			N（P）、TM（P）

① 交货状态：A—任意状态；AR—热轧；N—正火；CR—控轧；TM—热机械控制轧制。

② 冲击检验频率：（冲击试样的取样批量，单位为吨），（—）—不做冲击试验，（P）—每件。

③ A 级钢板如果采用细化晶粒处理或正火处理生产，可不做冲击试验。

表 5 高强度钢板的交货状态与冲击检验批量

级别	脱氧方法	晶粒细化元素	交货状态[①]（冲击检验频率[②]） 厚度 t/mm ≤12.5	$12.5<t\leq20$	$20<t\leq25$	$25<t\leq35$	$35<t\leq50$	$50<t\leq100$
AH32 AH36	镇静、细化晶粒处理	Nb、V	A（50）	N（50）、TM（50）、CR（50）				N（50）、TM（50）、CR（25）
		Al、Al+Ti	A（50）		AR（25）、N（50）、TM（50）、CR（50）		N（50）、TM（50）、CR（50）	N（50）、TM（50）、CR（25）
DH32 DH36		Nb、V	A（50）	N（50）、TM（50）、CR（50）				N（50）、TM（50）、CR（25）
		Al、Al+Ti	A（50）		AR（25）、N（50）、TM（50）、CR（50）	N（50）、TM（50）、CR（50）		N（50）、TM（50）、CR（25）
EH32 EH36		任意	N（P）、TM（P）					N（P）、TM（P）
FH32 FH36		任意	N（P）、TM（P）、QT（P）					N（P）、TM（P）
AH40		任意	A（50）	N（50）、TM（50）、CR（50）				N（50）、TM（50）、QT（P）
DH40		任意	N（50）、TM（50）、CR（50）					N（50）、TM（50）、QT（P）
EH40		任意	N（P）、TM（P）、CR（P）					N（P）、QT（P）
FH40		任意	N（P）、TM（P）、QT（P）					N（P）、TM（P）、QT（P）

① 交货状态：A—任意状态；AR—热轧；TM—热机械控制轧制；CR—控轧；QT—淬火加回火；N—正火。

② 冲击检验频率：（冲击试样的取样批量，单位为吨），（P）—每件；

4　力学性能

4.1　拉伸性能应符合表 6 的规定。

4.2　冲击性能符合表 7 的规定。

表 6　一般强度和高强度钢板的拉伸性能要求①

级别	抗拉强度 R_m/MPa	上屈服强度 R_{eH}/MPa	断后伸长率 A/%		
			不小于		
		不小于	厚度 t/mm	L_0=200mm	L_0=50mm②
一般强度					
A、B、D、E	400~520	235	≤5	14	22
			5<t≤10	16	22
			10<t≤15	17	22
			15<t≤20	18	22
			20<t≤25	19	22
			25<t≤30	20	22
			30<t≤40	21	22
			40<t≤50	22	22
高强度					
AH32、DH32、EH32、FH32	440~590	315	≤5	14	20
			5<t≤10	16	20
			10<t≤15	17	20
			15<t≤20	18	20
			20<t≤25	19	20
			25<t≤30	20	20
			30<t≤40	21	20
			40<t≤50	22	20
AH36、DH36、EH36、FH36	490~620	355	≤5	13	20
			5<t≤10	15	20
			10<t≤15	16	20
			15<t≤20	17	20
			20<t≤25	18	20
			25<t≤30	19	20
			30<t≤40	20	20
			40<t≤50	21	20
AH40、DH40、EH40、FH40	510~650	390	≤5	12	20
			5<t≤10	14	20
			10<t≤15	15	20
			15<t≤20	16	20
			20<t≤25	17	20
			25<t≤30	18	20
			30<t≤40	19	20
			40<t≤50	20	20

① 钢板宽度大于 600mm，取横向试样；否则取纵向试样。

② 公称厚度直至 100mm 的钢板和宽扁平材，标距为 50mm 试样的断后伸长率最小值适用。

表 7　一般强度和高强度钢板的夏比 V 型缺口冲击试验要求

级别	试验温度/℃	吸收能量平均值①②/J，最小值					
		厚度 t/mm					
		≤50		$50<t\leq 70$		$70<t\leq 100$	
		夏比 V 型冲击试样方向④					
		纵向	横向	纵向	横向	纵向	横向
A③	20	—	—	34	24	41	27
B	0	27	20	34	24	41	27
AH32	0	31	22	38	26	46	31
AH36	0	34	24	41	27	50	34
AH40	0	39	26	46	31	55	37
D	−20	27	20	34	24	41	27
DH32	−20	31	22	38	26	46	31
DH36	−20	34	24	41	27	50	34
DH40	−20	39	26	46	31	55	37
E	−40	27	20	34	24	41	27
EH32	−40	31	22	38	26	46	31
EH36	−40	34	24	41	27	50	34
EH40	−40	39	26	46	31	55	37
FH32	−60	31	22	38	26	46	31
FH36	−60	34	24	41	27	50	34
FH40	−60	39	26	46	31	55	37

① 吸收能量平均值为一组三个试样的算术平均值。允许其中一个试验值低于规定的最小值，但不得低于规定最小值的 70%。

② 为 10mm×10mm 全尺寸试样的吸收能量平均值。对于试样尺寸为 10mm×7.5mm、10mm×5mm、10mm×2.5mm 的小尺寸试样，吸收能量平均值分别为全尺寸试样的 5/6、2/3 和 1/2。

③ A 级钢板如果采用细化晶粒处理或正火处理生产，可不做冲击试验。

④ 横向、纵向均可接受。

第三节　欧洲标准

EN 10225-1：2019 固定式近海结构用可焊接结构钢—交货技术条件　第 1 部分：钢板

1　范围

该标准适用于建造固定式近海结构用可焊接结构钢板。S355NLO 钢板最大厚度为 200mm，S355MLO～S500MLO 钢板最大厚度为 120mm，S420QLO～S690QLO 钢板最大厚度为 150mm。

2　牌号与化学成分

2.1　钢的牌号和化学成分应符合表 1～表 3 的规定。不允许故意添加表中未列入的任何元素。强度小于等于 S500 的钢板不应故意加入元素 B。

2.2　各牌号钢的碳当量（CEV）或焊接裂纹敏感性指数（Pcm）应符合表 4～表 6 的相应规定。

表 1　正火/正火轧制钢板的化学成分（熔炼分析和成品分析）

牌号	化学成分（质量分数）/%①，最大值（除非另有显示）														
	C	Si	Mn	P	S	Cr	Ni	Mo	N	Alt②	Cu	Nb	Ti	V	Nb+V	Nb+V+Ti
S355NLO	0.14	0.55	1.00～1.65	0.020	0.010	0.25	0.70	0.08	0.010	0.015～0.055	0.30	0.050	0.025	0.060	0.06	0.08

① 钢中的残余元素应满足下列要求：w(As)≤0.03%，w(Sb)≤0.010%，w(Sn)≤0.020%，w(Pb)≤0.010%，w(Bi)≤0.010%，w(Ca)≤0.005%，w(B)≤0.0008%。

② 总铝与氮的比值（Alt/N）应不小于 2∶1。当采用其他固氮元素时，Alt 及 Alt/N 的最小值要求不适用。

表 2　热机械轧制钢板的化学成分（熔炼分析和成品分析）

牌号	化学成分（质量分数）/%①，最大值（除非另有显示）															
	C	Si	Mn	P	S	Cr	Ni	Mo	N	Alt②	Cu	Nb	Ti	V	Nb+V	Nb+V+Ti
S355MLO	0.14	0.55	1.00～1.65	0.020	0.010	0.25	0.70	0.08③	0.010	0.015～0.055	0.30	0.050	0.025	0.060	0.06	0.08
S420MLO	0.14④	0.55	1.65	0.020	0.010	0.25	0.70	0.25	0.010	0.015～0.055	0.30	0.050	0.025	0.080	0.09	0.11
S460MLO	0.14④	0.55	1.70	0.020	0.010	0.25	0.70	0.25	0.010	0.015～0.055	0.30	0.050	0.025	0.080	0.12	0.13
S500MLO	0.14④	0.55	2.00	0.020	0.010	0.30	1.00	0.25	0.010	0.015～0.055	0.35	0.050	0.025	0.080	0.12	0.13

① 钢中的残余元素应满足下列要求：w(As)≤0.03%，w(Sb)≤0.010%，w(Sn)≤0.020%，w(Pb)≤0.010%，w(Bi)≤0.010%，w(Ca)≤0.005%，w(B)≤0.0008%。

② 总铝与氮的比值（Alt/N）应不小于 2∶1。当采用其他固氮元素时，Alt 及 Alt/N 的最小值要求不适用。

③ 钢板厚度大于 75mm 时，Mo 含量的最大值为 0.20%。

④ 钢板厚度小于 15mm 时，允许 C 含量的最大值为 0.15%。

表 3 淬火回火钢板的化学成分（熔炼分析和成品分析）

牌号	化学成分（质量分数）/%①，最大值（除非另有显示）															
	C	Si	Mn	P	S	Cr	Ni	Mo	N	Alt②	Cu	Nb	Ti	V	Nb+V	Nb+V+Ti
S420QLO	0.14	0.55	1.65	0.020	0.010	0.25	0.70	0.25	0.010	0.015~0.055	0.30	0.050	0.025	0.080	0.09	0.11
S460QLO	0.14	0.55	1.70	0.020	0.010	0.25	0.70	0.25	0.010	0.015~0.055	0.30	0.050	0.025	0.080	0.12	0.13
S500QLO	0.14	0.55	1.70	0.020	0.010	0.30	1.00	0.25	0.010	0.015~0.055	0.40	0.050	0.025	0.080	0.12	0.13
S550QLO	0.16	0.55	1.70	0.015	0.005	0.40	1.00	0.60	0.008	0.015~0.10	0.40	0.050	0.025	0.080	0.12	0.13
S620QLO	0.20	0.55	1.70	0.015	0.005	1.00	2.00	0.60	0.008	0.015~0.10	0.40	0.050	0.025	0.080	0.12	0.13
S690QLO	0.20	0.55	1.70	0.015	0.005	1.00	2.00	0.60	0.008	0.015~0.10	0.40	0.050	0.025	0.080	0.12	0.13

① 钢中的残余元素应满足下列要求：$w(\mathrm{As})\leqslant 0.03\%$，$w(\mathrm{Sb})\leqslant 0.010\%$，$w(\mathrm{Sn})\leqslant 0.020\%$，$w(\mathrm{Pb})\leqslant 0.010\%$，$w(\mathrm{Bi})\leqslant 0.010\%$，$w(\mathrm{Ca})\leqslant 0.005\%$；对于 S420QLO、S460QLO 和 S500QLO，$w(\mathrm{B})\leqslant 0.0008\%$，对于 S550QLO、S620QLO 和 S690QLO，$w(\mathrm{B})\leqslant 0.0025\%$。

② 总铝与氮的比值（Alt/N）应不小于 2∶1。当采用其他固氮元素时，Alt 及 Alt/N 的最小值要求不适用。

表 4 正火/正火轧制钢板的 CEV 和 Pcm 值

牌号	碳当量 CEV（质量分数）/%		焊接裂纹敏感性指数 Pcm（质量分数）/%	
	不大于		不大于	
	厚度 t/mm			
	≤75	75<t≤200	≤75	75<t≤200
S355NLO	0.43	0.43	0.22	0.22

注：CEV（%）= C+Mn/6+(Cr+Mo+V)/5+(Ni+Cu)/15；

Pcm（%）= C+Si/30+(Mn+Cu+Cr)/20+Ni/60+Mo/15+V/10+5B。

表 5 热机械轧制钢板的 CEV 和 Pcm 值

牌号	碳当量 CEV（质量分数）/%		焊接裂纹敏感性指数 Pcm（质量分数）/%	
	不大于		不大于	
	厚度 t/mm			
	≤75	75<t≤120	≤75	75<t≤120
S355MLO	0.39	0.40	0.21	0.22
S420MLO	0.42	0.42	0.22①	0.22①
S460MLO	0.43	0.43	0.22①	0.22①
S500MLO	0.47	0.47	0.24	0.24

注：同表 4 注。

① 钢板厚度小于 15mm 时，允许 Pcm 为 0.23%。

表 6 淬火回火钢板的 CEV 和 Pcm 值

牌号	碳当量 CEV（质量分数）/%		焊接裂纹敏感性指数 Pcm（质量分数）/%	
	不大于		不大于	
	厚度 t/mm			
	≤ 100	$100<t\leq 150$	≤ 100	$100<t\leq 150$
S420QLO	0. 42	0. 42	0. 22	0. 22
S460QLO	0. 43	0. 43	0. 22	0. 22
S500QLO	0. 44	—	0. 22	—
S550QLO	0. 47	0. 55	—	—
S620QLO	0. 65	0. 75	—	—
S690QLO	0. 65	0. 75	—	—

注：同表 4 注。

3 交货状态

钢板以炉内正火/正火轧制（N）、热机械轧制（M）或淬火加回火（Q）状态交货。

4 力学性能

力学性能应符合表 7~表 9 的规定。

表 7 正火/正火轧制钢板的力学性能

牌号	上屈服强度 R_{eH}/MPa							抗拉强度 R_m/MPa			R_e/R_m	断后伸长率 A/%（$L_0=5.65\sqrt{S_0}$）	V 型缺口冲击吸收能量平均值 KV_2	
	不小于										不大于		不小于	
	厚度 t/mm							厚度 t/mm						
	≤ 16	$16<t\leq 25$	$25<t\leq 40$	$40<t\leq 63$	$63<t\leq 100$	$100<t\leq 150$	$150<t\leq 200$	≤ 100	$100<t\leq 150$	$150<t\leq 200$		不小于	试验温度/℃	能量/J
S355NLO	355	355	345	335	325	320	300	470~630	460~620	450~600	0. 87	22	-40	50

注：1. 拉伸试验、冲击试验均取横向试样。

2. 屈服现象不明显时，采用 $R_{p0.2}$ 或者 $R_{t0.5}$。

3. 计算 R_e/R_m 比值时，采用 $R_{p0.2}$ 或者 $R_{t0.5}$。

4. 冲击吸收能量平均值为一组三个试样的算术平均值。允许其中一个试验值低于规定的最小值，但不得低于规定最小值的 70%。

5. 当钢板厚度不足以取全尺寸冲击试验试样时，可以取小尺寸试样，试样最小宽度为 5mm。小尺寸试样的冲击吸收能量平均值的最小值规定如下：截面尺寸为 10mm×7. 5mm 时，为规定值的 75%；截面尺寸为 10mm×5mm 时，为规定值的 50%。

6. 钢板厚度大于 40mm 时，需要检验钢板心部的夏比 V 型缺口试样的冲击吸收能量。

表 8　热机械轧制钢板的力学性能

牌号	上屈服强度 R_{eH}/MPa						抗拉强度 R_m/MPa		R_e/R_m	断后伸长率 A/% ($L_0=5.65\sqrt{S_0}$)	V 型缺口冲击吸收能量平均值 KV_2	
	不小于								不大于		不小于	
	厚度 t/mm						厚度 t/mm					
	≤16	16<t≤25	25<t≤40	40<t≤63	63<t≤80	80<t≤120	≤40	40<t≤120		不小于	试验温度/℃	能量/J
S355MLO	355	355	345	335	325	325	470~630	470~630	0.93	22	-40	50
S420MLO	420	400	390	380	380	380	500~660	480~640	0.93	19	-40	60
S460MLO	460	440	420	415	405	400	520~700	500~675	0.93	17	-40	60
S500MLO	500	480	460	455	445	440	560~740	540~715	0.95	15	-40	60

注：同表 7 注。

表 9　淬火回火钢板的力学性能

牌号	上屈服强度 R_{eH}/MPa							抗拉强度 R_m/MPa			R_e/R_m	断后伸长率 A/% ($L_0=5.65\sqrt{S_0}$)	V 型缺口冲击吸收能量平均值 KV_2	
	不小于										不大于		不小于	
	厚度 t/mm							厚度 t/mm						
	≤16	16<t≤25	25<t≤40	40<t≤63	63<t≤80	80<t≤100	100<t≤150	≤40	40<t≤100	100<t≤150		不小于	试验温度/℃	能量/J
S420QLO	420	400	390	390	380	380	370	500~660	480~640	470~630	0.93	19	-40	60
S460QLO	460	440	420	415	405	400	380	520~700	515~675	480~640	0.93	17	-40	60
S500QLO	500	480	460	455	445	440	420	560~740	540~715	520~690	0.93	15	-40	60
S550QLO	550	530	510	490	485	480	475	590~750	570~730	540~710	0.93	15	-40	60
S620QLO	620	620	620	620	620	620	620	720~890	720~890	720~890	—	14	-40	60
S690QLO	690	690	690	690	690	690	690	770~940	770~940	770~940	—	14	-40	60

注：同表 7 注。

5　超声检测

所有钢板根据 EN 10160 标准进行超声波检测，应满足 EN 10160 中 S_0/E_1 级别的要求；也可规定钢板应满足 EN 10160 中 S_1/E_2 级别的要求。

第六章　桥梁钢

第六章 桥 梁 钢

第一节 中国标准

GB/T 714-2015 桥梁用结构钢

1 范围

该标准适用于厚度不大于150mm的桥梁用结构钢板、厚度不大于25.4mm的桥梁用结构钢带及剪切钢板，以及厚度不大于40mm的桥梁用结构型钢。

2 牌号与化学成分

2.1 不同交货状态钢的牌号及化学成分（熔炼分析）应符合表1~表5的规定。耐大气腐蚀钢、调质钢的合金元素含量，可根据供需双方协议进行调整。

表1 各牌号及质量等级钢磷、硫、硼、氢成分要求

质量等级	化学成分（质量分数）/%			
	P	S	B①②	H①
	不大于			
C	0.030	0.025	0.0005	0.0002
D	0.025	0.020③		
E	0.020	0.010		
F	0.015	0.006		

① 钢中残余元素B、H供方能保证时，可不进行分析。

② 调质钢中添加元素B时，不受此限制，且进行分析并填入质量证明书中。

③ Q420及以上级别S含量不大于0.015%。

表2 热轧或正火钢化学成分

牌号	质量等级	化学成分（质量分数）/%										
		C	Si	Mn	Nb①	V①	Ti①	Als①②	Cr	Ni	Cu	N
		不大于							不大于			
Q345q	C D E	0.18	0.55	0.90~1.60	0.005~0.060	0.010~0.080	0.006~0.030	0.010~0.045	0.30	0.30	0.30	0.0080
Q370q				1.00~1.60								

① 钢中Al、Nb、V、Ti可单独或组合加入，单独加入时，应符合表中规定；组合加入时，应至少保证一种合金元素含量达到表中下限规定，且 w(Nb+V+Ti) ≤0.22%。

② 当采用全铝（Alt）含量计算时，全铝含量应为0.015%~0.050%。

表 3　热机械轧制钢化学成分

牌号	质量等级	化学成分（质量分数）/%											
		C	Si	Mn①	Nb②	V②	Ti②	Als②③	Cr	Ni	Cu	Mo	N
		不大于							不大于				
Q345q	C D E	0.14	0.55	0.90~1.60	0.010~0.090	0.010~0.080	0.006~0.030	0.010~0.045	0.30	0.30	0.30	—	0.0080
Q370q	D E			1.00~1.60									
Q420q	D E F	0.11		1.00~1.70					0.50	0.30		0.20	
Q460q												0.25	
Q500q									0.80	0.70		0.30	

① 经供需双方协议，锰含量最大可到 2.00%。

② 钢中 Al、Nb、V、Ti 可单独或组合加入，单独加入时，应符合表中规定；组合加入时，应至少保证一种合金元素含量达到表中下限规定，且 w(Nb+V+Ti)≤0.22%。

③ 当采用全铝（Alt）含量计算时，全铝含量应为 0.015%~0.050%。

表 4　调质钢化学成分

牌号	质量等级	化学成分（质量分数）/%											
		C	Si	Mn	Nb①	V①	Ti①	Als①②	Cr	Ni	Cu	Mo	N
		不大于											
Q500q	D E F	0.11	0.55	0.80~1.70	0.005~0.060	0.010~0.080	0.006~0.030	0.010~0.045	≤0.80	≤0.70	≤0.30	≤0.30	≤0.0080
Q550q		0.12											
Q620q		0.14			0.005~0.090				0.40~0.80	0.25~1.00	0.15~0.55	0.20~0.50	
Q690q		0.15							0.40~1.00	0.25~1.20		0.20~0.60	

注：可添加 B 元素 0.0005%~0.0030%。

① 钢中 Al、Nb、V、Ti 可单独或组合加入，单独加入时，应符合表中规定；组合加入时，应至少保证一种合金元素含量达到表中下限规定，且 w(Nb+V+Ti)≤0.22%。

② 当采用全铝（Alt）含量计算时，全铝含量应为 0.015%~0.050%。

表 5　耐大气腐蚀钢化学成分

牌号	质量等级	化学成分①~③（质量分数）/%											
		C	Si	Mn④	Nb	V	Ti	Cr	Ni	Cu	Mo	N	Als⑤
											不大于		
Q345qNH	D E F	≤0.11	0.15~0.50	1.10~1.50	0.010~0.100	0.010~0.100	0.006~0.030	0.40~0.70	0.30~0.40	0.25~0.50	0.10	0.0080	0.015~0.050
Q370qNH											0.15		
Q420qNH											0.20		
Q460qNH													

续表 5

牌号	质量等级	化学成分①~③（质量分数）/%											
		C	Si	Mn④	Nb	V	Ti	Cr	Ni	Cu	Mo	N	Als⑤
											不大于		
Q500qNH Q550qNH	D E F	≤0.11	0.15~0.50	1.10~1.50	0.010~0.100	0.010~0.100	0.006~0.030	0.45~0.70	0.30~0.45	0.25~0.55	0.25	0.0080	0.015~0.050

① 铌、钒、钛、铝可单独或组合加入，组合加入时，应至少保证一种合金元素含量达到表中下限规定；w(Nb+V+Ti)≤0.22%。

② 为控制硫化物形态要进行 Ca 处理。

③ 对耐候钢耐腐蚀性的评定，参见附录 C。

④ 当卷板状态交货时 Mn 含量下限可到 0.50%。

⑤ 当采用全铝（Alt）含量计算时，全铝含量应为 0.020%~0.055%。

2.2　各牌号钢的碳当量（CEV）应符合表 6 的规定。

2.3　除耐候钢外的各牌号钢，当碳含量不大于 0.12%时，采用焊接裂纹敏感性指数（Pcm）代替碳当量评估钢材的可焊性，其值（由熔炼分析计算）应符合表 7 的规定。

2.4　当需方要求保证厚度方向性能时，应符合 GB/T 5313 的规定。

表 6　碳当量

交货状态	牌号	碳当量 CEV（质量分数）/%		
		厚度≤50mm	50mm<厚度≤100mm	100mm<厚度≤150mm
热轧或正火	Q345q	≤0.43	≤0.45	协议
	Q370q	≤0.44	≤0.46	
热机械轧制	Q345q	≤0.38	≤0.40	—
	Q370q	≤0.38	≤0.40	
调质	Q500q	≤0.50	≤0.55	协议
	Q550q	≤0.52	≤0.57	
	Q620q	≤0.55	≤0.60	
	Q690q	≤0.60	≤0.65	

注：1. CEV（%）= C+Mn/6+（Cr+Mo+V）/5+（Ni+Cu）/15。

2. 耐大气腐蚀钢的碳当量可在此表的基础上，由供需双方协议规定。

表 7　焊接裂纹敏感性指数

牌号	Pcm（质量分数）/% 不大于	牌号	Pcm（质量分数）/% 不大于
Q345q	0.20	Q500q	0.25
Q370q	0.20	Q550q	0.25
Q420q	0.22	Q620q	0.25
Q460q	0.23	Q690q	0.25

注：Pcm（%）= C+Si/30+Mn/20+Cu/20+Ni/60+Cr/20+Mo/15+V/10+5B。

3　交货状态

3.1　钢材应以热轧、正火、热机械轧制及调质（含在线淬火+高温回火）中任何一种交货状态交货，并在质量证明书中注明。

3.2　正火状态交货的钢材，当采用比在空气中冷却速率快的其他介质中冷却时，应进行高温回火处理（回火温度不小于580℃）。

3.3　对于裸露使用的具有耐大气腐蚀性能的钢材，应采用除正火外的上述其他任何一种交货状态交货。当采用比在空气中冷却速率快的冷却方式进行冷却时，应进行回火处理。

4　力学性能与工艺性能

4.1　钢板的力学性能应符合表8的规定。

4.2　Z向钢厚度方向断面收缩率应符合GB/T 5313的规定。

4.3　推荐钢的屈强比参见表9。

4.4　钢材的工艺性能应符合表10的规定。

表8　钢材的力学性能

<table>
<tr><th rowspan="4">牌号</th><th rowspan="4">质量等级</th><th colspan="5">拉伸试验[1][2]</th><th colspan="2">冲击试验[3]</th></tr>
<tr><th colspan="3">下屈服强度 R_{eL}/MPa</th><th rowspan="2">抗拉强度 R_m/MPa</th><th rowspan="2">断后伸长率 A/%</th><th rowspan="3">温度 /℃</th><th rowspan="2">冲击吸收能量 KV_2/J</th></tr>
<tr><th>厚度 ≤50mm</th><th>50mm<厚度 ≤100mm</th><th>100mm<厚度 ≤150mm</th></tr>
<tr><th colspan="5">不小于</th><th>不小于</th></tr>
<tr><td rowspan="3">Q345q</td><td>C</td><td rowspan="3">345</td><td rowspan="3">335</td><td rowspan="3">305</td><td rowspan="3">490</td><td rowspan="3">20</td><td>0</td><td rowspan="3">120</td></tr>
<tr><td>D</td><td>-20</td></tr>
<tr><td>E</td><td>-40</td></tr>
<tr><td rowspan="3">Q370q</td><td>C</td><td rowspan="3">370</td><td rowspan="3">360</td><td rowspan="3">—</td><td rowspan="3">510</td><td rowspan="3">20</td><td>0</td><td rowspan="3">120</td></tr>
<tr><td>D</td><td>-20</td></tr>
<tr><td>E</td><td>-40</td></tr>
<tr><td rowspan="3">Q420q</td><td>D</td><td rowspan="3">420</td><td rowspan="3">410</td><td rowspan="3">—</td><td rowspan="3">540</td><td rowspan="3">19</td><td>-20</td><td rowspan="2">120</td></tr>
<tr><td>E</td><td>-40</td></tr>
<tr><td>F</td><td>-60</td><td>47</td></tr>
<tr><td rowspan="3">Q460q</td><td>D</td><td rowspan="3">460</td><td rowspan="3">450</td><td rowspan="3">—</td><td rowspan="3">570</td><td rowspan="3">18</td><td>-20</td><td rowspan="2">120</td></tr>
<tr><td>E</td><td>-40</td></tr>
<tr><td>F</td><td>-60</td><td>47</td></tr>
<tr><td rowspan="3">Q500q</td><td>D</td><td rowspan="3">500</td><td rowspan="3">480</td><td rowspan="3">—</td><td rowspan="3">630</td><td rowspan="3">18</td><td>-20</td><td rowspan="2">120</td></tr>
<tr><td>E</td><td>-40</td></tr>
<tr><td>F</td><td>-60</td><td>47</td></tr>
<tr><td rowspan="3">Q550q</td><td>D</td><td rowspan="3">550</td><td rowspan="3">530</td><td rowspan="3">—</td><td rowspan="3">660</td><td rowspan="3">16</td><td>-20</td><td rowspan="2">120</td></tr>
<tr><td>E</td><td>-40</td></tr>
<tr><td>F</td><td>-60</td><td>47</td></tr>
</table>

续表 8

牌号	质量等级	拉伸试验①②					冲击试验③	
		下屈服强度 R_{eL}/MPa			抗拉强度 R_m/MPa	断后伸长率 A/%	温度 /℃	冲击吸收能量 KV_2/J
		厚度 ≤50mm	50mm<厚度 ≤100mm	100mm<厚度 ≤150mm				
		不小于						不小于
Q620q	D	620	580	—	720	15	-20	120
	E						-40	
	F						-60	47
Q690q	D	690	650	—	770	14	-20	120
	E						-40	
	F						-60	47

注：1. 夏比（V 型缺口）冲击吸收能量，按一组 3 个试样的算术平均值进行计算，允许其中有 1 个试样单个值低于表 8 规定值，但不得低于规定值的 70%。

2. 厚度小于 12mm 钢板的夏比（V 型缺口）冲击试验应采用辅助试样。>8～<12mm 钢板辅助试样尺寸为 10mm×7.5mm×55mm，其试验结果应不小于表 8 规定值的 75%；6～8mm 钢板辅助试样尺寸为 10mm×5mm×55mm，其试验结果应不小于表 8 规定值的 50%；厚度小于 6mm 的钢板不做冲击试验。

① 当屈服不明显时，可测量 $R_{p0.2}$ 代替下屈服强度。

② 拉伸试验取横向试样。

③ 冲击试验取纵向试样。

表 9　推荐钢的屈强比

牌号	屈强比（R_{eL}/R_m）
	不大于
Q345q	0.85
Q370q	0.85
Q420q	0.85
Q460q～Q690q	协议

注：屈服现象不明显时，可用 $R_{p0.2}$ 代替 R_{eL}。

表 10　工艺性能

180°弯曲试验		
厚度≤16mm	厚度>16mm	弯曲结果
$D=2a$	$D=3a$	在试样外表面不应有肉眼可见的裂纹

注：D—弯曲压头直径，a—试样厚度。

5　无损检测

对于厚度大于 20mm 的单轧钢板应进行超声波探伤检测，标准为 GB/T 2970，合格级别不低于Ⅱ级。

6　其他要求

采用 Q550q、Q620q、Q690q 三种强度级别时，需要进行焊接工艺评定及具体桥梁工程所必需的其他特殊性能的检验。由供需双方协议确定检验方。

第二节　美国标准

ASTM A709/A709M-18 桥梁用结构钢

1　范围

该标准适用于桥梁用碳素钢和高强度低合金钢结构钢板、型钢和钢棒，以及调质态合金钢和不锈钢结构钢板。

2　牌号与化学成分

钢的化学成分（熔炼分析）应符合表 1～表 6 对规定钢种的要求。

表 1　250 级钢的化学成分

产品厚度 t/mm	化学成分（质量分数）/%						
	板宽>380mm①				板宽≤380mm①		
	≤20	20<t≤40	40<t≤65	65<t≤100	≤20	20<t≤40	40<t≤100
C	≤0.25	≤0.25	≤0.26	≤0.27	≤0.26	≤0.27	≤0.28
Mn	—	0.80～1.20	0.80～1.20	0.85～1.20	—	0.60～0.90	0.60～0.90
P	≤0.030	≤0.030	≤0.030	≤0.030	≤0.04	≤0.04	≤0.04
S	≤0.030	≤0.030	≤0.030	≤0.030	≤0.05	≤0.05	≤0.05
Si	≤0.40	≤0.40	0.15～0.40	0.15～0.40	≤0.40	≤0.40	≤0.40
Cu（含 Cu 钢）	≥0.20	≥0.20	≥0.20	≥0.20	≥0.20	≥0.20	≥0.20

① C 含量比规定的上限值每降低 0.01%，允许 Mn 含量比规定的上限值增加 0.06%，最高可到 1.35%。

表 2　345 级钢的化学成分①

最大厚度/mm	化学成分（质量分数）/%						
	C	Mn②	P③	S③	Si④		Nb、V、N
					厚度≤40mm	厚度>40mm	
	不大于				不大于		
100	0.23	1.35	0.030	0.030	0.40	0.15～0.40	见表 3

① 当规定含 Cu 时，Cu 的熔炼分析最小含量为 0.20%（成品分析最小含量为 0.18%）。

② 厚度>10mm 的所有板材，Mn 的熔炼分析最小含量为 0.80%（成品分析最小含量为 0.75%）；厚度≤10mm 的板材，Mn 的熔炼分析最小含量为 0.50%（成品分析最小含量为 0.45%）。Mn/C 比值应不小于 2∶1。C 含量比规定的上限值每降低 0.01%，允许 Mn 含量比规定的上限值增加 0.06%，最高可到 1.60%。

③ 宽度≤380mm 的板材，最大 P 含量为 0.04%，最大 S 含量为 0.05%。

④ 熔炼成分中 Si 含量超过 0.40%时必须协商。

表 3 345 级钢中的微合金元素含量

类型①	元素	熔炼成分/%
1	Nb	0.005～0.05②
2	V	0.01～0.15③
3	Nb	0.005～0.05②
	V	0.01～0.15③
	Nb+V	0.02～0.15④

① 微合金元素含量应该与 1、2、3 类型一致，并应报告分析结果。

② 产品分析在 0.004%～0.06%。

③ 产品分析在 0.005%～0.17%。

④ 产品分析在 0.01%～0.16%。

表 4 345CR 钢的化学成分

化学成分（质量分数）/%								
C	Mn	P	S	Si	Ni	Cr	Mo	N
≤0.030	≤1.50	≤0.040	≤0.010	≤1.00	≤1.50	10.5～12.5	—	≤0.030

表 5 345W 级钢的化学成分

类型	化学成分（质量分数）/%								
	C①	Mn①	P②	S②	Si	Ni	Cr	Cu	V
A	≤0.19	0.80～1.25	≤0.030	≤0.030	0.30～0.65	≤0.40	0.40～0.65	0.25～0.40	0.02～0.10
B	≤0.20	0.75～1.35	≤0.030	≤0.030	0.15～0.50	≤0.50	0.40～0.70	0.20～0.40	0.01～0.10

① C 含量比规定的上限值每降低 0.01%，允许 Mn 含量比规定的上限值增加 0.06%，最高可到 1.50%。

② 宽度≤380mm 的板材，最大 P 含量为 0.04%，最大 S 含量为 0.05%。

表 6 HPS345W、HPS485W 和 HPS690W 钢的化学成分

牌号	C	Mn		P	S①	Si	Cu	Ni	Cr	Mo	V	Nb	Al	N
		≤65mm	>65mm											
HPS 345W HPS 485W	≤0.11	1.10～1.35	1.10～1.50	≤0.020	≤0.006	0.30～0.50	0.25～0.40	0.25～0.40	0.45～0.70	0.02～0.08	0.04～0.08	—	0.010～0.040	≤0.015
HPS 690W	≤0.08	0.95～1.50	0.95～1.50	≤0.015	≤0.006	0.15～0.35	0.90～1.20	0.65～0.90	0.40～0.65	0.40～0.65	0.04～0.08	0.01～0.03	0.020～0.050	≤0.015

① 钢应经过钙处理，以控制硫化物形状。

3 交货状态

钢板以热轧、控轧、热机械轧制、调质或正火加回火态交货。

4 力学性能

4.1 拉伸性能应符合表 7 的规定。

4.2 冲击性能应符合表 8 和表 9 的要求。

表 7　拉伸性能要求①

牌号	厚度 t/mm	屈服点或屈服强度②/MPa	抗拉强度 R_m/MPa	断后伸长率 A/%④		断面收缩率 Z/%③
				L_0 = 200mm	L_0 = 50mm	
250	≤100	≥250	400~550	20	23	—
345	≤100	≥345	≥450	18	21	—
345W HPS 345W	≤100	≥345	≥485	18	21	—
345CR	≤50	≥345	≥485	18	21	—
HPS 485W	≤100	≥485	585~760	—	19	—
HPS 690W	≤65	≥690	760~895	—	18	⑤
	65<t≤100⑥	≥620	690~895	—	16	⑤

① 拉伸试样取横向。

② 屈服现象明显时，取上屈服点 R_{eH}；屈服现象不明显时，取屈服强度 $R_{p0.2}$或 $R_{t0.5}$。

③ 钢板宽度大于 600mm 时，断面收缩率最小值要求降低 5%。

④ 钢板宽度大于 600mm 时，断后伸长率最小值要求降低 2%。伸长率要求的修正详见 ASTM A6/A6M。

⑤ 如果在 ASTM A370 中图 3 所示的 40mm 宽试样上测量，则断面收缩率最小值为 40%；如果在图 4 所示的 12.5mm 圆形试样上测量，则最小值为 50%。

⑥ 不适用于断裂临界承拉构件（见表 9）。

表 8　非断裂临界（T）承拉构件冲击试验要求

牌号	厚度 t/mm	一区		二区		三区	
		温度/℃	吸收能量平均值 KV_2/J 不小于	温度/℃	吸收能量平均值 KV_2/J 不小于	温度/℃	吸收能量平均值 KV_2/J 不小于
250T①	≤100	21	20	4	20	-12	20
345T①② 345WT①②	≤50	21	20	4	20	-12	20
	50<t≤100	21	27	4	27	-12	27
345CRT①②	≤50	21	20	4	20	-12	20
HPS 345WT①②	≤100	-12	27	-12	27	-12	27
HPS 485WT③④	≤100	-23	34	-23	34	-23	34
HPS 690WT③	≤65	-34	34	-34	34	-34	34
	65<t≤100	-34	48	-34	48	-34	48

① 纵向夏比 V 型缺口（CVN）冲击试验应以符合 ASTM A673/A673M 的“H”频率进行。

② 如果结构产品的屈服点超过 450MPa，每超出 70MPa，则冲击试验温度应降低 8℃。测试报告应给出屈服点数值。

③ 纵向 CVN 冲击试验应以符合 ASTM A673/A673M 的“P”频率进行。

④ 如果结构产品的屈服强度超过 585MPa，每超出 70MPa，则冲击试验温度应降低 8℃。测试报告应给出屈服强度数值。

表 9 断裂临界（F）承拉构件冲击试验要求[①]

<table>
<tr><td rowspan="3">牌号</td><td rowspan="3">厚度 t/mm</td><td>吸收能量测试值 KV_2/J</td><td colspan="2">一区</td><td colspan="2">二区</td><td colspan="2">三区</td></tr>
<tr><td rowspan="2">不小于</td><td rowspan="2">温度/℃</td><td>吸收能量平均值 KV_2/J</td><td rowspan="2">温度/℃</td><td>吸收能量平均值 KV_2/J</td><td rowspan="2">温度/℃</td><td>吸收能量平均值 KV_2/J</td></tr>
<tr><td>不小于</td><td>不小于</td><td>不小于</td></tr>
<tr><td>250F</td><td>≤100</td><td>27</td><td>21</td><td>34</td><td>4</td><td>34</td><td>-12</td><td>34</td></tr>
<tr><td rowspan="2">345F[②]、345WF[②]</td><td>≤50</td><td>27</td><td>21</td><td>34</td><td>4</td><td>34</td><td>-12</td><td>34</td></tr>
<tr><td>50<t≤100</td><td>33</td><td>21</td><td>41</td><td>4</td><td>41</td><td>-12</td><td>41</td></tr>
<tr><td>345CRF[②]</td><td>≤50</td><td>27</td><td>21</td><td>34</td><td>4</td><td>34</td><td>-12</td><td>34</td></tr>
<tr><td>HPS 345WF[②]</td><td>≤100</td><td>33</td><td>-12</td><td>41</td><td>-12</td><td>41</td><td>-12</td><td>41</td></tr>
<tr><td>HPS 485WF[③]</td><td>≤100</td><td>38</td><td>-23</td><td>48</td><td>-23</td><td>48</td><td>-23</td><td>48</td></tr>
<tr><td rowspan="2">HPS 690WF</td><td>≤65</td><td>38</td><td>-34</td><td>48</td><td>-34</td><td>48</td><td>-34</td><td>38</td></tr>
<tr><td>65<t≤100</td><td>④</td><td colspan="2">不允许</td><td colspan="2">不允许</td><td colspan="2">不允许</td></tr>
</table>

① 纵向夏比 V 型缺口冲击试验取样频率：(1) 热轧（包括控制轧制及 TMCP）钢板—每轧制态；(2) 正火钢板—每件；(3) 调质钢板—每件。

② 如果结构产品的屈服点超过 450MPa，每超出 70MPa，则冲击试验温度应降低 8℃。测试报告应给出屈服点数值。

③ 如果结构产品的屈服强度超过 585MPa，每超出 70MPa，则冲击试验温度应降低 8℃。测试报告应给出屈服强度数值。

④ 不适用。

5 耐大气腐蚀性能

符合本标准要求的钢，其耐大气腐蚀性能分为三级：

(1) 不带后缀的钢级，其耐大气腐蚀性能等级相当于不含铜的碳素钢或合金钢。

(2) 对于 345W、HPS345W 和 HPS485W 钢，根据 ASTM G101—基于 Larabee 和 Coburn 数据的预测方法，基于钢的熔炼分析成分计算的耐大气腐蚀指数应不小于 6.0。当完全暴露于大气中时，这些钢可在裸露（无涂层）状态下用于许多场合。HPS 690W 的耐大气腐蚀性能优于未添加 Cu 的合金钢。

(3) 345CR 可在裸露（无涂层）状态下用于传统耐大气腐蚀钢不适合的某些场合。

第三节　日本标准

JIS G 3140：2011 桥梁用高屈服强度钢板

1　范围

该标准适用于桥梁用厚度不大于 100mm、具有高屈服强度及优异焊接性能的热轧钢板和耐大气腐蚀的热轧钢板。

2　牌号与化学成分

2.1　钢的化学成分（熔炼分析）应符合表 1 的规定。

2.2　钢的焊接裂纹敏感性指数应符合表 2 的规定。

表 1　化学成分

牌号	化学成分（质量分数）/%，最大值，除非另有显示											
	C	Si	Mn	P	S	Cu	Ni	Cr	Mo	V	B	N
SBHS400	0.15	0.55	2.00	0.020	0.006	—	—	—	—	—	—	0.006
SBHS400W	0.15	0.15～0.55	2.00	0.020	0.006	0.30～0.50	0.05～0.30	0.45～0.75	—	—	—	0.006
SBHS500	0.11	0.55	2.00	0.020	0.006	—	—	—	—	—	—	0.006
SBHS500W	0.11	0.15～0.55	2.00	0.020	0.006	0.30～0.50	0.05～0.30	0.45～0.75	—	—	—	0.006
SBHS700	0.11	0.55	2.00	0.015	0.006	—	—	—	0.60	0.05	0.005	0.006
SBHS700W	0.11	0.15～0.55	2.00	0.015	0.006	0.30～1.50	0.05～2.00	0.45～1.20	0.60	0.05	0.005	0.006

注：如需要，可添加本表以外的合金元素。

表 2　焊接裂纹敏感性指数（基于熔炼分析）

牌号	厚度 t/mm	焊接裂纹敏感性指数 Pcm（质量分数）/%
		不大于
SBHS400 SBHS400W	≤100	0.22
SBHS500 SBHS500W	≤100	0.20
SBHS700 SBHS700W	≤50	0.30
	50<t≤75	0.32

注：Pcm（%）= C+Si/30+Mn/20+Cu/20+Ni/60+Cr/20+Mo/15+V/10+5B。

3　交货状态

钢板以热机械轧制或淬火加回火状态交货。

4　力学性能

力学性能应符合表 3 和表 4 的规定。

表 3　拉伸性能

牌号	屈服点或规定塑性延伸强度 R_{eH}或$R_{p0.2}$/MPa	抗拉强度 R_m/MPa	断后伸长率 A		
			不小于		
	不小于		厚度 t/mm	试样	A/%
SBHS400 SBHS400W	400	490～640	$6\leq t\leq 16$	1A 号	15
			$16<t\leq 50$	1A 号	19
			<40	4 号	21
SBHS500 SBHS500W	500	570～720	$6\leq t\leq 16$	5 号	19
			<16	5 号	26
			<20	4 号	20
SBHS700 SBHS700W	700	780～930	$6\leq t\leq 16$	5 号	16
			<16	5 号	24
			<20	4 号	16

注：1A 号试样标距尺寸：$b_0=40$mm，$L_0=200$mm；4 号试样标距尺寸：$d_0=14$mm，$L_0=50$mm；5 号试样标距尺寸：$b_0=25$mm，$L_0=50$mm。

表 4　冲击性能

牌号	试验温度/℃	冲击吸收能量 KV_2/J	试样和试样方向
		不小于	
SBHS400 SBHS400W	0	100	V 型缺口、横向
SBHS500 SBHS500W	-5		
SBHS700 SBHS700W	-40		

注：1. 厚度大于 12mm 钢板需做冲击试验，冲击吸收能量为 3 个试样的算术平均值。

2. 根据供需双方协议，可以采用低于表中的冲击试验温度。

第七章　汽车用钢

第七章　汽车用钢

第一节　中国标准

GB/T 3273—2015 汽车大梁用热轧钢板和钢带

1　范围

该标准适用于制造汽车大梁（纵梁、横梁）用厚度为1.6～16.0mm的热轧钢板和钢带。

2　牌号与化学成分

钢的牌号和化学成分（熔炼分析）应符合表1的规定。

表1　钢的牌号和化学成分（熔炼分析）

序号	牌号	化学成分（质量分数）/%					
		C	Si	Mn	P	S	Als①②
		不大于					不小于
1	370L	0.12	0.50	0.60	0.025	0.015	0.015
2	420L	0.12	0.50	1.50	0.025	0.015	0.015
3	440L	0.18	0.50	1.50	0.025	0.015	0.015
4	510L	0.20	0.50	1.60	0.025	0.015	0.015
5	550L	0.20	0.50	1.70	0.025	0.015	0.015
6	600L	0.12	0.50	1.80	0.025	0.015	0.015
7	650L	0.12	0.50	1.90	0.025	0.015	0.015
8	700L	0.12	0.60	2.00	0.025	0.015	0.015
9	750L	0.12	0.60	2.10	0.025	0.015	0.015
10	800L	0.12	0.60	2.20	0.025	0.015	0.015

注：1. 在保证性能的前提下，为改善钢的性能，可有选择地加入一种或同时加入Nb、V、Ti等几种微合金元素和稀土元素（RE），Nb、V、Ti总含量应不大于0.22%，稀土元素（RE）加入量应不大于0.20%。

2. 钢中的残余元素含量Ni、Cr、Cu含量各不大于0.30%。

① 当加入Nb、V、Ti等微合金元素足够量时，Al含量可不做要求。

② 当采用全铝（Alt）含量表示时，Alt含量应不小于0.020%。

3　交货状态

钢板和钢带以热轧状态交货。

4　力学性能与工艺性能

钢板和钢带的力学性能与工艺性能应符合表 2 的规定。

表 2　钢板和钢带的力学和工艺性能

序号	牌号	拉伸试验①				厚度≤12.0mm	厚度>12.0mm
		下屈服强度②③ R_{eL}/MPa	抗拉强度 R_m/MPa	厚度<3.0mm	厚度≥3.0mm	180°弯曲试验①④ 弯曲压头直径 D	
				A_{80mm} ($L_0=80mm$，$b=20mm$)	A		
				断后伸长率/%			
1	370L	≥245	370~480	≥23	≥28	$D=0.5a$	$D=a$
2	420L	≥305	420~540	≥21	≥26	$D=0.5a$	$D=a$
3	440L	≥330	440~570	≥21	≥26	$D=0.5a$	$D=a$
4	510L	≥355	510~650	≥20	≥24	$D=a$	$D=2a$
5	550L	≥400	550~700	≥19	≥23	$D=a$	$D=2a$
6	600L	≥500	600~760	≥15	≥18	$D=1.5a$	$D=2a$
7	650L	≥550	650~820	≥13	≥16	$D=1.5a$	$D=2a$
8	700L	≥600	700~880	≥12	≥14	$D=2a$	$D=2.5a$
9	750L	≥650	750~950	≥11	≥13	$D=2a$	$D=2.5a$
10	800L	≥700	800~1000	≥10	≥12	$D=2a$	$D=2.5a$

① 拉伸试验和弯曲试验采用横向试样。

② 当屈服现象不明显时，可采用 $R_{p0.2}$ 代替 R_{eL}。

③ 700L、750L、800L 3 个牌号，当厚度大于 8.0mm 时，规定的最小屈服强度允许下降 20MPa。

④ a 为弯曲试样厚度，弯曲试样宽度 b≥35mm，仲裁试验时试样宽度为 35mm。

5　金相检验

5.1　厚度不大于 8.0mm 的钢板和钢带晶粒度应为 8 级或更细；厚度大于 8.0mm 的钢板和钢带晶粒度应为 7 级或更细；其相邻级别不得超过 3 个级别。

5.2　钢板和钢带的带状组织通常不大于 2 级。允许带状组织大于 2 级但不大于 3 级。

6　表面质量

6.1　钢板和钢带表面不得有裂纹、气泡、夹杂、结疤、折叠和明显的划痕。钢板和钢带不得有分层。

6.2　钢板和钢带的表面质量等级及其特征应符合表 3 的规定。

表 3　钢板和钢带的表面质量等级及其特征

级别及代号	适用的表面处理方式	特　征
普通级表面（FA）	轧制表面（SR） 酸洗表面（SA）	表面允许有深度（或高度）不超过钢带厚度公差之半的麻点、凹面、划痕等轻微、局部缺陷，但应保证钢板和钢带允许的最小厚度；允许有轻微的锯齿边、部分未切边、欠酸洗、过酸洗、停车斑等局部缺陷
较高级表面（FB）	酸洗表面（SA）	表面允许有不影响成形性的局部缺陷，如轻微划伤、轻微压痕、轻微麻点、轻微辊印及色差等；表面允许有涂油后不明显的轻微停车斑；不允许有欠酸洗、过酸洗等缺陷

7　特殊要求

根据需方要求，可对钢的常温冲击或低温冲击等做特殊要求，具体内容由供需双方协商确定。

YB/T 4151—2015 汽车车轮用热轧钢板和钢带

1　范围

该标准适用于汽车车轮用厚度为 1.6~20mm 的热轧钢板和钢带。

2　牌号与化学成分

钢的牌号和化学成分（熔炼分析）应符合表 1 的规定。

表 1　钢的牌号和化学成分

牌号	化学成分（质量分数）/%					
	C	Si	Mn	P	S	Als①
	不大于					不小于
330CL	0.12	0.05	0.50	0.025	0.015	0.015
380CL	0.16	0.30	1.20	0.025	0.015	0.015
440CL	0.16	0.35	1.50	0.025	0.015	0.015
490CL	0.16	0.55	1.80	0.025	0.015	0.015
540CL	0.12	0.55	1.80	0.025	0.015	0.015
590CL	0.12	0.55	1.80	0.025	0.015	0.015
650CL	0.12	0.55	2.00	0.025	0.015	0.015

注：1. 为改善钢材的性能，可加入钒、铌、钛等细化晶粒元素，其含量应在质量证明书上注明。

2. 钢中的残余元素镍、铬、铜含量其质量分数应各不大于 0.30%。

① 当采用全铝（Alt）含量表示时，Alt 含量应不小于 0.020%。

3　交货状态

钢板和钢带以热轧状态交货。

4　力学性能与工艺性能

钢板和钢带的力学性能与工艺性能应符合表 2 的规定。

表 2　钢板和钢带的力学性能及工艺性能

牌号	拉伸试验①				180°弯曲试验①③ 弯曲压头直径 D
	下屈服强度② R_{eL}/MPa	抗拉强度 R_m/MPa	断后伸长率/%		
			厚度<3mm	厚度≥3mm	
			A_{80mm} (L_0=80mm，b=20mm)	A	
	不小于		不小于	不小于	
330CL	225	330~430	27	33	$D=0.5a$
380CL	235	380~480	23	28	$D=a$
440CL	295	440~550	21	26	$D=a$
490CL	325	490~600	20	24	$D=2a$

续表 2

牌号	拉伸试验①				180°弯曲试验①③ 弯曲压头直径 D
	下屈服强度② R_{eL}/MPa	抗拉强度 R_m/MPa	断后伸长率/%		
			厚度<3mm	厚度≥3mm	
			A_{80mm} (L_0=80mm, b=20mm)	A	
	不小于		不小于	不小于	
540CL	355	540~660	18	22	$D=2a$
590CL	420	590~710	17	20	$D=2a$
650CL	500	650~770	15	18	$D=2a$

注：1. 厚度 6~10mm 的热连轧钢板和钢带断后伸长率允许较表 2 降低 1%（绝对值），厚度>10~20mm 的热连轧钢板和钢带断后伸长率允许较表 2 降低 2%（绝对值）。

2. 按照表 2 要求进行弯曲试验，其试样表面不允许有裂纹。

① 拉伸试验和弯曲试验采用横向试样。

② 当屈服现象不明显时，可采用 $R_{p0.2}$，代替 R_{eL}。

③ a为弯曲试样厚度，弯曲试样宽度 B=35mm。

5　高倍检验

5.1　钢板和钢带的晶粒度应不小于 8 级，其相邻级别不得超过 3 个级别。

5.2　钢板和钢带的带状组织一般应不大于 2 级，大于 2 级但不大于 3 级的钢板和钢带也可交货。

6　表面质量

6.1　钢板和钢带不应有分层。表面不允许有裂纹、气泡、夹杂、结疤、折叠和明显的划痕。

6.2　钢板和钢带各级别表面质量特征应符合表 3 的规定。

表 3　钢板及钢带各级别表面质量特征

级别及代号	适用的表面处理方式	特　征
普通级表面（FA）	轧制表面 酸洗表面	表面允许有深度（或高度）不超过钢带厚度公差之半的麻点、凹面、划痕等轻微、局部缺陷，但应保证钢板及钢带允许的最小厚度；允许有轻微的锯齿边、部分未切边、欠酸洗、过酸洗、停车斑等局部缺陷
较高级表面（FB）	酸洗表面	表面允许有不影响成形性的局部缺陷，如：轻微划伤、轻微压痕、轻微麻点、轻微辊印及色差等；表面允许有涂油后不明显的轻微停车斑，不允许有欠酸洗、过酸洗等缺陷

GB/T 20887.1—2017 汽车用高强度热连轧钢板和钢带 第1部分：冷成型用高屈服强度钢

1 范围

该标准适用于冷成型用高屈服强度热连轧钢带以及由钢带横切成的钢板和纵切成的纵切钢带。

2 牌号与化学成分

钢的牌号和化学成分（熔炼分析）应符合表1的规定。

表1 钢的牌号及化学成分

<table>
<tr><th rowspan="3">牌号</th><th colspan="12">化学成分（质量分数）/%</th></tr>
<tr><th>C</th><th>Si</th><th>Mn</th><th>P</th><th>S</th><th>Alt①</th><th>Nb</th><th>V</th><th>Ti</th><th>Mo</th><th>B</th><th>Nb+Ti+V</th></tr>
<tr><th colspan="5">不大于</th><th>不小于</th><th colspan="6">不大于</th></tr>
<tr><td>HR315F</td><td>0.12</td><td>0.50</td><td>1.30</td><td>0.025</td><td>0.020</td><td>0.015</td><td>0.09</td><td>0.20</td><td>0.15</td><td>—</td><td>—</td><td>0.22</td></tr>
<tr><td>HR315F</td><td rowspan="2">0.12</td><td rowspan="2">0.50</td><td rowspan="2">1.50</td><td rowspan="2">0.025</td><td rowspan="2">0.015</td><td rowspan="2">0.15</td><td rowspan="2">0.09</td><td rowspan="2">0.20</td><td rowspan="2">0.15</td><td rowspan="2">—</td><td rowspan="2">—</td><td rowspan="2">0.22</td></tr>
<tr><td>HR380F</td></tr>
<tr><td>HR420F</td><td rowspan="2">0.12</td><td rowspan="2">0.50</td><td rowspan="2">1.60</td><td rowspan="2">0.025</td><td rowspan="2">0.015</td><td rowspan="2">0.15</td><td rowspan="2">0.09</td><td rowspan="2">0.20</td><td rowspan="2">0.15</td><td rowspan="2">—</td><td rowspan="2">—</td><td rowspan="2">0.22</td></tr>
<tr><td>HR460F</td></tr>
<tr><td>HR500F</td><td>0.12</td><td>0.50</td><td>1.70</td><td>0.025</td><td>0.015</td><td>0.015</td><td>0.09</td><td>0.20</td><td>0.15</td><td>—</td><td>—</td><td>0.22</td></tr>
<tr><td>HR550F</td><td>0.12</td><td>0.50</td><td>1.80</td><td>0.025</td><td>0.015</td><td>0.015</td><td>0.09</td><td>0.20</td><td>0.15</td><td>—</td><td>—</td><td>0.22</td></tr>
<tr><td>HR600F</td><td>0.12</td><td>0.50</td><td>1.90</td><td>0.025</td><td>0.015</td><td>0.15</td><td>0.09</td><td>0.20</td><td>0.22</td><td>0.50</td><td>0.005</td><td>0.22</td></tr>
<tr><td>HR650F</td><td>0.12</td><td>0.60</td><td>2.00</td><td>0.025</td><td>0.015</td><td>0.015</td><td>0.09</td><td>0.20</td><td>0.22</td><td>0.50</td><td>0.005</td><td>0.22</td></tr>
<tr><td>HR700F</td><td>0.12</td><td>0.60</td><td>2.10</td><td>0.025</td><td>0.015</td><td>0.015</td><td>0.09</td><td>0.20</td><td>0.22</td><td>0.50</td><td>0.005</td><td>0.22</td></tr>
<tr><td>HR900F</td><td>0.20</td><td>0.60</td><td>2.20</td><td>0.025</td><td>0.010</td><td>0.015</td><td>0.09</td><td>0.20</td><td>0.25</td><td>1.00</td><td>0.005</td><td>—</td></tr>
<tr><td>HR960F</td><td>0.20</td><td>0.60</td><td>2.50</td><td>0.025</td><td>0.010</td><td>0.015</td><td>0.09</td><td>0.20</td><td>0.25</td><td>1.00</td><td>0.005</td><td>—</td></tr>
</table>

① 当化验酸溶铝 Als 时，其含量应不小于 0.010%。

3 交货状态

钢板及钢带通常以热轧状态交货。

4 力学性能与工艺性能

钢板和钢带的力学性能与工艺性能应符合表2的规定。弯曲试验后，试样的外侧表面不应有目视可见的裂纹。

冷成形用推荐的最小弯曲半径见表3。

表 2　力学和工艺性能

牌号	拉伸试验①				弯曲试验④
	上屈服强度 R_{eH}②/MPa	抗拉强度 R_m/MPa	断后伸长率/%		
			不小于		
			A_{80mm}③	A	
	不小于		板厚/mm		
			<3.0	≥3.0	
HR315F	315	390~510	20	26	180°，$D=0a$
HR355F	355	430~550	19	25	180°，$D=0.5a$
HR380F	380	450~590	18	23	180°，$D=0.5a$
HR420F	420	480~620	16	21	180°，$D=0.5a$
HR460F	460	520~670	14	19	180°，$D=1.0a$
HR500F	500	550~700	12	16	180°，$D=1.0a$
HR550F	550	600~760	12	16	180°，$D=1.5a$
HR600F	600	650~820	11	15	180°，$D=1.5a$
HR650F⑤	650	700~880	10	14	180°，$D=2.0a$
HR700F⑤	700	750~950	10	13	180°，$D=2.0a$
HR900F	900	930~1200	8	9	90°，$D=8a$
HR960F	960	980~1250	7	8	90°，$D=9a$

① 拉伸试验试样方向为纵向。

② 当屈服现象不明显时，可采用规定塑性延伸强度 $R_{p0.2}$ 代替。

③ 试样为 GB/T 228.1—2010 中的 P6 试样（$L_0=80$mm，$b_0=20$mm）。

④ 弯曲试验适用于横向试样，弯曲试样宽度 $b \geq 35$mm，仲裁试验时试样宽度为 35mm。D 为弯曲压头直径，a 为试样厚度。

⑤ 厚宽大于 8.0mm 的钢板及钢带，其屈服强度下限允许降低 20MPa。

表 3　冷成形用推荐的最小弯曲半径

牌号	推荐的最小弯曲半径（弯曲角度≤90°）		
	公称厚宽 t/mm		
	≤3	>3~6	>6
HR315F	$0.25t$	$0.5t$	$1.0t$
HR355F	$0.25t$	$0.5t$	$1.0t$
HR380F	$0.5t$	$1.0t$	$1.5t$
HR420F	$0.5t$	$1.0t$	$1.5t$
HR460F	$0.5t$	$1.0t$	$1.5t$
HR500F	$1.0t$	$1.5t$	$2.0t$
HR550F	$1.0t$	$1.5t$	$2.0t$
HR600F	$1.0t$	$1.5t$	$2.0t$
HR650F	$1.5t$	$2.0t$	$2.5t$
HR700F	$1.5t$	$2.0t$	$2.5t$
HR900F	$3.5t$	$4.0t$	$4.5t$
HR960F	$4.0t$	$4.5t$	$5.0t$

5　表面质量

5.1　钢板及钢带表面不应有裂纹、结疤、折叠、气泡和夹杂等对使用有害的缺陷，钢板及钢带不应有分层。

5.2　钢板及钢带各表面质量应符合表 4 的规定。

表 4　表面质量级别及特征

表面质量级别	代号	适用的表面处理方式	特　征
普通级表面	FA	热轧表面 热轧酸洗表面	表面允许有深度（或高度）不超过钢板厚度公差之半的麻点、凹面、划痕等轻微、局部的缺陷，但应保证钢板及钢带允许的最小厚度
较高级表面	FB	热轧酸洗表面	表面允许有不影响成形性的缺陷，如轻微的划伤、轻微压痕、轻微麻点、轻微辊印及色差等

6　特殊要求

根据需方要求，经供需双方协商，并在合同中注明，可补充夏比（V 型缺口）冲击试验、晶粒度和非金属夹杂物检验。

GB/T 20887.6—2017 汽车用高强度热连轧钢板及钢带 第 6 部分：复相钢

1　范围

该标准适用于制作汽车结构件、加强件用厚度不大于 8mm 的钢带以及由钢带横切成的钢板和纵切成的纵切钢带。

2　牌号与化学成分

钢的化学成分（熔炼分析）参考值参见表 1。

表 1　化学成分

牌号	化学成分[①]（质量分数）/%									
	C	Si	Mn	P	S	Alt[②]	Cr+Mo	Nb+Ti	V	B
	不大于									
HR660/760CP	0.15	0.80	2.20	0.040	0.015	2.00	1.00	0.20	0.20	0.005
HR720/950CP	0.20	1.50	2.50	0.040	0.015	2.00	1.20	0.20	0.20	0.005

① 允许添加其他合金元素 w(Ni+Cu) ≤1.50%。

② 可用酸熔铝 Als 替代全铝 Alt，其含量应不大于 2.00%。

3　交货状态

钢板及钢带通常以热轧状态交货。

4　力学性能

钢板和钢带的力学性能应符合表 2 的规定。

表 2　力学性能

牌号	拉伸试验			
	下屈服强度 R_{eL}[①]/MPa	抗拉强度 R_m/MPa	断后伸长率 A_{80mm}/%	
			不小于	
		不小于	板厚/mm	
			<3.0[②]	≥3.0[③]
HR660/760CP	660~820	760	9	10
HR720/950CP	720~920	950	8	9

① 当屈服现象不明显时，可采用规定塑性延伸强度 $R_{p0.2}$代替。

② 试样为 GB/T 228.1—2010 中的 P6 试样（L_0=80mm，b_0=20mm），试样方向为纵向。

③ 试样为 GB/T 228.1—2010 中的 P13 试样（L_0=80mm，b_0=20mm），试样方向为纵向。

5　表面质量

5.1　钢板及钢带表面不应有结疤、裂纹、夹杂等对使用有害的缺陷，钢板及钢带不应有分层。

5.2　钢板及钢带各表面质量应符合表 3 的规定。

表 3　表面质量级别及特征

表面质量级别	代号	适用的表面处理方式	特　征
普通级表面	FA	热轧表面 热轧酸洗表面	表面允许有深度（或高度）不超过钢板及钢带厚度公差之半的麻点、凹面、划痕等轻微、局部的缺陷，但应保证钢板及钢带允许的最小厚度
较高级表面	FB	热轧酸洗表面	表面允许有不影响成形性的缺陷，如轻微的划伤、轻微压痕、轻微麻点，轻微辊印及色差等

6　特殊要求

根据需方要求，经供需双方协商，并在合同中注明，可补充扩孔率、晶粒度和非金属夹杂物检验。

GB/T 20887.7—2017 汽车用高强度热连轧钢板及钢带 第 7 部分：液压成形用钢

1　范围

该标准适用于制造汽车副车架、仪表盘支架等结构件用厚度不大于 6mm 的钢带以及由钢带横切成的钢板和纵切成的纵切钢带。

2　牌号与化学成分

钢的牌号与化学成分（熔炼分析）应符合表 1 的规定。

表 1　牌号和化学成分

牌号	化学成分（质量分数）①~③/%					
	C	Si	Mn	P	S	Als
	不大于					不小于
HR270HF	0.10	0.35	0.50	0.020	0.015	0.015
HR370HF	0.12	0.50	1.20	0.020	0.015	0.015
HR400HF	0.18	0.60	1.50	0.020	0.015	0.015
HR440HF	0.21	0.60	1.50	0.020	0.015	0.015

① 为了改善钢的性能，可添加 Nb、V、Ti 等细化晶粒元素，并在质量证明书中注明。

② 当用于 ERW 方式制管时，碳含量应不小于 0.01%。

③ 可用全铝 Alt 替代酸溶铝 Als，其含量应不小于 0.020%。

3　交货状态

钢板及钢带通常以热轧酸洗状态交货。

4　力学性能

钢板和钢带的力学性能应符合表 2 的规定。

表 2　力学性能

牌号	拉伸试验①			
	下屈服强度 R_{eL}②/MPa	抗拉强度 R_m③/MPa	断后伸长率 A_{50mm}/%（L_0=50mm，b_0=25mm）	n
			不小于	
HR270HF	170~260	270~370	40	0.18
HR370HF	225~305	370~470	38	0.16
HR400HF	250~330	400~500	34	0.15
HR440HF	285~385	440~540	32	0.14

① 拉伸试验试样方向为纵向。

② 当屈服现象不明显时，可采用规定塑性延伸强度 $R_{p0.2}$代替。

③ 抗拉强度上限值仅适用厚度 2.0~2.5mm。

5　表面质量

5.1　钢板及钢带表面不应有裂纹、气泡、夹杂、结疤和折叠等对使用有害的缺陷。钢板及钢带不应有分层。

5.2　钢板及钢带各表面质量应符合表3的规定。

表3　表面质量级别及特征

表面质量级别	代号	特　　征
普通级表面	FA	表面允许有深度（或高度）不超过钢带厚度公差之半的麻点、凹面、划痕等轻微、局部的缺陷，并应保证钢带允许的最小厚度
较高级表面	FB	表面允许有不影响成形性的局部缺陷，如轻微划伤、轻微压痕、轻微麻点、轻微辊印及色差等

GB/T 20564.3—2017 汽车用高强度冷连轧钢板及钢带 第 3 部分：高强度无间隙原子钢

1　范围

该标准适用于制造汽车外板、内板和部分结构件等用厚度为 0.50~3.00mm 的钢板及钢带。

2　牌号与化学成分

钢的化学成分（熔炼分析）参考值见表 1。

表 1　化学成分（熔炼分析）

牌号	化学成分（质量分数）/%							
	C	Si	Mn	P	S	Ti①	Nb①	Alt
	不大于							不小于
CR180IF	0.01	0.30	0.80	0.08	0.025	0.12	0.09	0.010
CR220IF	0.01	0.50	1.40	0.10	0.025	0.12	0.09	0.010
CR260IF	0.01	0.80	2.00	0.12	0.025	0.12	0.09	0.010

① Nb、Ti 可单独或组合添加，V 和 B 也可以添加，但这 4 种元素总和不得超过 0.22%。

3　交货状态

钢板及钢带以退火后平整状态交货。

4　力学性能

供方应保证自制造完成之日起 6 个月内，钢板及钢带的力学性能应符合表 2 的规定。

表 2　力学性能

牌号	拉伸试验				
	下屈服强度 R_{eL}①/MPa	抗拉强度 R_m/MPa	断后伸长率 A_{80mm}②/%	r_{90}③	n_{90}③
		不小于			
CR180IF	180~240	340	34	1.7	0.19
CR220IF	220~280	360	32	1.5	0.17
CR260IF	260~320	380	28	—	—

注：试样为 GB/T 228.1—2010 中的 P6 试样（L_0 = 80mm，b_0 = 20mm），试样方向为横向。

① 当屈服现象不明显时，可采用规定塑性延伸强度 $R_{p0.2}$ 代替。

② 厚度不大于 0.7mm 时，断后伸长率最小值可以降低 2%（绝对值）。

③ 厚度不小于 1.6mm 时且小于 2.0mm 时，r_{90} 值允许降低 0.2；厚度不小于 2.0mm 时，r_{90} 值和 n_{90} 值不做要求。

5　拉伸应变痕

室温储存条件下，对于表面质量要求为 FC 和 FD 的钢板及钢带，应保证自制造完成之日起的 6 个月内使用时不出现拉伸应变痕。

6　表面质量

6.1　钢板及钢带表面不应有结疤、裂纹、夹杂等对使用有害的缺陷，钢板及钢带不应有分层。

6.2　钢板及钢带各表面质量应符合表3的规定。

表3　表面质量级别及特征

级别	代号	特　　征
较高级表面	FB	表面允许有少量不影响成形性及涂、镀附着力的缺陷，如轻微的划伤、压痕、麻点、辊印及氧化色等
高级表面	FC	钢板及钢带两面中较好的一面无目视可见的明显缺陷，另一面应至少达到FB的要求
超高级表面	FD	钢板及钢带两面较好的一面不应有任何缺陷，即不能影响涂漆后的外观质量或电镀后的外观质量，另一面应至少达到FB的要求

7　表面结构

钢板及钢带的表面结构应符合表4的规定。

表4　表面结构

表面结构	代号	平均粗糙度目标值 Ra/μm
麻面	D	>0.6~1.9
光面	B	≤0.9

GB/T 20564.4—2010 汽车用高强度冷连轧钢板及钢带 第 4 部分：低合金高强度钢

1　范围

该标准适用于厚度不大于 3.0mm，主要用于制作汽车结构件和加强件的钢板及钢带。

2　牌号与化学成分

钢的化学成分（熔炼分析）参考值见表 1。

表 1　化学成分（熔炼分析）

牌号	化学成分（质量分数）①（熔炼分析）/%							
	C	Si	Mn	P	S	Alt	Ti①	Nb
CR260LA	≤0.10	≤0.50	≤0.60	≤0.025	≤0.025	≥0.015	≤0.15	—
CR300LA	≤0.10	≤0.50	≤1.00	≤0.025	≤0.025	≥0.015	≤0.15	≤0.09
CR340LA	≤0.10	≤0.50	≤1.10	≤0.025	≤0.025	≥0.015	≤0.15	≤0.09
CR380LA	≤0.10	≤0.50	≤1.60	≤0.025	≤0.025	≥0.015	≤0.15	≤0.09
CR420LA	≤0.10	≤0.50	≤1.60	≤0.025	≤0.025	≥0.015	≤0.15	≤0.09

① 可以添加 V 和 B，也可用 Nb 或 B 代替 Ti，但 w(Ti+Nb+V+B) ≤0.22%。

3　交货状态

钢板及钢带以退火及平整状态交货。

4　力学性能

供方保证自制造完成之日起 6 个月内，钢板及钢带的力学性能应符合表 2 的规定。

表 2　力学性能

牌号	拉伸试验		
	规定塑性延伸强度①② $R_{p0.2}$/MPa	抗拉强度 R_m/MPa	断后伸长率②③ A_{80mm}/% 不小于
CR260LA	260~330	350~430	26
CR300LA	300~380	380~480	23
CR340LA	340~420	410~510	21
CR380LA	380~480	440~560	19
CR420LA	420~520	470~590	17

① 屈服明显时采用 R_{eL}。

② 试样为 GB/T 228 中的 P6 试样，试样方向为横向。

③ 当产品公称厚度大于 0.50mm，但小于等于 0.70mm 时，断后伸长率允许下降 2%；当产品公称厚度不大于 0.50mm 时，断后伸长率允许下降 4%。

5　表面质量

5.1　钢板及钢带表面不应有结疤、裂纹、夹杂等对使用有害的缺陷，钢板及钢带不应有分层。

5.2　钢板及钢带各表面质量级别的特征如表 3 所述。

表3　表面质量级别及特征

级别	代号	特　　征
较高级表面	FB	表面允许有少量不影响成形性及涂、镀附着力的缺欠，如轻微的划伤、压痕、麻点、辊印及氧化色等
高级表面	FC	产品两面中较好的一面无肉眼可见的明显缺欠，另一面应至少达到FB的要求
超高级表面	FD	产品两面中较好的一面不得有任何缺欠，即不能影响涂漆后的外观质量或电镀后的外观质量，另一面应至少达到FB的要求

6　表面结构

表面结构为麻面时，平均粗糙度 Ra 目标值为大于0.6μm且不大于1.9μm。表面结构为光亮表面时，平均粗糙度 Ra 目标值为不大于0.9μm。

GB/T 20564.5—2010 汽车用高强度冷连轧钢板及钢带 第5部分：各向同性钢

1　范围

该标准适用于厚度不大于2.5mm，主要用于制作汽车外覆盖件的钢板及钢带。

2　牌号与化学成分

钢的化学成分（熔炼分析）参考值见表1。

表1　化学成分（熔炼分析）

牌号[①]	化学成分（质量分数）（熔炼分析）/%						
	C	Si	Mn	P	S	Alt	Ti[①]
CR220IS	≤0.07	≤0.50	≤0.50	≤0.05	≤0.025	≥0.015	≤0.05
CR260IS	≤0.07	≤0.50	≤0.50	≤0.05	≤0.025	≥0.015	≤0.05
CR300IS	≤0.08	≤0.50	≤0.70	≤0.08	≤0.025	≥0.015	≤0.05

① 可以添加V和B，也可用Nb或B代替Ti，但 w(Ti+Nb+V+B)≤0.22%。

3　交货状态

钢板及钢带以退火后平整状态交货。

4　力学性能

供方保证自制造完成之日起6个月内，钢板及钢带的力学性能应符合表2的规定。

表2　力学性能

牌号	拉伸试验			r_{90}[④]	n_{90}[④]
	规定塑性延伸强度[①] $R_{p0.2}$/MPa	抗拉强度 R_m/MPa	断后伸长率[②③] A_{80mm}/%		
			不小于	不大于	不小于
CR220IS	220~270	300~420	34	1.4	0.18
CR260IS	260~310	320~440	32	1.4	0.17
CR300IS	300~350	340~460	30	1.4	0.16

① 屈服明显时采用 R_{eL}。
② 试样为GB/T 228中的P6试样，试样方向为横向。
③ 当产品公称厚度大于0.50mm，但小于等于0.70mm时，断后伸长率允许下降2%；当产品公称厚度不大于0.50mm时，断后伸长率允许下降4%。
④ 规定值只适用于≥0.5mm的产品。

5　拉伸应变痕

室温储存条件下，对于表面质量要求为FC和FD的钢板及钢带，应保证在制造完成之日起的6个月内使用时不出现拉伸应变痕。

6　表面质量

6.1　钢板及钢带表面不应有结疤、裂纹、夹杂等对使用有害的缺陷，钢板及钢带不应有分层。

6.2　钢板及钢带各表面质量级别的特征如表3所述。

表3　表面质量级别及特征

级别	代号	特　　征
较高级的精整表面	FB	表面允许有少量不影响成形性及涂、镀附着力的缺欠，如轻微的划伤、压痕、麻点、辊印及氧化色等
高级的精整表面	FC	产品两面中较好的一面无目视可见的明显缺欠，另一面应至少达到FB的要求
超高级的精整表面	FD	产品两面中较好的一面不得有任何缺欠，即不能影响涂漆后的外观质量或电镀后的外观质量，另一面应至少达到FB的要求

7　表面结构

表面结构为麻面时，平均粗糙度 Ra 目标值为大于0.6μm且不大于1.9μm。表面结构为光亮表面时，平均粗糙度 Ra 目标值为不大于0.9μm。

GB/T 20564.8—2015 汽车用高强度冷连轧钢板及钢带 第8部分：复相钢

1　范围

该标准适用于厚度为0.60～2.50mm，主要用于制造汽车结构件、加强件以及部分内外板的钢板及钢带。

2　牌号与化学成分

钢的化学成分（熔炼分析）参考值见表1。

表1　化学成分（熔炼分析）

牌号	化学成分①（质量分数）/%					
	C	Si	Mn	P	S	Alt
CR350/590CP	0.18	1.80	2.20	0.080	0.015	2.00
CR500/780CP	0.24					
CR700/980CP	0.28					

① 允许添加其他合金元素，如Nb、V、Ti、Cr、Mo、B。

3　交货状态

钢板及钢带以退火后平整状态交货。

4　力学性能

钢板及钢带的力学性能应符合表2的规定。

表2　力学性能

牌号	拉伸试验①			
	规定塑性延伸强度 $R_{p0.2}$②/MPa	抗拉强度 R_m/MPa	断后伸长率 A_{80mm}/%	烘烤硬化值 $BH_2$③/MPa
		不小于	不小于	不小于
CR350/590CP	350～500	590	16	30
CR500/780CP	500～700	780	10	30
CR700/980CP	700～900	980	7	30

① 试样为GB/T 228.1—2010中的P6试样（L_0=80mm，b_0=20mm），试样方向为横向。

② 屈服明显时采用R_{eL}。

③ 若供方能保证，可不做检验。

5　表面质量

5.1　钢板及钢带表面不应有结疤、裂纹、夹杂等对使用有害的缺陷，钢板及钢带不应有分层。

5.2　钢板及钢带各表面质量级别的特征如表3所述。

表 3　表面质量级别及特征

级别	代号	特　　征
较高级表面	FB	表面允许有少量不影响成形性及涂、镀附着力的缺陷，如轻微的划伤、压痕、麻点、辊印及氧化色等
高级表面	FC	产品两面中较好的一面无目视可见的明显缺陷，另一面应至少达到 FB 的要求

6　表面结构

钢板及钢带的表面结构见表 4。

表 4　表面结构

表面结构	代号	平均粗糙度目标值 Ra/μm
麻面	D	$0.6 < Ra \leq 1.9$
光面	B	≤0.9

第二节　国际标准

ISO 13887：2017 改善成形性的高屈服强度冷轧薄钢板

1　范围

该标准适用于改善成形性的高屈服强度冷轧薄钢板，用于制造需要良好成形性的构件。

2　牌号与化学成分

钢的牌号和化学成分（熔炼分析）应符合表 1 及表 2 的规定。

熔炼分析报告应包含表 1、表 2 中所列的每种元素。当 Cu、Ni、Cr、Mo 各元素的含量小于 0.02%时，报告中可用“<0.02%”表示。

表 1　化学成分

牌号	化学成分（质量分数）/%			
	C	Mn	S	Si
	不大于			
260Y	0.08	0.60	0.025	0.50
300Y	0.10	0.90	0.025	0.50
340Y	0.11	1.20	0.025	0.50
380Y	0.11	1.20	0.025	0.50
420Y	0.11	1.40	0.025	0.50
490Y	0.16	1.65	0.025	0.60
550Y	0.16	1.65	0.025	0.60

注：钢中允许添加微合金元素 Nb、Ti、V 中的一种或几种，但 w(V+Nb+Ti) ≤0.22%；或者 w(P) ≤0.30%。

表 2　对其他化学元素的限制

元素	化学成分（质量分数）/%						
	Cu①	Ni①	Cr①②	Mo①②	Nb③	V③④	Ti③
	不大于						
熔炼分析	0.20	0.20	0.15	0.06	0.008	0.008	0.008
产品分析	0.23	0.23	0.19	0.07	0.018	0.018	0.018

① Cu、Ni、Cr、Mo 的总和（熔炼分析值）应不超过 0.5%。当对这些元素的一种或几种作出限定时，则对总含量的限制不适用；在此情形下，只对每种元素作出的限制适用。

② Cr、Mo 的总和（熔炼分析值）应不超过 0.16%。当对这些元素的一种或几种作出限定时，则对总含量的限制不适用；在此情形下，只对每种元素作出的限制适用。

③ 仅对于无间隙原子钢，为保证 C、N 原子完全被稳定，允许 0.15%Ti 及 w(Nb+V) ≤0.10%。

④ 根据供需双方协议，熔炼分析值可以大于 0.008%。

3 交货状态

钢板以退火及平整状态交货。

4 力学性能

力学性能要求见表3。

表3 力学性能

牌号	下屈服强度 R_{eL}/MPa	抗拉强度 R_m/MPa	断后伸长率 A/%	
			L_0 = 50mm	L_0 = 80mm
	不小于			
260Y	260	350	28	26
300Y	300	380	26	24
340Y	340	410	24	22
380Y	380	450	22	20
420Y	420	490	20	18
490Y	490	550	16	14
550Y	550	620	12	10

注：1. 钢板长期存放会引起力学性能的变化，对成形性能有不利影响。
2. 拉伸试验取横向试样。

5 表面质量

非暴露件与暴露件用冷轧钢板的表面质量要求不一样。非暴露件用冷轧钢板的表面允许有气泡、轻微的麻点、压痕、划伤、氧化色等；暴露件用冷轧钢板应避免这些缺陷。除非另有协议，否则只检验钢板的一面。

6 表面结构

冷轧钢板的表面结构通常为麻面，表面无光泽，适用于普通装饰涂漆，但不建议用于电镀。

当冷轧钢板在制造过程中变形时，局部区域可能会在一定程度上变粗糙，零部件的这些受影响区域可能需要手工精加工，以使表面满足预期的应用。

第三节　美国标准

ASTM A1008/A1008M-18 碳素钢、结构钢、高强度低合金钢、改善成形性的高强度低合金钢、固溶强化和烘烤硬化钢冷轧薄钢板

1　范围

该标准适用于碳素钢、结构钢、高强度低合金钢、改善成形性的高强度低合金钢、固溶强化和烘烤硬化钢冷轧薄钢板，包括板卷和定尺切板。

2　牌号与化学成分

普通钢（CS）、冲压钢（DS）、深冲钢（DDS）、超深冲钢（EDDS）和专用成形钢（SFS）的熔炼分析应符合表 1 的规定。结构钢（SS）、高强度低合金钢（HSLAS）、改善成形性的高强度低合金钢（HSLAS-F）、固溶强化钢（SHS）和烘烤硬化钢（BHS）的熔炼分析应符合表 2 的规定。

熔炼分析报告应包含表中所列的每种元素。当 Cu、Ni、Cr、Mo 含量小于 0.02%时，报告中可用“<0.02%”或实际值表示；当 Nb、V、Ti 含量小于 0.008%时，报告中可用“<0.008%”或实际值表示；当 B 含量小于 0.0005%时，报告中可用“<0.0005%”或实际值表示。

表 1　CS、DS、DDS、EDDS 和 SFS 冷轧钢板的化学成分

牌号	化学成分（质量分数）/%，不大于（除非另有显示）													
	C	Mn	P	S	Al	Si	Cu	Ni	Cr②	Mo	V	Nb	Ti③	N	B
CS A④~⑦	0.10	0.60	0.025	0.035	①	①	0.20⑧	0.20	0.15	0.06	0.008	0.008	0.025	①	①
CS B④	0.02~0.15	0.60	0.025	0.035	①	①	0.20⑧	0.20	0.15	0.06	0.008	0.008	0.025	①	①
CS C④~⑦	0.08	0.60	0.100	0.035	①	①	0.20⑧	0.20	0.15	0.06	0.008	0.008	0.025	①	①
DS A⑤⑨	0.08	0.50	0.020	0.020	≥0.01	①	0.20	0.20	0.15	0.06	0.008	0.008	0.025	①	①
DS B	0.02~0.08	0.50	0.020	0.020	≥0.02	①	0.20	0.20	0.15	0.06	0.008	0.008	0.025	①	①
DDS⑥⑦	0.06	0.50	0.020	0.020	≥0.01	①	0.20	0.20	0.15	0.06	0.008	0.008	0.025	①	①
EDDS⑩	0.02	0.40	0.020	0.020	≥0.01	①	0.10	0.10	0.15	0.03	0.100	0.100	0.150	①	①
SFS	⑪	⑪	0.020	0.020	≥0.01	①	0.20	0.20	0.15	0.06	0.008	0.008	0.025	①	①

① 表示无规定，但应报告分析结果。
② 当 $w(C)\leqslant 0.05\%$时，由生产方选择，允许 Cr 含量最高可到 0.25%。
③ 当 $w(C)\geqslant 0.02\%$时，由生产方选择，Ti 的最大含量为 $3.4w(N)+1.5w(S)$ 和 0.025%中的较小者。
④ 当要求铝脱氧钢时，CS 系列钢全铝含量最小值为 0.01%。
⑤ 规定 B 类钢以避免 C 含量小于 0.02%。
⑥ 由生产方选择，可采用真空除气或化学稳定化处理或两者联合使用。
⑦ $w(C)\leqslant 0.02\%$时，由生产方选择，可采用 V、Nb 或 Ti 或其组合作为稳定化元素。此时，V 和 Nb 最大含量为 0.10%，Ti 最大含量为 0.15%。
⑧ 当规定为含铜钢时，表中铜含量限制值为最小值；未规定是含铜钢时，铜含量限制值为最大值。
⑨ 如采用连续退火工艺生产，由生产方选择，允许采用稳定化钢，F 和 G 均适用。
⑩ 应以真空除气和稳定化钢供货。
⑪ 碳和锰含量应符合 ASTM A568/A568M 中表 X2.1 和表 X2.2 的规定。

表 2　SS、HSLAS、HSLAS-F、SHS 和 BHS 冷轧钢板的化学成分

牌号	化学成分（质量分数）/%，不大于（除非另有显示）													
	C	Mn	P	S	Al	Si	Cu②	Ni	Cr	Mo	V	Nb	Ti	N
SS③														
170	0.20	0.60	0.035	0.035	①	①	0.20	0.20	0.15	0.06	0.008	0.008	0.025	①
205	0.20	0.60	0.035	0.035	①	①	0.20	0.20	0.15	0.06	0.008	0.008	0.025	①
230-1	0.20	0.60	0.035	0.035	①	①	0.20	0.20	0.15	0.06	0.008	0.008	0.025	①
230-2	0.15	0.60	0.200	0.035	①	①	0.20	0.20	0.15	0.06	0.008	0.008	0.025	①
275-1	0.20	1.35	0.035	0.035	①	①	0.20	0.20	0.15	0.06	0.008	0.008	0.025	①
275-2	0.15	0.60	0.200	0.035	①	①	0.20	0.20	0.15	0.06	0.008	0.008	0.025	①
310	0.20	1.35	0.070	0.025	0.08	0.60	0.20	0.20	0.15	0.06	0.008	0.008	0.008	0.030
340	0.20	1.35	0.035	0.035	①	①	0.20	0.20	0.15	0.06	0.008	0.008	0.025	①
410	0.20	1.35	0.035	0.035	①	①	0.20	0.20	0.15	0.06	0.008	0.008	0.025	①
480	0.20	1.35	0.035	0.035	①	①	0.20	0.20	0.15	0.06	0.008	0.008	0.025	①
550	0.20	1.35	0.035	0.035	①	①	0.20	0.20	0.15	0.06	0.008	0.008	0.025	①
HSLAS④														
310-1	0.22	1.65	0.040	0.04	①	①	0.20	0.20	0.15	0.06	≥0.005	≥0.005	≥0.005	①
310-2	0.15	1.65	0.040	0.04	①	①	0.20	0.20	0.15	0.06	≥0.005	≥0.005	≥0.005	①
340-1	0.23	1.65	0.040	0.04	①	①	0.20	0.20	0.15	0.06	≥0.005	≥0.005	≥0.005	①
340-2	0.15	1.65	0.040	0.04	①	①	0.20	0.20	0.15	0.06	≥0.005	≥0.005	≥0.005	①
380-1	0.25	1.65	0.040	0.04	①	①	0.20	0.20	0.15	0.06	≥0.005	≥0.005	≥0.005	①
380-2	0.15	1.65	0.040	0.04	①	①	0.20	0.20	0.15	0.06	≥0.005	≥0.005	≥0.005	①
410-1	0.26	1.65	0.040	0.04	①	①	0.20	0.20	0.15	0.06	≥0.005	≥0.005	≥0.005	①
410-2	0.15	1.65	0.040	0.04	①	①	0.20	0.20	0.15	0.06	≥0.005	≥0.005	≥0.005	①
450-1	0.26	1.65	0.040	0.04	①	①	0.20	0.20	0.15	0.06	≥0.005	≥0.005	≥0.005	⑤
450-2	0.15	1.65	0.040	0.04	①	①	0.20	0.20	0.15	0.06	≥0.005	≥0.005	≥0.005	⑤
480-1	0.26	1.65	0.040	0.04	①	①	0.20	0.20	0.15	0.16	≥0.005	≥0.005	≥0.005	⑤
480-2	0.15	1.65	0.040	0.04	①	①	0.20	0.20	0.15	0.16	≥0.005	≥0.005	≥0.005	⑤
HSLAS-F④														
340、410	0.15	1.65	0.020	0.025	①	①	0.20	0.20	0.15	0.06	≥0.005	≥0.005	≥0.005	⑤
480、550	0.15	1.65	0.020	0.025	①	①	0.20	0.20	0.15	0.16	≥0.005	≥0.005	≥0.005	⑤

续表 2

牌号	化学成分（质量分数）/%，不大于（除非另有显示）													
	C	Mn	P	S	Al	Si	Cu②	Ni	Cr	Mo	V	Nb	Ti	N
SHS⑥	0.12	1.50	0.120	0.030	①	①	0.20	0.20	0.15	0.06	0.008	0.008	0.008	①
BHS⑥	0.12	1.50	0.120	0.030	①	①	0.20	0.20	0.15	0.06	0.008	0.008	0.008	①

① 表示无规定，但应报告分析结果。

② 当规定为含铜钢时，表中铜含量限制值为最小值；未规定是含铜钢时，铜含量限制值为最大值。

③ SS 系列钢中允许加入 Ti，由生产方选择，Ti 的最大含量为 3.4w(N)+1.5w(S)和 0.025%中的较小者。

④ HSLAS、HSLAS-F 钢含有单独或组合加入的强化元素 Nb、V、Ti、Mo。最小含量要求仅适用于使钢强化的微合金元素。

⑤ 订购方可以选择限制 N 含量。应该指出，根据生产方的微合金化方案（例如应用 V），钢中可有意添加 N。此时需考虑采用固 N 元素（例如 V、Ti）。

⑥ w(C)≤0.02%时，由生产方选择，采用 V、Nb 或 Ti 或其组合作为稳定化元素。此时，V 和 Nb 的最大含量为 0.10%，Ti 最大含量为 0.15%。

3　交货状态

产品以退火后平整状态交货。

4　力学性能和工艺性能

4.1　CS、DS、DDS 和 EDDS 典型力学性能范围见表 3。在室温下，钢板经任意方向 180°弯曲压平后，弯曲部位外侧应不产生裂纹。

4.2　SS、HSLAS 和 HSLAS-F 的强度等级与力学性能要求见表 4；SHS 和 BHS 的强度等级与力学性能要求见表 5。冷弯试验时，建议的最小内弯半径见表 6。

表 3　CS、DS、DDS 和 EDDS 冷轧钢板力学性能的典型范围（非强制性）

牌号	屈服强度 $R_{p0.2}$或 $R_{t0.5}$/MPa①	断后伸长率 A/%① L_0=50mm	r_m 值②	n 值③
CS A、B、C	140～275	≥30	④	④
DS A、B	150～240	≥36	1.3～1.7	0.17～0.22
DDS	115～200	≥38	1.4～1.8	0.20～0.25
EDDS	105～170	≥40	1.7～2.1	0.23～0.27

① 拉伸试样取纵向。

② 根据 E517 规定的试验方法测量材料的平均塑性应变比 r_m 值。

③ 根据 E646 规定的试验方法测量材料的应变硬化指数 n 值。

④ 无典型的力学性能值。

表 4　SS、HSLAS 和 HSLAS-F 冷轧钢板的力学性能要求①②

牌号	屈服强度 $R_{p0.2}$或 $R_{t0.5}$/MPa	抗拉强度 R_m/MPa	断后伸长率 A/% L_0=50mm
	不小于		
SS			
170	170	290	26
205	205	310	24

续表 4

牌号	屈服强度 $R_{p0.2}$或 $R_{t0.5}$/MPa	抗拉强度 R_m/MPa	断后伸长率 A/% $L_0=50mm$
	不小于		
230-1、2	230	330	22
275-1、2	275	360	20
310	310	410	20
340	340	450	18
410	410	520	12
480	480	585	6
550	550③	565	④
HSLAS			
310-1	310	410	22
310-2	310	380	22
340-1	340	450	20
340-2	340	410	20
380-1	380	480	18
380-2	380	450	18
410-1	410	520	16
410-2	410	480	16
450-1	450	550	15
450-2	450	520	15
480-1	480	585	14
480-2	480	550	14
HSLAS-F			
340	340	410	22
410	410	480	18
480	480	550	16
550	550	620	14

① 拉伸试样取纵向。
② 产品为板卷时，生产方试验仅限于板卷端部。整个板卷各个部分的力学性能应符合规定的最小值要求。
③ 对于此全硬产品，屈服强度接近抗拉强度，应按负荷下伸长率为 0.5%对应的屈服应力测定屈服强度。
④ 对 SS 550 钢，没有对 $L_0=50mm$ 的伸长率要求。

表 5 SHS 和 BHS 钢的力学性能要求①②

牌号	屈服强度 $R_{p0.2}$或 $R_{t0.5}$/MPa	抗拉强度 R_m/MPa	断后伸长率 A/% $L_0=50mm$	烘烤硬化值/MPa
				$\Delta R_{eH}/\Delta R_{eL}$
	不小于			
SHS				
180	180	300	32	—

续表 5

牌号	屈服强度 $R_{p0.2}$ 或 $R_{t0.5}$/MPa	抗拉强度 R_m/MPa	断后伸长率 A/% $L_0=50mm$	烘烤硬化值/MPa $\Delta R_{eH}/\Delta R_{eL}$
	不小于			
210	210	320	30	—
240	240	340	26	—
280	280	370	24	—
300	300	390	22	—
BHS				
180	180	300	30	25/20
210	210	320	28	25/20
240	240	340	24	25/20
280	280	370	22	25/20
300	300	390	20	25/20

① 拉伸试样取纵向。

② 产品为板卷时，生产方测试仅限于板卷端部。整个板卷各个部分的力学性能应符合规定的最小值要求。

表 6　建议的最小内弯半径

牌号	最小内弯半径	
SS		
170	0.5t	
205	1t	
230	1.5t	
275	2t	
310	2.5t	
340	2.5t	
410	3t	
480	4t	
550	不适用	
HSLAS	-1	-2
310	1.5t	1.5t
340	2t	1.5t
380	2t	2t
410	2.5t	2t
450	3t	2.5t
480	3.5t	3t
HSLAS-F		
340	1t	
410	1.5t	

续表 6

牌号	最小内弯半径
480	$2t$
550	$2t$
SHS	
180	$0.5t$
210	$1t$
240	$1.5t$
280	$2t$
300	$2t$
BHS	
180	$0.5t$
210	$1t$
240	$1.5t$
280	$2t$
300	$2t$

注：1. t 为钢板厚度

2. 建议的弯曲半径，为生产车间操作时弯曲 90°的最小内侧半径。

3. 按本表要求制造零件时，对于不能满足弯曲要求的材料，可以按与供货商事先协商的协议拒收。

5　表面结构与表面质量

钢板以麻面交货，除非另有规定。有需要时，可以规定适当的表面结构与质量。详见 ASTM A568/A568M《碳素钢、结构钢及高强度低合金钢热轧和冷轧薄板的一般要求》之表面结构和质量。

第四节　日本标准

JIS G 3134：2018 汽车用具有良好成形性能的热轧高强度钢板和钢带

1　范围

该标准适用于汽车、电器、建筑材料等用厚度为 1.6～6.0mm、具有良好成形性能的热轧高强度钢板和钢带。

2　化学成分

对化学成分没有规定。必要时由供需双方协商确定。

3　交货状态

钢板和钢带以热轧状态交货。

4　力学性能与工艺性能

钢板和钢带的力学性能与工艺性能应符合表 1 的规定。弯曲试验后，试样外侧表面不允许有裂纹。

表 1　力学性能与工艺性能

<table>
<tr><th rowspan="4">牌号</th><th rowspan="3">抗拉强度 R_m/MPa</th><th rowspan="3">屈服点或规定塑性延伸强度 R_{eH} 或 $R_{p0.2}$/MPa</th><th colspan="4">断后伸长率 A/%</th><th rowspan="4">拉伸试样</th><th colspan="4">弯曲性能</th></tr>
<tr><th colspan="4">厚度 t/mm</th><th rowspan="3">弯曲角/(°)</th><th colspan="2">内侧半径</th><th rowspan="3">弯曲试样</th></tr>
<tr><th>1.6≤t<2.0</th><th>2.0≤t<2.5</th><th>2.5≤t<3.25</th><th>3.25≤t≤6.0</th><th colspan="2">厚度 t/mm</th></tr>
<tr><th colspan="6">不小于</th><th>1.6≤t<3.25</th><th>3.25≤t≤6.0</th></tr>
<tr><td>SPFH490</td><td>490</td><td>325</td><td>22</td><td>23</td><td>24</td><td>25</td><td rowspan="5">5 号横向</td><td rowspan="5">180</td><td>0.5t</td><td>1.0t</td><td rowspan="5">3 号横向</td></tr>
<tr><td>SPFH540</td><td>540</td><td>355</td><td>21</td><td>22</td><td>23</td><td>24</td><td>1.0t</td><td>1.5t</td></tr>
<tr><td>SPFH590</td><td>590</td><td>420</td><td>19</td><td>20</td><td>21</td><td>22</td><td>1.5t</td><td>1.5t</td></tr>
<tr><td>SPFH540Y</td><td>540</td><td>295</td><td>—</td><td>24</td><td>25</td><td>26</td><td>1.0t</td><td>1.5t</td></tr>
<tr><td>SPFH590Y</td><td>590</td><td>325</td><td>—</td><td>22</td><td>23</td><td>24</td><td>1.5t</td><td>1.5t</td></tr>
</table>

注：JIS Z 2241《金属材料拉伸试验方法》中的 5 号试样，L_0=50mm，b_0=25mm。JIS Z 2248《金属材料—弯曲试验》中的 3 号试样，宽度为 15～50mm。

JIS G 3135：2018 汽车用具有良好成形性能的冷轧高强度薄钢板和钢带

1　范围

该标准适用于汽车、电器、建筑材料等用厚度为 0.6~2.3mm、具有良好成形性能的冷轧高强度薄钢板和钢带。

2　化学成分

对化学成分没有规定，必要时由供需双方协商确定。

3　交货状态

钢板和钢带以退火后平整状态交货。

4　力学性能与工艺性能

钢板和钢带的拉伸性能应符合表 1 的规定。

弯曲性能应符合表 2 的规定。弯曲试验后，试样外侧表面不允许有裂纹。

表 1　拉伸性能

牌号	抗拉强度 R_m/MPa	屈服点或规定塑性延伸强度 R_{eH} 或 $R_{p0.2}$/MPa	断后伸长率 A/% 厚度 t/mm		烘烤硬化值 BH_2/MPa	拉伸试样[①]
			$0.6 \leq t < 1.0$	$1.0 \leq t \leq 2.3$		
	不小于					
SPFC340	340	175	34	35	—	5 号 横向
SPFC370	370	205	32	33	—	
SPFC390	390	235	30	31	—	
SPFC440	440	265	26	27	—	
SPFC490	490	295	23	24	—	
SPFC540	540	325	20	21	—	
SPFC590	590	355	17	18	—	
SPFC490Y	490	225	24	25	—	
SPFC540Y	540	245	21	22	—	
SPFC590Y	590	265	18	19	—	
SPFC780Y	780	365	13[②]	14[③]	—	
SPFC980Y	980	490	6[②]	7[③]	—	
SPFC340H[④]	340	185	34	35[⑤]	30	

① JIS Z 2241《金属材料拉伸试验方法》中的 5 号试样，L_0 = 50mm，b_0 = 25mm。

② 适用厚度为 0.8~1.0mm（不含）。

③ 适用厚度 1.0~2.0mm。

④ SPFC340H 的薄钢板及钢带，在室温储存条件下，自制造完成之日起至少 3 个月内不应产生拉伸应变痕。

⑤ 适用厚度为 1.0~1.6mm。

表 2　弯曲性能

牌号	弯曲方法	内侧半径	弯曲试样
SPFC340	压平至接触	—	3 号 横向
SPFC370	压平至接触	—	
SPFC390	压平至接触	—	
SPFC440	压平至接触	—	
SPFC490	压平至接触	—	
SPFC540	180°弯曲	0.5t	
SPFC590	180°弯曲	1.0t	
SPFC490Y	压平至接触	—	
SPFC540Y	180°弯曲	0.5t	
SPFC590Y	180°弯曲	1.0t	
SPFC780Y	180°弯曲	3.0t	
SPFC980Y	180°弯曲	4.0t	
SPFC340H	压平至接触	—	

注：JIS Z 2248《金属材料—弯曲试验》中的 3 号试样，宽度为 15~50mm。

5　表面质量

钢板和钢带不应有孔、分层、裂纹等对使用有害的缺陷。表面缺陷一般适用于钢板及钢带的单面，除非另有规定。

第五节　欧洲标准

EN 10268：2006+A1：2013冷成形用高屈服强度冷轧钢板和钢带—交货技术条件

1　范围

该标准适用于厚度不大于3mm的冷成形用高屈服强度冷轧非镀层钢板、宽钢带、纵切钢带或定尺钢带、窄钢带或钢板。

2　牌号与化学成分

钢的牌号和化学成分（熔炼分析）应符合表1的规定。

表1　化学成分

牌号	化学成分（质量分数）/%							
	C	Si	Mn	P	S	Al	Ti①②	Nb①②
	不大于					不小于	不大于	
HC180Y	0.01	0.3	0.7	0.06	0.025	0.010	0.12	0.09
HC180B	0.06	0.5	0.7	0.06	0.030	0.015		
HC220Y	0.01	0.3	0.9	0.08	0.025	0.010	0.12	0.09
HC220I	0.07	0.5	0.6	0.05	0.025	0.015	0.05	
HC220B	0.08	0.5	0.7	0.085	0.030	0.015		
HC260Y	0.01	0.3	1.6	0.1	0.025	0.010	0.12	0.09
HC260I	0.07	0.5	1.2	0.05	0.025	0.015	0.05	
HC260B	0.1	0.5	1.0	0.1	0.030	0.015		
HC260LA	0.1	0.5	1.0	0.030	0.025	0.015	0.15	0.09
HC300I	0.08	0.5	0.7	0.08	0.025	0.015	0.05	
HC300B	0.1	0.5	1.0	0.12	0.030	0.015		
HC300LA	0.12	0.5	1.4	0.030	0.025	0.015	0.15	0.09
HC340LA	0.12	0.5	1.5	0.030	0.025	0.015	0.15	0.09
HC380LA	0.12	0.5	1.6	0.030	0.025	0.015	0.15	0.09
HC420LA	0.14	0.5	1.6	0.030	0.025	0.015	0.15	0.09
HC460LA	0.14	0.6	1.8	0.030	0.025	0.015	0.15	0.09
HC500LA	0.14	0.6	1.8	0.030	0.025	0.015	0.15	0.09

① 也可以添加V和B。但w(V+Nb+Ti+B) ≤0.22%。

② 对于所有无间隙原子钢（Y系列），Nb可以单独添加或与Ti组合添加。对于I系列，可以用Nb或B代替Ti。

3　交货状态

钢板和钢带以退火后平整状态交货。

4　力学性能

力学性能要求见表2和表3。这些性能要求值自出厂之日起至少6个月内有效。

表 2 横向试样的力学性能

牌号	规定塑性延伸强度① $R_{p0.2}$/MPa	烘烤硬化值② BH_2/MPa	抗拉强度 R_m/MPa	断后伸长率③ A_{80mm}/%	塑性应变比 r_{90}	塑性应变比④⑤ r_{90}	应变硬化指数④ n_{90}
		不小于		不小于	不大于	不小于	不小于
HC180Y	180~230		330~400	35		1.7	0.19
HC180B	180~230	35	290~360	34		1.6	0.17
HC220Y	220~270		340~420	33		1.6	0.18
HC220I	220~270		300~380	34	1.4		0.18
HC220B	220~270	35	320~400	32		1.5	0.16
HC260Y	260~320		380~440	31		1.4	0.17
HC260I	260~310		320~400	32	1.4		0.17
HC260B	260~320	35	360~440	29			
HC260LA	260~330		350~430	26			
HC300I	300~350		340~440	30	1.4		0.16
HC300B	300~360	35	390~480	26			
HC300LA	300~380		380~480	23			
HC340LA	340~420		410~510	21			
HC380LA	380~480		440~580	19			
HC420LA	420~520		470~600	17			
HC460LA	460~580		510~660	13			
HC500LA	500~620		550~710	12			

① 有明显屈服时，适用于下屈服强度 R_{eL}。

② 当 t>1.2mm 时（t 为钢板厚度），烘烤硬化值 BH_2 需协商。

③ 当 0.5mm<t≤0.7mm 时，断后伸长率最小值可降低 2%（绝对值）；当 t≤0.5mm 时，可降低 4%（绝对值）。

④ r_{90}、n_{90}的最小值仅适用于 t≥0.5mm 的产品。

⑤ 当 t>2mm 时，r_{90}最小值可降低 0.2。

表 3 纵向试样的力学性能

牌号	规定塑性延伸强度① $R_{p0.2}$/MPa	抗拉强度 R_m/MPa	断后伸长率② A_{80mm}/%
			不小于
HC260LA	240~310	340~420	27
HC300LA	280~360	370~470	24
HC340LA	320~410	400~500	22
HC380lA	350~450	430~550	20
HC420LA	390~500	460~580	18
HC460LA	420~560	480~630	14
HC500LA	460~600	520~690	13

① 有明显屈服时，适用于下屈服强度 R_{eL}。

② 当 0.5mm<t≤0.7mm 时，断后伸长率最小值可降低 2%（绝对值）；当 t≤0.5mm 时，可降低 4%（绝对值）。

5 表面质量

宽度大于等于600mm的产品，表面质量级别为A或B，详见EN 10130《冷成形用冷轧低碳钢板产品—交货技术条件》。LA系列牌号只采用表面质量级别A。

宽度小于600mm的产品适用于EN 10139《冷成形用冷轧非镀层低碳钢窄钢带—交货技术条件》的要求。

6 表面结构

宽度大于等于600mm的产品表面结构适用于EN 10130《冷成形用冷轧低碳钢板产品—交货技术条件》的要求。

宽度小于600mm的产品表面结构适用于EN 10139《冷成形用冷轧非镀层低碳钢窄钢带—交货技术条件》的要求。

7 拉伸应变痕

表面质量级别为B的钢板及钢带，烘烤硬化钢系列应保证自制造完成之日起3个月内、其他系列钢应保证自制造完成之日起6个月内不出现拉伸应变痕。

EN 10338：2015 冷成形用多相钢热轧和冷轧非涂镀产品—交货技术条件

1　范围

该标准适用于冷成形用多相钢热轧和冷轧非镀层扁平材产品，冷轧产品厚度小于3mm、热轧产品厚度不大于6mm。产品以钢板、宽钢带、纵切钢带或定尺钢板交货。

2　牌号与化学成分

钢的牌号和化学成分（铸坯分析）应符合表1或表2的规定。

表1　热轧产品的化学成分

牌号	化学成分（质量分数）/%									
	C	Si	Mn	P	S	Alt	Cr+Mo	Nb+Ti	V	B
	不大于						不大于			
铁素体-贝氏体钢（F）										
HDT450F	0.18	0.50	2.00	0.050	0.010	0.015~2.0	1.00	0.15	0.15	0.005
HDT580F	0.18	0.50	2.00	0.050	0.010	0.015~2.0	1.00	0.15	0.15	0.010
双相钢（X）										
HDT580X	0.14	1.00	2.20	0.085	0.015	0.015~0.1	1.40	0.15	0.20	0.005
复相钢（C）										
HDT760C	0.18	1.00	2.50	0.080	0.015	0.015~2.0	1.00	0.25	0.20	0.005
马氏体钢（MS）										
HDT1180G1	0.25	0.80	2.50	0.060	0.015	0.015~2.0	1.20	0.25	0.22	0.005

表2　冷轧产品的化学成分

牌号	化学成分（质量分数）/%									
	C	Si	Mn	P	S	Alt	Cr+Mo	Nb+Ti	V	B
	不大于						不大于			
双相钢（X）										
HCT450X	0.14	0.75	2.00	0.080	0.015	0.015~1.0	1.00	0.15	0.20	0.005
HCT490X	0.14	0.75	2.00	0.080	0.015	0.015~1.0	1.00	0.15	0.20	0.005
HCT590X	0.15	0.75	2.50	0.040	0.015	0.015~1.5	1.40	0.15	0.20	0.005
HCT780X	0.18	0.80	2.50	0.080	0.015	0.015~2.0	1.40	0.15	0.20	0.005
HCT980X	0.20	1.00	2.90	0.080	0.015	0.015~2.0	1.40	0.15	0.20	0.005
HCT980XG①	0.23	1.00	2.90	0.080	0.015	0.015~2.0	1.40	0.15	0.20	0.005
相变诱发塑性钢（T）										
HCT690T	0.24	2.00	2.20	0.080	0.015	0.015~2.0	0.60	0.20	0.20	0.005

续表 2

牌号	化学成分（质量分数）/%									
	C	Si	Mn	P	S	Alt	Cr+Mo	Nb+Ti	V	B
	不大于						不大于			
HCT780T	0.25	2.20	2.50	0.080	0.015	0.015~2.0	0.60	0.20	0.20	0.005
复相钢（C）										
HCT600C	0.18	0.80	2.20	0.080	0.015	0.015~2.0	1.00	0.15	0.20	0.005
HCT780C	0.18	1.00	2.50	0.080	0.015	0.015~2.0	1.00	0.15	0.20	0.005
HCT980C	0.23	1.00	2.70	0.080	0.015	0.015~2.0	1.00	0.15	0.22	0.005
多相钢（MP）										
HCT1180G2	0.23	1.20	2.90	0.080	0.015	0.015~1.4	1.20	0.15	0.20	0.005

① XG 指高屈服强度双相钢。

3　交货状态

一般地，热轧产品以热轧态交货；冷轧产品以平整状态交货。

4　力学性能

产品力学性能应符合表 3 或表 4 的规定。这些性能要求值自出厂之日起至少 3 个月内有效。

表 3　热轧产品的力学性能

牌号	规定塑性延伸强度 $R_{p0.2}$/MPa	抗拉强度 R_m/MPa	断后伸长率		应变硬化指数 n_{10-UE}
			A_{80mm}/%	A_5/%（厚度≥3mm）	
		不小于			
铁素体-贝氏体钢（F）					
HDT450F	300~420	450	24	27	
HDT580F	460~620	580	15	17	
双相钢（X）					
HDT580X	330~450	580	19	23	0.13
复相钢（C）					
HDT760C	660~830	760	10	12	
马氏体钢（MS）					
HDT1180G1	900~1200	1180	4	5	

注：拉伸试验取纵向试样。

表 4　冷轧产品的力学性能①

牌号	规定塑性延伸强度 $R_{p0.2}$/MPa	抗拉强度 R_m/MPa	断后伸长率 A_{80mm}/%②	应变硬化指数 n_{10-UE}	烘烤硬化值 BH_2/MPa
		不小于			
双相钢（X）					
HCT450X	260~340	450	27	0.16	30
HCT490X	290~380	490	24	0.15	30

续表 4

牌号	规定塑性延伸强度 $R_{p0.2}$/MPa	抗拉强度 R_m/MPa	断后伸长率 A_{80mm}/%②	应变硬化指数 n_{10-UE}	烘烤硬化值 BH_2/MPa
		不小于			
HCT590X	330~430	590	20	0.14	30
HCT780X	440~550	780	14	—	30
HCT980X	590~740	980	10	—	30
HCT980XG③	700~850	980	8	—	30
相变诱发塑性钢（T）					
HCT690T	400~520	690	23	0.19	40
HCT780T	450~570	780	21	0.16	40
复相钢（C）					
HCT600C	350~500	600	16	—	30
HCT780C	570~720	780	10	—	30
HCT980C	780~950	980	6	—	30
多相钢（MP）					
HCT1180G2	900~1150	1180	4	—	30

① 拉伸试验取纵向试样。

② 钢板厚度小于 0.6mm 时，断后伸长率最小值可降低 2%。

③ XG 指高屈服强度双相钢。

5　表面质量与结构

热轧产品表面不应有气孔、缝隙、裂纹或划痕等任何对使用有害的缺陷。

冷轧产品表面质量级别为 A，详见 EN 10130《冷成形用冷轧低碳钢板产品—交货技术条件》。表面结构适用于 EN 10130 的要求。

第八章　耐候钢

第八章 耐 候 钢

第一节 中国标准

GB/T 4171—2008 耐候结构钢

1 范围

该标准适用于车辆、桥梁、集装箱、建筑、塔架和其他结构用具有耐大气腐蚀性能的热轧和冷轧的钢板、钢带和型钢。

2 牌号与化学成分

钢的牌号和化学成分（熔炼分析）应符合表 1 的规定。

表 1 化学成分

牌号	化学成分（质量分数）/%							
	C	Si	Mn	P	S	Cu	Cr	Ni	其他元素
Q265GNH	≤0.12	0.10~0.40	0.20~0.50	0.07~0.12	≤0.020	0.20~0.45	0.30~0.65	0.25~0.50⑤	①②
Q295GNH	≤0.12	0.10~0.40	0.20~0.50	0.07~0.12	≤0.020	0.20~0.45	0.30~0.65	0.25~0.50⑤	①②
Q310GNH	≤0.12	0.10~0.75	0.20~0.50	0.07~0.12	≤0.020	0.20~0.50	0.30~1.25	≤0.65	①②
Q355GNH	≤0.12	0.20~0.75	≤1.00	0.07~0.15	≤0.020	0.25~0.55	0.30~1.25	≤0.65	①②
Q235NH	≤0.13⑥	0.10~0.40	0.20~0.60	≤0.030	≤0.030	0.25~0.55	0.40~0.80	≤0.65	①②
Q295NH	≤0.15	0.10~0.50	0.30~1.00	≤0.030	≤0.030	0.25~0.55	0.40~0.80	≤0.65	①②
Q355NH	≤0.16	≤0.50	0.50~1.50	≤0.030	≤0.030	0.25~0.55	0.40~0.80	≤0.65	①②
Q415NH	≤0.12	≤0.65	≤1.10	≤0.025	≤0.030④	0.20~0.55	0.30~1.25	0.12~0.65⑤	①~③
Q460NH	≤0.12	≤0.65	≤1.50	≤0.025	≤0.030④	0.20~0.55	0.30~1.25	0.12~0.65⑤	①~③

续表 1

牌号	化学成分（质量分数）/%								
	C	Si	Mn	P	S	Cu	Cr	Ni	其他元素
Q500NH	≤0.12	≤0.65	≤2.0	≤0.025	≤0.030[④]	0.20~0.55	0.30~1.25	0.12~0.65[⑤]	①~③
Q550NH	≤0.16	≤0.65	≤2.0	≤0.025	≤0.030[④]	0.20~0.55	0.30~1.25	0.12~0.65[⑤]	①~③

① 为了改善钢的性能，可添加一种或一种以上的微量合金元素：w(Nb)= 0.015%~0.060%，w(V)= 0.02%~0.12%，w(Ti)= 0.02%~0.10%，w(Alt)≥0.020%。若上述元素组合使用时，应至少保证其中一种无素含量达到上述化学成分的下限规定。

② 可以添加下列合金元素：w(Mo)≤0.30%，w(Zr)≤0.15%。

③ Nb、V、Ti 等三种合金元素的添加总量不应超过 0.22%。

④ 供需双方协商，S 的含量可以不大于 0.008%。

⑤ 供需双方协商，Ni 含量的下限可不做要求。

⑥ 供需双方协商，C 的含量可以不大于 0.15%。

3　交货状态

热轧钢材以热轧、控轧或正火状态交货，牌号为 Q460NH、Q500NH、Q55ONH 的钢材可以淬火加回火状态交货，冷轧钢材一般以退火状态交货。

4　力学性能与工艺性能

4.1　钢材的力学性能与工艺性能应符合表 2 的规定。

4.2　钢材的冲击性能应符合表 3 的规定。

表 2　力学性能与工艺性能

牌号	拉伸试验[①]									180°弯曲试验弯心直径		
	下屈服强度 R_{eL}/MPa 不小于				抗拉强度 R_m/MPa	断后伸长率 A/% 不小于						
	≤16	>16~40	>40~60	>60		≤16	>16~40	>40~60	>60	≤6	>6~16	>16
Q235NH	235	225	215	215	360~510	25	25	24	23	a	a	$2a$
Q295NH	295	285	275	255	430~560	24	24	23	22	a	$2a$	$3a$
Q295GNH	295	285	—	—	430~560	24	24	—	—	a	$2a$	$3a$
Q355NH	355	345	335	325	490~630	22	22	21	20	a	$2a$	$3a$
Q355GNH	355	345	—	—	490~630	22	22	—	—	a	$2a$	$3a$
Q415NH	415	405	395	—	520~680	22	22	20	—	a	$2a$	$3a$
Q460NH	460	450	440	—	570~730	20	20	19	—	a	$2a$	$3a$
Q500NH	500	490	480	—	600~760	18	16	15	—	a	$2a$	$3a$
Q550NH	550	540	530	—	620~780	16	16	15	—	a	$2a$	$3a$
Q265GNH	265	—	—	—	≥410	27	—	—	—	a	—	—
Q310GNH	310	—	—	—	≥450	26	—	—	—	a	—	—

注：a 为钢材厚度。

① 当屈服现象不明显时，可以采用 $R_{p0.2}$

表 3　冲击性能

质量等级	V 型缺口冲击试验[①]		
	试样方向	温度/℃	冲击吸收能量 KV_2/J
A	纵向	—	—
B		+20	≥47
C		0	≥34
D		-20	≥34
E		-40	≥27[②]

注：1. 经供需双方协商，高耐候钢可以不做冲击试验。

2. 冲击试验结果按 3 个试样的算术平均值计算，允许其中一个试样的冲击吸收能量低于规定值，但不得低于规定值的 70%。

3. 厚度不小于 6mm 或直径不小于 12mm 的钢材应做冲击试验。对于厚度≥6～<12mm 或直径≥12～<16mm 的钢材做冲击试验时，应采用 10mm×5mm×55mm 或 10mm×7. 5mm×55mm 小尺寸试样，其试验结果应不小于表 3 规定值的 50%或 75%。应尽可能取较大尺寸的冲击试样。

① 冲击试样尺寸为 10mm×10mm×55mm。

② 经供需双方协商，平均冲击功值可以≥60J。

5　其他要求

经供需双方协商，可增加以下检验项目：

5. 1　钢材的晶粒度应不小于 7 级，晶粒度不均匀性应在三个相邻级别范围内。

5. 2　钢材的非金属夹杂物按 GB/T 10561 的 A 法进行检验，其结果应符合表 4 的规定。

表 4　非金属夹杂物

A	B	C	D	DS
≤2. 5	≤2. 0	≤2. 5	≤2. 0	≤2. 0

GB/T 32570—2016 集装箱用钢板及钢带

1 范围

该标准适用于厚度为1.0~16.0mm的集装箱用热轧钢板及钢带，以及厚度为1.0~2.5mm的集装箱用冷轧钢板及钢带，主要用于制造集装箱，也可用于制造营地房、运输车辆等。

2 牌号与化学成分

钢的牌号和化学成分（熔炼分析）应符合表1或表2的规定。

表1 冷轧钢板及钢带牌号和化学成分

牌号	化学成分（质量分数）%										
	C	Si	Mn	P	S	Cu	Cr	Ni	Nb	V	Ti
CR550NHJ	≤0.20	≤0.50	≤1.80	≤0.025	≤0.015	0.20~0.45	0.20~1.00	≤0.65	≤0.09	≤0.20	≤0.15
CR600NHJ	≤0.20	≤0.50	≤2.00	≤0.025	≤0.015	0.20~0.45	0.20~1.00	≤0.65	≤0.09	≤0.20	≤0.22
CR650NHJ	≤0.20	≤0.80	≤2.00	≤0.025	≤0.015	0.20~0.45	0.20~1.00	≤0.65	≤0.09	≤0.20	≤0.22
CR700NHJ	≤0.20	≤0.80	≤2.10	≤0.025	≤0.015	0.20~0.45	0.20~1.00	≤0.65	≤0.09	≤0.20	≤0.22

注：1. $w(Nb)+w(V)+w(Ti) \leq 0.22\%$。

2. 为改善钢的性能，可添加其他微合金元素，其含量应在质量证明书中注明。

表2 热轧钢板及钢带牌号和化学成分

牌号	化学成分（质量分数）/%										
	C	Si	Mn	P	S	Cu	Cr	Ni	Nb	V	Ti
Q355GNHJ	≤0.12	0.20~0.70	≤1.00	0.070~0.150	≤0.030	0.25~0.55	0.30~1.25	≤0.65	—	—	—
Q355NHJ	≤0.12	0.20~0.70	≤1.00	≤0.025	≤0.030	0.25~0.55	0.30~1.25	≤0.65	—	—	—
Q460NHJ	≤0.12	≤0.50	≤1.60	≤0.025	≤0.015	0.20~0.60	0.30~1.25	≤0.65	≤0.09	≤0.20	≤0.15
Q550NHJ	≤0.12	≤0.50	≤2.00	≤0.025	≤0.015	0.20~0.60	0.20~1.25	≤0.65	≤0.09	≤0.20	≤0.15
Q600NHJ	≤0.12	≤0.50	≤2.00	≤0.025	≤0.015	0.20~0.60	0.20~1.25	≤0.65	≤0.09	≤0.20	≤0.22
Q650NHJ	≤0.12	≤0.60	≤2.00	≤0.025	≤0.015	0.20~0.60	0.20~1.25	≤0.65	≤0.09	≤0.20	≤0.22
Q700NHJ	≤0.12	≤0.60	≤2.10	≤0.025	≤0.015	0.20~0.60	0.20~1.25	≤0.65	≤0.09	≤0.20	≤0.22
Q550J	≤0.12	≤0.50	≤1.80	≤0.025	≤0.015	—	—	—	≤0.09	≤0.20	≤0.15
Q600J	≤0.12	≤0.50	≤1.90	≤0.025	≤0.015	—	—	—	≤0.09	≤0.20	≤0.22
Q650J	≤0.12	≤0.60	≤2.00	≤0.025	≤0.015	—	—	—	≤0.09	≤0.20	≤0.22
Q700J	≤0.12	≤0.60	≤2.10	≤0.025	≤0.015	—	—	—	≤0.09	≤0.20	≤0.22

注：1. $w(Nb)+w(V)+w(Ti) \leq 0.22\%$。

2. 为改善钢的性能，可添加其他微合金元素，其含量应在质量证明书中注明。

3 交货状态

热轧钢板及钢带以热轧、控轧、热机械轧制（TMCP）状态交货，冷轧钢板及钢带一般以退火+平整状态交货。冷轧钢板及钢带通常涂油供货。

4　力学性能与工艺性能

钢板及钢带的力学性能和工艺性能应符合表3~表5的规定。

表3　冷轧钢板及钢带力学性能

牌号	屈服强度 R_{eL}/MPa	抗拉强度 R_m/MPa	断后伸长率 A_{50mm}/%
	不小于	不小于	不小于
CR550NHJ	550	610	8
CR600NHJ	600	650	7
CR650NHJ	650	700	6
CR700NHJ	700	800	5

注：如屈服现象不明显，可测量 $R_{p0.2}$ 代替 R_{eL}。

表4　热轧钢板及钢带力学性能和工艺性能

牌号	屈服强度 R_{eL}①/MPa	抗拉强度 R_m/MPa	断后伸长率 A/%		180°弯曲试验④ 弯曲压头直径 D（b=25mm）	
	不小于		不小于			
			厚度<3mm $L_0=50mm$	厚度≥3mm $L_0=5.65S_0^{1/2}$	厚度≤6mm	厚度>6mm
Q355GNHJ	355	490②~630	22	24	1.0a	2.0a
Q355NHJ	355	490②~630	22	24	1.0a	2.0a
Q460NHJ	460	520~670	18	19	1.0a	2.0a
Q550NHJ	550	620~800	15	16	1.5a	2.0a
Q550J						
Q600NHJ	600	650~830	14	14	1.5a	2.0a
Q600J						
Q650NHJ	650③	700~830	13	13	2.0a	2.5a
Q650J						
Q700NHJ	700③	750~950	12	12	2.0a	2.5a
Q700J						

① 如屈服现象不明显，可测量 $R_{p0.2}$ 代替 R_{eL}。

② 根据双方协议，厚度<3.0mm的产品，抗拉强度下限可为510MPa。

③ 试样厚度>8mm，最小屈服强度可降低20MPa。

④ a 为试样厚度；b 为试样宽度。

表5　热轧钢板及钢带夏比（V型缺口）冲击试验温度和冲击吸收能量

质量等级	夏比（V型缺口）冲击试验①		
	试样方向	温度/℃	冲击吸收能量 KV_2/J 不小于
A	纵向	—	—
B		+20	47
C		0	34
D		-20	34
E		-40	27

注：1. 夏比（V型缺口）冲击吸收能量按3个试样的算术平均值计算，允许其中1个试样值低于表5规定值，但不应低于规定值的70%。

2. 对厚度小于12mm钢板的夏比（V型缺口）冲击试验应采取辅助试样，>8~<12mm钢板辅助试样尺寸为10mm×7.5mm×55mm，其试验结果应不小于表5规定值的75%；6~8mm钢板辅助试样尺寸为10mm×5mm×55mm，其试验结果应不小于表5规定值的50%；厚度小于6mm的钢板不做冲击试验。

① 冲击试样尺寸为10mm×10mm×55mm。

第二节　国际标准

ISO 5952：2019 改善耐大气腐蚀性能的结构级热连轧钢板

1　范围

该标准适用于厚度为 1.6～12.5mm 且宽度不小于 600mm 的改善耐大气腐蚀性能的结构级热连轧钢板（即耐候结构钢）。钢板以板卷或定尺切板交货，通常在交货状态下使用，用于栓接、铆接及焊接结构。

2　牌号与化学成分

钢的牌号和化学成分（熔炼分析）应符合表 1 的规定。

表 1　化学成分

牌号①	类别②	脱氧方法③	化学成分（质量分数）/%									
			C	Mn	Si	P	S	Cu	Ni	Cr	Mo	Zr
HSA 235W	B D	NE CS	≤0.13	0.20～0.60	0.10～0.40	≤0.040	≤0.035	0.25～0.55	≤0.65	0.40～0.80	④	④
HSA 245W	B D	NE CS	≤0.18	≤1.25	0.15～0.65	≤0.035	≤0.035	0.30～0.50	0.05～0.30	0.45～0.75	④	④
HSA 355W1	A D	NE CS	≤0.12	≤1.00	0.20～0.75	0.06～0.15	≤0.035	0.25～0.55	≤0.65	0.30～1.25	④	④
HSA 355W2	C D	NE CS	≤0.16	0.50～1.50	≤0.50	≤0.035	≤0.035	0.25～0.55	≤0.65	0.40～0.80	≤0.30	≤0.15
HSA 365W	B D	NE CS	≤0.18	≤1.40	0.15～0.65	≤0.035	≤0.035	0.30～0.50	0.05～0.30	0.45～0.75	④	④

① 每个牌号可以含有一种或几种微合金元素，如 V、Ti、Nb 等。

② A 类钢仅用于中等载荷条件；B 类钢用于正常载荷条件下的焊接结构或结构件；C 类钢用于载荷条件和结构设计要求耐脆性断裂的结构或结构件；D 类钢用于载荷条件和结构设计要求更高的耐脆性断裂的情况。

③ NE 为非沸腾钢，CS 为铝镇静钢（Alt 含量≥0.02%）。

④ w(Mo+Nb+Ti+V+Zr) ≤0.15%。

3　交货状态

钢板及钢带以热轧状态交货。

4　力学性能

力学性能应符合表 2 的规定。

表 2　力学性能（横向试样）

牌号	类别①	屈服强度 R_e②/MPa	抗拉强度 R_m/MPa		断后伸长率 A③/%					
			$t<3$mm	$t\geqslant3$mm	$t<3$mm		3mm≤t≤6mm		$t>6$mm	
					$L_0=80$mm	$L_0=50$mm	$L_0=5.65\sqrt{S_0}$	$L_0=50$mm	$L_0=5.65\sqrt{S_0}$	$L_0=200$mm
HSA 235W	B、D	235	360～510	340～470	18	20	24	22	24	17

续表 2

牌号	类别①	屈服强度 R_e②/MPa	抗拉强度 R_m/MPa		断后伸长率 A③/%					
			$t<3$mm	$t \geq 3$mm	$t<3$mm		$3mm \leq t \leq 6mm$		$t>6$mm	
					$L_0=80$mm	$L_0=50$mm	$L_0=5.65\sqrt{S_0}$	$L_0=50$mm	$L_0=5.65\sqrt{S_0}$	$L_0=200$mm
HSA 245W	B、D	245	400～540		18	20	24	22	24	17
HSA 355W1	A、D	355	510～680	490～630	15	15	20	19	24	18
HSA 355W2	C、D	355	510～680	490～630	15	18	20	22	24	18
HSA 365W	B、D	365	490～610		12	15	17	19	17	15

① 冲击试验通常不作规定。若订货时双方协商同意，厚度大于等于 6mm 的 C 类和 D 类钢可以规定冲击试验；冲击试样取纵向。

② 屈服现象不明显时，采用 $R_{t0.5}$ 或 $R_{p0.2}$。

③ 若钢板厚度大于等于 3mm，仲裁时断后伸长率以比例试样为准。

第三节　美国标准

ASTM A588/A588M-15 屈服强度最低为 50ksi（345MPa）的耐大气腐蚀高强度低合金结构钢

1　范围

该标准适用于厚度不大于 200mm 的焊接、铆接和栓接用高强度低合金结构钢型材、板材和棒材，主要用于减重及提高耐用性的焊接桥梁及建筑。

2　牌号与化学成分

钢的化学成分（熔炼分析）应符合表 1 的规定。

基于钢的熔炼分析成分计算的耐大气腐蚀指数，根据 ASTM G101—基于 Larabee 和 Coburn 数据的预测方法，应不小于 6.0。

表 1　化学成分

牌号	化学成分（质量分数）/%										
	C①	Mn①	P③	S③	Si	Ni	Cr	Mo	Cu	V	Nb
A	≤0.19	0.80~1.25	≤0.030	≤0.030	0.30~0.65	≤0.40	0.40~0.65	—	0.25~0.40	0.02~0.10	—
B	≤0.20	0.75~1.35	≤0.030	≤0.030	0.15~0.50	≤0.50	0.40~0.70	—	0.20~0.40	0.01~0.10	—
K	≤0.17	0.50~1.20	≤0.030	≤0.030	0.25~0.50	≤0.40	0.40~0.70	≤0.10	0.30~0.50	—	0.005~0.05②

① C 含量比规定的上限值每降低 0.01%，允许 Mn 含量比规定的上限值增加 0.06%，最高可到 1.50%。

② 厚度小于 13mm 的板材，对 Nb 含量最小值没有要求。

③ 对于结构型钢、棒材和宽度小于等于 380mm 的钢板，允许 $w(P)\leq0.04\%$、$w(S)\leq0.05\%$。

3　力学性能

钢板的拉伸性能应符合表 2 的规定。

表 2　拉伸性能①

指　　标		厚度 t/mm		
		≤100	$100<t\leq125$	$125<t\leq200$
抗拉强度 R_m/MPa		≥485	≥460	≥435
上屈服强度 R_{eH}②/MPa		≥345	≥315	≥290
断后伸长率 A③/%	$L_0=200$mm	≥18	—	—
	$L_0=50$mm	≥21	≥21	≥21

① 钢板宽度大于等于 600mm 时，取横向试样，否则取纵向试样。

② 屈服现象不明显时，取 $R_{t0.5}$ 或 $R_{p0.2}$。

③ 宽度大于 600mm 的钢板，断后伸长率要求可降低 2%。详见 ASTM A6/A6M 拉伸试验部分之伸长率要求调整。

ASTM A606/A606M-18 改善耐大气腐蚀性能的高强度低合金热轧和冷轧薄钢板及钢带

1 范围

该标准适用于减重及提高耐用性的结构和各种用途用具有良好耐大气腐蚀性能、以定尺或板卷交货的高强度低合金热轧和冷轧薄钢板及钢带。

2 牌号与化学成分

钢的化学成分（熔炼分析）应符合表1的规定。对于类型2，耐大气腐蚀性能由最低Cu含量保证；对于类型4和类型5，基于钢的熔炼分析成分计算的耐大气腐蚀指数，根据ASTM G101—基于Larabee和Coburn数据的预测方法，应不小于6.0。

表1 化学成分

类型		化学成分（质量分数）/%，最大值（除非显示范围或最小值）										
		C①	Mn	S	Cu							
2和4②	熔炼分析	0.22	1.25	0.04	≥0.20							
	成品分析	0.26	1.30	0.06	≥0.18							
类型		C	Mn	P	S	Si	Ni	Cr	Cu	Ti	V	Nb
5	熔炼分析	0.09	0.70~0.95	0.025	0.010	0.40	0.52~0.76	0.30	0.65~0.98	0.15	0.15	0.08
	成品分析	0.12	0.66~1.00	0.030	0.015	0.45	0.50~0.79	0.34	0.63~1.00	0.16	0.16	0.09

① 若熔炼分析C含量最大值为0.15%，则熔炼分析Mn含量最大值可提高至1.40%（成品分析C含量最大值为0.19%，Mn含量最大值为1.45%）。

② 对于类型4，生产方可以选择加入其他合金元素以获得需要的耐大气腐蚀性能。

3 交货状态

钢板及钢带以热轧或冷轧（加退火）状态交货。根据订货方要求，热轧产品也可以以热轧退火、热轧正火态交货。

4 力学性能与工艺性能

4.1 拉伸性能

以热轧牌号50或冷轧牌号45订货的材料力学性能应分别符合表2和表3的规定。

表2 热轧牌号50材料的拉伸性能要求

类别	屈服强度 $R_{p0.2}$或$R_{t0.5}$/MPa	抗拉强度 R_m/MPa	断后伸长率A/% $L_0=50$mm
	不小于		
热轧	340	480	22
退火或正火	310	450	22

注：1. 拉伸试样取纵向。

2. 产品为板卷时，生产方试验仅限于板卷端部。整个板卷各个部分的力学性能应符合规定的最小值要求。

表 3　冷轧牌号 45 材料的拉伸性能要求

类别	屈服强度 $R_{p0.2}$或 $R_{t0.5}$/MPa	抗拉强度 R_m/MPa	断后伸长率 A/% $L_0=50$mm
	不小于		
定尺或板卷	310	450	22

注：1. 拉伸试样取纵向。

2. 钢板厚度小于等于 1.1mm 时，断后伸长率最小值为 20%。

4.2　弯曲性能

推荐的冷弯曲最小内侧半径见表 4。

表 4　推荐的冷弯曲最小内侧半径

牌号	冷弯曲的最小内侧半径
热轧或冷轧	2.5t

注：1. t 为钢板厚度；

2. 推荐的内侧半径应作为实际工厂操作中 90°弯曲的最小值。更详细的内容参见 ASTM A568/A568M 和 ASTM A749/A749M。

3. 按本表要求制造零件时，对于不能满足要求的材料，可以按与供货商事先协商的协议拒收。

4.3　夏比 V 型缺口冲击性能

订货方可以提出，在规定冲击试验温度下，基于全尺寸试样的夏比 V 型缺口试样冲击吸收能量大于等于 20J 的最小值要求。

ASTM A871/A871M-14 耐大气腐蚀的高强度低合金结构钢板

1　范围

该标准适用于管结构和支撑件或其他适用用途的高强度低合金钢板，包括 60 和 65 两个钢级。

2　牌号与化学成分

钢的化学成分（熔炼分析）应符合表 1 的规定。基于钢的熔炼分析成分计算的耐大气腐蚀指数，根据 ASTM G101—基于 Larabee 和 Coburn 数据的预测方法，应不小于 6. 0。

表 1　化学成分

类型	化学成分（质量分数）/%										
	C[①]	Mn[①]	P	S	Si	Ni	Cr	Mo	Cu	V	Nb
	≤		≤	≤		≤		≤			
Ⅰ	0. 19	0. 80~1. 35	0. 030	0. 030	0. 30~0. 65	0. 40	0. 40~0. 70	—	0. 25~0. 40	0. 02~0. 10	—
Ⅱ	0. 20	0. 75~1. 35	0. 030	0. 030	0. 15~0. 50	0. 50	0. 40~0. 70	—	0. 20~0. 40	0. 01~0. 10	—
Ⅳ	0. 17	0. 50~1. 20	0. 030	0. 030	0. 25~0. 50	0. 40	0. 40~0. 70	0. 1	0. 30~0. 50	—	0. 005~0. 05[②]

① C 含量比规定的上限值每降低 0. 01%，允许 Mn 含量比规定的上限值增加 0. 06%，最高可到 1. 50%。
② 钢板厚度小于 13mm 时，对 Nb 含量最小值没有要求。

3　交货状态

钢板以热轧、正火或淬火加回火状态交货。

4　力学性能

拉伸性能要求见表 2，冲击性能要求见表 3。

表 2　拉伸性能要求[①]

钢级	屈服强度 $R_{p0.2}$ 或 $R_{t0.5}$/MPa	抗拉强度 R_m/MPa	断后伸长率 A[②③]/%	
			L_0 = 200mm	L_0 = 50mm
	不小于			
60	415	520	16	18
65	450	550	15	17

① 宽度大于 600mm 的钢板，取横向试样。
② 宽度大于 600mm 的钢板，断后伸长率要求可降低 3%。
③ 厚度小于 8mm 和厚度大于 90mm 的钢板，断后伸长率要求的调整参见 ASTM A6/A6M。

表 3　夏比 V 型缺口冲击试验要求

钢板厚度/mm	吸收能量 KV_2/J	试验温度/℃
≤12	20	-18
>12	20	-29

第四节　日本标准

JIS G 3114：2016 焊接结构用热轧耐候钢

1　范围

该标准适用于桥梁、建筑和其他焊接结构用厚度不大于200mm、具有耐大气腐蚀性能的热轧钢材。

2　牌号与化学成分

2.1　钢的牌号和化学成分（熔炼分析）应符合表1的规定。

表1　化学成分

牌号	化学成分（质量分数）/%							
	C	Si	Mn	P	S	Cu	Cr	Ni
SMA400AW SMA400BW SMA400CW	≤0.18	0.15~0.65	≤1.25	≤0.035	≤0.035	0.30~0.50	0.45~0.75	0.05~0.30
SMA400AP SMA400BP SMA400CP	≤0.18	≤0.55	≤1.25	≤0.035	≤0.035	0.20~0.35	0.30~0.55	—
SMA490AW SMA490BW SMA490CW	≤0.18	0.15~0.65	≤1.40	≤0.035	≤0.035	0.30~0.50	0.45~0.75	0.05~0.30
SMA490AP SMA490BP SMA490CP	≤0.18	≤0.55	≤1.40	≤0.035	≤0.035	0.20~0.35	0.30~0.55	—
SMA570W	≤0.18	0.15~0.65	≤1.40	≤0.035	≤0.035	0.30~0.50	0.45~0.75	0.05~0.30
SMA570P	≤0.18	≤0.55	≤1.40	≤0.035	≤0.035	0.20~0.35	0.30~0.55	—

注：可以根据需要添加表1以外的合金元素，并在质量证明书中注明元素含量。添加对耐候性有效的合金元素Mo、Nb、Ti和V时，这些元素的总量不应超过0.15%。

2.2　淬火加回火态的SMA570W和SMA570P的碳当量见表2。经供需双方协议，可用焊接裂纹敏感性指数代替碳当量，其值应符合表3的规定。

表 2　碳当量（基于熔炼分析）

钢材厚度 t/mm	碳当量 CEV（质量分数）/%
≤50	≤0.44
50<t≤100	≤0.47

注：CEV（%）= C+Mn/6+Si/24+Ni/40+Cr/5+Mo/4+V/14。

表 3　焊接裂纹敏感性指数（基于熔炼分析）

钢材厚度 t/mm	焊接裂纹敏感性指数 Pcm（质量分数）/%
≤50	≤0.28
50<t≤100	≤0.30

注：Pcm（%）= C+Si/30+Mn/20+Cu/20+Ni/60+Cr/20+Mo/15+V/10+5B。

2.3　根据供需双方协议，热机械轧制钢板的碳当量或焊接裂纹敏感性指数应符合表 4 或表 5 的规定。

表 4　热机械轧制钢板的碳当量（%）（基于熔炼分析）

钢板厚度 t/mm	牌号	
	SMA490AW、SMA490BW、SMA490CW	SMA490AP、SMA490BP、SMA490CP
≤50	≤0.41	≤0.40
50<t≤100	≤0.43	≤0.42

注：1. CEV（%）= C+Mn/6+Si/24+Ni/40+Cr/5+Mo/4+V/14。
2. 钢板厚度大于 100mm 时，碳当量由供需双方协商。

表 5　热机械轧制钢板的焊接裂纹敏感性指数（%）（基于熔炼分析）

钢板厚度 t/mm	牌号	
	SMA490AW、SMA490BW、SMA490CW	SMA490AP、SMA490BP、SMA490CP
≤50	≤0.24	≤0.24
50<t≤100	≤0.26	≤0.26

注：1. Pcm(%)= C+Si/30+Mn/20+Cu/20+Ni/60+Cr/20+Mo/15+V/10+5B。
2. 钢板厚度大于 100mm 时，焊接裂纹敏感性指数由供需双方协商。

3　交货状态

产品以热轧态交货。根据需要也可以进行正火、淬火+回火或回火处理。所有类型的钢材，根据供需双方协议，可以进行热处理，如热机械加工。

4　力学性能

拉伸性能要求见表 6。冲击性能要求见表 7。

表 6　拉伸性能

牌号	屈服点 R_{eH} 或规定塑性延伸强度 $R_{p0.2}$/MPa 不小于						抗拉强度 R_m/MPa	断后伸长率 A/% 不小于		
	厚度 t/mm									
	≤16	16< $t\leqslant40$	40< $t\leqslant75$	75< $t\leqslant100$	100< $t\leqslant160$	160< $t\leqslant200$		厚度 t/mm	试样	A/%
SMA400AW SMA400AP SMA400BW SMA400BP	245	235	215	215	205	195	400～540	≤5 $5<t\leqslant16$ $16<t\leqslant50$ $t>40$	5 号 1A 号 1A 号 4 号	22 17 21 23
SMA400CW SMA400CP	245	235	215	215	—	—				
SMA490AW SMA490AP SMA490BW SMA490BP	365	355	335	325	305	295	490～610	≤5 $5<t\leqslant16$ $16<t\leqslant50$ >40	5 号 1A 号 1A 号 4 号	19 15 19 21
SMA490CW SMA490CP	365	355	335	325	—	—				
SMA570W SMA570P	460	450	430	420	—	—	570～720	≤16 >16 >20	5 号 5 号 4 号	19 26 20

注：5 号试样：L_0 = 50mm，b_0 = 25mm；1A 号试样：L_0 = 200mm，b_0 = 40mm；4 号试样：L_0 = 50mm，d_0 = 14mm。详见 JIS Z 2241。

表 7　冲击性能

牌号	试验温度/℃	吸收能量 KV_2/J	试样和试样取向
SMA400BW SMA400BP	0	≥27	V 型缺口，纵向
SMA400CW SMA400CP	0	≥47	
SMA490BW SMA490BP	0	≥27	
SMA490CW SMA490CP	0	≥47	
SMA570W SMA570P	-5	≥47	

注：1. 厚度大于 12mm 时应进行冲击试验。

2. 根据供需双方协议，可以采用低于本表规定的试验温度。

3. 根据供需双方协议，采用横向试样进行试验时，经需方同意，可以省略纵向试样的试验。

4. 订货方也可以规定比表中值更高的冲击吸收能量。

JIS G 3125：2015 高耐候轧制钢材

1　范围

该标准适用于车辆、建筑、铁塔及其他结构用具有高耐候性能的轧制钢材，包括厚度不大于 16mm 的热轧钢板、钢带及型钢（SPA-H）和厚度为 0.6~2.3mm 的冷轧钢板及钢带（SPA-C）。

2　牌号与化学成分

钢的牌号和化学成分（熔炼分析）应符合表 1 的规定。

表 1　化学成分

牌号	化学成分（质量分数）/%							
	C	Si	Mn	P	S	Cu	Cr	Ni
SPA-H SPA-C	≤0.12	0.20~0.75	≤0.60	0.070~0.150	≤0.035	0.25~0.55	0.30~1.25	≤0.65

注：1. 可以根据需要添加表 1 以外的合金元素，并在质量证明书中注明元素含量。
2. 根据供需双方协议，Mn 的上限值可以小于或等于 1.0%。

3　力学性能与工艺性能

拉伸性能要求见表 2。

弯曲性能要求见表 3。弯曲试验后，试样外侧表面不允许有裂纹。

表 2　拉伸性能

牌号	钢板厚度 t/mm	屈服点或规定塑性延伸强度 R_{eH} 或 $R_{p0.2}$/MPa	抗拉强度 R_m/MPa	断后伸长率 A/%	
				不小于	
		不小于	不小于	试样	A/%
SPA-H	≤6	355	490	5 号	22
	>6	355	490	1A 号	15
SPA-C	—	315	450	5 号	26

注：1. 5 号试样：L_0=50mm，b_0=25mm；1A 号试样：L_0=200mm，b_0=40mm。详见 JIS Z 2241。
2. 厚度小于 3mm 的 SPA-H 钢板及钢带，根据供需双方协议，可以规定抗拉强度 R_m 不小于 510MPa。

表 3　弯曲性能

牌号	钢板厚度 t/mm	弯曲性能			
		弯曲角/（°）	内侧半径	内侧间距/钢板个数②	试样①
SPA-H	≤6	180	0.5t③	不适用	1 号
	>6	180	1.5t	不适用	
SPA-C	—	180	不适用	1	①

① 弯曲试验取纵向试样。1 号试样宽度 20~50mm；对于 SPA-C 钢板及钢带，试样宽度为 15~50mm。
② 钢板名义厚度的个数。试样弯曲至内侧间距不多于此数值。
③ 厚度小于等于 6mm 的 SPA-H 钢板及钢带，根据供需双方协议，可以规定内侧半径为 1t。

第九章　涂 镀 板

第九章　涂 镀 板

第一节　中国标准

GB/T 2518—2008 连续热镀锌钢板及钢带

1　范围

该标准适用于厚度为0.30~5.0mm的钢板及钢带，主要用于制作汽车、建筑、家电等行业对成形性和耐腐蚀性有要求的内外覆盖件和结构件。

2　牌号表示方法、分类及代号

2.1　钢板及钢带的牌号由产品用途代号、钢级代号（或序列号）、钢种特性（如有）、热镀代号（D）和镀层种类代号五部分构成，其中热镀代号（D）和镀层种类代号之间用加号“+”连接。示例：DC57D+ZF、S350GD+Z、HX340LAD+ZF、HC340/690DPD+Z。

2.2　钢板及钢带的牌号及钢种特性应符合表1的规定。

2.3　钢板及钢带按表面质量分类和代号应符合表2的规定。

2.4　钢板及钢带的镀层种类、镀层表面结构、表面处理的分类和代号应符合表3规定。

表1　牌号及钢种特性

牌　　号	钢种特征
DX51D+Z、DX51D+ZF	低碳钢
DX52D+Z、DX52D+ZF	
DX53D+Z、DX53D+ZF	无间隙原子钢
DX54D+Z、DX54D+ZF	
DX56D+Z、DX56D+ZF	
DX57D+Z、DX57D+ZF	
S220GD+Z、S220GD+ZF	结构钢
S250GD+Z、S250GD+ZF	
S280GD+Z、S280GD+ZF	
S320GD+Z、S320GD+ZF	
S350GD+Z、S350GD+ZF	
S550GD+Z、S550GD+ZF	

续表 1

牌　　号	钢种特征
HX260LAD+Z、HX260LAD+ZF	低合金钢
HX300LAD+Z、HX300LAD+ZF	
HX340LAD+Z、HX340LAD+ZF	
HX380LAD+Z、HX380LAD+ZF	
HX420LAD+Z、HX420LAD+ZF	
HX180YD+Z、HX180YD+ZF	无间隙原子钢
HX220YD+Z、HX220YD+ZF	
HX260YD+Z、HX260YD+ZF	
HX180BD+Z、HX180BD+ZF	烘烤硬化钢
HX220BD+Z、HX220BD+ZF	
HX260BD+Z、HX260BD+ZF	
HX300BD+Z、HX300BD+ZF	
HC260/450DPD+Z、HC260/450DPD+ZF	双相钢
HC300/500DPD+Z、HC300/500DPD+ZF	
HC340/600DPD+Z、HC340/600DPD+ZF	
HC450/780DPD+Z、HC450/780DPD+ZF	
HC600/980DPD+Z、HC600/980DPD+ZF	
HC430/690TRD+Z、HC410/690TRD+ZF	相变诱导塑性钢
HC470/780TRD+Z、HC440/780TRD+ZF	
HC350/600CPD+Z、HC350/600CPD+ZF	复相钢
HC500/780CPD+Z、HC500/780CPD+ZF	
HC700/980CPD+Z、HC700/980CPD+ZF	

表 2　表面质量分类和代号

级　别	代　号
普通级表面	FA
较高级表面	FB
高级表面	FC

表 3　镀层种类、镀层表面结构、表面处理的分类和代号

分类项目	类　别	代　号
镀层种类	纯锌镀层	Z
	锌铁合金镀层	ZF

续表 3

分类项目	类　别		代　号
镀层表面结构	纯锌镀层（Z）	普通锌花	N
		小锌花	M
		无锌花	F
	锌铁合金镀层（ZF）	普通锌花	R
表面处理	铬酸钝化		C
	涂油		O
	铬酸钝化+涂油		CO
	无铬钝化		C5
	无铬钝化+涂油		CO5
	磷化		P
	磷化+涂油		PO
	耐指纹膜		AF
	无铬耐指纹膜		AF5
	自润滑膜		SL
	无铬自润滑膜		SL5
	不处理		U

3　牌号与化学成分

钢的化学成分（熔炼分析）可参考表 4～表 7 的规定。如需方对化学成分有要求，应在订货时协商。

表 4　冷成形用钢的牌号和化学成分

牌号	化学成分（质量分数)/%，不大于					
	C	Si	Mn	P	S	Ti
DX51D+Z、DX51D+ZF	0.12	0.50	0.60	0.10	0.045	0.30
DX52D+Z、DX52D+ZF						
DX53D+Z、DX53D+ZF						
DX54D+Z、DX54D+ZF						
DX56D+Z、DX56D+ZF						
DX57D+Z、DX57D+ZF						

表 5　结构钢的牌号与化学成分

<table>
<tr><th rowspan="2">牌号</th><th colspan="5">化学成分（质量分数）/%，不大于</th></tr>
<tr><th>C</th><th>Si</th><th>Mn</th><th>P</th><th>S</th></tr>
<tr><td>S220GD+Z、S220GD+ZF</td><td rowspan="6">0.20</td><td rowspan="6">0.60</td><td rowspan="6">1.70</td><td rowspan="6">0.10</td><td rowspan="6">0.045</td></tr>
<tr><td>S250GD+Z、S250GD+ZF</td></tr>
<tr><td>S280GD+Z、S280GD+ZF</td></tr>
<tr><td>S320GD+Z、S320GD+ZF</td></tr>
<tr><td>S350GD+Z、S350GD+ZF</td></tr>
<tr><td>S550GD+Z、S550GD+ZF</td></tr>
</table>

表 6　无间隙原子钢、烘烤硬化钢及低合金钢的牌号与化学成分

牌号	化学成分（质量分数）/%							
	C	Si	Mn	P	S	Alt	Ti①	Nb①
	不大于	不大于	不大于	不大于	不大于	不小于	不大于	不大于
HX180YD+Z、HX180YD+ZF	0.01	0.10	0.70	0.06	0.025	0.02	0.12	—
HX220YD+Z、HX220YD+ZF	0.01	0.10	0.90	0.08	0.025	0.02	0.12	
HX260YD+Z、HX260YD+ZF	0.01	0.10	1.60	0.10	0.025	0.02	0.12	—
HX180BD+Z、HX180BD+ZF	0.04	0.50	0.70	0.06	0.025	0.02	—	—
HX220BD+Z、HX220BD+ZF	0.06	0.50	0.70	0.08	0.025	0.02	—	—
HX260BD+Z、HX260BD+ZF	0.11	0.50	0.70	0.10	0.025	0.02	—	—
HX300BD+Z、HX300BD+ZF	0.11	0.50	0.70	0.12	0.025	0.02	—	—
HX260LAD+Z、HX260LAD+ZF	0.11	0.50	0.60	0.025	0.025	0.015	0.15	0.09
HX300LAD+Z、HX300LAD+ZF	0.11	0.50	1.00	0.025	0.025	0.015	0.15	0.09
HX340LAD+Z、HX340LAD+ZF	0.11	0.50	1.00	0.025	0.025	0.015	0.15	0.09
HX380LAD+Z、HX380LAD+ZF	0.11	0.50	1.40	0.025	0.025	0.015	0.15	0.09
HX420LAD+Z、HX420LAD+ZF	0.11	0.50	1.40	0.025	0.025	0.015	0.15	0.09

① 可以单独或复合添加 Ti 和 Nb，也可添加 V 和 B，但是这些合金元素的总含量不大于 0.22%。

表 7　双相钢、相变诱导塑性钢及复相钢的牌号与化学成分

<table>
<tr><th rowspan="3">牌号</th><th colspan="10">化学成分（质量分数）/%</th></tr>
<tr><th colspan="10">不大于</th></tr>
<tr><th>C</th><th>Si</th><th>Mn</th><th>P</th><th>S</th><th>Alt</th><th>Cr+Mo</th><th>Nb+Ti</th><th>V</th><th>B</th></tr>
<tr><td>HC260/450DPD+Z、HC260/450DPD+ZF</td><td rowspan="2">0.14</td><td rowspan="5">0.80</td><td rowspan="2">2.00</td><td rowspan="5">0.080</td><td rowspan="5">0.015</td><td rowspan="5">2.00</td><td rowspan="5">1.00</td><td rowspan="5">0.15</td><td rowspan="5">0.20</td><td rowspan="5">0.005</td></tr>
<tr><td>HC300/500DPD+Z、HC300/500DPD+ZF</td></tr>
<tr><td>HC340/600DPD+Z、HC340/600DPD+ZF</td><td>0.17</td><td>2.20</td></tr>
<tr><td>HC450/780DPD+Z、HC450/780DPD+ZF</td><td>0.18</td><td rowspan="2">2.50</td></tr>
<tr><td>HC600/980DPD+Z、HC600/980DPD+ZF</td><td>0.23</td></tr>
</table>

续表 7

牌号	化学成分（质量分数）/%									
	不大于									
	C	Si	Mn	P	S	Alt	Cr+Mo	Nb+Ti	V	B
HC430/690TRD+Z、HC430/690TRD+ZF	0.32	2.20	2.50	0.120	0.015	2.00	0.60	0.20	0.20	0.005
HC470/780TRD+Z、HC470/780TRD+ZF										
HC350/600CPD+Z、HC350/600CPD+ZF	0.18	0.80	2.20	0.080	0.015	2.00	1.00	0.15	0.20	0.005
HC500/780CPD+Z、HC500/780CPD+ZF										
HC700/980CPD+Z、HC700/980CPD+ZF	0.23						1.20		0.22	

4　交货状态

钢板及钢带经热镀或热镀加平整（或光整）后交货。

5　力学性能与拉伸应变痕

钢板及钢带的力学性能应分别符合表 8～表 15 的规定。除非另行规定，拉伸试样为带镀层试样。

对拉伸应变痕的规定见相应的表注。

表 8　冷成形用钢的力学性能

牌　号	屈服强度[①②] R_{eL}或 $R_{p0.2}$/MPa	抗拉强度 R_m/MPa	断后伸长率[③] A_{80mm}/%	r_{90}	n_{90}
			不小于	不小于	不小于
DX51D+Z、DX51D+ZF	—	270～500	22	—	—
DX52D+Z[⑥]、DX52D+ZF[⑥]	140～300	270～420	26	—	—
DX53D+Z、DX53D+ZF	140～260	270～380	30	—	—
DX54D+Z	120～220	260～350	36	1.6	0.18
DX54D+ZF			34	1.4	0.18
DX56D+Z	120～180	260～350	39	1.9[④]	0.21
DX56D+ZF			37	1.7[④⑤]	0.20[⑤]
DX57D+Z	120～170	260～350	41	2.1[④]	0.22
DX57D+ZF			39	1.9[④⑤]	0.21[⑤]

注：1. 表中牌号为 DX51D+Z、DX51D+ZF、DX52D+Z、DX52D+ZF 的钢板及钢带，应保证在制造后 1 个月内，力学性能符合表中的规定，使用时不出现拉伸应变痕。

2. 表中其他牌号的钢板及钢带，应保证在制造后 6 个月内，力学性能符合表中的规定；使用时不出现拉伸应变痕。

① 无明显屈服时采用 $R_{p0.2}$，否则采用 R_{eL}。

② 试样为 GB/T 228 中的 P6 试样，试样方向为横向。

③ 当产品公称厚度大于 0.5mm，但不大于 0.7mm 时，断后伸长率允许下降 2%；当产品公称厚度不大于 0.5mm 时，断后伸长率允许下降 4%。

④ 当产品公称厚度大于 1.5mm，r_{90}允许下降 0.2。

⑤ 当产品公称厚度小于等于 0.7mm 时，r_{90}允许下降 0.2。n_{90}允许下降 0.01。

⑥ 屈服强度值仅适用于光整的 FB、FC 级表面的钢板及钢带。

表 9　结构钢的力学性能

牌　号	屈服强度①② R_{eH}或$R_{p0.2}$/MPa	抗拉强度③ R_m/MPa	断后伸长率④ A_{80mm}/%
	不小于	不小于	不小于
S220GD+Z、S220GD+ZF	220	300	20
S250GD+Z、S250GD+ZF	250	330	19
S280GD+Z、S280GD+ZF	280	360	18
S320GD+Z、S320GD+ZF	320	390	17
S350GD+Z、S350GD+ZF	350	420	16
S550GD+Z、S550GD+ZF	550	560	—

① 无明显屈服采用 $R_{p0.2}$，否则采用 R_{eH}。

② 试样为 GB/T 228 中的 P6 试样，试样方向为纵向。

③ 除 S550GD+Z 和 S550DG+ZF 外，其他牌号的抗拉强度可要求 140MPa 的范围值。

④ 当产品公称厚度大于 0.5mm，但不大于 0.7mm 时，断后伸长率允许下降 2%；当产品公称厚度不大于 0.5mm 时，断后伸长率允许下降 4%。

表 10　无间隙原子钢的力学性能

牌　号	屈服强度①② R_{eL}或$R_{p0.2}$/MPa	抗拉强度 R_m/MPa	断后伸长率③ A_{80mm}/%	r_{90}④	n_{90}
			不小于	不小于	不小于
HX180YD+Z	180~240	340~400	34	1.7	0.18
HX180YD+ZF			32	1.5	0.18
HX220YD+Z	220~280	340~410	32	1.5	0.17
HX220YD+ZF			30	1.3	0.17
HX260YD+Z	260~320	380~440	30	1.4	0.16
HX260YD+ZF			28	1.2	0.16

注：对于表中规定牌号的钢板及钢带，应保证在制造后 6 个月内，力学性能符合表中的规定，使用时不出现拉伸应变痕。

① 无明显屈服时采用 $R_{p0.2}$，否则采用 R_{eL}。

② 试样为 GB/T 228 中的 P6 试样，试样方向为横向。

③ 当产品公称厚度大于 0.5mm，但不大于 0.7mm 时，断后伸长率（A_{80mm}）允许下降 2%；当产品公称厚度不大于 0.5mm 时，断后伸长率（A_{80mm}）允许下降 4%。

④ 当产品公称厚度大于 1.5mm 时，r_{90}允许下降 0.2。

表 11　烘烤硬化钢的力学性能

牌　号	屈服强度①② R_{eL}或$R_{p0.2}$/MPa	抗拉强度 R_m/MPa	断后伸长率③ A_{80mm}/%	r_{90}④	n_{90}	烘烤硬化值 BH_2/MPa
			不小于	不小于	不小于	不小于
HX180BD+Z	180~240	300~360	34	1.5	0.16	30
HX180BD+ZF			32	1.3	0.16	30

续表 11

牌　号	屈服强度①② R_{eL}或$R_{p0.2}$/MPa	抗拉强度 R_m/MPa	断后伸长率③ A_{80mm}/%	r_{90}④	n_{90}	烘烤硬化值 BH_2/MPa
			不小于	不小于	不小于	不小于
HX220BD+Z	220~280	340~400	32	1.2	0.15	30
HX220BD+ZF			30	1.0	0.15	30
HX260BD+Z	260~320	360~440	28	—	—	30
HX260BD+ZF			26	—	—	30
HX300BD+Z	300~360	400~480	26	—	—	30
HX300BD+ZF			24	—	—	30

注：对于表中规定牌号的钢板及钢带，应保证在产品制造后 3 个月内，力学性能符合表中的规定，使用时不出现拉伸应变痕。

① 无明显屈服时采用 $R_{p0.2}$，否则采用 R_{eL}。

② 试样为 GB/T 228 中的 P6 试样，试样方向为横向。

③ 当产品公称厚度大于 0.5mm，但不大于 0.7mm 时，断后伸长率允许下降 2%；当产品公称厚度不大于 0.5mm 时，断后伸长率允许下降 4%。

④ 当产品公称厚度大于 1.5mm 时，r_{90}允许下降 0.2。

表 12　低合金钢的力学性能

牌　号	屈服强度①② R_{eL}或$R_{p0.2}$/MPa	抗拉强度 R_m/MPa	断后伸长率③ A_{80mm}/%
			不小于
HX260LAD+Z	260~330	350~430	26
HX260LAD+ZF			24
HX300LAD+Z	300~380	380~480	23
HX300LAD+ZF			21
HX340LAD+Z	340~420	410~510	21
HX340LAD+ZF			19
HX380LAD+Z	380~480	440~560	19
HX380LAD+ZF			17
HX420LAD+Z	420~520	470~590	17
HX420LAD+ZF			15

注：对于表中规定牌号的钢板及钢带，应保证在制造后 6 个月内，力学性能符合相应表中的规定，使用时不出现拉伸应变痕。

① 无明显屈服时采用 $R_{p0.2}$，否则采用 R_{eL}。

② 试样为 GB/T 228 中的 P6 试样，试样方向为横向。

③ 当产品公称厚度大于 0.5mm，但小于等于 0.7mm 时，断后伸长率允许下降 2%；当产品公称厚度不大于 0.5mm 时，断后伸长率允许下降 4%。

表 13　双相钢的力学性能

牌　号	屈服强度①② R_{eL}或$R_{p0.2}$/MPa	抗拉强度 R_m/MPa	断后伸长率③ A_{80mm}/%	n_0	烘烤硬化值 BH_2/MPa
		不小于	不小于	不小于	不小于
HC260/450DPD+Z	260~340	450	27	0.16	30
HC260/450DPD+ZF			25		30
HC300/500DPD+Z	300~380	500	23	0.15	30
HC300/500DPD+ZF			21		30
HC340/600DPD+Z	340~420	600	20	0.14	30
HC340/600DPD+ZF			18		30
HC450/780DPD+Z	450~560	780	14	—	30
HC450/780DPD+ZF			12		30
HC600/980DPD+Z	600~750	980	10	—	30
HC600/980DPD+ZF			8		30

① 无明显屈服采用 $R_{p0.2}$，否则采用 R_{eL}。

② 试样为 GB/T 228 中的 P6 试样，试样方向为纵向。

③ 当产品公称厚度大于 0.5mm，但小于等于 0.7mm 时，断后伸长率允许下降 2%；当产品公称厚度不大于 0.5mm 时，断后伸长率允许下降 4%。

表 14　相变诱发塑性钢的力学性能

牌　号	屈服强度①② R_{eL}或$R_{p0.2}$/MPa	抗拉强度 R_m/MPa	断后伸长率③ A_{80mm}/%	n_0	烘烤硬化值 BH_2/MPa
		不小于	不小于	不小于	不小于
HC430/690TRD+Z	430~550	690	23	0.18	40
HC430/690TRD+ZF			21		40
HC470/780TRD+Z	470~600	780	21	0.16	40
HC470/780TRD+ZF			18		40

① 无明显屈服采用 $R_{p0.2}$，否则采用 R_{eL}。

② 试样为 GB/T 228 中的 P6 试样，试样方向为纵向。

③ 当产品公称厚度大于 0.5mm，但小于等于 0.7mm 时，断后伸长率允许下降 2%；当产品公称厚度不大于 0.5mm 时，断后伸长率允许下降 4%。

表 15　复相钢的力学性能

牌　号	屈服强度①② R_{eL}或$R_{p0.2}$/MPa	抗拉强度 R_m/MPa	断后伸长率③ A_{80mm}/%	烘烤硬化值 BH_2/MPa
		不小于	不小于	不小于
HC350/600CPD+Z	350~500	600	16	30
HC350/600CPD+ZF			14	
HC500/780CPD+Z	500~700	780	10	30
HC500/780CPD+ZF			8	

续表 15

牌 号	屈服强度①② R_{eL} 或 $R_{p0.2}$/MPa	抗拉强度 R_m/MPa	断后伸长率③ A_{80mm}/%	烘烤硬化值 BH_2/MPa
		不小于	不小于	不小于
HC700/980CPD+Z	700~900	980	7	30
HC700/980CPD+ZF			5	

① 无明显屈服采用 $R_{p0.2}$，否则采用 R_{eL}。

② 试样为 GB/T 228 中的 P6 试样，试样方向为纵向。

③ 当产品公称厚度大于 0.5mm，但小于等于 0.7mm 时，断后伸长率允许下降 2%；当产品公称厚度不大于 0.5mm 时，断后伸长率允许下降 4%。

6 镀层黏附性

应采用适当的试验方法进行试验，试验方法由供方选择。

7 镀层重量

7.1 可供的公称镀层重量范围应符合表 16 的规定。经供需双方协商，亦可提供其他镀层重量。

7.2 推荐的公称镀层重量及相应的镀层代号应符合表 17 的规定。经供需双方协商，等厚公称镀层重量也可用单面镀层重量进行表示。

7.3 对于等厚镀层，镀层重量三点试验平均值应不小于规定公称镀层重量；镀层重量单点试验值应不小于规定公称镀层重量的 85%。单面单点镀层重量试验值应不小于规定公称镀层重量的 34%。

7.4 对于差厚镀层，公称镀层重量及镀层重量试验值应符合表 18 的规定。

表 16 公称镀层重量范围

镀层形式	适用的镀层表面结构	下列镀层种类的公称镀层重量范围①/g·m^{-2}	
		纯锌镀层（Z）	锌铁合金镀层（ZF）
等厚镀层	N、M、F、R	50~600	60~180
差厚镀层②	N、M、F	25~150（每面）	—

① 50g/m^2 镀层（纯锌和锌铁合金）的厚度约为 7.1μm。

② 对于差厚镀层形式，镀层较重面的镀层重量与另一面的镀层重量比值应不大于 3。

表 17 推荐的公称镀层重量

镀层种类	镀层形式	推荐的公称镀层重量/g·m^{-2}	镀层代号
Z	等厚镀层	60	60
		80	80
		100	100
		120	120
		150	150
		180	180
		200	200
		220	220
		250	250
		275	275
		350	350
		450	450
		600	600

续表 17

镀层种类	镀层形式	推荐的公称镀层重量/g·m^{-2}	镀层代号
ZF	等厚镀层	60 90 120 140	60 90 120 140
Z	差厚镀层	30/40 40/60 40/100	30/40 40/60 40/100

表 18　差厚镀层的镀层重量

镀层种类	镀层形式	镀层代号	公称镀层重量/g·m^{-2}	
			不小于	
			单面三点平均值	单面单点值
Z	差厚镀层	A/B①	A/B①	0.85×A/0.85×B

① A、B 分别为钢板及钢带上、下表面（或内、外表面）对应的公称镀层重量（g/m^2）。

8　镀层表面结构

钢板及钢带的镀层表面结构应符合表 19 的规定。

表 19　镀层表面结构

镀层种类	镀层表面结构	代　号	特　　征
Z	普通锌花	N	锌层在自然条件下凝固得到的肉眼可见的锌花结构
	小锌花	M	通过特殊控制方法得到的肉眼可见的细小锌花结构
	无锌花	F	通过特殊控制方法得到的肉眼不可见的细小锌化结构
ZF	普通锌花	R	通过对纯锌镀层的热处理后获得的镀层表面结构，该表面结构通常灰色无光

9　表面处理

钢板及钢带通常进行的表面处理见表 3。

10　表面质量

10.1　钢板及钢带表面不应有漏镀、镀层脱落、肉眼可见裂纹等影响用户使用的缺陷。不切边钢带边部允许存在微小锌层裂纹和白边。

10.2　钢板及钢带各级别表面质量特征应符合表 20 的规定。

10.3　由于在连续生产过程中，钢带表面的局部缺陷不易发现和去除，因此，钢带允许带缺陷交货，但有缺陷的部分应不超过每卷总长度的 6%。

表 20　表面质量

级　别	表面质量特征
FA	表面允许有缺欠，例如小锌粒、压印、划伤、凹坑、色泽不均、黑点、条纹、轻微钝化斑、锌起伏等。该表面通常不进行平整（光整）处理
FB	较好的一面允许有小缺欠，例如光整压印、轻微划伤、细小锌花、锌起伏和轻微钝化斑。另一面至少为表面质量 FA。该表面通常进行平整（光整）处理
FC	较好的一面必须对缺欠进一步限制，即较好的一面不应有影响高级涂漆表面外观质量的缺欠。另一面至少为表面质量 FB，该表面通常进行平整（光整）处理

第二节 美国标准

ASTM A463/A463M-15 热浸镀铝薄钢板

1 范围

该标准适用于以钢卷或定尺产品交货的热浸镀铝薄钢板。

2 牌号与化学成分

2.1 基板

（1）商用钢 CS（A、B、C）、成形钢 FS、深冲钢 DDS、超深冲钢 EDDS、铁素体不锈钢 FSS（409 和 439）的化学成分（熔炼分析）应符合表 1 的要求；结构钢 SS 的化学成分（熔炼分析）应符合表 2 的要求。

（2）当 Cu、Cr、Ni 或 Mo 的含量小于 0.02%时，应报告“<0.02%”或其实际测量值；当 V、Ti、Nb 的含量小于 0.008%时，应报告“<0.008%”或实际测量值；当 B 含量小于 0.0005%时，应报告“<0.0005%”或实际测量值。

2.2 镀液成分

1 型镀层用镀液含 5%~11%的硅，其余为铝。2 型镀层用镀液为商用纯铝。

表 1 化学成分要求①

牌号	化学成分（质量分数）/%，不大于（除非另有显示）											
	C	Mn	P	S	Al	Cu②	Ni②	Cr②	Mo②	V	Nb③	Ti	B
CS A④~⑥	0.10	0.60	0.030	0.035	—	0.20	0.20	0.15	0.06	0.008	0.008	0.30	—
CS B④⑥	0.02~0.15	0.60	0.030	0.035	—	0.20	0.20	0.15	0.06	0.008	0.008	0.30	—
CS C④⑥	0.08	0.60	0.10	0.035	—	0.20	0.20	0.15	0.06	0.008	0.008	0.30	—
FS⑥	0.02~0.10	0.50	0.020	0.030	—	0.20	0.20	0.15	0.06	0.008	0.008	0.30	—
DDS⑦⑧	0.06	0.50	0.020	0.025	≥0.01	0.20	0.20	0.15	0.06	0.008	0.008	0.30	—
EDDS⑧⑨	0.02	0.40	0.020	0.020	≥0.01	0.20	0.20	0.15	0.06	0.008	0.008	0.30	—
FSS 409⑩	0.030	1.00	0.040	0.020	—	0.50	0.50	10.5~11.7	0.60	—	—	⑩	—
FSS 439⑪	0.030	1.00	0.040	0.030	0.15	0.50	0.50	17.0~19.0	0.06	—	—	⑪	—

① 表中“—”表示无要求，但应提供分析报告。
② Cu+Ni+Cr+Mo 总含量的熔炼分析值应不超过 0.50%。对这些元素的一种或多种作出限定时，则对总含量的限制不适用；在此情形下，只对每种元素作出的限制适用。此要求不适用于 FSS 409 和 FSS 439。
③ $w(C)\leq0.02\%$时，则 $w(Nb)\leq0.045\%$。此要求不适用于 FSS 409 和 FSS 439。
④ 对于 CS，规定 B 类钢以避免 C 含量小于 0.02%。
⑤ CS B 类钢为典型的商用产品。
⑥ 当需要脱氧钢时，买方可以选择订购全铝含量不低于 0.01%的 CS 和 FS 钢。
⑦ 由生产方选择以稳定化钢或非稳定化钢供货。
⑧ DDS 和 EDDS 仅可供 1 类镀层钢板。
⑨ 以稳定化钢供货。
⑩ $w(Si)\leq1.00\%$，$w(N)\leq0.030\%$；$6w(C+N)\leq w(Ti)\leq0.5\%$，或者 $0.08\%+8w(C+N)\leq w(Ti+Nb)\leq0.75\%$ 且 $w(Ti)\geq0.05\%$。
⑪ $w(Si)\leq1.00\%$，$w(N)\leq0.030\%$，$0.20\%+4w(C+N)\leq w(Ti+Nb)\leq1.10\%$。

表 2　化学成分要求①

牌号	化学成分（质量分数)/%，不大于（除非另有显示）										
	C	Mn	P	S	Cu②	Ni②	Cr②	Mo②	V③	Nb③④	Ti
SS											
230	0.20	—	0.40	0.04	0.20	0.20	0.15	0.06	0.008	0.008	0.30
255	0.20	—	0.10	0.04	0.20	0.20	0.15	0.06	0.008	0.008	0.30
275	0.25	—	0.10	0.04	0.20	0.20	0.15	0.06	0.008	0.008	0.30
340-1、2	0.25	—	0.20	0.04	0.20	0.20	0.15	0.06	0.008	0.008	0.30
340-3	0.25	—	0.04	0.04	0.20	0.20	0.15	0.06	0.008	0.008	0.30
550	0.20	—	0.04	0.04	0.20	0.20	0.15	0.06	0.008	0.008	0.30
HSLAS A⑤											
340	0.20	1.20	—	0.035	0.20	0.20	0.15	0.06	0.008	0.008	0.30
410	0.20	1.35	—	0.035	0.20	0.20	0.15	0.06	0.008	0.008	0.30
480	0.20	1.65	—	0.035	0.20	0.20	0.15	0.06	0.008	0.008	0.30
550	0.20	1.65	—	0.035	0.20	0.20	0.15	0.06	0.008	0.008	0.30
HSLAS B⑤⑥											
340	0.15	1.20	—	0.035	0.20	0.20	0.15	0.06	0.008	0.008	0.30
410	0.15	1.20	—	0.035	0.20	0.20	0.15	0.06	0.008	0.008	0.30
480	0.15	1.65	—	0.035	0.20	0.20	0.15	0.06	0.008	0.008	0.30
550	0.15	1.65	—	0.035	0.20	0.20	0.15	0.06	0.008	0.008	0.30

① 表中“—”表示无要求，但应提供分析报告。

② Cu+Ni+Cr+Mo 总含量的熔炼分析值不应超过 0.50%。对这些元素的一种或多种作出限定时，则对总含量的限制不适用；在此情形下，只对每种元素作出的限制。

③ 当规定为 HSLAS 钢时，限制值不适用。

④ $w(C)\leqslant 0.02\%$时，则 $w(Nb)\leqslant 0.045\%$。

⑤ 此牌号钢通常含有单独加入或组合加入的强化元素 Nb、N、P 或 V。

⑥ 生产方可选择添加少量合金元素来处理这些钢以控制硫化物夹杂。

3　力学性能与工艺性能

3.1　SS 和 HSLAS 钢的力学性能应符合表 3 中相应牌号的要求。

3.2　CS（A、B、C）、FS、DDS、EDDS 和 FSS（409 和 439）钢板的典型力学性能见表 4，这些力学性能数值是非强制性的。

3.3　结构钢钢板通常进行冷弯加工。表 5 列出了推荐的 90°冷弯的最小内侧半径。

表 3　基板的力学性能（纵向）

牌号		屈服强度 R_{eH}/MPa	抗拉强度 R_m/MPa①	断后伸长率 A/%① L_0 = 50mm
类型	级别	不小于		
SS	230	230	310	20
	255	255	360	18
	275	275	380	16
	340-1	340	450	12
	340-2	340	—	12
	340-3	340	480	12
	550②	550③	570	—
HSLAS A	340	340	410④	20
	410	410	480④	16
	480	480	550④	12
	550	550	620④	10
HSLAS B	340	340	410④	22
	410	410	480④	18
	480	480	550④	14
	550	550	620④	12

① 表中"—"表示没有要求。

② 如果硬度≥85HRB，则不要求进行拉伸试验。

③ 因无屈服现象，取 $R_{t0.5}$ 或 $R_{p0.2}$。

④ 如果要求更高的抗拉强度，需方应与供方协商。

表 4　力学性能典型范围（纵向，非强制性）

牌号	屈服强度 R_{eH}/MPa	断后伸长率 A/% L_0 = 50mm	r_m 值	n 值
CS A	170~345	≥20	①	①
CS B	205~345	≥20	①	①
CS C	170~380	≥15	①	①
FS	170~310	≥26	1.0~1.4	0.17~0.21
DDS②	140~240	≥32	1.2~1.7	0.19~0.24
EDDS②	125~205	≥38	1.5~2.0	0.21~0.26
FSS 409	170~345	≥20	①	①
FSS 439	205~415	≥22	①	①

① 还没有典型的性能数值。

② DDS 和 EDDS 仅提供 1 类镀层钢板。

表5　推荐的90°冷弯最小内侧半径

类型	冷弯最小内侧半径
CS、FS、DDS、EDDS、FSS	0*t*
SS	1.5*t*

注：1. *t* 为钢板厚度。
2. 推荐的内侧半径应作为实际工厂操作中90°弯曲的最小值。
3. 按本表要求操作时，对于不能满足要求的材料，可以按与供货方事先协商的协议拒收。

4　镀层性能

4.1　镀层重量

各镀层代号的镀层重量应符合表6的要求。

4.2　镀层弯曲试验

镀层钢板在任意方向弯曲180°后，弯曲外侧的镀层不应脱落。对于所有镀层代号，镀层弯曲试验内侧直径应为试样厚度的2倍。距弯曲试样边部6mm范围内的脱落不应作为拒收的理由。

表6　镀层重量要求

镀层代号	双面总重量最小值/$g \cdot m^{-2}$	
	三点试验	单点试验
T1M 40	40	30
T1M 75	75	60
T1M 120	120	90
T1M 180	180	150
T1M 240	240	210
T1M 300	300	270
T2M LC	无最小值	无最小值
T2M 200	200	180
T2M 300	300	270

注：无最小值指对三点试验和单点试验不规定最小值要求。

ASTM A653/A653M-18 热浸镀锌或锌-铁合金薄钢板

1　范围

该标准适用于以钢卷或定尺产品交货的热浸镀纯锌、锌-铁合金薄钢板。

2　牌号与化学成分

2.1　基板

（1）商用钢 CS（A、B、C）、成形钢 FS（A、B）、深冲钢 DDS（A、C）、超深冲钢 EDDS 的化学成分（熔炼分析）应符合表 1 的要求；结构钢 SS、高强度低合金钢 HSLAS、改善成形性能的高强度低合金钢 HSLAS-F、固溶强化钢 SHS 和烘烤硬化钢 BHS 的化学成分（熔炼分析）符合表 2 的要求。

（2）表 1 和表 2 所示的每个元素都应该包括在熔炼分析报告中。当 Cu、Cr、Ni 或 Mo 的含量小于 0.02%时，应报告“<0.02%”或其实际测量值；当 V、Ti、Nb 的含量小于 0.008%时，应报告“<0.008%”或实际测量值；当 B 含量小于 0.0005%时，应报告“0.0005%”或实际测量值。

2.2　锌液

连续热浸镀锌锌液至少应含 99%的锌，铅含量不超过 0.009%。

表 1　CS、FS、DDS 和 EDDS 基板的化学成分

牌号	化学成分（质量分数）/%，不大于（除非另有显示）													
	C	Mn	P	S	Al	Cu	Ni	Cr	Mo	V	Nb	Ti②	N	B
CS A③~⑤	0.10	0.60	0.030	0.035	①	0.25	0.20	0.15	0.06	0.008	0.008	0.025	①	①
CS B③⑥	0.02~0.15	0.60	0.030	0.035	①	0.25	0.20	0.15	0.06	0.008	0.008	0.025	①	①
CS C③~⑤	0.08	0.60	0.100	0.035	①	0.25	0.20	0.15	0.06	0.008	0.008	0.025	①	①
FS A③⑦	0.10	0.50	0.020	0.035	①	0.25	0.20	0.15	0.06	0.008	0.008	0.025	①	①
FS B③⑥	0.02~0.10	0.50	0.020	0.030	①	0.25	0.20	0.15	0.06	0.008	0.008	0.025	①	①
DDS A④⑤	0.06	0.50	0.020	0.025	≥0.01	0.25	0.20	0.15	0.06	0.008	0.008	0.025	①	①
DDS C④⑤	0.02	0.50	0.020~0.100	0.025	≥0.01	0.25	0.20	0.15	0.06	0.10	0.10	0.15	①	①
EDDS⑧	0.02	0.40	0.020	0.020	≥0.01	0.25	0.20	0.15	0.06	0.10	0.10	0.15	①	①

① 无要求，但应提供分析报告。

② 当 $w(C)\geqslant 0.02\%$时，由生产方选择可以添加 Ti，Ti 的最大含量为 $3.4w(N)+1.5w(S)$ 和 0.025%两者中的较小者。

③ 当需要脱氧钢时，买方可以选择订购全铝含量不低于 0.01 %的 CS 和 FS 钢。

④ 由生产方选择，可采用真空除气或化学稳定化处理，或两者联合使用。

⑤ $w(C)\leqslant 0.02\%$时，由生产方选择，可采用 V、Nb 或 Ti 或其组合作为稳定化元素。此时，V、Nb 的最大含量为 0.10%，Ti 的最大含量为 0.15%。

⑥ 对于 CS 和 FS，规定 B 类钢以避免 C 含量小于 0.02%。

⑦ 不以稳定化钢供货。

⑧ 以稳定化钢供货。

表 2　SS、HSLAS、HSLAS-F、SHS 和 BHS 基板的化学成分

牌号	化学成分（质量分数）/%，不大于（除非另有显示）												
	C	Mn	P	S	Si	Al	Cu	Ni	Cr	Mo	V	Nb	Ti	N
SS②③														
230	0.20	1.35	0.10	0.04	①	①	0.25	0.20	0.15	0.06	0.008	0.008	0.025	①
255	0.20	1.35	0.10	0.04	①	①	0.25	0.20	0.15	0.06	0.008	0.008	0.025	①
275	0.25	1.35	0.10	0.04	①	①	0.25	0.20	0.15	0.06	0.008	0.008	0.025	①
340-1、2、4	0.25	1.35	0.20	0.04	①	①	0.25	0.20	0.15	0.06	0.008	0.008	0.025	①
340-3	0.25	1.35	0.04	0.04	①	①	0.25	0.20	0.15	0.06	0.008	0.008	0.025	①
380	0.25	1.35	0.04	0.04	①	①	0.25	0.20	0.15	0.06	0.008	0.008	0.025	①
410	0.25	1.35	0.04	0.04	①	①	0.25	0.20	0.15	0.06	0.008	0.008	0.025	①
480	0.25	1.35	0.04	0.04	①	①	0.25	0.20	0.15	0.06	0.008	0.008	0.025	①
550-1	0.20	1.35	0.04	0.04	①	①	0.25	0.20	0.15	0.06	0.008	0.015	0.025	①
550-2④	0.02	1.35	0.05	0.02	①	①	0.25	0.20	0.15	0.06	0.10	0.10	0.15	①
550-3	0.20	1.35	0.04	0.04	①	①	0.25	0.20	0.15	0.06	0.008	0.015	0.025	①
HSLAS⑤														
275	0.20	1.20	①	0.035	①	①	①	0.20	0.15	0.16	≥0.01	≥0.005	≥0.01	①
340	0.20	1.20	①	0.035	①	①	0.20	0.20	0.15	0.16	≥0.01	≥0.005	≥0.01	①
380-1	0.25	1.35	①	0.035	①	①	0.20	0.20	0.15	0.16	≥0.01	≥0.005	≥0.01	①
380-2	0.15	1.20	①	0.035	①	①	0.20	0.20	0.15	0.16	≥0.01	≥0.005	≥0.01	①
410	0.20	1.35	①	0.035	①	①	0.20	0.20	0.15	0.16	≥0.01	≥0.005	≥0.01	①
480	0.20	1.65	①	0.035	①	①	0.20	0.20	0.15	0.16	≥0.01	≥0.005	≥0.01	①
550	0.20	1.65	①	0.035	①	①	0.20	0.20	0.15	0.16	≥0.01	≥0.005	≥0.01	①
HSLAS-F⑤⑥														
275	0.15	1.20	①	0.035	①	①	①	0.20	0.15	0.16	≥0.01	≥0.005	≥0.01	①
340	0.15	1.20	①	0.035	①	①	0.20	0.20	0.15	0.16	≥0.01	≥0.005	≥0.01	①
380-1	0.20	1.35	①	0.035	①	①	0.20	0.20	0.15	0.16	≥0.01	≥0.005	≥0.01	①
380-2	0.15	1.20	①	0.035	①	①	0.20	0.20	0.15	0.16	≥0.01	≥0.005	≥0.01	①
410	0.15	1.20	①	0.035	①	①	0.20	0.20	0.15	0.16	≥0.01	≥0.005	≥0.01	①
480	0.15	1.65	①	0.035	①	①	0.20	0.20	0.15	0.16	≥0.01	≥0.005	≥0.01	①
550	0.15	1.65	①	0.035	①	①	0.20	0.20	0.15	0.16	≥0.01	≥0.005	≥0.01	①
SHS②③	0.12	1.50	0.12	0.030	①	①	0.20	0.20	0.15	0.06	0.008	0.008	0.025	①
BHS②③	0.12	1.50	0.12	0.030	①	①	0.20	0.20	0.15	0.06	0.008	0.008	0.025	①

① 无要求，但应提供分析报告。
② $w(C)\leq 0.02\%$时，由生产方选择，可采用 V、Nb 或 Ti 或其组合作为稳定化元素。此时，V、Nb 的最大含量为 0.10%，Ti 的最大含量为 0.15%。
③ 当 $w(C)>0.02\%$时，Ti 的最大含量为 $3.4w(N)+1.5w(S)$和 0.025%两者中的较小者。
④ 以稳定化钢供货。
⑤ HSLAS 和 HSLAS-F 通常含有强化元素 Nb、V 和 Ti，可单独加入或组合加入。最小含量要求仅适用于使钢强化的微合金化元素。
⑥ 应对 HSLAS-F 钢进行处理，以控制夹杂物。

3　力学性能与工艺性能

3.1　SS、HSLAS、HSLAS-F、SHS 和 BHS 的力学性能应符合表 3 中相应牌号的规定。

3.2　CS（A、B、C）、FS（A、B）、DDS（A、C）、EDDS 钢板的典型力学性能见表 4，这些力学性能值是非强制性的。

3.3　SS、HSLAS 钢板通常进行冷弯加工，表 5 列出了推荐的 90°冷弯的最小内侧半径。

表 3　基板力学性能（纵向）

牌号		屈服强度 R_{eH}/MPa	抗拉强度 R_m/MPa①	断后伸长率 A/%① $L_0=50$mm	烘烤硬化值 BH_2/MPa①（上屈服点/下屈服点）
类型	级别	不小于			
SS	230	230	310	20	—
	255	255	360	18	—
	275	275	380	16	—
	340-1	340	450	12	—
	340-2	340	—	12	—
	340-3	340	480	12	—
	340-4	340	410	12	—
	380	380	480	11	—
	410	410	480	10②	—
	480	480	550	9②	—
	550-1③	550④	570	—	—
	550-2③⑤	550④	570	—	—
	550-3	550④	570	3⑥	—
HSLAS	275	275	340⑦	22	—
	340	340	410⑦	20	—
	380-1	380	480⑦	16	—
	380-2	380	450⑦	18	—
	410	410	480⑦	16	—
	480	480	550⑦	12	—
	550	550	620⑦	10	—
HSLAS-F	275	275	340⑦	24	—
	340	340	410⑦	22	—
	380-1	380	480⑦	18	—
	380-2	380	450⑦	20	—
	410	410	480⑦	18	—
	480	480	550⑦	14	—
	550	550	620⑦	12	—

续表 3

牌号		屈服强度 R_{eH}/MPa	抗拉强度 R_m/MPa①	断后伸长率 A/%① L_0=50mm	烘烤硬化值 BH_2/MPa①（上屈服点/下屈服点）
类型	级别	不小于			
SHS	180	180	300	32	—
	210	210	320	30	—
	240	240	340	26	—
	280	280	370	24	—
	300	300	390	22	—
BHS	180	180	300	30	25/20
	210	210	320	28	25/20
	240	240	340	24	25/20
	280	280	370	22	25/20
	300	300	390	20	25/20

① 表中“—”指没有要求。
② 对于 SS 410 和 SS480，当钢板厚度≤0.71mm 时，断后伸长率可降低 2%。
③ 当钢板厚度≤0.71mm 时，如果硬度≥85HRB，则不要求进行拉伸试验。
④ 因无屈服现象，取 $R_{t0.5}$ 或 $R_{p0.2}$。
⑤ 由于化学成分不同，SS 550-2 可能显示出不同于 SS 550-1 的成形性能。
⑥ 当订购厚度≤0.71mm 的 SS 550-3 钢板时，拉伸试验及断后伸长率要求由供需双方协商确定。
⑦ 如果要求更高的抗拉强度，需方应与供方协商。

表 4　力学性能的典型范围（纵向，非强制性）

牌号	屈服强度 R_{eH}/MPa	断后伸长率 A/% L_0=50mm	r_m 值	n 值
CS A	170~380	≥20	①	①
CS B	205~380	≥20	①	①
CS C	170~410	≥15	①	①
FS A、B	170~310	≥26	1.0~1.4	0.17~0.21
DDS A	140~240	≥32	1.4~1.8	0.19~0.24
DDS C	170~280	≥32	1.2~1.8	0.17~0.24
EDDS②	105~170	≥40	1.6~2.1	0.22~0.27

① 还没有典型的力学性能值。
② EDDS 薄板的力学性能不随时间的延长而改变，即无时效。

表 5　推荐的 90°冷弯最小内侧半径

牌　号		冷弯最小内侧半径
类型	级别	
SS	23	1.5t
	255	2t

续表 5

牌号		冷弯最小内侧半径
类型	级别	
SS	275	2t
	340-1	不适用
	340-2	不适用
	340-3	不适用
	340-4	不适用
	380	不适用
	410	不适用
	480	不适用
	550-1	不适用
	550-2	不适用
	550-3	不适用
HSLAS	275	2t
	340	2. 5t
	380-1	3t
	380-2	3t
	410	3t
	480	4t
	550	4. 5t
HSLAS-F	275	1. 5t
	340	2t
	380-1	2t
	380-2	2t
	410	2t
	480	3t
	550	3t
SHS	180	0. 5t
	210	1t
	240	1. 5t
	280	2t
	300	2t

续表 5

牌　　号		冷弯最小内侧半径
类型	级别	
BHS	180	0.5t
	210	1t
	240	1.5t
	280	2t
	300	2t

注：1. t 为钢板厚度。
2. 推荐的内侧半径应作为实际工厂操作中 90°弯曲的最小值。
3. 按本表要求操作时，对于不能满足要求的材料，可以按与供货方事先协商的协议拒收。
4. 弯曲能力可能受到镀层类型的限制。

4　镀层性能

4.1　镀层重量

（1）各镀层代号的镀层重量应符合表 6 的要求。

（2）如有要求，单点/单面镀层重量应符合表 7 的要求。

表 6　镀层重量要求①②

镀层种类	镀层代号	镀层重量最小值/g · m^{-2}		
		三点试验（TST）		单点试验（SST）
		双面总重量	单面重量	双面总重量
Zn	Z001	无最小值	无最小值	无最小值
	Z90	90	30	75
	Z120	120	36	90
	Z180	180	60	150
	Z275	275	94	235
	Z305	305	110	275
	Z350	350	120	300
	Z450	450	154	385
	Z500	500	170	425
	Z550	550	190	475
	Z600	600	204	510
	Z700	700	238	595
	Z900	900	316	790
	Z1100	1100	390	975
Zn-Fe 合金	ZF001	无最小值	无最小值	无最小值
	ZF75	75	24	60
	ZF120	120	36	90
	ZF180	180	60	150

① 镀层代号以规定的三点试验双面镀层重量总和的最小值命名。任意一面的三点试验镀层平均重量的最小值不应低于单点试验要求值的 40%。

② 无最小值指对三点试验和单点试验不规定最小值要求。

表 7　单点/单面镀层重量要求①

镀层种类	镀层代号	单点/单面镀层重量/g · m^{-2}	
		最小值	最大值
Zn	20G	20	70
	30G	30	80
	40G	40	90
	45G	45	95
	50G	50	100
	55G	55	105
	60G	60	110
	70G	70	120
	90G	90	160
	100G	100	200
Zn-Fe 合金	40A	40	70
	45A	45	75
	50A	50	80

① 镀层代号以每面的单点/单面镀层重量最小值命名。

4.2　镀层弯曲试验

Zn 镀层钢板在任意方向弯曲 180°后，弯曲外侧的镀层不应脱落。镀层弯曲试验的内侧直径与试样厚度有关，如表 8 所示。距弯曲试样边部 6mm 范围内的脱落不应作为拒收的理由。

Zn-Fe 合金镀层，不适于做镀层弯曲试验。

表 8　镀层弯曲试验要求

镀层代号①	试样内侧弯曲直径与厚度比（任意方向）					
	CS、FS、DDS、EDDS、SHS、BHS 钢板厚度 t/mm			SS，级别②		
	≤1.0	1.0<t≤2.0	>2.0	230	255	275
Z001	0	0	0	1.5	2	2.5
Z90	0	0	0	1.5	2	2.5
Z120	0	0	0	1.5	2	2.5
Z180	0	0	0	1.5	2	2.5
Z275	0	0	0	1.5	2	2.5
Z305	0	0	1	1.5	2	2.5
Z350	0	0	1	1.5	2	2.5
Z450	1	1	2	2	2	2.5
Z500	2	2	2	2	2	2.5
Z550	2	2	2	2	2	2.5

续表 8

试样内侧弯曲直径与厚度比（任意方向）

镀层代号[①]	CS、FS、DDS、EDDS、SHS、BHS 钢板厚度 t/mm			SS，级别[②]		
	≤1. 0	$1.0<t\le 2.0$	>2. 0	230	255	275
Z600	2	2	2	2	2	2. 5
Z700	2	3	3	3	3	3

镀层代号	HSLAS，级别[②]				HSLA-F，级别					
	275	340	380[③]	410	275	340	380[③]	410	480	550
Z001	1. 5	1. 5	2. 5	3	1	1	1	1	1. 5	1. 5
Z90	1. 5	1. 5	2. 5	3	1	1	1	1	1. 5	1. 5
Z120	1. 5	1. 5	2. 5	3	1	1	1	1	1. 5	1. 5
Z180	1. 5	1. 5	2. 5	3	1	1	1	1	1. 5	1. 5
Z275	1. 5	1. 5	2. 5	3	1	1	1	1	1. 5	1. 5
Z305	1. 5	1. 5	2. 5	3	1	1	1	1	1. 5	1. 5
Z350	1. 5	1. 5	2. 5	3	1	1	1	1	1. 5	1. 5

① 如果要求其他镀层，需方应向供方咨询其可行性和适用的弯曲试验要求。

② SS 系列的 340、410、480 和 550，HSLAS 系列的 480、550 不受弯曲试验要求的限制。

③ 这些值适用于 HSLAS 380-1、2 和 HSLAS-F 380-1、2。

ASTM A792/A792M-10（2015）热浸镀55%铝-锌合金薄钢板

1 范围

该标准适用于以钢卷或定尺产品交货的热浸镀55%铝-锌合金薄钢板。产品适用于耐蚀或耐热或两者兼顾的应用。

2 牌号与化学成分

2.1 基板

（1）商用钢CS（A、B、C）、成形钢FS、冲压钢DS、高温钢HTS的化学成分（熔炼分析）成分应符合表1的要求；结构钢SS的化学成分（熔炼分析）应符合表2的要求。

（2）表1和表2中的每个元素都应包括在熔炼分析报告中。当Cu、Cr、Ni或Mo的含量小于0.02%时，应报告“<0.02%”或其实际测量值；当V、Ti、Nb的含量小于0.008%时，应报告“<0.008%”或实际测量值；当B含量小于0.0005%时，应报告“<0.0005%”或实际测量值。

2.2 镀液成分

55%Al-Zn合金镀层成分含55%Al、1.6%Si，其余为Zn。

表1 化学成分①

牌号	化学成分（质量分数）/%，不大于（除非另有显示）													
	C	Mn	P	S	Al	Cu	Ni	Cr	Mo	V	Nb	Ti②	N	B
CS A③~⑤	0.10	0.60	0.030	0.035	—	0.25	0.20	0.15	0.06	0.008	0.008	0.025	—	—
CS B③⑥	0.02~0.15	0.60	0.030	0.035	—	0.25	0.20	0.15	0.06	0.008	0.008	0.025	—	—
CS C③~⑤	0.08	0.60	0.10	0.035	—	0.25	0.20	0.15	0.06	0.008	0.008	0.025	—	—
FS③⑦	0.02~0.10	0.50	0.020	0.030	—	0.25	0.20	0.15	0.06	0.008	0.008	0.025	—	—
DS④⑤	0.06	0.50	0.020	0.025	≥0.01	0.25	0.20	0.15	0.06	0.008	0.008	0.025	—	—
HTS③	0.02~0.15	0.60	≥0.040	0.035	—	0.25	0.20	0.15	0.06	0.008	0.008	0.025	—	—

① 表中“—”表示无要求，但应提供分析报告。

② 当$w(C)>0.02\%$时，为了稳定钢中的C、N，由生产方选择可以添加Ti，Ti的最大含量为$3.4w(N)+1.5w(S)$和0.025%两者中的较小者。

③ 当需要脱氧钢时，买方可以选择订购全铝含量不低于0.01%的CS、FS和HTS钢。

④ 由生产方选择，可采用真空除气或化学稳定化处理，或两者联合使用。

⑤ $w(C)\leqslant 0.02\%$时，由生产方选择，可采用V、Nb或Ti或其组合作为稳定化元素。此时，V、Nb的最大含量为0.10%，Ti的最大含量为0.15%。

⑥ 对于CS，规定B类钢以避免C含量小于0.02%。

⑦ 不以稳定化钢供货。

表 2 结构钢化学成分

牌号	化学成分（质量分数）/%，不大于（除非另有显示）											
	C	Mn	P	S	Cu	Ni	Cr	Mo	V	Nb	Ti①	N②
SS 230	0.20	1.35	0.04	0.040	0.25	0.20	0.15	0.06	0.008	0.008	0.025	—
SS 255	0.20	1.35	0.10	0.040	0.25	0.20	0.15	0.06	0.008	0.008	0.025	—
SS 275	0.25	1.35	0.10	0.040	0.25	0.20	0.15	0.06	0.008	0.008	0.025	—
SS 340-1、2、4	0.25	1.35	0.20	0.040	0.25	0.20	0.15	0.06	0.008	0.008	0.025	—
SS 410	0.25	1.35	0.20	0.040	0.25	0.20	0.15	0.06	0.008	0.008	0.025	—
SS 480	0.25	1.35	0.20	0.040	0.25	0.20	0.15	0.06	0.008	0.008	0.025	—
SS 550-1	0.20	1.35	0.04	0.040	0.25	0.20	0.15	0.06	0.008	0.015	0.025	—
SS 550-2③	0.10	1.35	0.05	0.020	0.25	0.20	0.15	0.06	0.10	0.10	0.15	—
SS 550-3	0.20	1.35	0.04	0.040	0.25	0.20	0.15	0.06	0.008	0.015	0.025	—

① 为了稳定钢中的 C、N，由生产方选择可以添加 Ti，Ti 的最大含量为 3.4*w*（N）+1.5*w*（S）和 0.025%两者中的较小者。

② 表中“—”表示无要求，但应提供分析报告。

③ *w*（C）≤0.02%的钢应以稳定化钢供货。

3 力学性能与工艺性能

3.1 SS 钢的力学性能应符合表 3 中相应牌号的要求。

3.2 CS（A、B、C）、FS、DS 和 HTS 钢板的典型力学性能见表 4，这些力学性能数值是非强制性的。

3.3 SS 钢板通常进行冷弯加工。表 5 列出了推荐的 90°冷弯的最小内侧半径。

表 3 结构钢基板的力学性能（纵向）

牌号	屈服强度 R_{eH}/MPa	抗拉强度 R_m/MPa①	断后伸长率 *A*/%① L_0=50mm
	不小于	不小于	不小于
SS 230	230	310	20
SS 255	255	360	18
SS 275	275	380	16
SS 340-1	340	450	12
SS 340-2	340	—	12
SS 340-4	340	410	12
SS 410	410	480	10②
SS 480	480	550	9②
SS 550-1③	550④	570	—
SS 550-2③⑤	550④	570	—
SS 550-3	550④	570⑥	3

① 表中“—”表示没有要求。

② 对于 SS 410 和 SS 480，钢板厚度≤0.71mm 时，断后伸长率要求可降低 2%。

③ 当钢板厚度≤0.71mm 时，如果硬度≥85HRB，则不要求进行拉伸试验。

④ 因无屈服现象，取 $R_{t0.5}$ 或 $R_{p0.2}$。

⑤ 由于化学成分不同，SS 550-2 可能显示出不同于 SS 550-1 的成形性能。

⑥ 当订购厚度≤0.71mm 的 SS 550-3 钢板时，拉伸试验及断后伸长率要求由供需双方协商。

表 4　力学性能典型范围（纵向，非强制性）

牌号	屈服强度 R_{eH}/MPa	断后伸长率 A/% L_0=50mm	r_m 值	n 值
CS A	205～410	≥20	①	①
CS B	245～410	≥20	①	①
CS C	205～450	≥15	①	①
FS	170～275	≥24	1.0～1.4	0.16～0.20
DS	140～240	≥30	1.3～1.7	0.18～0.22
HTS	205～450	≥15	①	①

① 还没有典型的性能数值。

表 5　推荐的 90°冷弯最小内侧半径

牌号	冷弯最小内侧半径
SS 230	1.5t
SS 255	2t
SS 275	2t
SS 340-1、2、4	不适用
SS 410	不适用
SS 480	不适用
SS 550-1、2、3	不适用

注：1. t 为钢板厚度。
2. 推荐的内侧半径应作为实际工厂操作中 90°弯曲的最小值。
3. 弯曲能力可能受到镀层类型的限制。

4　镀层性能

4.1　镀层重量

各镀层代号的镀层重量应符合表 6 的要求。

4.2 镀层弯曲试验

除结构钢外的所有镀层钢板任意方向上的弯曲试样在经 180°弯曲压平后，弯曲外侧的镀层不应脱落。结构钢的镀层弯曲试验要求见表 7。距弯曲试样边部 6mm 范围内的脱落不应作为拒收的理由。

表 6　镀层重量要求

镀层代号	双面总重量最小值/g · m^{-2}	
	三点试验	单点试验
AZM100	100	85
AZM110	110	95
AZM120	120	105
AZM150	150	130
AZM165	165	150

续表 6

镀层代号	双面总重量最小值/g·m^{-2}	
	三点试验	单点试验
AZM180	180	155
AZM210	210	180

注：通常单面的镀层重量不低于表中规定的单点试验值的 40%。

表 7　结构钢镀层弯曲试验

级别	试样内侧弯曲直径与厚度比（任意方向）
SS 230	1.5
SS 255	2
SS 275	2.5
SS 340-1、2、4	①
SS 410	①
SS 480	①
SS 550-1、2、3	①

① 不受弯曲试验要求的限制。

ASTM A875/A875M-13 热浸镀锌-5%铝合金薄钢板

1　范围

该标准适用于以钢卷或定尺产品交货的热浸镀锌-5%铝合金薄钢板。Zn-5%Al 合金镀层也含少量的除 Zn、Al 之外的元素，目的在于改善镀层产品的工艺性能和产品性能。

2　牌号与化学成分

2.1　基板

（1）商用钢 CS（A、B、C）、成形钢 FS（A、B）、深冲钢 DDS、超深冲钢 EDDS 的化学成分（熔炼分析）应符合表 1 的要求；结构钢 SS、高强度低合金钢 HSLAS、改善成形性能的高强度低合金钢 HSLAS-F 的化学成分（熔炼分析）应符合表 2 的要求。

（2）表 1 和表 2 中的每个元素都应该包括在熔炼分析报告中。当 Cu、Cr、Ni 或 Mo 的含量小于 0.02%时，应报告“<0.02%”或其实际测量值；当 V、Ti、Nb 的含量小于 0.008%时，应报告“<0.008%”或实际测量值；当 B 含量小于 0.0005%时，应报告“<0.0005%”或实际测量值。

2.2　镀液成分

Ⅰ型连续热浸镀 Zn-5%Al-MM 合金镀液化学成分应符合 ASTM B750 的要求。

Ⅱ型连续热浸镀 Zn-5%Al-Mg 合金镀液化学成分应符合表 3 的要求。

表 1　化学成分①

牌号	化学成分（质量分数）/%，不大于（除非另有显示）													
	C	Mn	P	S	Al	Cu	Ni	Cr	Mo	V	Nb	Ti②	N	B
CS A③~⑤	0.10	0.60	0.030	0.035	—	0.20	0.20	0.15	0.06	0.008	0.008	0.025	—	—
CS B③⑥	0.02~0.15	0.60	0.030	0.035	—	0.20	0.20	0.15	0.06	0.008	0.008	0.025	—	—
CS C③~⑤	0.08	0.60	0.10	0.035	—	0.20	0.20	0.15	0.06	0.008	0.008	0.025	—	—
FS A③⑦	0.10	0.50	0.020	0.035	—	0.20	0.20	0.15	0.06	0.008	0.008	0.025	—	—
FS B③⑥	0.02~0.10	0.50	0.020	0.030	—	0.20	0.20	0.15	0.06	0.008	0.008	0.025	—	—
DDS④⑤	0.06	0.50	0.020	0.025	≥0.01	0.20	0.20	0.15	0.06	0.008	0.008	0.025	—	—
EDDS⑧	0.02	0.40	0.020	0.020	≥0.01	0.20	0.20	0.15	0.06	0.10	0.10	0.15	—	—

① 表中“—”表示无要求，但应提供分析报告。

② 当 $w(C)>0.02\%$时，如果 $Ti/N\leqslant 3.4$，Ti 的最大含量可到 0.025%。

③ 当需要脱氧钢时，买方可以选择订购全铝含量不低于 0.01 %的 CS 和 FS 钢。

④ 由生产方选择，可采用真空除气或化学稳定化处理，或两者联合使用。

⑤ $w(C)\leqslant 0.02\%$时，由生产方选择，可采用 V、Nb 或 Ti 或其组合作为稳定化元素。此时，V、Nb 的最大含量为 0.10%，Ti 的最大含量为 0.15%。

⑥ 对于 CS 和 FS，规定 B 类钢以避免 C 含量小于 0.02%。

⑦ 不以稳定化钢供货。

⑧ 以稳定化钢供货。

表 2　化学成分①

牌号	化学成分（质量分数）/%，不大于（除非另有显示）											
	C	Mn	P	S	Cu	Ni	Cr	Mo	V	Nb	Ti②	N
SS												
230	0.20	—	0.04	0.04	0.20	0.20	0.15	0.06	0.008	0.008	0.025	—
255	0.20	—	0.10	0.04	0.20	0.20	0.15	0.06	0.008	0.008	0.025	—
340-1、2	0.25	—	0.20	0.04	0.20	0.20	0.15	0.06	0.008	0.008	0.025	—
340-3	0.25	—	0.04	0.04	0.20	0.20	0.15	0.06	0.008	0.008	0.025	—
550	0.20	—	0.04	0.04	0.20	0.20	0.15	0.06	0.008	0.008	0.025	—
HSLAS③												
340	0.20	1.20	—	0.035	0.20	0.20	0.15	0.16	≥0.01	≥0.005	≥0.01	—
410	0.20	1.35	—	0.035	0.20	0.20	0.15	0.16	≥0.01	≥0.005	≥0.01	—
480	0.20	1.65	—	0.035	0.20	0.20	0.15	0.16	≥0.01	≥0.005	≥0.01	—
550	0.20	1.65	—	0.035	0.20	0.20	0.15	0.16	≥0.01	≥0.005	≥0.01	—
HSLAS-F③④												
340	0.15	1.20	—	0.035	0.20	0.20	0.15	0.16	≥0.01	≥0.005	≥0.01	—
410	0.15	1.20	—	0.035	0.20	0.20	0.15	0.16	≥0.01	≥0.005	≥0.01	—
480	0.15	1.65	—	0.035	0.20	0.20	0.15	0.16	≥0.01	≥0.005	≥0.01	—
550	0.15	1.65	—	0.035	0.20	0.20	0.15	0.16	≥0.01	≥0.005	≥0.01	—

① 表中“—”表示无要求，但要报告分析结果。

② 如果 Ti/N≤3.4，Ti 的最大含量可到 0.025%。

③ HSLAS、HSLAS-F 通常含有强化元素 Nb、V、Ti，可单独加入或组合加入。最小含量要求仅适用于使钢强化的微合金化元素。

④ 应对 HSLAS-F 钢进行处理，以控制夹杂物。

表 3　Ⅱ型镀液化学成分要求①

元素	质量分数/%
Al	4.5~6.2
Mg	0.06~0.15
其他元素总量②	≤0.01
Zn	余量

① 根据供需双方协议，对于表中未规定的元素，可以要求分析及规定限制值。

② 不包括 Fe。

3　力学性能与工艺性能

3.1　SS、HSLAS 和 HSLAS-F 的力学性能应符合表 4 相应牌号的规定。

3.2　CS（A、B、C）、FS（A、B）、DDS 和 EDDS 钢板的典型力学性能见表 5，这些力学性能数值是非强制性的。

3.3　SS、HSLAS 和 HSLAS-F 钢板通常进行冷弯加工。表 6 列出了推荐的 90°冷弯的最小内侧半径。

表 4　基板力学性能（纵向）

牌号		屈服强度 R_{eH}/MPa	抗拉强度①R_m/MPa	断后伸长率①A/% L_0 = 50mm
类型	级别			
SS	230	230	310	20
	255	255	360	18
	275	275	380	16
	340-1	340	450	12
	342-2	340	—	12
	340-3	340	480	12
	550④	550②	570	—
HSLAS	340	340	410③	20
	410	410	480③	16
	480	480	550③	12
	550	550	620③	10
HSLAS-F	340	340	410③	22
	410	410	480③	18
	480	480	550③	14
	550	550	620③	12

① 表中“—”指没有要求。

② 因无屈服现象，取 $R_{t0.5}$ 或 $R_{p0.2}$。

③ 如果要求更高的抗拉强度，需方应与供方协商。

④ 当钢板厚度≤0.71mm 时，如果硬度≥85HRB，则不要求进行拉伸试验。

表 5　力学性能典型范围（纵向，非强制性）

牌号	屈服强度 R_{eH}/MPa	断后伸长率 A/% L_0 = 50mm	r_m 值	n 值
CS A	170~345	≥20	①	①
CS B	205~345	≥20	①	①
CS C	170~380	≥15	①	①
FS A、B	170~310	≥26	1.0~1.4	0.17~0.21
DDS	140~240	≥32	1.4~1.8	0.19~0.24
EDDS②	105~170	≥40	1.6~2.1	0.22~0.27

① 还没有典型的性能数值。

② EDDS 薄板的力学性能不随时间的延长而改变，即无时效。

表 6　推荐的 90°冷弯最小内侧半径

牌号		冷弯最小内侧半径
类型	级别	
SS	230	1.5t
	255	2t
	275	2t
	340-1	不适用
	340-2	不适用
	340-3	不适用
	550	不适用
HSLAS	340	2.5t
	410	3t
	480	4t
	550	4.5t
HSLAS-F	340	2t
	410	2t
	480	3t
	550	3t

注：1. t 为钢板厚度。
2. 推荐的内侧半径应作为实际工厂操作中 90°弯曲的最小值。
3. 弯曲能力可能受到镀层类型的限制。

4　镀层性能

4.1　镀层重量

各镀层代号的镀层重量应符合表 7 的要求。

4.2　镀层弯曲试验

前缀为“ZGF”的镀层钢板经任意方向弯曲 180°后，弯曲外侧的镀层不应脱落。镀层弯曲试验的内侧直径与试样厚度有关，如表 8 所示。距弯曲试样边部 6mm 范围内的脱落不应作为拒收的理由。

表 7　镀层重量要求

镀层代号	镀层重量最小值/g · m^{-2}		
	三点试验		单点试验
	双面总重量	单面重量	双面总重量
ZGF001	无最小值	无最小值	无最小值
ZGF45	45	15	35
ZGF60	60	20	50
ZGF90	90	30	75
ZGF135	135	45	113

续表 7

镀层代号	镀层重量最小值/g · m^{-2}		
	三点试验		单点试验
	双面总重量	单面重量	双面总重量
ZGF180	180	60	150
ZGF225	225	78	195
ZGF275	275	94	235
ZGF350	350	120	300
ZGF450	450	154	385
ZGF600	600	204	510
ZGF700	700	238	590

注：1. 任意一面的三点试验镀层平均重量的最小值不应低于单点试验要求值的 40%。

2. 无最小值指对三点试验和单点试验不规定最小值要求。

表 8　镀层弯曲试验

镀层代号①	试样内侧弯曲直径与厚度比（任意方向）						镀层代号①	试样内侧弯曲直径与厚度比（任意方向）					
	CS、FS、DDS、EDDS 钢板厚度 t/mm			SS 级别②				HSLAS-A 级别②		HSLAS-B 级别			
	≤1.0	1.0<t≤2.0	>2.0	230	255	275		340	410	340	410	180	550
ZGF001	0	0	0	1.5	2	2.5	ZGF001	1.5	3	1	1	1.5	1.5
ZGF90	0	0	0	1.5	2	2.5	ZGF90	1.5	3	1	1	1.5	1.5
ZGF135	0	0	0	1.5	2	2.5	ZGF135	1.5	3	1	1	1.5	1.5
ZGF180	0	0	0	1.5	2	2.5	ZGF180	1.5	3	1	1	1.5	1.5
ZGF225	0	0	0	1.5	2	2.5	ZGF225	1.5	3	1	1	1.5	1.5
ZGF275	0	0	1	1.5	2	2.5	ZGF275	1.5	3	1	1	1.5	1.5
ZGF350	0	0	1	1.5	2	2.5	ZGF350	1.5	3	1	1	1.5	1.5
ZGF450	1	1	2	2	2	2.5							
ZGF600	2	2	2	2	2	2.5							
ZGF700	2	3	3	3	3	3							

① 如果要求其他镀层，需方应向供方咨询其可行性和适用的弯曲试验要求。

② SS 340、550 和 HSLAS-A 480、550 不受弯曲试验要求的限制。

ASTM A1003/A1003M-15 冷成形构件用金属及非金属涂镀层碳素钢板

1　范围

该标准适用于制造立筋、托梁、檩桁条、圈梁和轨道等冷成形构件用的涂镀层钢板，包括金属镀层板、涂漆的金属镀层板或者是涂漆的非金属涂层板。

2　化学成分

基板的化学成分（熔炼分析）应符合表1的要求。

表1中的每个元素都应该包括在熔炼分析报告中。当Cu、Cr、Ni或Mo的含量小于0.02%时，应报告“<0.02%”或其实际测量值；当V、Ti、Nb的含量小于0.008%时，应报告“<0.008%”或实际测量值。

表1　化学成分

类型	化学成分（质量分数）/%，不大于										
	C	Mn	P	S	Cu	Ni	Cr	Mo	V	Nb	Ti
1	0.25	1.15	0.20	0.04	0.20①	0.20①	0.15①③	0.06①	0.008④	0.008④	0.008④
2	0.25	1.65	0.20	0.04	0.50②	0.30②	0.30②	0.16②	0.20	0.15	0.20

①Cu+Ni+Cr+Mo总含量的熔炼分析值不应超过0.50%。对这些元素的一种或多种作出限定时，则对总含量的限制不适用；在此情形下，只对每种元素作出的限制适用。

②Cu+Ni+Cr+Mo总含量的熔炼分析值不应超过1.00%。对这些元素的一种或多种作出限定时，则对总含量的限制不适用；在此情形下，只对每种元素作出的限制适用。

③当$w(C)\leqslant0.05\%$时，由生产方选择，允许Cr含量最高可到0.25%。此时，注释①中的对Cu+Ni+Cr+Mo总含量的限制不适用。

④当$w(C)\leqslant0.02\%$时，$w(V)\leqslant0.10\%$，$w(Nb)\leqslant0.045\%$，$w(Ti)\leqslant0.3\%$。

3　力学性能

基板的力学性能应符合表2的要求。

表2　基板力学性能（纵向）

牌号	屈服强度 R_{eL}/MPa	抗拉强度 R_m/MPa	断后伸长率 A/%	
			$L_0=13mm$①	$L_0=50mm$
	不小于			
ST550H	550②	620	③	10
ST480H	480②	550	③	10
ST410H	410②	480	③	10
ST395H	395②	480	③	10
ST380H	380②	480	③	10
ST340H	340②	450	③	10
ST275H	275②	380	③	10
ST255H	255②	360	③	10

续表 2

牌号	屈服强度 R_{eL}/MPa	抗拉强度 R_m/MPa	断后伸长率 A/%	
			L_0 = 13mm①	L_0 = 50mm
	不小于			
ST230H	230②	310	③	10
ST550L④	550		20⑤	3⑥
ST480L④	480		20⑤	3⑥
ST410L④	410		20⑤	3⑥
ST380L④	380		20⑤	3⑥
ST340L④	340		20⑤	3⑥
ST275L④	275		20⑤	3⑥
ST255L④	255		20⑤	3⑥
ST230L④	230		20⑤	3⑥
NS 80	550		⑦	⑦
NS 70	480		⑦	⑦
NS 65	450		⑦	⑦
NS 60	410		⑦	⑦
NS 57	395		⑦	⑦
NS 50	340		⑦	⑦
NS 40	275		⑦	⑦
NS 33	230		⑦	⑦

① 测定均匀伸长率和局部伸长率的步骤参见《AISI 冷成形设计手册》中的“测定均匀和局部塑性标准方法”。

② H 系列钢的抗拉强度与屈服强度的比值应不小于 1.08。

③ 不要求 L_0 = 13mm 试样的断后伸长率。

④ L 系列钢的应用仅限于檩桁条和圈梁。

⑤ 断裂区域的局部伸长率。

⑥ 断裂区域以外的均匀伸长率。

⑦ 不要求。

4 涂镀层性能

4.1 金属镀层

（1）金属镀层的最小重量要求见表 3。

（2）耐蚀性：

腐蚀标准：在规定的试验周期结束后，实验室试样表面镀层的腐蚀损失量不超过 10%。

试验周期：H 系列和 L 系列钢暴露时间最短为 100h。NS 系列钢暴露时间最短为 75h。

表 3　镀层重量要求（金属镀层）

产品代号	镀层代号
H 和 L 系列	G60 [Z180]①、A60 [ZF180]②、AZ50 [AZM150]③、GF30 [ZGF90]④、T1-25 [T1M 75]⑤、T2-100 [T2M 300]⑤、30Z/30Z [90G/90G]⑥、ZM20 [ZMM60]⑦
NS 系列	G40 [Z120]①、A40 [ZF120]②、AZ50 [AZM150]③、GF20 [ZGF60]④、T1-25 [T1M 75]⑤、T2-100 [T2M 300]⑤、20Z/20Z [60G/60G]⑥、ZM20 [ZMM60]⑦

① 镀 Zn 薄钢板参见 ASTM A653/A653M、A1063/A1063M。
② Zn-Fe 合金镀层薄钢板参见 ASTM A653/A653M。
③ 55%Al-Zn 合金镀层薄钢板参见 ASTM A792/A792M。
④ Zn-5%Al 合金镀层薄钢板参见 ASTM A875/A875M。
⑤ 镀 Al 类型 1 和类型 2 薄钢板参见 ASTM A463/A463M。
⑥ 镀 Zn 薄钢板参见 ASTM A879/A879M。
⑦ Zn-Al-Mg 合金镀层薄钢板参见 ASTM A1046/A1046M。

4.2　涂漆的金属镀层

（1）涂漆的金属镀层钢板应包含金属镀层基板和漆膜。金属镀层应符合表 3 的镀层重量要求。每面漆膜（底漆加罩光漆）的最小厚度为 0.5 密耳（1 密耳=0.0254mm），每面底漆的最小厚度为 0.1 密耳。

（2）漆膜的柔韧性和黏附性能根据 ASTM D4145《预涂板涂层柔韧性试验方法》的要求测定。

（3）耐蚀性：

腐蚀标准：在规定的试验周期结束后，试样表面每一条划线的平均蠕变量应满足等级 6（2~3mm）的要求（根据 ASTM D1654《涂层或镀层试样耐腐蚀环境评价试验方法》）；耐起泡性应满足“稀落的零星的起泡数不超过 8 个”。关于术语“稀落”的标准描述（含图片）参见 ASTM D714《涂层起泡程度评价的试验方法》。

试验周期：暴露时间最短为 500h。

4.3　非金属涂层

（1）非金属涂层包括边部在内的所有表面漆膜厚度最小为 1.0 密耳。

（2）耐蚀性：

腐蚀标准：在所规定的试验周期结束后，试样表面每一条划线的平均蠕变量应满足等级 6（2~3mm）的要求（根据 ASTM D1654）；耐起泡性应满足“稀落的零星的起泡数不超过 8 个”。关于术语“稀落”的标准描述（含图片）参见 ASTM D714。

试验周期：暴露时间最短为 250h。

第三节　欧洲标准

EN 10346：2015　冷成形用连续热浸镀钢扁平产品—交货技术条件

1　范围

该标准适用于连续热浸镀锌（Z）、锌-铁合金（ZF）、锌-铝合金（ZA）、铝-锌合金（AZ）、铝-硅合金（AS）或锌-镁合金（ZM）的冷成形用低碳钢、结构钢和冷成形用高屈服强度钢的镀层产品，以及连续热浸镀锌（Z）、锌-铁合金（ZF）、锌-铝合金（ZA）或锌-镁合金（ZM）的冷成形用多相钢的镀层产品。钢板厚度为0.20~3.0mm，此厚度为浸镀后交货产品的最终厚度。

2　牌号与化学成分

钢的化学成分（铸坯分析）应分别符合表1~表5的要求。

表1　冷成形用低碳钢的化学成分

牌号		化学成分（质量分数）/%，不大于					
钢种	镀层种类	C	Si	Mn	P	S	Ti①
DX51D	+Z、+ZF、+ZA、+ZM、+AZ、+AS	0.18	0.50	1.20	0.12	0.045	0.30
DX52D	+Z、+ZF、+ZA、+ZM、+AZ、+AS	0.12		0.60	0.10		
DX53D	+Z、+ZF、+ZA、+ZM、+AZ、+AS						
DX54D	+Z、+ZF、+ZA、+ZM、+AZ、+AS						
DX55D	+AS						
DX56D	+Z、+ZF、+ZA、+ZM、+AZ、+AS						
DX57D	+Z、+ZF、+ZA、+ZM、+AS						

① 由供需双方协商，可以 w（Ti）<0.05%。

表2　结构钢的化学成分

牌号		化学成分（质量分数）/%，不大于				
钢种	镀层种类	C	Si	Mn	P	S
S220GD	+Z、+ZF、+ZA、+ZM、+AZ	0.20	0.60	1.70	0.10	0.045
S250GD	+Z、+ZF、+ZA、+ZM、+AZ、+AS					
S280GD	+Z、+ZF、+ZA、+ZM、+AZ、+AS					
S320GD	+Z、+ZF、+ZA、+ZM、+AZ、+AS					
S350GD	+Z、+ZF、+ZA、+ZM、+AZ、+AS					
S390GD	+Z、+ZF、+ZA、+ZM、+AZ					
S420GD	+Z、+ZF、+ZA、+ZM、+AZ					
S450GD	+Z、+ZF、+ZA、+ZM、+AZ					
S550GD	+Z、+ZF、+ZA、+ZM、+AZ					

注：经供需双方协议，如果加入其他元素，应在分析报告中注明。

表3　冷成形用高屈服强度钢的化学成分

牌号		化学成分（质量分数）/%							
钢种	镀层种类	C	Si	Mn	P	S	Alt	Nb	Ti
		不大于						不大于	
HX160YD	+Z、+ZF、+ZA、+ZM、+AZ、+AS	0.01	0.30	0.60	0.060	0.025	≥0.010	0.09	0.12
HX180YD		0.01	0.30	0.70	0.060	0.025	≥0.010	0.09	0.12
HX180BD		0.06	0.50	0.70	0.060	0.025	≥0.015	0.09	0.12
HX220YD		0.01	0.30	0.90	0.080	0.025	≥0.010	0.09	0.12
HX220BD		0.08	0.50	0.70	0.085	0.025	≥0.015	0.09	0.12
HX260YD		0.01	0.30	1.60	0.10	0.025	≥0.010	0.09	0.12
HX260BD		0.10	0.50	1.00	0.10	0.030	≥0.010	0.09	0.12
HX260LAD		0.11	0.50	1.00	0.030	0.025	≥0.015	0.09	0.15
HX300YD		0.015	0.30	1.60	0.10	0.025	≥0.010	0.09	0.12
HX300BD		0.11	0.50	0.80	0.12	0.025	≥0.010	0.09	0.12
HX300LAD		0.12	0.50	1.40	0.030	0.025	≥0.015	0.09	0.15
HX340BD		0.11	0.50	0.80	0.12	0.025	≥0.010	0.09	0.12
HX340LAD		0.12	0.50	1.40	0.030	0.025	≥0.015	0.10	0.15
HX380LAD		0.12	0.50	1.50	0.030	0.025	≥0.015	0.10	0.15
HX420LAD		0.12	0.50	1.60	0.030	0.025	≥0.015	0.10	0.15
HX460LAD		0.15	0.50	1.70	0.030	0.025	≥0.015	0.10	0.15
HX500LAD		0.15	0.50	1.70	0.030	0.025	≥0.015	0.10	0.15

表4　冷成形用多相钢的化学成分（冷轧产品）

牌号		化学成分（质量分数）/%									
钢种	镀层种类	C	Si	Mn	P	S	Alt	Cr+Mo	Nb+Ti	V	B
		不大于						不大于			
双相钢（X）											
HCT 450X	+Z、+ZF、+ZA、+ZM	0.14	0.75	2.00	0.080	0.015	0.015~1.0	1.00	0.15	0.20	0.005
HCT 490X	+Z、+ZF、+ZA、+ZM	0.14	0.75	2.00	0.080	0.015	0.015~1.0	1.00	0.15	0.20	0.005
HCT 590X	+Z、+ZF、+ZA、+ZM	0.15	0.75	2.50	0.040	0.015	0.015~1.5	1.40	0.15	0.20	0.005
HCT 780X	+Z、+ZF、+ZA、+ZM	0.18	0.80	2.50	0.080	0.015	0.015~2.0	1.40	0.15	0.20	0.005
HCT 980X	+Z、+ZF、+ZA、+ZM	0.20	1.00	2.90	0.080	0.015	0.015~2.0	1.40	0.15	0.20	0.005
HCT 980XG①	+Z、+ZF、+ZA、+ZM	0.23	1.00	2.90	0.080	0.015	0.015~2.0	1.40	0.15	0.20	0.005
相变诱发塑性钢（T）											
HCT 690T	+Z、+ZF、+ZA、+ZM	0.24	2.00	2.20	0.080	0.015	0.015~2.0	0.60	0.20	0.20	0.005
HCT 780T	+Z、+ZF、+ZA、+ZM	0.25	2.20	2.50	0.080	0.015	0.015~2.0	0.60	0.20	0.20	0.005

续表 4

牌　号		化学成分（质量分数）/%									
钢种	镀层种类	C	Si	Mn	P	S	Alt	Cr+Mo	Nb+Ti	V	B
		不大于						不大于			
复相钢（C）											
HCT 600C	+Z、+ZF、+ZA、+ZM	0.18	0.80	2.20	0.080	0.015	0.015~2.0	1.00	0.15	0.20	0.005
HCT 780C	+Z、+ZF、+ZA、+ZM	0.18	1.00	2.50	0.080	0.015	0.015~2.0	1.00	0.15	0.20	0.005
HCT 980C	+Z、+ZF、+ZA、+ZM	0.23	1.00	2.70	0.080	0.015	0.015~2.0	1.00	0.15	0.22	0.005

① XG 指高屈服强度的双相钢。

表 5　冷成形用多相钢的化学成分（热轧产品）

牌　号		化学成分（质量分数）/%									
钢种	镀层种类	C	Si	Mn	P	S	Alt	Cr+Mo	Nb+Ti	V	B
		不大于						不大于			
铁素体-贝氏体钢（F）											
HDT450F	+Z、+ZF、+ZM	0.18	0.50	2.00	0.050	0.010	0.015~2.0	1.00	0.15	0.15	0.005
HDT580F	+Z、+ZF、+ZM	0.18	0.50	2.00	0.050	0.010	0.015~2.0	1.00	0.15	0.15	0.01
双相钢（X）											
HDT580X	+Z、+ZF、+ZM	0.14	1.00	2.20	0.085	0.015	0.015~1.0	1.40	0.15	0.20	0.005
复相钢（C）											
HDT750C	+Z、+ZF、+ZM	0.18	0.80	2.20	0.080	0.015	0.015~2.0	1.00	0.15	0.20	0.005
HDT760C	+Z、+ZF、+ZM	0.18	1.00	2.50	0.080	0.015	0.015~2.0	1.00	0.25	0.20	0.005
HDT950C	+Z、+ZF、+ZM	0.25	0.80	2.70	0.080	0.015	0.015~2.0	1.20	0.25	0.30	0.005

3　力学性能

基板的拉伸性能要求见表 6~表 10。

表 6　冷成形用低碳钢的力学性能（横向试样）

牌　号		屈服强度① R_e/MPa	抗拉强度 R_m/MPa	断后伸长率② A_{80mm}/%	塑性应变比 r_{90}	应变硬化指数 n_{90}
钢种	镀层种类			不小于		
DX51D	+Z、+ZF、+ZA、+ZM、+AZ、+AS	—	270~500	22	—	—
DX52D	+Z、+ZF、+ZA、+ZM+AZ、+AS	140~300③	270~420	26	—	—
DX53D	+Z、+ZF、+ZA、+ZM+AZ、+AS	140~260	270~380	30	—	—
DX54D	+Z、+ZA	120~220	260~350	36	1.6④	0.18
DX54D	+ZF、+ZM	120~220	260~350	34	1.4④	0.18
DX54D	+AZ	120~220	260~350	36	—	—
DX54D	+AS	120~220	260~350	34	1.4④⑤	0.18⑤

续表 6

牌号		屈服强度① R_e/MPa	抗拉强度 R_m/MPa	断后伸长率② A_{80mm}/%	塑性应变比 r_{90}	应变硬化指数 n_{90}
钢种	镀层种类			不小于		
DX55D⑥	+AS	140~240	270~370	30	—	—
DX56D	+Z、+ZA	120~180	260~350	39	1.9④	0.21
DX56D	+ZF、+ZM	120~180	260~350	37	1.7④⑤	0.20⑤
DX56D	+AZ、+AS	120~180	260~350	39	1.7④⑤	0.20⑤
DX57D	+Z、+ZA	120~170	260~350	41	2.1④	0.22
DX57D	+ZF、+ZM	120~170	260~350	39	1.9④⑤	0.21⑤
DX57D	+AS	120~170	260~350	41	1.9④⑤	0.21⑤

注：1. 对 DX51D、DX52D、DX53D 的性能要求自生产之日起一个月内适用。对 DX54D、DX55D、DX56D、DX57D 的性能要求自生产之日起六个月内适用。

2. 表面质量为 B 或 C 的 DX54D、DX55D、DX56D、DX57D 钢板及钢带，自生产之日起六个月内应不出现拉伸应变痕。

① 屈服不明显时，适用于 $R_{p0.2}$；否则适用于 R_{eL}。

② 适用于降低的断后伸长率最小值，t 为产品厚度：

当 0.50mm<t≤0.70mm 时，断后伸长率最小值可降低 2%；

当 0.35mm<t≤0.50mm 时，断后伸长率最小值可降低 4%；

当 t≤0.35mm 时，断后伸长率最小值可降低 7%。

③ 对于表面质量为 A 的钢板及钢带，R_e 的上限值为 360MPa。

④ 适用于降低的 r_{90} 最小值，t 为产品厚度：

当 1.5mm<t≤2mm 时，r_{90} 最小值可降低 0.2；

当 t≥2mm 时，r_{90} 最小值可降低 0.4。

⑤ 适用于降低的 r_{90} 最小值和 n_{90} 最小值，t 为产品厚度：

当 0.50mm<t≤0.70mm 时，r_{90} 最小值可降低 0.2；n_{90} 最小值可降低 0.01；

当 0.35mm<t≤0.50mm 时，r_{90} 最小值可降低 0.4；n_{90} 最小值可降低 0.03；

当 t≤0.35mm 时，r_{90} 最小值可降低 0.6；n_{90} 最小值可降低 0.04。

⑥ 应注意 DX55D+AS 产品的断后伸长率最小值不遵从系统规律。DX55D+AS 的特点是耐热性好。

表 7　结构钢的力学性能（纵向试样）

牌号		规定塑性延伸强度① $R_{p0.2}$/MPa	抗拉强度② R_m/MPa	断后伸长率③ A_{80mm}/%
钢种	镀层种类	不小于		
S220GD	+Z、+ZF、+ZA、+ZM、+AZ	220	300	20
S250GD	+Z、+ZF、+ZA、+ZM、+AZ、+AS	250	330	19
S280GD	+Z、+ZF、+ZA、+ZM、+AZ、+AS	280	360	18
S320GD	+Z、+ZF、+ZA、+ZM、+AZ、+AS	320	390	17
S350GD	+Z、+ZF、+ZA、+ZM、+AZ、+AS	350	420	16
S390GD	+Z、+ZF、+ZA、+ZM、+AZ	390	460	16
S420GD	+Z、+ZF、+ZA、+ZM、+AZ	420	480	15

续表 7

牌　　号		规定塑性延伸强度[①] $R_{p0.2}$/MPa	抗拉强度[②] R_m/MPa	断后伸长率[③] A_{80mm}/%
钢种	镀层种类	不小于		
S450GD	+Z、+ZF、+ZA、+ZM、+AZ	450	510	14
S550GD	+Z、+ZF、+ZA、+ZM、+AZ	550	560	-

注：这些性能要求值自生产之日起一个月内适用。

① 屈服明显时，适用于 R_{eH}。

② 除 S550GD 以外的所有牌号，抗拉强度预计在 140MPa 的范围内。

③ 适用于降低的断后伸长率最小值，t 为产品厚度：

当 0.50mm<t≤0.70mm 时，断后伸长率最小值可降低 2%；

当 0.35mm<t≤0.50mm 时，断后伸长率最小值可降低 4%；

当 t≤0.35mm 时，断后伸长率最小值可降低 7%。

表 8　冷成形用高屈服强度钢的力学性能（横向试样）

牌　　号		规定塑性延伸强度[①] $R_{p0.2}$/MPa	烘烤硬化指数 BH_2/MPa	抗拉强度 R_m/MPa	断后伸长率[②③] A_{80mm}/%	塑性应变比[③~⑤] r_{90}	应变硬化指数[⑤] n_{90}
钢种	镀层种类		不小于		不小于		
HX160YD	+Z、+ZF、+ZA、+ZM、+AZ、+AS	160~220	—	300~360	37	1.9	0.20
HX180YD		180~240	—	330~390	34	1.7	0.18
HX180BD		180~240	30	290~360	34	1.5	0.16
HX220YD		220~280	—	340~420	32	1.5	0.17
HX220BD		220~280	30	320~400	32	1.2	0.15
HX260YD		260~320	—	380~440	30	1.4	0.16
HX260BD		260~320	30	360~440	28	—	—
HX260LAD		260~330	—	350~430	26	—	—
HX300YD		300~360	—	390~470	27	1.3	0.15
HX300BD		300~360	30	400~480	26	—	—
HX300LAD		300~380	—	380~480	23	—	—
HX340BD		340~400	30	440~520	24	—	—
HX340LAD		340~420	—	410~510	21	—	—
HX380LAD		380~480	—	440~560	19	—	—
HX420LAD		420~520	—	470~590	17	—	—
HX460LAD		460~560	—	500~640	15	—	—
HX500LAD		500~620	—	530~690	13	—	—

注：1. 对烘烤硬化钢的性能要求自生产之日起三个月内适用。对其他高强度钢的性能要求自生产之日起六个月内适用。

2. 对于表面质量为 B 或 C 的钢板及钢带，烘烤硬化钢当储存温度低于 50℃时，自生产之日起三个月内不应出现拉伸应变痕；无间隙原子钢自生产之日起六个月内不应出现拉伸应变痕。

① 屈服明显时，适用于 R_{eL}。
② 适用于降低的断后伸长率最小值，t 为产品厚度：
当0.50mm<t≤0.70mm时，断后伸长率最小值可降低2%；
当0.35mm<t≤0.50mm时，断后伸长率最小值可降低4%；
当 t≤0.35mm时，断后伸长率最小值可降低7%。
③ 对于AS-、AZ-、ZF-、ZM-镀层，A_{80}最小值可降低2%，r_{90}最小值可降低0.2。
④ 适用于降低的 r_{90}最小值，t 为产品厚度：
当1.5mm<t≤2mm时，r_{90}最小值可降低0.2；
当 t≥2mm时，r_{90}最小值可降低0.4。
⑤ 适用于降低的 r_{90}最小值和 n_{90}最小值，t 为产品厚度：
当0.50mm<t≤0.70mm时，r_{90}最小值可降低0.2；n_{90}最小值可降低0.01；
当0.35mm<t≤0.50mm时，r_{90}最小值可降低0.4；n_{90}最小值可降低0.03；
当 t≤0.35mm时，r_{90}最小值可降低0.6；n_{90}最小值可降低0.04。

表9　冷成形用多相钢的力学性能（冷轧产品，纵向试样）

钢种 +Z、+ZF、+ZA、+ZM	规定塑性延伸强度 $R_{p0.2}$/MPa	抗拉强度 R_m/MPa	断后伸长率①② A_{80mm}/%	应变硬化指数 n_{10-UE}	烘烤硬化指数 BH_2/MPa
		不小于			
双相钢（X）					
HCT450X	260~340	450	27	0.16	30
HCT490X	290~380	490	24	0.15	30
HCT590X	330~430	590	20	0.14	30
HCT780X	440~550	780	14	—	30
HCT980X	590~740	980	10	—	30
HCT980XG③	700~850	980	8	—	30
相变诱发塑性钢（T）					
HCT690T	400~520	690	23	0.19	40
HCT780T	450~570	780	21	0.16	40
复相钢（C）					
HCT600C	350~500	600	16	—	30
HCT780C	570~720	780	10	—	30
HCT980C	780~950	980	6	—	30

注：这些性能要求值自生产之日起三个月内适用。
① 当产品厚度小于0.60mm时，断后伸长率最小值可降低2%。
② 对于ZF镀层产品，断后伸长率最小值可降低2%。厚度小于0.60mm的ZF镀层产品，断后伸长率最小值可降低4%。
③ XG指高屈服强度的双相钢。

表 10　冷成形用多相钢的力学性能（热轧产品，纵向试样）

钢种 +Z、+ZF、+ZM	规定塑性延伸强度 $R_{p0.2}$/MPa	抗拉强度 R_m/MPa	断后伸长率 A_{80mm}/%	应变硬化指数 n_{10-UE}
		不小于		
铁素体-贝氏体钢（F）				
HDT450F	300~420	450	24	—
HDT580F	460~620	580	15	—
双相钢（X）				
HDT580X	330~450	580	19	0.13
复相钢（C）				
HDT750C	620~760	750	10	—
HDT760C	660~830	760	10	—
HDT950C	720~950	950	9	—

注：这些性能要求值自生产之日起三个月内适用。

4　镀层种类和镀层重量

镀层种类与镀层重量见表 11。

表 11　镀层种类与重量

镀层代号	双面镀层总重量最小值/g·m^{-2}		单点试验中单位表面镀层厚度的理论指导值/μm		密度 /g·cm^{-3}
	三点试验	单点试验	典型值	范围	
Zn 镀层（Z）					
Z100	100	85	7	5~12	7.1
Z140	140	120	10	7~15	
Z200	200	170	14	10~20	
Z225	225	195	16	11~22	
Z275	275	235	20	13~27	
Z350①	350	300	25	17~33	
Z450①	450	385	32	22~42	
Z600①	600	510	42	29~55	
Zn-Fe 镀层（ZF）					
ZF100	100	85	7	5~12	7.1
ZF120	120	100	8	6~13	
Zn-Al 合金镀层（ZA）					
ZA095	95	80	7	5~12	6.6
ZA130	130	110	10	7~15	
ZA185	185	155	14	10~20	
ZA200	200	170	15	11~21	
ZA255	255	215	20	15~27	
ZA300①	300	255	23	17~31	

续表 11

镀层代号	双面镀层总重量最小值/g·m^{-2}		单点试验中单位表面镀层厚度的理论指导值/μm		密度/g·cm^{-3}
	三点试验	单点试验	典型值	范围	
Zn-Mg 合金镀层（ZM）					
ZM060	60	50	4.5	4~8	6.2~6.6
ZM070	70	60	5.5	4~8	
ZM080	80	70	6	4~10	
ZM090	90	75	7	5~10	
ZM100	100	85	8	5~11	
ZM120	120	100	9	6~14	
ZM130	130	110	10	7~15	
ZM140	140	120	11	8~16	
ZM150	150	130	11.5	8~17	
ZM160①	160	130	12	8~17	
ZM175①	175	145	13	9~18	
ZM190①	190	160	15	10~20	
ZM200①	200	170	15	10~20	
ZM250①	250	215	19	13~25	
ZM300①	300	255	23	17~30	
ZM310①	310	265	24	18~31	
ZM350①	350	300	27	19~33	
ZM430①	430	365	35	26~46	
Al-Zn 合金镀层（AZ）②					
AZ100	100	85	13	9~19	3.8
AZ150	150	130	20	15~27	
AZ185	185	160	25	19~33	
Al-Si 合金镀层（AS）②					
AS 060	60	45	10	7~15	3.0
AS 080	80	60	14	10~20	
AS 100①	100	75	17	12~23	
AS 120①	120	90	20	15~27	
AS 150①	150	115	25	19~33	

① 仅适用于表 6 和表 7 中的钢种，以及表 8 中的 LAD 钢种。

② 不用于多相钢。

5　镀层表面结构及表面质量

产品可以以下列表面质量供货，见表12~表14。

表12　锌镀层（Z）的可用镀层、表面结构及表面质量

镀层代号	普通锌花（N）	小锌花（M）		
	表面质量			
	A	A	B	C
Z100	×	×	×	×
Z140	×	×	×	×
Z200	×	×	×	×
Z225	×	×	×	×
Z275	×	×	×	×
（Z350）	（×）	（×）	（×）	—
（Z450）	（×）	（×）	—	—
（Z600）	（×）	（×）	—	—

注：1. A—普通级表面，B—较高级表面，C—高级表面。以下同。
2. 括号中给出的镀层类型和表面质量需在订货时协商。

表13　锌-铁合金镀层（ZF）的可用镀层及表面质量

镀层代号	表面质量		
	A	B	C
ZF100	×	×	×
ZF120	×	×	×

表14　锌-铝镀层（ZA）、锌-镁镀层（ZM）、铝-锌镀层（AZ）和铝-硅镀层（AS）的可用镀层及表面质量

镀层代号	表面质量		
	A	B	C
Zn-Al镀层（ZA）			
ZA095	×	×	×
ZA130	×	×	×
ZA185	×	×	×
ZA200	×	×	×
ZA255	×	×	×
ZA300	×	—	—
Zn-Mg镀层（ZM）			
ZM060	×	×	×
ZM070	×	×	×
ZM080	×	×	×

续表 14

镀层代号	表面质量		
	A	B	C
ZM090	×	×	×
ZM100	×	×	×
ZM120	×	×	×
ZM130	×	×	×
ZM140	×	×	×
ZM150	×	×	×
(ZM160)	(×)	(×)	(×)
(ZM175)	(×)	(×)	(×)
(ZM200)	(×)	(×)	(×)
(ZM250)	(×)	(×)	(×)
(ZM300)	(×)	(×)	(×)
(ZM310)	(×)	(×)	(×)
(ZM350)	(×)	(×)	(×)
(ZM430)	(×)	(×)	(×)
Al-Zn 镀层（AZ）			
AZ100	×	×	×
AZ150	×	×	×
AZ185	×	×	×
Al-Si 镀层（AS）			
AS 060	×	×	(×)
AS 080	×	×	×
AS 100	×	×	×
AS 120	×	×	(×)
AS 150	×	(×)	(×)

注：括号中给出的镀层及表面质量需在订货时协商。

第十章　其他用途钢板

第十章　其他用途钢板

第一节　中国标准

GB/T 3279—2009 弹簧钢热轧钢板

1　范围

该标准适用于厚度不大于15mm的弹簧钢热轧钢板。

2　牌号和化学成分

弹簧钢的牌号和化学成分应符合GB/T 1222的规定。

3　交货状态

钢板以退火或高温回火状态交货。根据需方要求，经双方协议也可以其他热处理状态交货。

4　力学性能

以退火或高温回火交货状态下钢板的力学性能应符合表1的规定。表中未列牌号的力学性能由供需双方协议规定。

表1　力学性能

序号	牌号	力学性能			
		厚度小于3mm		厚度3~15mm	
		抗拉强度 R_m/MPa	断后伸长度[①] $A_{11.3}$/%	抗拉强度 R_m/MPa	断后伸长率 A/%
		不大于	不小于	不大于	不小于
1	85	800	10	785	10
2	65Mn	850	12	850	12
3	60Si2Mn	950	12	930	12
4	60Si2MnA	950	13	930	13
5	60Si2CrVA	1100	12	1080	12
6	50CrVA	950	12	930	12

① 厚度不大于0.90mm的钢板，断后伸长率仅供参考。

5　低倍组织

钢板或钢坯的酸浸低倍组织不应有目视可见的缩孔、裂纹和夹杂。

6.　脱碳

硅合金弹簧钢板每面全脱碳层（铁素体）深度不应超过钢板公称厚度的3%，两面之和不得超过 5%。

其他弹簧钢板每面全脱碳层（铁素体）深度不应超过钢板公称厚度的 2.5%，两面之和不得超过 4.0%。

经供需双方协议，可供应每面总脱碳层深度（铁素体+过渡层）不超过 5%的钢板。

7　石墨碳

厚度不大于 4mm 的硅合金弹簧钢板在交货状态下的石墨碳不应大于 1 级。

GB/T 4238—2015 耐热钢钢板和钢带

1　范围

该标准适用于热轧和冷轧耐热钢钢板和钢带。

2　牌号与化学成分

钢的牌号、类别及化学成分（熔炼分析）应符合表1~表4的规定。

表1　奥氏体型耐热钢的化学成分

统一数字代号	牌号	化学成分（质量分数）/%										
		C	Si	Mn	P	S	Ni	Cr	Mo	N	V	其他
S30210	12Cr18Ni9①	0.15	0.75	2.00	0.045	0.030	8.00~11.00	17.00~19.00	—	0.10	—	—
S30240	12Cr18Ni9Si3	0.15	2.00~3.00	2.00	0.045	0.030	8.00~10.00	17.00~19.00	—	0.10	—	—
S30408	06Cr19Ni10①	0.07	0.75	2.00	0.045	0.030	8.00~10.50	17.50~19.50	—	0.10	—	—
S30409	07Cr19Ni10	0.04~0.10	0.75	2.00	0.045	0.030	18.00~10.50	18.00~20.00	—	—	—	—
S30450	05Cr19Ni10SiCeN	0.04~0.06	1.00~2.00	0.80	0.045	0.030	9.00~10.00	18.00~10.00	—	0.12~0.18	—	Ce：0.03~0.08
S30808	06Cr20Ni11①	0.08	0.75	2.00	0.045	0.030	10.00~12.00	19.00~21.00	—	—	—	—
S30859	08Cr21Ni11Si2CeN	0.05~0.10	1.40~2.00	0.80	0.040	0.030	10.00~12.00	20.00~22.00	—	0.14~0.20	—	Ce：0.03~0.08
S30920	16Cr23Ni13①	0.20	0.75	2.00	0.045	0.030	12.00~15.00	22.00~24.00	—	—	—	—
S30908	06Cr23Ni13①	0.08	0.75	2.00	0.045	0.030	12.00~15.00	22.00~24.00	—	—	—	—
S31020	20Cr25Ni20①	0.25	1.50	2.00	0.045	0.030	19.00~22.00	24.00~26.00	—	—	—	—
S31008	06Cr25Ni20	0.08	1.50	2.00	0.045	0.030	19.00~22.00	24.00~26.00	—	—	—	—
S31608	06Cr17Ni12Mo2①	0.08	0.75	2.00	0.045	0.030	10.00~14.00	16.00~18.00	2.00~3.00	0.10	—	—
S31609	07Cr17Ni12Mo2①	0.04~0.10	0.75	2.00	0.045	0.030	10.00~14.00	16.00~18.00	2.00~3.00	—	—	—

续表 1

统一数字代号	牌号	化学成分（质量分数）/%										
		C	Si	Mn	P	S	Ni	Cr	Mo	N	V	其他
S31708	06Cr19Ni13Mo3①	0.08	0.75	2.00	0.045	0.030	11.00~15.00	18.00~20.00	3.00~4.00	0.10	—	—
S32168	06Cr18Ni11Ti①	0.08	0.75	2.00	0.045	0.030	9.00~12.00	17.00~19.00	—	—	—	Ti：5×C~0.70
S32169	07Cr9Ni11Ti①	0.04~0.10	0.75	2.00	0.045	0.030	9.00~12.00	17.00~19.00	—	—	—	Ti：4×(C+N）~0.70
S33010	12Cr16Ni35	0.15	1.50	2.00	0.045	0.030	33.00~37.00	14.00~17.00	—	—	—	—
S34778	06Cr18Ni11Nb①	0.08	0.75	2.00	0.045	0.030	9.00~13.00	17.00~19.00	—	—	—	Nb：10×C~1.00
S34779	07Cr18Ni11Nb①	0.04~0.10	0.75	2.00	0.045	0.030	9.00~13.00	17.00~19.00	—	—	—	Nb：8×C~1.00
S38240	16Cr20Ni14Si2	0.20	1.50~2.50	1.50	0.040	0.030	12.00~15.00	19.00~22.00	—	—	—	—
S38340	16Cr25Ni20Si2	0.20	1.50~2.50	1.50	0.045	0.030	18.00~21.00	24.00~27.00	—	—	—	—

注：表中所列成分除标明范围或最小值外，其余均为最大值。

① 为相对于 GB/T 20878 调整化学成分和牌号。

表 2　铁素体型耐热钢的化学成分

统一数字代号	牌号	化学成分（质量分数）/%								
		C	Si	Mn	P	S	Cr	Ni	N	其他
S11384	06Cr13A1	0.08	1.00	1.00	0.040	0.030	11.50~14.50	0.60	—	Al：0.10~0.30
S11163	022Cr11Ti①	0.030	1.00	1.00	0.040	0.020	10.50~11.70	0.60	0.030	Ti：0.15~0.50 且 Ti≥8×(C+N)；Nb：0.10
S11173	022Cr11NbTi	0.030	1.00	1.00	0.040	0.020	10.50~11.70	0.60	0.030	Ti+Nb：［0.08+8×(C+N)］~0.75，Ti≥0.05
S11710	10Cr17	0.12	1.00	1.00	0.040	0.030	16.00~18.00	0.75	—	—
S12550	16Cr25N①	0.20	1.00	1.50	0.040	0.030	23.00~27.00	0.75	0.25	—

注：表中所列成除标明范围或最小值外，其余均为最大值。

① 为相对于 GB/T 20878 调整化学成分的牌号。

表 3 马氏体型耐热钢的化学成分

统一数字代号	牌号	化学成分（质量分数）/%									
		C	Si	Mn	P	S	Cr	Ni	Mo	N	其他
S40310	12Cr12	0.15	0.50	1.00	0.040	0.030	11.50~13.00	0.60	—	—	—
S41010	12Cr13①	0.15	1.00	1.00	0.040	0.030	11.50~13.50	0.75	0.50	—	—
S47220	22Cr12NiMoWV①	0.20~0.25	0.50	0.50~1.00	0.025	0.025	11.00~12.50	0.50~1.00	0.90~1.25	—	V：0.20~0.30，W：0.90~1.25

注：表中所列成分除标明范围或最小值外，其余均为最大值。

① 为相对于 GB/T 20878 调整化学成分的牌号。

表 4 沉淀硬化型耐热钢的化学成分

统一数字代号	牌号	化学成分（质量分数）/%									
		C	Si	Mn	P	S	Cr	Ni	Cu	Al	Mo	其他
S51290	022Cr12Ni9Cu2NbTi①	0.05	0.50	0.50	0.040	0.030	11.00~12.50	7.50~9.50	1.50~2.50	—	0.50	Ti：0.80~1.40 Nb+Ta：0.10~0.50
S51740	05Cr17Ni4Cu4Nb	0.07	1.00	1.00	0.040	0.030	15.00~17.50	3.00~5.00	3.00~5.00	—	—	Nb：0.15~0.45
S51770	07Cr17NiAl	0.09	1.00	1.00	0.040	0.030	16.00~18.00	6.50~7.75	—	0.75~1.50	—	—
S51570	07Cr15Ni7Mo2Al	0.09	1.00	1.00	0.040	0.030	14.00~16.00	6.50~7.75	—	0.75~1.50	2.00~3.00	—
S51778	06Cr17Ni7AlTi	0.08	1.00	1.00	0.040	0.030	16.00~17.50	6.00~7.50	—	0.40	—	Ti：0.40~1.20
S51525	06Cr15Ni25Ti2MoAlVB	0.08	1.00	2.00	0.040	0.030	13.50~16.00	24.00~27.00	—	0.35	1.00~1.50	Ti：1.90~2.35，V：0.10~0.50，B：0.001~0.010

注：表中所列成分除标明范围或最小值外，其余均为最大值。

① 为相对于 GB/T 20878 调整化学成分的牌号。

3 交货状态

3.1 钢板和钢带经冷轧或热轧后，一般经热处理及酸洗或类似处理后交货。

3.2 对于沉淀硬化型钢，需方应在合同中注明钢板和钢带或试样热处理的种类。未注明时，则以固溶状态交货。

4 力学性能与工艺性能

4.1 经热处理的钢板和钢带的力学性能应符合表 5~表 10 的规定。对于几种硬度的试验，可根据钢板和钢带的不同尺寸和状态按其中一种进行。

4.2 钢板和钢带进行弯曲试验时，其外表面不允许有目视可见的裂纹产生。

表 5　经固溶处理的奥氏体型耐热钢板和钢带的力学性能

统一数字代号	牌号	拉伸试验			硬度试验		
		规定塑性延伸强度 $R_{p0.2}$/MPa	抗拉强度 R_m/MPa	断后伸长率[①] A/%	HBW	HRB	HV
		不小于			不大于		
S30210	12Cr18Ni9	205	515	40	201	92	210
S30240	12Cr18Ni9Si3	205	515	40	207	95	220
S30408	06Cr19Ni10	205	515	40	201	92	210
S30409	07Cr19Ni10	205	515	40	201	92	210
S30450	05Cr19Ni10Si2CeN	290	600	40	217	95	220
S30808	06Cr20Ni11	205	515	40	183	88	200
S30859	08Cr21Ni11Si2CeN	310	600	40	217	95	220
S30920	16Cr23Ni13	205	515	40	217	95	220
S30908	06Cr23Ni13	205	515	40	217	95	220
S31020	20Cr25Ni20	205	515	40	217	95	220
S31008	06Cr25Ni20	205	515	40	217	95	220
S31608	06Cr17Ni12Mo2	205	515	40	217	95	220
S31609	07Cr17Ni12Mo2	205	515	40	217	95	220
S31708	06Cr19Ni13Mo3	205	515	35	217	95	220
S32168	06Cr18Ni11Ti	205	515	40	217	95	220
S32169	07Cr19Ni11Ti	205	515	40	217	95	220
S33010	12Cr16Ni35	205	560	—	201	92	210
S34778	06Cr18Ni11Nb	205	515	40	201	92	210
S34779	07Cr18Ni11Nb	205	515	40	201	92	210
S38240	16Cr20Ni14Si2	220	540	40	217	95	220
S38340	16Cr25Ni20Si2	220	540	35	217	95	220

① 厚度不大于 3mm 时使用 A_{50mm} 试样。

表 6　经退火处理的铁素体型耐热钢板和钢带的力学性能

统一数字代号	牌号	拉伸试验			硬度试验			弯曲试验	
		规定塑性延伸强度 $R_{p0.2}$/MPa	抗拉强度 R_m/MPa	断后伸长率[①] A/%	HBW	HRB	HV	弯曲角度/(°)	弯曲压头直径 D
		不小于			不大于				
S11348	06Cr13Al	170	415	20	179	88	200	180	$D=2a$
S11163	022Cr11Ti	170	380	20	179	88	200	180	$D=2a$
S11173	022Cr11NbTi	170	380	20	179	88	200	180	$D=2a$
S11710	10Cr17	205	420	22	183	89	200	180	$D=2a$
S12550	16Cr25N	275	510	20	201	95	210	135	—

注：a 为钢板和钢带的厚度。

① 厚度不大于 3mm 时使用 A_{50mm} 试样。

表 7　经退火处理的马氏体型耐热钢板和钢带的力学性能

统一数字代号	牌号	拉伸试验			硬度试验			弯曲试验	
		规定塑性延伸强度 $R_{p0.2}$/MPa	抗拉强度 R_m/MPa	断后伸长率① A/%	HBW	HRB	HV	弯曲角度/(°)	弯曲压头直径 D
		不小于			不大于				
S40310	12Cr12	205	485	25	217	88	210	180	$D=2a$
S41010	12Cr13	205	450	20	217	96	210	180	$D=2a$
S47220	22Cr12NiMoWV	275	510	20	200	95	210	—	$a\geqslant3$mm，$D=a$

注：a 为钢板和钢带的厚度。

① 厚度不大于 3mm 时使用 A_{50mm} 试样。

表 8　经固溶处理的沉淀硬化型耐热钢板和钢带的试样的力学性能

统一数字代号	牌号	钢材厚度/mm	规定塑性延伸强度 $R_{p0.2}$/MPa	抗拉强度 R_m/MPa	断后伸长率① A/%	硬度值	
						HRC	HBW
S51290	022Cr12Ni9Cu2NbTi	0.30～100	≤1105	≤1205	≥3	≤36	≤331
S51740	05Cr17Ni4Cu4Nb	0.4～100	≤1105	≤1255	≥3	≤38	≤363
S51770	07Cr17Ni7Al	0.1～<0.3	≤450	≤1035	—	—	—
		0.3～100	≤380	≤1035	≥20	≤92②	—
S51570	07Cr15Ni7Mo2Al	0.10～100	≤450	≤1035	≥25	≤100②	—
S51778	06Cr17Ni7AlTi	0.10～<0.80	≤515	≤825	≥3	≤32	—
		0.80～<1.50	≤515	≤825	≥4	≤32	—
		1.50～100	≤515	≤825	≥5	≤32	—
S51525	06Cr15Ni25Ti2MoAlVB③	<2	—	≥725	≥25	≤91②	≤192
		≥2	≥590	≥900	≥15	≤101②	≤248

① 厚度不大于 3mm 时使用 A_{50mm} 试样。

② HRB 硬度值。

③ 时效处理后的力学性能。

表 9　经时效处理后的耐热钢板和钢带的试样的力学性能

统一数字代号	牌号	钢材厚度/mm	处理温度①/℃	规定塑性延伸强度 $R_{p0.2}$/MPa	抗拉强度 R_m/MPa	断后伸长率②③ A/%	硬度值	
				不小于			HRC	HBW
S51290	022Cr12Ni9Cu2NbTi	0.10～<0.75	510±10	1410	1525	—	≥44	—
		0.75～<1.50	或	1410	1525	3	≥44	—
		1.50～16	480±6	1410	1525	4	≥44	—

续表 9

统一数字代号	牌号	钢材厚度/mm	处理温度①/℃	规定塑性延伸强度 $R_{p0.2}$/MPa	抗拉强度 R_m/MPa	断后伸长率②③ A/%	硬度值	
				不小于			HRC	HBW
S51740	05Cr17Ni4Cu4Nb	0. 1～<5. 0	482±10	1170	1310	5	40～48	—
		5. 0～<16		1170	1310	8	40～48	388～477
		16～100		1170	1310	10	40～48	388～477
		0. 1～<5. 0	496±10	1070	1170	5	38～46	—
		5. 0～<16		1070	1170	8	38～47	375～477
		16～100		1070	1170	10	38～47	375～477
		0. 1～<5. 0	552±10	1000	1070	5	35～43	—
		5. 0～<16		1000	1070	8	33～42	321～415
		16～100		1000	1070	12	33～42	321～415
		0. 1～<5. 0	579±10	860	1000	5	31～40	—
		5. 0～<16		860	1000	9	29～38	293～375
		16～100		860	1000	13	29～38	293～375
		0. 1～<5. 0	593±10	790	965	5	31～40	—
		5. 0～<16		790	965	10	29～38	293～375
		16～100		790	965	14	29～38	293～375
		0. 1～<5. 0	621±10	725	930	8	28～38	—
		5. 0～<16		725	930	10	26～36	269～352
		16～100		725	930	16	26～36	269～352
		0. 1～<5. 0	760±10 621±10	515	790	9	26～36	255～331
		5. 0～<16		515	790	11	24～34	248～321
		16～100		515	790	18	24～34	248～321
S51770	07Cr17Ni7Al	0. 05～<0. 30	760±15	1035	1240	3	≥38	—
		0. 30～<5. 0	15±3	1035	1240	5	≥38	—
		5. 0～16	566±6	965	1170	7	≥38	≥352
		0. 05～<0. 30	954±8	1310	1450	1	≥44	—
		0. 30～<5. 0	−73±6	1310	1450	3	≥44	—
		5. 0～16	510±6	1240	1380	6	≥43	≥401
S51570	07Cr15Ni7Mo2Al	0. 05～<0. 30	760±15	1170	1310	3	≥40	—
		0. 30～<5. 0	15±3	1170	1310	5	≥40	—
		5. 0～16	566±10	1170	1310	4	≥40	≥375
		0. 05～<0. 30	954±8	1380	1550	2	≥46	—
		0. 30～<5. 0	−73±6	1380	1550	4	≥46	—
		5. 0～16	510±6	1380	1550	4	≥45	≥429

续表 9

统一数字代号	牌号	钢材厚度/mm	处理温度[①]/℃	规定塑性延伸强度 $R_{p0.2}$/MPa	抗拉强度 R_m/MPa	断后伸长率[②③] A/%	硬度值	
				不小于			HRC	HBW
S51778	06Cr17Ni7AlTi	0.10～<0.80 0.80～<1.50 1.50～16	510±8	1170 1170 1170	1310 1310 1310	3 4 5	≥39 ≥39 ≥39	— — —
		0.10～<0.75 0.75～<1.50 1.50～16	538±8	1105 1105 1105	1240 1240 1240	3 4 5	≥37 ≥37 ≥37	— — —
		0.10～<0.75 0.75～<1.50 1.50～16	566±8	1035 1035 1035	1170 1170 1170	3 4 5	≥35 ≥35 ≥35	— — —
S51525	06Cr15Ni25Ti2MoAlVB	2.0～<8.0	700～760	590	900	15	≥101	≥248

① 表中所列为推荐性热处理温度。供方应向需方提供推荐性热处理制度。

② 适用于沿宽度方向的试验。垂直于轧制方向且平行于钢板表面。

③ 厚度不大于 3mm 时使用 A_{50mm} 试样。

表 10　经固溶处理的沉淀硬化型耐热钢板和钢带的弯曲性能

统一数字代号	牌号	厚度/mm	180°弯曲试验，弯曲压头直径 D
S51290	022Cr12Ni9Cu2NbTi	2.0～5.0	$D=6a$
S51770	07Cr17Ni7Al	2.0～<5.0 5.0～7.0	$D=a$ $D=3a$
S51570	07Cr15Ni7Mo2Al	2.0～<5.0 5.0～7.0	$D=a$ $D=3a$

注：a 为钢板和钢带厚度。

5　晶粒度

根据需方要求，经供需双方协商，可对 07Cr19Ni10、07Cr17Ni12Mo2、07Cr19Ni11Ti、07Cr18Ni11Nb 的钢板和钢带进行晶粒度试验，平均晶粒度级别应为 7 级或更粗。

6　特殊要求

根据需方要求，可对钢的化学成分、力学性能、非金属夹杂物、高温性能作特殊要求，或补充规定无损检测等项目，具体内容由供需双方协商确定。

GB/T 9941—2009 高速工具钢钢板

1　范围

该标准适用于厚度不大于 4mm 的冷轧钢板和厚度不大于 10mm 的热轧钢板。

2　牌号和化学成分

钢板由下列牌号的钢制成：W6Mo5Cr4V2、W9Mo3Cr4V、W6Mo5Cr4V2Al、W6Mo5Cr4V2Co5、W18Cr4V。

钢的化学成分（熔炼成分）和成品钢板的化学成分允许偏差应符合 GB/T 9943 的规定。

3　交货状态

钢板以退火状态交货。

4　硬度

钢板交货状态布氏硬度值应符合表 1 的规定。

表 1　交货状态硬度

牌号	交货状态硬度 HBW，不大于
W6Mo5Cr4V2、W9Mo3Cr4V、W18Cr4V	255
W6Mo5Cr4V2Al、W6Mo5Cr4V2Co5	285

5　共晶碳化物不均匀度

钢板的共晶碳化物不均匀度按 GB/T 14979 所附评级图进行评定，检验结果应符合表 2 的规定。

表 2　共晶碳化物不均匀度

组别	共晶碳化物不均匀度/级，不大于
1 组	2
2 组	3

6　脱碳

冷轧钢板的总脱碳层（铁素体+过渡层）深度，每面不大于公称厚度的 2%。

热轧钢板的总脱碳层（铁素体+过渡层）深度，每面不大于公称厚度的 4%。

7　低倍组织

钢板或钢坯的酸浸低倍组织不应有目视可见的缩孔残余、裂纹和夹杂。

GB/T 28410—2012 风力发电塔用结构钢板

1　范围

该标准适用于厚度为6~100mm的风力发电塔用结构钢板。

2　牌号与化学成分

2.1　钢板的牌号和化学成分（熔炼分析）应符合表1的规定。

2.2　钢板的碳当量（CEV）值应符合表2~表5的规定。

2.3　热机械轧制或热机械轧制加回火状态交货的钢板，当C含量不大于0.12%时，可采用焊接裂纹敏感性指数（Pcm）代替碳当量评估钢板的可焊性，其值应符合表4的规定。

2.4　Z向钢板的S含量应符合GB/T 5313的要求。

表1　牌号及化学成分

牌号	质量等级	化学成分/%													
		C	Mn①	P	S	Si	Nb	V	Ti	Mo	Cr	Ni	Cu	Als	N
		≤		≤	≤	≤	≤	≤	≤	≤	≤	≤	≤	≥	≤
Q235FT	B、C	0.18	0.50~1.40	0.030	0.025	0.50	0.050	0.060	0.050	0.10	0.30	0.30	0.30	0.015	0.012
	D、E			0.025	0.020										
Q275FT	C	0.18	0.50~1.50	0.025	0.020	0.50	0.050	0.060	0.050	0.10	0.30	0.30	0.30	0.015	0.012
	D				0.015										
	E、F														0.010
Q345FT	C、D	0.20	0.90~1.65	0.025	0.015	0.50	0.060	0.12	0.050	0.20	0.30	0.50	0.30	0.015	0.012
	E、F			0.020	0.010										0.010
Q420FT	C、D	0.20	1.00~1.70	0.025	0.015	0.50	0.060	0.15	0.050	0.20	0.30	0.50	0.30	0.015	0.012
	E、F			0.020	0.010										0.010
Q460FT	C、D	0.20	1.00~1.70	0.025	0.015	0.60	0.070	0.15	0.050	0.30	0.60	0.80	0.55	0.015	0.012
	E、F			0.020	0.010										0.010
Q550FT	D	0.20	≤1.80	0.020	0.010	0.60	0.070	0.15	0.050	0.50	0.80	0.80	0.80	0.015	0.012
	E														0.010
Q620FT	D	0.20	≤1.80	0.020	0.010	0.60	0.070	0.15	0.050	0.50	0.80	0.80	0.80	0.015	0.012
	E														0.010
Q690FT	D	0.20	≤1.80	0.020	0.010	0.60	0.070	0.15	0.050	0.50	0.80	0.80	0.80	0.015	0.012
	E														0.010

注：1. 细化晶粒元素Al、Nb、V、Ti应至少加入其中一种，可以单独加入或以任一组合形式加入，并保证其中至少有一种的含量不小于0.015%。当单独加入时，其含量应符合表1所列值。当混合加入两种或两种以上时，总量应不大于0.22%。

2. 当采用全铝（Alt）含量（质量分数）计算钢中铝含量时，全铝含量应不小于0.020%。

3. 如果添加其他固氮元素，酸溶铝（Als）和全铝（Alt）含量不适用。

① 交货状态为正火的钢板的Mn含量下限按表1的规定，其他交货状态的钢板的Mn含量下限不作要求。

表 2　热轧、控轧状态交货的钢板牌号及其碳当量

牌号	交货状态	质量等级	碳当量（CEV）/%	
			厚度≤40mm	厚度>40mm
Q235FT	热轧、控轧	B、C、D、E	≤0.36	≤0.39
Q275FT		C、D、E、F	≤0.38	≤0.40
Q345FT		C、D、E、F	≤0.42	≤0.44
Q420FT	热轧、控轧	C、D、E、F	≤0.45	≤0.47
Q460FT		C、D、E、F	≤0.46	≤0.48

注：CEV（%）= C+Mn/6+（Cr+Mo+V）/5+（Ni+Cu）/15。以下同。

表 3　正火、正火轧制状态交货的钢板牌号及其碳当量

牌号	交货状态	质量等级	碳当量（CEV）/%	
			厚度≤40mm	厚度>40mm
Q235FT	正火、正火轧制	B、C、D、E	≤0.38	≤0.40
Q275FT		C、D、E、F	≤0.40	≤0.42
Q345FT		C、D、E、F	≤0.43	≤0.45
Q420FT	正火、正火轧制	C、D、E、F	≤0.48	≤0.50
Q460FT		C、D、E、F	≤0.52	≤0.53

表 4　TMCP、TMCP+回火状态交货的钢板牌号及其碳当量和 Pcm

牌号	交货状态	质量等级	碳当量（CEV）/%			Pcm/%
			厚度/mm			
			≤40	>40~60	>60	
Q275FT	TMCP、TMCP+回火	C、D、E、F	≤0.34	≤0.36	≤0.38	≤0.20
Q345FT		C、D、E、F	≤0.39	≤0.41	≤0.43	≤0.20
Q420FT		C、D、E、F	≤0.44	≤0.46	≤0.48	≤0.20
Q460FT		C、D、E、F	≤0.46	≤0.48	≤0.50	≤0.20
Q550FT		D、E	≤0.48	≤0.50	≤0.52	≤0.20
Q620FT		D、E	≤0.49	≤0.51	≤0.53	≤0.25
Q690FT		D、E	≤0.50	≤0.52	≤0.54	≤0.25

注：Pcm（%）= C+Si/30+Mn/20+Cu/20+Ni/60+Cr/20+Mo/15+V/10+5B。以下同。

表 5　淬火+回火状态交货的钢板牌号及其碳当量

牌号	交货状态	质量等级	碳当量（CEV）/%	
			厚度/mm	
			≤40	>40~100
Q460FT	淬火+回火	C、D、E、F	≤0.48	≤0.50
Q550FT		D、E	≤0.55	≤0.60
Q620FT		D、E	≤0.56	≤0.62
Q690FT		D、E	≤0.58	≤0.65

3　交货状态

不同等级、不同厚度规格的风塔用结构钢板，其交货状态应符合表 2~表 5 的规定。

4　力学性能与工艺性能

4.1　钢板的力学性能与工艺性能应符合表 6 的规定。

4.2　Z 向钢厚度方向断面收缩率应符合 GB/T 5313 的要求。

表 6　力学性能与工艺性能

牌号	质量等级	横向下屈服强度[①] R_{eL}/MPa ≥			抗拉强度 R_m/MPa	断后伸长率 A/% ($L_0=5.65\sqrt{S_0}$)	冲击吸收能量[③④] KV_2/J	180°弯曲试验（d—弯心直径，a—试样厚度）	
		钢板厚度/mm				≥	≥	钢板厚度/mm	
		≤16	>16~40	>40~100				≤16	>16~100
Q235FT	B、C、D	235	225	215	360~510	24[②]	47	$d=2a$	$d=3a$
	E						34		
Q275FT	C、D	275	265	255	410~560	21[②]	47		
	E、F						34		
Q345FT	C、D	345	335	325	470~630	21[②]	47		
	E、F						34		
Q420FT	C、D	420	400	390	520~680	19[②]	47		
	E、F						34		
Q460FT	C、D	460	440	420	550~720	17	47		
	E、F						34		
Q550FT	D	550		530	670~830	16	47		
	E						34		
Q620FT	D	620		600	710~880	15	47		
	E						34		

续表 1

牌号	质量等级	横向下屈服强度① R_{eL}/MPa			抗拉强度 R_m/MPa	断后伸长率 A/% ($L_0=5.65\sqrt{S_0}$)	冲击吸收能量③④ KV_2/J	180°弯曲试验 (d—弯心直径，a—试样厚度)	
		≥							
		钢板厚度/mm				≥	≥	钢板厚度/mm	
		≤16	>16～40	>40～100				≤16	>16～100
Q690FT	D	690	670	770～940	14	47			
	E					34			

注：1. 厚度不小于 12mm 的钢板，冲击试样取 10mm×10mm×55mm 的标准试样；厚度小于 12mm 的钢板，应采用 10mm×7.5mm×55mm 或 10mm×5mm×55mm 的试样，冲击吸收能量应分别为不小于表 6 规定值的 75%或 50%，优先采用较大尺寸的试样。

2. 钢板的冲击试验结果按一组 3 个试样的算术平均值进行计算。允许其中有 1 个试验值低于规定值，但不应低于规定值的 70%。

3. 当需方要求做弯曲试验时，弯曲试验应符合表 6 的规定。如供方保证弯曲合格时，可不做弯曲试验。

① 当屈服不明显时，可采用 $R_{p0.2}$代替下屈服强度。

② 当钢板厚度>60mm 时，断后伸长率可降低 1%。

③ 冲击试验采用纵向试样。

④ 不同质量等级对应的冲击试验温度：B—20℃，C—0℃，D—-20℃，E—-40℃，F—-50℃。

5　特殊要求

经供需双方协商，钢板可进行无损检测，检验方法按 GB/T 2970 或 JB/T 4730.3 的规定执行，执行标准和级别应在协议或合同中明确。

经供需双方协商，钢板也可进行其他项目的检验。

GB 30814—2014 核电站用碳素钢和低合金钢钢板

1 范围

该标准适用于厚度6~250mm的核电站用碳素钢和低合金钢板。

2 牌号与化学成分

2.1 钢的牌号和化学成分（熔炼分析）应符合表1的规定。

2.2 厚度大于15mm的保证厚度方向性能的各牌号钢板，其S元素含量应符合GB/T 5313的规定。

2.3 各牌号钢的碳当量（CEV）可参见表2的规定。

表1

牌号	化学成分（质量分数）/%																		
	C①				Si		Mn①	P	S	Mo		Cr	Ni	Cu	Nb	V	Ti	B	Al
	钢板厚度/mm				钢板厚度/mm					钢板厚度/mm									
	≤12.5	>12.5~50	>50~100	>100	≤40	>40		不大于		≤40	>40	不大于							
Q205HD	≤0.25		—		≤0.40		≤0.90	0.020	0.020	—		0.30	0.30	0.25				④	⑤
Q230HD②	≤0.25				≤0.40	0.15~0.40	≤0.90	0.020	0.020	—		0.30	0.30	0.30					
Q250HD②	≤0.22	≤0.24	≤0.25	≤0.27			0.85~1.20	0.020	0.020	≤0.12		0.30	0.30	0.30	0.02	0.02			
Q275HD③	≤0.25	≤0.26	≤0.28	≤0.29	0.15~0.40		0.85~1.20	0.020	0.020	≤0.12		0.30	0.30	0.30					
Q345HD1②③	≤0.23			—	≤0.40	0.15~0.40	≤1.35	0.020	0.020	≤0.12		0.30	0.30	0.35	③	③	③		
Q345HD2	≤0.20				0.15~0.50		0.75~1.35	0.020	0.020			0.40~0.70	0.05~0.50	0.20~0.40		0.01~0.10	—		
Q420HD③	≤0.18			—			0.90~1.50	0.020	0.015	≤0.20	≤0.30	0.30	0.60	0.35	0.04	0.07	—		

注：1. 钢中氮元素含量应不大于0.008%，如果钢中含有铝、铌、钒、钛等具有固氮作用的合金元素，氮元素含量可不大于0.012%。

2. 钢中砷、锑、铋、铅、锡有害元素单个含量均应不大于0.025%，合计应不大于0.05%。

① Q250HD的碳含量每下降0.01%，锰含量可增加0.06%，熔炼分析最大可到1.35%；当Q250HD板厚不大于65mm时，锰含量下限为0.80%。

Q275HD的碳含量每下降0.01%，锰含量可增加0.06%，熔炼分析最大可到1.50%，成品分析最大可到1.60%。

Q345HD1的碳含量每下降0.01%，锰含量可增加0.06%，熔炼分析最大可到1.60%；当Q345HD1板厚不大于

10mm 时，锰含量下限为 0. 50%。

Q345HD2 的碳含量每下降 0. 01%，锰含量可增加 0. 06%，熔炼分析最大可到 1. 50%。

Q420HD 的钢板厚度大于 65mm 时，锰含量最大可提高到 1. 60%。

② 当 Q230HD、Q250HD、Q345HD1 要求含铜时，其铜含量应不小于 0. 20%。

③ Q345HD1 要求单独加铌时，铌含量为 0. 005%～0. 05%，单独加钒时，钒含量为 0. 01%～0. 15%，组合加入铌和钒时，铌+钒含量为 0. 02%～0. 15%；加钛、氮和钒时，其含量分别为 0. 006%～0. 04%、0. 003%～0. 015%和≤0. 06%；Q420HD 要求铌+钒含量≤0. 08%；其他牌号应符合铜+镍+铬+钼含量≤1. 0%、铬+钼含量≤0. 32%的要求，需方另有要求时除外。

④ 在需方同意的情况下，当加入硼元素增强钢板淬透性时，硼含量≤0. 001%。

⑤ 当加入铝细化晶粒时，酸溶铝含量≥0. 015%或全铝≥0. 020%。当加入铌、钒、钛等其他合金元素时，铝含量下限可不作要求。

表 2

牌号	碳当量 CEV（质量分数）/%		
	t≤50mm	t>50～100mm	t>100mm
Q205HD	≤0. 43	≤0. 44	协商
Q230HD	≤0. 43	≤0. 44	协商
Q250HD	≤0. 43	≤0. 44	协商
Q275HD	≤0. 45	≤0. 46	协商
Q345HD	≤0. 45	≤0. 46	协商
Q420HD	≤0. 48	协商	协商

注：1. t—钢板的公称厚度。

2. CEV(%)=C+Mn/6+(Cr+Mo+V)/5+（Ni+Cu)/15。

3. 如果需要模拟焊后处理，碳当量数值可以适当提高。

3 交货状态

钢板应以热轧、热轧加回火、正火、正火加回火、淬火加回火（仅 Q420HD）状态交货。

4 力学性能

4. 1 钢板的力学性能应符合表 3 的规定。

4. 2 钢板的厚度方向性能应符合 GB/T 5313 的规定。

5 特殊要求

根据供需双方协商，并在合同或协议中注明，钢板可进行其他项目的检验。

表 3

牌号	拉伸试验①～③												V 型冲击试验④	
	上屈服强度 R_{eH}/MPa					抗拉强度 R_m/MPa					断后伸长率/%		试验温度/℃	平均吸收能量 KV_2/J
	钢板厚度/mm													
	≤50	>50～100	>100～150	>150～200	>200～250	≤50	>50～100	>100～150	>150～200	>200～250	A_{50mm}	A_{200mm}		
	不小于										不小于			不小于
Q205HD	205	—				380～515	—				27	23	0	60
Q230HD	230					415～550					21	18	0	60

续表 3

<table>
<tr><td rowspan="5">牌号</td><td colspan="12">拉伸试验①~③</td><td colspan="2">V 型冲击试验④</td></tr>
<tr><td colspan="5">上屈服强度 R_{eH}/MPa</td><td colspan="5">抗拉强度 R_m/MPa</td><td colspan="2" rowspan="2">断后
伸长率/%</td><td rowspan="4">试验
温度
/℃</td><td rowspan="3">平均吸
收能量
KV_2/J</td></tr>
<tr><td colspan="10">钢板厚度/mm</td></tr>
<tr><td>≤50</td><td>>50
~100</td><td>>100
~150</td><td>>150
~200</td><td>>200
~250</td><td rowspan="2">≤50</td><td rowspan="2">>50
~100</td><td rowspan="2">>100
~150</td><td rowspan="2">>150
~200</td><td rowspan="2">>200
~250</td><td>A_{50mm}</td><td>A_{200mm}</td></tr>
<tr><td colspan="5">不小于</td><td colspan="2">不小于</td><td>不小于</td></tr>
<tr><td>Q250HD</td><td colspan="4">250</td><td>220</td><td colspan="5">400~550</td><td>21</td><td>18</td><td>-20</td><td>47</td></tr>
<tr><td>Q275HD</td><td colspan="4">275</td><td>—</td><td colspan="4">485~620</td><td>—</td><td>21</td><td>17</td><td>-20</td><td>47</td></tr>
<tr><td>Q345HD1</td><td colspan="2">345</td><td colspan="3">—</td><td colspan="2">≥450</td><td colspan="3">—</td><td>19</td><td>16</td><td>-20</td><td>47</td></tr>
<tr><td>Q345HD2</td><td colspan="2">345</td><td>315</td><td>290</td><td>—</td><td colspan="2">≥485</td><td>≥460</td><td>≥435</td><td>—</td><td>19</td><td>—</td><td>-20</td><td>34</td></tr>
<tr><td>Q420HD</td><td colspan="2">420</td><td colspan="3">—</td><td colspan="2">585~705</td><td colspan="3">—</td><td>20</td><td>—</td><td>-30</td><td>47</td></tr>
</table>

注：1. 对厚度小于 12mm 钢板的夏比（V 型缺口）冲击试验应采用辅助试样，>8~<12mm 钢板辅助试样尺寸为 10mm×7.5mm×55mm，其试验结果应不小于表 2 规定值的 75%；6~8mm 钢板辅助试样尺寸为 10mm×5mm×55mm，其试验结果应不小于表 2 规定值的 50%；厚度小于 6mm 的钢板不做冲击试验。

2. 钢板的冲击试验结果按一组 3 个试样的算术平均值进行计算，允许其中有 1 个试验值低于规定值，但不应低于规定值的 70%。

① 当屈服不明显时，可测量 $R_{p0.2}$ 或 $R_{t0.5}$ 代替上屈服强度。

② 拉伸试验和冲击试验取横向试样。

③ 对于厚度不大于 20mm 的钢板，取全厚度的矩形试样，试样宽度为 40mm 或 12.5mm；对于厚度大于 20mm 且不大于 100mm 的钢板，当试验机能力满足要求时，取全厚度的矩形试样，试样宽度为 40mm；当试验机能力不满足要求时，取标距为 50mm 的圆试样，直径为 12.5mm，试样的轴线应位于钢板厚度的四分之一处。

④ 冲击试样的轴线尽量位于钢板厚度的四分之一处。

YB/T 4281—2012 钢铁冶炼工艺炉炉壳用钢板

1 范围

该标准适用于高炉、热风炉的壳体（含高炉上升管、下降管、三通管或球节点、除尘器）及炼钢转炉、电炉壳体用厚度不大于 100mm 的钢板。

2 牌号与化学成分

钢板的牌号和化学成分（熔炼分析）应符合表 1 的规定。其碳当量最大值应符合表 2 的规定。

表 1

牌号	化学成分（质量分数）/%													
	C	Si	Mn	P	S	Ni	Cr	Cu	Nb	V	Ti	Mo	N①	Als
	不大于													不小于
Q245LK	0. 18	0. 50	1. 50	0. 025	0. 015	0. 25	0. 25	0. 35	0. 040	0. 05	0. 035	0. 60	0. 008	0. 010
Q275LK	0. 18	0. 55	1. 60	0. 025	0. 015	0. 25	0. 35	0. 35	0. 040	0. 15	0. 035	0. 60	0. 008	0. 010
Q325LK	0. 18	0. 55	1. 60	0. 025	0. 015	0. 25	0. 25	0. 35	0. 040	0. 15	0. 035	0. 60	0. 008	0. 010
Q345LK	0. 18	0. 50	1. 70	0. 025	0. 015	0. 50	0. 30	0. 30	0. 070	0. 15	0. 020	0. 60	0. 012	0. 015
Q390LK	0. 20	0. 50	0. 70	0. 025	0. 015	0. 50	0. 30	0. 30	0. 070	0. 20	0. 020	0. 60	0. 012	0. 015

注：为改善钢的性能，可添加表 1 之外的其他微量合金元素。

① 钢中加入 Al、Nb、V、Ti 等具有固氮作用的合金元素，N 元素含量可不大于 0. 012%。

表 2

牌号	碳当量①（质量分数）/%
Q245LK	≤0. 40
Q275LK、Q325LK、Q345LK、Q390LK	≤0. 45

① 碳当量计算公式：CEV(%)=C+Mn/6+(Cr+Mo+V)/5+(Ni+Cu)/15。

根据需要，可用焊接裂纹敏感性指数 Pcm 代替碳当量，其值由供需双方协议确定。焊接裂纹敏感性指数计算公式：Pcm(%)=C+Si/30+Mn/20+Cu/20+Ni/60+Cr/20+Mo/15+V/10+5B。

碳当量也可经供需双方协商确定。

3 交货状态

除 Q245 LK 钢板热轧状态交货外，其他牌号钢板均正火状态交货。

4 力学性能与工艺性能

钢板的力学性能与工艺性能应符合表 3 的规定。

表 3

牌号	板厚 t/mm	拉伸试验①			夏比 V 型冲击试验③		180°弯曲试验①（a—板厚，d—弯芯直径）
		上屈服强度② R_{eH}/MPa	抗拉强度 R_m/MPa	断后伸长率 A/%	冲击吸收能量 KV_2/J		
Q245LK	≤16	≥245	400～510	≥23	0℃	≥47	$d=2a$
	>16～40	≥235		≥23			
	>40	≥215		≥23			
Q275LK	≤16	≥275	470～570	≥21	0℃	≥47	$d=2a$
	>16～40	≥275		≥21			
	>40	≥275		≥21			
Q325LK	≤16	≥325	490～610	≥20	0℃	≥47	$d=2a$
	>16～40	≥315		≥20			
	>40	≥295		≥21			
Q345LK	≤16	≥345	470～630	≥21	−20℃	≥34	$d=2a$
	>16～40	≥335		≥21			$d=3a$
	>40～63	≥325		≥20			
	>63～80	≥315		≥20			
	>80	≥305		≥20			
Q390LK	≤16	≥390	490～650	≥20	−20℃	≥34	$d=2a$
	>16～40	≥370		≥20			$d=3a$
	>40～63	≥350		≥19			
	>63～80	≥330		≥19			
	>80	≥330		≥19			

注：1. 厚度不小于 6mm 的钢板应做冲击试验，冲击试样尺寸取 10mm×10mm×55mm 标准试样；当钢材不足以制取标准试样时，应采用 10mm×7. 5mm×55mm、10mm×5mm×55mm 小尺寸试样，冲击吸收能量应分别为不小于表 3 规定值的 75%或 50%，优先采用较大尺寸试样。

2. 钢板的冲击试验结果按一组 3 个试样的算术平均值进行计算，允许其中有 1 个试验值低于规定值，但不应低于规定值的 70%。

3. 当需方要求时，应做弯曲检验。试验应符合表 3 的规定，弯曲试验后，试样外侧不应有裂纹。

① 拉伸、弯曲试验取横向试样。

② 当屈服不明显时，可测量 $R_{p0.2}$ 代替上屈服强度。

③ 冲击试验取纵向试样。

5　特殊要求

5. 1　根据供需双方协议，钢板可进行无损检验，其检验标准和级别应在协议或合同中明确。

5. 2　根据供需双方协议，可按本标准订购具有厚度方向性能要求的钢板，钢板厚度方向断面收缩率应符合 GB/T 5313 的规定。

5. 3　根据供需双方协议，钢板可进行其他项目的检验。

第二节　美国标准

ASTM A506-16 合金钢和结构级合金钢热轧及冷轧薄钢板及钢带

1　范围

该标准适用于合金钢和结构级合金钢热轧和冷轧薄钢板及钢带。合金钢按化学成分交货，结构级合金钢按化学成分和规定的力学性能如拉伸性能、硬度或其他性能交货。

2　牌号和化学成分

钢的牌号和化学成分（熔炼分析）应符合表 1 或表 2 的规定。

表 1　标准钢薄板和钢带的化学成分

牌号	化学成分（质量分数）/%								
	C	Mn	P	S	Si[①]	Ni	Cr	Mo	V
			不大于						
E3310[②]	0.08~0.13	0.45~0.60	0.025	0.025	0.15~0.35	3.25~3.75	1.40~1.75	—	—
4012[②]	0.09~0.14	0.75~1.00	0.025	0.025	0.15~0.35	—	—	0.15~0.25	—
4118	0.18~0.23	0.70~0.90	0.025	0.025	0.15~0.35	—	0.40~0.60	0.08~0.15	—
4130	0.28~0.33	0.40~0.60	0.025	0.025	0.15~0.35	—	0.80~1.10	0.15~0.25	—
4135	0.33~0.38	0.70~0.90	0.025	0.025	0.15~0.35	—	0.80~1.10	0.15~0.25	—
4137	0.35~0.40	0.70~0.90	0.025	0.025	0.15~0.35	—	0.80~1.10	0.15~0.25	—
4140	0.38~0.43	0.75~1.00	0.025	0.025	0.15~0.35	—	0.80~1.10	0.15~0.25	—
4142	0.40~0.45	0.75~1.00	0.025	0.025	0.15~0.35	—	0.80~1.10	0.15~0.25	—
4145	0.43~0.48	0.75~1.00	0.025	0.025	0.15~0.35	—	0.80~1.10	0.15~0.25	—
4147[②]	0.45~0.50	0.75~1.00	0.025	0.025	0.15~0.35	—	0.80~1.10	0.15~0.25	—
4150	0.48~0.53	0.75~1.00	0.025	0.025	0.15~0.35	—	0.80~1.10	0.15~0.25	—
4320	0.17~0.22	0.45~0.65	0.025	0.025	0.15~0.35	1.65~2.00	0.40~0.60	0.20~0.30	—
4340	0.38~0.43	0.60~0.80	0.025	0.025	0.15~0.35	1.65~2.00	0.70~0.90	0.20~0.30	—
E4340	0.38~0.43	0.65~0.85	0.025	0.025	0.15~0.35	1.65~2.00	0.70~0.90	0.20~0.30	—
4520[②]	0.18~0.23	0.45~0.65	0.025	0.025	0.15~0.35	—	—	0.45~0.60	—
4615	0.13~0.18	0.45~0.65	0.025	0.025	0.15~0.35	1.65~2.00	—	0.20~0.30	—
4620	0.17~0.22	0.45~0.65	0.025	0.025	0.15~0.35	1.65~2.00	—	0.20~0.30	—
4718	0.16~0.21	0.70~0.90	0.025	0.025	0.15~0.35	0.90~1.20	0.30~0.50	0.30~0.40	—
4815	0.13~0.18	0.40~0.60	0.025	0.025	0.15~0.35	3.25~3.75	—	0.20~0.30	—
4820	0.18~0.23	0.50~0.70	0.025	0.025	0.15~0.35	3.25~3.75	—	0.20~0.30	—
5015	0.12~0.17	0.30~0.50	0.025	0.025	0.15~0.35	—	0.30~0.50	—	—
5046	0.43~0.50	0.75~1.00	0.025	0.025	0.15~0.35	—	0.20~0.35	—	—
5115	0.13~0.18	0.70~0.90	0.025	0.025	0.15~0.35	—	0.70~0.90	—	—

续表 1

牌号	化学成分（质量分数）/%								
	C	Mn	P	S	Si①	Ni	Cr	Mo	V
			不大于						
5120	0.17~0.22	0.70~0.90	0.025	0.025	0.15~0.35	—	0.70~0.90	—	—
5130	0.28~0.33	0.70~0.90	0.025	0.025	0.15~0.35	—	0.80~1.10	—	—
5132	0.30~0.35	0.60~0.80	0.025	0.025	0.15~0.35	—	0.75~1.00	—	—
5140	0.38~0.43	0.70~0.90	0.025	0.025	0.15~0.35	—	0.70~0.90	—	—
5150	0.48~0.53	0.70~0.90	0.025	0.025	0.15~0.35	—	0.70~0.90	—	—
5160	0.56~0.64	0.75~1.00	0.025	0.025	0.15~0.35	—	0.70~0.90	—	—
E51100②	0.95~1.10	0.25~0.45	0.025	0.025	0.15~0.35	—	0.90~1.15	—	—
E52100	0.98~1.10	0.25~0.45	0.025	0.025	0.15~0.35	—	1.30~1.60	—	—
6150	0.48~0.53	0.70~0.90	0.025	0.025	0.15~0.35	—	0.80~1.10	—	≥0.15
6158②	0.55~0.62	0.70~1.10	0.025	0.025	0.15~0.35	—	0.90~1.20	—	0.10~0.20
8615	0.13~0.18	0.70~0.90	0.025	0.025	0.15~0.35	0.40~0.70	0.40~0.60	0.15~0.25	—
8617	0.15~0.20	0.70~0.90	0.025	0.025	0.15~0.35	0.40~0.70	0.40~0.60	0.15~0.25	—
8620	0.18~0.23	0.70~0.90	0.035	0.035	0.15~0.35	0.40~0.70	0.40~0.60	0.15~0.25	—
8630	0.28~0.33	0.70~0.90	0.025	0.025	0.15~0.35	0.40~0.70	0.40~0.60	0.15~0.25	—
8640	0.38~0.43	0.75~1.00	0.025	0.025	0.15~0.35	0.40~0.70	0.40~0.60	0.15~0.25	—
8642②	0.40~0.45	0.75~1.00	0.025	0.025	0.15~0.35	0.40~0.70	0.40~0.60	0.15~0.25	—
8645	0.43~0.48	0.75~1.00	0.025	0.025	0.15~0.35	0.40~0.70	0.40~0.60	0.15~0.25	—
8650②	0.48~0.53	0.75~1.00	0.025	0.025	0.15~0.35	0.40~0.70	0.40~0.60	0.15~0.25	—
8655	0.51~0.59	0.75~1.00	0.025	0.025	0.15~0.35	0.40~0.70	0.40~0.60	0.15~0.25	—
8660	0.55~0.65	0.75~1.00	0.025	0.025	0.15~0.35	0.40~0.70	0.40~0.60	0.15~0.25	—
8720	0.18~0.23	0.70~0.90	0.025	0.025	0.15~0.35	0.40~0.70	0.40~0.60	0.20~0.30	—
8735②	0.33~0.38	0.75~1.00	0.025	0.025	0.15~0.35	0.40~0.70	0.40~0.60	0.20~0.30	—
8740②	0.38~0.43	0.75~1.00	0.025	0.025	0.15~0.35	0.40~0.70	0.40~0.60	0.20~0.30	—
9260	0.56~0.64	0.75~1.00	0.025	0.025	1.80~2.20	—	—	—	—
9262②	0.55~0.65	0.75~1.00	0.025	0.025	1.80~2.20	—	0.25~0.40	—	—
E9310②	0.08~0.13	0.45~0.65	0.025	0.025	0.20~0.35	3.00~3.50	1.00~1.40	0.08~0.15	—

① 其他的硅含量范围，咨询生产商。

② 非 SAE 钢牌号。

表 2　非标准钢薄板和钢带的熔炼分析成分范围

元素	规定元素含量的最大值/%	范围或限制/%
C	≤0.55	0.05
	>0.55~≤0.70	0.08
	>0.70~≤0.80	0.10
	>0.80~≤0.95	0.12
	>0.95~≤1.35	0.13

续表 2

元素	规定元素含量的最大值/%	范围或限制/%
Mn	≤0.60	0.20
	>0.60～≤0.90	0.20
	>0.90～≤1.05	0.25
	>1.05～≤1.90	0.30
	>1.90～≤2.10	0.40
P	—	≤0.025
S	—	≤0.025
Si	≤0.15	0.08
	>0.15～≤0.20	0.10
	>0.20～≤0.40	0.15
	>0.40～≤0.60	0.20
	>0.60～≤1.00	0.30
	>1.00～≤2.20	0.40
Cu	≤0.60	0.20
	>0.60～≤1.50	0.30
	>1.50～≤2.00	0.35
Ni	≤0.50	0.20
	>0.50～≤1.50	0.30
	>1.50～≤2.00	0.35
	>2.00～≤3.00	0.40
	>3.00～≤5.30	0.50
	>5.30～≤10.00	1.00
Cr	≤0.40	0.15
	>0.40～≤0.90	0.20
	>0.90～≤1.05	0.25
	>1.05～≤1.60	0.30
	>1.60～≤1.75	0.35
	>1.75～≤2.10	0.40
	>2.10～≤3.99	0.50
Mo	≤0.10	0.05
	>0.10～≤0.20	0.07
	>0.20～≤0.50	0.10
	>0.50～≤0.80	0.15
	>0.80～≤1.15	0.20
V	≤0.25	0.05
	>0.25～≤0.50	0.10

3　交货状态

热轧产品以热轧、退火、正火或正火加回火态交货。冷轧产品以冷轧后完全退火态交货。

4　力学性能

拉伸性能应符合订单规定的要求。拉伸性能依赖于钢的化学成分和热处理工艺，向生产商咨询钢的牌号、相关力学性能、推荐的热处理制度及其他信息，以满足最终的使用要求。可以规定与拉伸性能要求相匹配的洛氏硬度要求。

退火、正火或正火加回火态钢板及钢带应满足表3所示的弯曲性能要求。

表3　弯曲性能

厚度 t/mm	w(C)/%	弯曲角/(°)	试样弯曲半径与厚度比	试样方向
所有	≤0.30	180	0.5t	纵向
≤3.175	>0.3	180	0.5t	纵向
3.175<t≤6.347	>0.3	180	1t	纵向

ASTM A829/A829M-2017 合金结构钢板

1 范围

该标准适用于结构级合金钢钢板。这些钢板通常规定化学成分，也可以规定拉伸性能。

2 牌号和化学成分

钢的牌号和化学成分（熔炼分析）应符合表 1 或表 2 的规定。

表 1 标准钢钢板的化学成分

牌号	化学成分（质量分数）/%								
	C	Mn	P	S	Si	Ni	Cr	Mo	V
			不大于						
1330	0.28~0.33	1.60~1.90	0.030	0.040	0.15~0.35	—	—	—	—
1335	0.33~0.38	1.60~1.90	0.030	0.040	0.15~0.35	—	—	—	—
1340	0.38~0.43	1.60~1.90	0.030	0.040	0.15~0.35	—	—	—	—
1345	0.43~0.48	1.60~1.90	0.030	0.040	0.15~0.35	—	—	—	—
4118	0.18~0.23	0.70~0.90	0.030	0.040	0.15~0.35	—	0.40~0.60	0.08~0.15	—
4130	0.28~0.33	0.40~0.60	0.030	0.040	0.15~0.35	—	0.80~1.10	0.15~0.25	—
4135	0.32~0.39	0.65~0.95	0.030	0.040	0.15~0.35	—	0.80~1.10	0.15~0.25	—
4137	0.35~0.40	0.70~0.90	0.030	0.040	0.15~0.35	—	0.80~1.10	0.15~0.25	—
4140	0.36~0.44	0.75~1.00	0.030	0.040	0.15~0.35	—	0.80~1.10	0.15~0.25	—
4142	0.38~0.46	0.75~1.00	0.030	0.040	0.15~0.35	—	0.80~1.10	0.15~0.25	—
4145	0.43~0.48	0.75~1.00	0.030	0.040	0.15~0.35	—	0.80~1.10	0.15~0.25	—
4150	0.48~0.53	0.75~1.00	0.030	0.040	0.15~0.35	—	0.80~1.10	0.15~0.25	—
4340	0.38~0.43	0.60~0.80	0.030	0.040	0.15~0.35	1.65~2.00	0.70~0.90	0.20~0.30	—
E4340	0.38~0.43	0.65~0.85	0.025	0.025	0.15~0.35	1.65~2.00	0.70~0.90	0.20~0.30	—
4615	0.13~0.18	0.45~0.65	0.030	0.040	0.15~0.35	1.65~2.00	—	0.20~0.30	—
4617	0.15~0.20	0.45~0.65	0.030	0.040	0.15~0.35	1.65~2.00	—	0.20~0.30	—
4620	0.17~0.22	0.45~0.65	0.030	0.040	0.15~0.35	1.65~2.00	—	0.20~0.30	—
5160	0.56~0.64	0.75~1.00	0.030	0.040	0.15~0.35	—	0.70~0.90	—	—
6150	0.48~0.53	0.70~0.90	0.030	0.040	0.15~0.35	—	0.80~1.10	—	≥0.15
8615	0.13~0.18	0.70~0.90	0.030	0.040	0.15~0.35	0.40~0.70	0.40~0.60	0.15~0.25	—
8617	0.15~0.20	0.70~0.90	0.030	0.040	0.15~0.35	0.40~0.70	0.40~0.60	0.15~0.25	—
8620	0.18~0.23	0.70~0.90	0.030	0.040	0.15~0.35	0.40~0.70	0.40~0.60	0.15~0.25	—
8622	0.20~0.25	0.70~0.90	0.030	0.040	0.15~0.35	0.40~0.70	0.40~0.60	0.15~0.25	—
8625	0.23~0.28	0.70~0.90	0.030	0.040	0.15~0.35	0.40~0.70	0.40~0.60	0.15~0.25	—

续表 1

牌号	化学成分（质量分数）/%								
	C	Mn	P	S	Si	Ni	Cr	Mo	V
			不大于						
8627	0.25~0.30	0.70~0.90	0.030	0.040	0.15~0.35	0.40~0.70	0.40~0.60	0.15~0.25	—
8630	0.28~0.33	0.70~0.90	0.030	0.040	0.15~0.35	0.40~0.70	0.40~0.60	0.15~0.25	—
8637	0.35~0.40	0.75~1.00	0.030	0.040	0.15~0.35	0.40~0.70	0.40~0.60	0.15~0.25	—
8640	0.38~0.43	0.75~1.00	0.030	0.040	0.15~0.35	0.40~0.70	0.40~0.60	0.15~0.25	—
8655	0.51~0.59	0.75~1.00	0.030	0.040	0.15~0.35	0.40~0.70	0.40~0.60	0.15~0.25	—
8742	0.40~0.45	0.75~1.00	0.030	0.040	0.15~0.35	0.40~0.70	0.40~0.60	0.20~0.30	—

表 2　熔炼分析范围

元素	规定元素含量的最大值/%	范围①/%
C	≤0.25	0.06
	>0.25~≤0.40	0.07
	>0.40~≤0.55	0.08
	>0.55~≤0.70	0.11
	>0.70	0.14
Mn	≤0.45	0.20
	>0.45~≤0.80	0.25
	>0.80~≤1.15	0.30
	>1.15~≤1.70	0.35
	>1.70~≤2.10	0.40
S	≤0.060	0.02
	>0.060~≤0.100	0.04
	>0.100~≤0.140	0.05
Si	≤0.15	0.08②
	>0.15~≤0.20	0.10②
	>0.20~≤0.40	0.15②
	>0.40~≤0.60	0.20②
	>0.60~≤1.00	0.30
	>1.00~≤2.20	0.40
Cu	≤0.60	0.20
	>0.60~≤1.50	0.30
	>1.50~≤2.00	0.35

续表 2

元素	规定元素含量的最大值/%	范围[1]/%
Ni	≤0. 50	0. 20
	>0. 50～≤1. 50	0. 30
	>1. 50～≤2. 00	0. 35
	>2. 00～≤3. 00	0. 40
	>3. 00～≤5. 30	0. 50
	>5. 30～≤10. 00	1. 00
Cr	≤0. 40	0. 20
	>0. 40～≤0. 80	0. 25
	>0. 80～≤1. 05	0. 30
	>1. 05～≤1. 25	0. 35
	>1. 25～≤1. 75	0. 50
	>1. 75～≤3. 99	0. 60
Mo	≤0. 10	0. 05
	>0. 10～≤0. 20	0. 07
	>0. 20～≤0. 50	0. 10
	>0. 50～≤0. 80	0. 15
	>0. 80～≤1. 15	0. 20
V	≤0. 25	0. 05
	>0. 25～≤0. 50	0. 10

① 范围是两个限制之间的算术差。

② 在此 Si 含量水平下，通常规定范围为 0. 25%，而非表中的范围。

3　交货状态

钢板以热轧、退火、正火、正火加回火或淬火加回火态交货。

4　力学性能

当规定拉伸性能要求时，应与化学成分、处理工艺以及板厚相匹配。规定的抗拉强度范围应不小于表 3 列出的适用范围。

表 3　抗拉强度范围

规定最大抗拉强度 R_m/MPa	抗拉强度范围/MPa
≤480	100
480<R_m≤760	135
760<R_m≤965	170